普通高等教育“十一五”国家级规划教材

生物质能源与废弃物资源利用

崔宗均　主编

中国农业大学出版社
·北京·

内 容 简 介

本书包括概述、资源篇、能源转化篇及生物基产品转化及废弃物资源化篇四大部分，系统全面介绍了生物质的概念、生物质原料特性以及生物质能源和生物质转化原理及各种转化技术。鉴于生物质科学与生物质产业刚刚开始被人们所了解的现实，本书作为初面世的高等学校教材，以掌握基本知识，了解各种技术，扩大学生视野为主要目的，力图全面、系统地介绍基本原理和基本方法，论述简明扼要。适于高等学校研究生教育，也可选择性地作为本科生教材，也可供从事生物质科学和工程相关工作的科技人员和对生物质工程感兴趣的广大读者阅读。

图书在版编目(CIP)数据

生物质能源与废弃物资源利用/崔宗均主编. —北京：中国农业大学出版社，2011.6
(2021.8 重印)
(普通高等教育"十一五"国家级规划教材)
ISBN 978-7-5655-0322-1

Ⅰ.①生… Ⅱ.①崔… Ⅲ.①生物能源-教材②废弃物-废物综合作用-教材 Ⅳ.①TK6
②X7

中国版本图书馆 CIP 数据核字(2011)第 111783 号

书　　名　生物质能源与废弃物资源利用
作　　者　崔宗均　主编

策划编辑　王笃利　赵　艳　　　责任编辑　洪重光　田树君　冯雪梅　王艳欣　李丽君
封面设计　郑　川　　　责任校对　陈　莹　王晓凤
出版发行　中国农业大学出版社
社　　址　北京市海淀区圆明园西路 2 号　　　邮政编码　100193
电　　话　发行部 010-62733489,1190　　　读者服务部 010-62732336
　　　　　编辑部 010-62732617,2618　　　出　版　部 010-62733440
网　　址　http://www.caupress.cn　　　E-mail　cbsszs @ cau.edu.cn
经　　销　新华书店
印　　刷　北京鑫丰华彩印有限公司
版　　次　2011 年 6 月第 1 版　　2021 年 8 月第 3 次印刷
规　　格　787×1092　16 开本　16.75 印张　400 千字
定　　价　45.00 元

主　编　崔宗均

副主编　王小芬　朱万斌

编　者　（以姓氏拼音为序）

崔宗均（中国农业大学）
曹燕篆（中国农业大学）
高瑞芳（中国农业大学）
华彬彬（中国农业大学）
李佳佳（中国农业大学）
李　杰（中国农业大学）
李培培（河南农业大学）
刘晶晶（中国农业大学）
吕育财（三峡大学）
任济伟（中国农业大学）
陶光灿（中国农业大学）
王　慧（中国农业大学）
王俊刚（中国农业大学）
王伟东（黑龙江八一农垦大学）
王小芬（中国农业大学）
王小娟（西北农林科技大学）
温博婷（中国农业大学）
杨洪岩（东北林业大学）
袁旭峰（中国农业大学）
张冬冬（中国农业大学）
张　晗（中国农业大学）
赵洪颜（延边大学）
赵　野（中国农业大学）
朱万斌（中国农业大学）

审　阅　程　序（中国农业大学）

前　言

生物质产业是最古老和全面意义上的“能源产业”，是人类开创的农业文明的重要组成部分，在“可持续发展”成为时代最强音的今天，下由普通民众上至各国首脑，人们都在积极关注生物质产业的发展壮大，这是时代大趋势。“石器时代的结束不是用光了石头，而是因为有了铜器和铁器”。可喜的是，生物质科学和生物质产业已如雨后春笋破土而出，给人带来避免人类被化石能源的“利刃”锁住自身喉咙的希望。因此生物质科学是指引人类走向可持续发展的一盏明灯，生物质产业是人类实现可持续发展的一条重要途径。

本书作为普通高等教育“十一五”国家级规划教材于 2005 年就已确定了编写任务。但由于生物质学科涵盖工学、理学、农学等各个研究领域，所涉及的内容非常广泛，并且生物质学科正处于学会走路的直线上升期，总有新的内容出现，我们一直在积累各种素材，以期待出版一个较全面的教材，经过了 6 年的准备，尽管还有不少不尽人意之处，这本教材终于要面世了。

本书的主要结构包括概述、资源篇、能源转化篇、生物基产品转化及废弃物资源化篇四大部分，系统全面介绍生物质的概念、生物质原料特性以及生物质能源和生物质转化原理及各种转化技术。在概述部分介绍生物质的概念、类型、功能以及生物炼制的概念；在资源篇里全面介绍包括各种废弃物资源和原料植物在内的生物质原料的性质、分类、产生来源以及利用前景；在能源转化篇里介绍生物质能转化的基本原理和工艺类型，几乎包括了所有生物能源转化方面的现有成熟技术和正在攻关的转化技术，包括成型燃料、直接燃烧、裂解气化、裂解液化、燃料乙醇、生物柴油、沼气发酵、生物制氢等，又特别介绍木质纤维素的生物分解及其转化技术；在生物基产品转化及废弃物资源化篇里主要介绍生物基成型材料、可降解塑料以及木糖醇的转化原理与技术，鉴于本书的书名这一部分又较详细介绍固体废弃物处理与堆肥化技术、饲料化技术；最后探讨生物质利用效益及展望。

本书作为初面世的高等学校教材，以掌握基本知识，了解各种技术，扩大学生视野为主要目的，力图全面、系统地介绍基本原理和基本方法，论述简明扼要。适于高等学校研究生教育，也可选择性地作为本科生教材，也可供从事生物质科学和工程相关工作的科技人员和对生物质工程感兴趣的广大读者阅读。

在编写过程中，程序教授提出了非常好的建议并提供大量图片，谢光辉教授提供能源作物方面的宝贵建议和素材，众多的同行给予指点和支持，中国农业大学出版社的全体工作人员在校稿、图形处理方面做了大量的工作，使我们的书能够在 6 月底出版，在此一并表示感谢。由于时间仓促和编者水平所限，书中难免存在不足和疏漏，敬请读者批评指正，以便及时修订。

编　者

2011 年 6 月于北京

目　　录

概　　述

资　源　篇

能源转化篇

生物基产品转化及废弃物资源化篇

概　述

第1章　生物质的概念、功能及种类

1.1　地球生物质循环以及生物质的功能

1.1.1　生物质概念

“生物量”[biomass(bio+mass)]的概念源自于生态学，表示一定环境中生物的量或活生物的量。但第一次石油危机(1972)以后超出生态学上的概念范围，扩大到能够作为能源的生物的量，英文中仍然用 biomass。近些年 biomass 的概念又扩大到能够转化为生物基产品的所有资源。在中文中，以“生物质”的名词与生态学上的“生物量”加以区别。

“生物质”还没有严格统一的定义，各个专业领域说法有些差异。但公认的事实是生物质直接或间接来源于太阳能，最初由光合作用形成，包括植物、动物、微生物的残体及它们的代谢物。

在本书中定义为：生物质是指经过生物体生命活动所形成，具有一定的能量、养分、机械强度或生理活性功能的所有有机物质。随着利用技术的发展和应用领域的扩大，生物质所包含的范围和含义将不断扩大。但是对于粮食、肉类等人类长期作为食物的有机物，除特别拿出来作能源原料或工业原料部分外一般不归为“生物质”。

生物质能是人类利用最早的能源物质之一，具有分布广、可再生、成本低等优点。同时，在可再生能源中，生物质能是唯一能够连续生产，规模可控制，可储存、可运输的全能性能源。随着能源高质化利用技术的发展，生物质能的功能将不断扩大和提升。

1.1.2　生物质在物质循环中的功能和意义

1.1.2.1　生物质开发利用的必要性

1. 资源紧张的缓解

目前，自然资源中土地和能源资源由于人口的膨胀和人类对生物质资源的不友好利用出现了紧张局面。生物质中像秸秆和粪便的随意堆放以及生活垃圾的堆置，使很多土地被占用，同时化石类能源也在日渐减少，所以资源紧张的局面急切得到缓解，而生物质具备再利用的性质，而且可以为人类提供能源，利用得当能减少土地的损耗。

2. 环境压力的释放

以前由于生物质的利用不当，人类的环境受到了威胁。比如在我国，有60%的人口生活在农村，其中的秸秆生物质、畜禽粪便等目前尚处于利用效率较低的阶段。一般的处理方式是露天堆放，焚烧，简单堆置，这种粗放的方式给环境带来了很大的压力。

据统计，秸秆焚烧占总秸秆的25%左右。农作物秸秆的主要化学成分是C、N、K、S、P，是可燃烧的物质。主要成分是碳水化合物，理论上是可以完全燃烧的，产物为CO_2、H_2O。但实际上不能使氧化过程充分，处于不完全燃烧中，产物中有一定数量的还原性产物如甲烷和氧化亚氮等。同时会产生大量的温室气体如 CO_2、CH_4、N_2O 等，还会有大量的烟光。这会降低大气能见度，严重时会使飞机停飞，同时也损失了大量的 C、N 资源。

另外，诸如粪便类生物质含有 NH_3- N、TP、TN、大肠杆菌、蛔虫、卵等，其中以病源微生物和有机氮对环境的危害最大。有机氮会产生恶臭气味，同时使水体富营养化，给地下水带来硝态氮污染等。

城市生活垃圾不仅仅侵占大量土地，而且会造成空气和土壤污染。

工业废水的任意排放对于水体的污染更严重，有时还会危及农民养殖业，造成巨大损失。

已经引起世界范围关注的温室效应也是一个亟待解决的环境问题。

3. 经济增长以及生活水平提高的需求

随着科技的发展，人们的生活水平有了提高。但由于种种原因，农民的经济水平还不是很高，如果能开发利用生物质资源，不仅仅解决了环境压力问题，还可以为很多劳动力创造就业机会，通过农业工业的发展来增加他们的经济收入。

4. 生态平衡的需要

所谓的生态平衡是指：在一定时期内，系统内生产者、消费者和分解者之间保持着一种动态平衡，系统内的能量流动和物质平衡在较长时期内保持稳定。美国环境学家小米勒(G. T. Miller，Jr.)曾经提出过生态学三定律：

第一定律(多效应原理)：我们的任何行动都不是孤立的，对自然界的任何侵犯都具有无数效应，其中许多效应是不可逆的。

第二定律(相互联系原理)：每一种事物无不与其他事物相互联系和相互交融。

第三定律(勿干扰原理)：我们生产的任何物质均不应该对地球上自然的生物地球化学循环有任何干扰。

长期以来由于我们对生物质利用不当，已经造成了一定的生态破坏，为了减少和阻止破坏的进一步发展，开发和正确利用生物质资源成为时代的呼唤。

1.1.2.2 生物质开发利用的可行性

首先，这一课题在世界范围内引起了足够的重视。人们在主观上已经认识到生物质的重要性，也预测到开发利用这类生物质资源会给人类带来难以估测的社会、经济和生态效益。

其次，现代科学技术的发展加快了这一课题的开展。分子科学的诞生使我们能够从诸多方面去了解和认识各种生物质的结构组成以及性能特点，加之工业技术的突破，也减少了开发利用过程中的阻力。

第三，“生物炼制”将生物质工程带入工业化时代。与通过石油炼制生产石油基产品类似，1982 年，学术界首次提出了生物炼制的概念，生物炼制是指通过生物化学、热化学和分子生物学的技术平台将生物质转化为生物能源及生物基化工产品的炼制技术和装备体系，而在炼制的终端即是生物基产品(bio-based products)。炼制一般是将生物质水解成糖后进入到几个不同含碳水平的转化平台：有含一个碳(C1)的生物气甲烷和甲醇等，有 C2 平台上的乙醇、醋酸、乙烯、乙二醇等，有 C3 平台上的乳酸、丙烯酸、丙二醇等，有 C4 平台上的丁二酸、富马酸、丁二醇等，有 C5 平台上的衣康酸、木糖醇等和 C6 平台上的柠檬酸、山梨醇等。转化的生物基产品有乙醇、生物柴油、沼气等生物质能源，有生物塑料、尼龙工程塑料等生物质材料，有乙烯、乙醇、丙烯酸、丙烯酰胺、1,3 - 丙二醇、1,4 - 丁二醇、琥珀酸等百余种重要化学品等等。

1.1.2.3　世界生物质开发利用概况

现代生物质能源产业，始于 1973 年，为了应对石油危机，巴西大规模的以甘蔗乙醇代替汽油；发展于 1999 年，美国颁布的“发展生物基产品和生物能源”总统令，生物质能源产业在全球性范围蓬勃兴起了。如今生物质产业规模十分庞大，产品多种多样，已经成为新的经济增长点。

1. 美国

美国也是从 20 世纪 70 年开始发展燃料乙醇的，制定了“乙醇发展计划”，主要是利用其耕地多、玉米产量大的优势，以玉米为原料生产燃料乙醇，开始大力推广车用乙醇汽油。一方面是为了减少石油进口，另一方面是为了增加农产品的收益，稳定玉米价格。80 年代后期，受石油价格较低的影响，美国燃料乙醇的生产和销售曾受到抑制。1990 年美国出台《清洁空气法》乙醇作为 MTBE(一种增加汽油辛烷值、减少污染排放的汽油添加剂，现被认为渗入到地下水后，被人饮用会致癌)的替代品，市场需求量迅速增加。2002 年以来，受石油价格大幅上涨的推动，燃料乙醇再次得到重视，生产销售迅速增长。2004 年美国的燃料乙醇产量达到 35 亿加仑(gal)[①]，还进口了 1.3 亿加仑；2005 年，美国有 97 家乙醇厂、在建 32 家、扩建 9 家，乙醇产量为 1 200 万 t，比上一年增长 17%。全国已有 500 万辆以燃料乙醇为燃料的灵活燃料汽车(flexible fuel vehicles，VFFs)。

美国为推广燃料乙醇制定了积极的经济激励政策，每加仑燃料乙醇可得到 51 美分的税；收返还(折合每升 13.5 美分)。为了进一步扩大生物燃料的应用，美国 2005 年能源法提出了生物燃料配额标准，要求从 2006 年至 2012 年，生物燃料年用量要从 40 亿加仑(1 200 万 t)增加到 75 亿加仑(2 300 万 t)。同时，美国积极发展纤维素制取燃料乙醇的技术，进一步扩大可利用的生物质资源，以便更大规模地替代石油。

2. 巴西

为了减少对石油进口的依赖，巴西从 1975 年开始实施“燃料乙醇计划”，以甘蔗为原料生产燃料乙醇替代车用汽油，主要做法包括：一是规定车用汽油必须添加一定比例的燃料乙醇；二是安排资金支持改良甘庶品种、改进乙醇生产工艺、开发燃料乙醇汽车；三是对燃料乙醇和乙醇汽车的生产和销售减免有关税费。经过多年的努力，巴西“燃料乙醇计划”达到了预期目的。1985 年以来年，虽然燃料乙醇产量因豆油价、糖价和政策影响有所波动，但平均年产量达 1 000 万 t 左右，累计替代石油约 2 亿 t。目前，巴西所有车用汽油均添加 20%～25%的燃料乙醇，并且已有一定量的汽车在使用纯燃料乙醇。2005 年销售的汽车有 70%为可以完全燃用纯燃料乙醇的汽车。2005 年，巴西燃料乙醇消费量为 1 200 万 t，替代了当年汽油消费量的 45%，约占车用燃料消费总量的 1/3，为 10 多万人提供了就业机会。燃料乙醇已成为巴西保障能源安全、促进经济发展、增加就业的支柱产业。

3. 欧盟

欧盟对生物燃料也很重视，但由于欧盟成员国人均耕地面积少，地处温带，农业生产条件较差，不具备大量使用粮食或甘蔗生产燃料乙醇的条件，因此，欧盟生物燃料主要以生物柴油为主，包括以大豆、油菜籽等为原料生产的柴油和以回收动植物废油为原料生产的柴油两种。在欧洲，很早就开始使用 B5，特别是在德国和法国，已经有一部分汽车使用纯生物柴油

① 美制 1 加仑约为 3.785 L。

(B100)。2002 年,欧盟生物柴油总产量为 106.5 万 t,其中,德国的生物柴油产量为 45 万 t,法国为 36.6 万 t,意大利为 21 万 t,奥地利为 2.5 万 t,丹麦为 1 万 t,英国为 3 000 t,瑞典为 1 000 t。欧盟于 2009 年 6 月出台指令,要求运输部门消费可再生燃料达 10%目标,这就要求到 2020 年需要生产生物柴油 3 000 万～3 500 万 t。2008 年,生物柴油占欧盟消费生物燃料的 78%。

欧洲在生物质燃烧发电和沼气供热发电都处于世界领先水平,2004 年欧盟 15 国的生物质发电量达到 550 亿 kWh。在开发工业化生产沼气技术,把沼气用于车用燃料或与天然气并网,瑞典和瑞士两个国家在此方面走在世界前列。到 2005 年底,瑞典全国有 5 000 多辆沼气汽车,加油(气)站已达 70 余座,还有 1 列斯德哥尔摩至海滨的火车使用沼气燃料。

1.1.2.4 我国生物质开发利用现状

我国是农业大国,生物质能源十分丰富,自古以来,农牧民就直接燃烧生物质用来做饭和取暖,直到现在,包括我国在内的发展中国家广大农村,基本上还是沿用着这种传统的用能方式。旧式炉灶热效率很低,只有 10%～15%,经过一些改革(如变为省柴灶),热效率也没超过 25%,资源浪费严重。直接燃用秸杆、薪柴、干粪、野草,劳动强度大,不卫生,易感染呼吸道疾病。

改革开放以来,经过 20 年左右的时间,我国生物质能开发利用取得了长足的进步。

1. 沼气

20 世纪 60 年代,我国开始在农村推广沼气使用,2006 年已有户用沼气池 1 800 万处和大中型沼气工程 1 500 处,年产沼气 80 亿 m^3。在巩固、发展和提高传统沼气生产运用的同时,重点引进和发展工业化和规模化的现代沼气生产和应用技术,加快了沼气产业化的发展。近几年来,沼气发电工程、沼气纯化车用燃料工程先后建立。

2. 生物质气化

经过十几年的研究、试验、示范,生物质气化技术已基本成熟,气化设备已有系列产品,产气量 200～1 000 m^3/h,气化效率达 70%以上。到 2003 年年底,全国已建成秸秆气化集中供气站 525 处,年产生物质燃气 1.82 亿 m^3。我国现有的生物质气化发电站 20 余座。以前用固定床气化炉,以稻壳为原料进行气化发电,规模较小。现在国内已有数处用流化床气化炉,可以用稻壳、锯末乃至粉碎的秸秆为原料进行气化发电。已研制的中小型气化发电设备功率从 1 kW 提高到 2 000 kW。

3. 生物质压缩成型技术

我国已研制出螺旋挤压式、活塞冲压式和环模滚压式等几种生物质压缩成型设备,其中螺旋挤压式压缩成型机推广应用较多,有关单位对挤压螺杆的耐磨性作了较深入的研究,延长了它的使用寿命。生物质经压缩成型后可直接用做燃料,也可经炭化炉炭化,获得生物炭,用于烧烤和冶金工业,还可生产块状饲料。

4. 生物液体燃料

这是以生物质为原料生产的液体燃料,如燃料乙醇、生物柴油以及二甲醚等,可以用来代替或补充传统石化燃料。我国已经颁布了《变性燃料乙醇》和《车用乙醇汽油》两项产品的国家标准。从 2002 年 6 月,国家发改委支持河南南阳市等 5 个城市开展以陈化粮为原料的车用乙醇汽油使用试点工作,2005 年在 9 个省市开展车用代替石油实验。由于我国粮食安全是长期国策,用粮食生产燃料乙醇是行不通的,所以开发非粮替代燃料乙醇作为重点发展方向。中粮集团在广西 15 万 t/年木薯乙醇项目正在建设中，计划在今年投产；甜高粱乙醇正在中试阶段，分别在广西桂林和内蒙古五原建设了液态发酵和固态发酵中试装置；在黑龙江肇东建立了 500 t/年的纤维素乙醇中试装置，目前正改造生产装置，优化工艺流程，为万吨级工业示范装置的建设奠定基础。

经过多年的发展，我国开展生物柴油的研发有了成果，南方已建立产业，有利用菜子油、棉子油等原料小规模生产生物柴油的案例。近年来，根据市场的需求，开发麻风树果实、黄连木子等作物原料制取生物柴油技术，初步具备了商业化发展条件。

1.1.2.5　生物质在我国未来可持续发展战略中的地位

在我国，能源、环境和“三农”的形势十分严峻，对生物质能源产业有急迫的需求。

1. 能源替代

我国能源资源短缺，消费结构单一，需求增长，石油进口依存度高，形势十分严峻。我国 2005 年一次能源消费结构中，煤炭占 68%，石油 21%，天然气 3%，水电 7%，即其中化石能源占了 92%，核能与可再生能源不到 1%。这种能源消费结构必然导致对环境的严重污染和可持续性低。据专家估算，我国可用煤储量 1 145 亿～1 892 亿 t，按 2004 年开采量计，可用 60～100 年；石油可开采资源量 150 亿 t，约能用到 2040 年。我国能源的紧张，突出地表现在石油上，储量仅占世界总量的 3%，消费量是世界第二，其需求持续高速增长。1990 年的消费量突破 1 亿 t，2000 年达 2.3 亿 t，2004 年达 3.2 亿 t。我国自 1993 年成为石油进口国后，2004 年的进口量就达到了 1.4 亿 t，依存度 46%。预测 2020 年的石油消费量将达到 4.5 亿 t，进口 2.5 亿 t，依存度将超过 55%。

我国经济的高速发展，必须建立在能源安全和有效供给的基础上，特别是石油。资源短缺，需求剧增，结构单一，(进口)依存度高，安全度低，以及石油和相关产品价格飙升的严峻挑战，已经越来越深刻地影响我国经济的健康发展和安全。在厉行能源节约和加强常规能源开发的同时，改变目前的能源消费结构，向能源多元化和可再生清洁能源时代过渡，已是迫在眉睫。在众多的可再生和新能源中，生物质可以生产液体燃料，保障国家石油安全，可以用于生产电力，解决国家供电缺口。

2. 为环境减压

随着我国经济的高速增长，以化石能源为主的能源消费量剧增，对环境压力越来越大。在过去 20 多年里，我国能源消费总量增长了 2.6 倍，2003 年的二氧化碳排放量达到 8.23 亿 t，居世界第二位。有人预计，不久我国的二氧化碳排放量可能超过美国居世界之首。2003 年我国二氧化硫的排放量也超过了 2 000 万 t，居世界第一位。酸雨区已经占到国土面积的 30%以上。

我国二氧化碳排放量的 70%，二氧化硫排放量的 90%，氮氧化物排放量的 2/3 均来自燃煤，特别是燃煤电厂。“十五”期末，我国发电装机总容量 4.76 亿 kW，其中煤电占 70%。2003 年我国消耗了占全球 31%的原煤约 16.4 亿 t，其中用于发电的占 48%。预计到 2020 年，二氧化硫和氮氧化物的排放量将分别超过我国环境容量的 30%和 46%。

我国是《京都议定书》的签约国，2007 年 6 月在德国召开的八国首脑会议上我国面临重大压力，在会前发表了《中国应对环境变化国家方案》，提出了减排二氧化碳的 2010 年具体指标。随着经济发展，以煤炭为主的化石能源消费还将大增，以及面对“后京都议定书”IPCC 提出的 2030 年减排 50%的指标，我国的减排压力会越来越大。必须争取时间，改善能源消费结构，提高能源消费效率，加快推进生物质能源的发展进程。

此外，农村作物秸秆的露地焚烧、畜禽粪便对大气和水体的污染、石油基地膜对土壤肥力的伤害，以及农林产品加工业的耗氧性废气废水等都造成了对生态和环境的严重伤害。发展生物质产业可以使之无害化和资源化，既减轻了环境压力，又发展了生产。

3. 为“三农”解困

生物质能源是以农林及其加工生产的有机废弃物，以及利用边际性土地种植的能源植物为原料进行生物能源和生物基产品的产业。生物质原料生产是农业生产的一部分，产品是农业产业链条的延伸，现代生物质产业是传统农业生产的一种拓展和延伸。正如美国在“开发和推进生物基产品和生物能源”的第 13134 号总统执行令中所说的：“美国这些领域的技术进步能在美国乡村给农民、林业者、牧场主和商人带来大量新的、鼓舞人心的商业和雇佣机会；为农林废弃物建立新的市场；给未被充分利用的土地带来经济机会。”“到 2020 年，通过生物基产品和生物能源生产，可以每年为农民增加 200 亿美元的收入。”

世界各国发展生物质产业总是与发展农村经济结合在一起的，这对我国这样一个有 8 亿农民，农业和农村经济还很落后，正在大力推进现代农业和社会主义新农村建设的农业大国具有更加重要的意义。在发展农村经济上，可以延伸生产链条，拓宽生产领域和农民增收渠道；在社会效益上可以推进农村工业化和中小城镇建设，缩小工农和城乡差别；在生态效益上可以通过对农林等有机废弃物或污染物的利用和使之无害化和资源化，推进资源化节约与循环使用，以及缓解农村秸秆、畜禽粪便和石油基地膜的三大污染，改善农村的环境状况，改善农村生活能源的消费水平和质量。

发展生物质能源产业将大大推进现代农业和社会主义新农村建设，是“工业反哺农业”“以工促农，以城带乡”的一条有效和可操作的途径。

1.1.2.6　我国生物质发展思路与原则

世界各国在发展生物质产业中，都将同时就有能源代替、改善环境和发展农村经济的三大功能，但各国国情和发展背景不同而侧重点各异，有着与本国相适应的发展方向和原则。

根据我国国情并参照国外的经验，在发展我国生物质能源产业上，中国农业大学石元春院士提出了“一矢三的，重在‘三农’；不争粮地，生态先行；多元发展，因地制宜；突出重点，中小为主；资源循环，环境优先”的五项发展思路和原则。

1. 一矢三的，重在“三农”

如果将生物产业比作“一矢”，则“三的”是指能源、环境和“三农”三个目标。

美国突出生物乙醇，战略重点在于替代车用燃料和缓解石油需求与进口压力；欧盟产品多元，战略重点是保护环境与替代能源并重；巴西甘蔗乙醇的战略重点是缓解石油进口压力到本国乙醇经济，扩大对外出口。在我国，能源，环境和“三农”的形势十分严峻，对生物能源产业都有急迫需求。

在发达国家，特别像美国和欧盟，能源消费需求及进口依存度高，对环境质量要求的压力大，因而对于石油替代和改善环境质量作为战略重点。而中国、印度和巴西等发展中国家。除能源和环境外，“三农”问题也是本国发展经济的难点和重点，特别是我国再经二三十年，生物质能源可能会占到总能源消费结构中的 10%左右，而“三农”可以以此为契机，将“以工哺农，以城带乡”落到实处，有利于对于农业的结构调整、现代农业建设、农民增收、发展农村工业和中小城镇、缩小工农和城乡差距以及社会安定和谐。其经济、政治和生态上的深渊影响是不可估量的。

从技术和经济层面上，生物质产业的基点在于原料生产，原料成本占总成本的60%～80%，产品利润空间和市场竞争能力也在很大程度上取决于原料。此外，生物质能源产业的难点也在于原料的生产，必须善于对原料选择与搭配；善于化解原料生产的分散性、季节性和不稳定性。做到稳定而持续的供应；善于与农民合作和利益的分割。必须把生物质能源产业的第一车间建在田间和保证他的有效运行。

2. 不争粮地，生态先行

在生物质能源发展的初期，美国2006年动用了16%的玉米生产乙醇；在欧洲，58%的油菜加工成生物柴油；德国8%耕地种植能源作物；瑞典46%耕地种植能源作物。但是，随着生物质能源生产规模和原料需求的急剧增长，对于耕地和农作物的压力也越来越大。

我国耕地和粮食十分紧缺，人均耕地不到世界平均数的一半，人均粮食低于世界平均水平，粮食安全和严格控制占用耕地是国家的长期战略。这个基本国情决定了我国发展生物质产业不能与农业争粮争地。20世纪末，我国曾发展以陈化粮为原料生产燃料乙醇，这是在当时特殊背景下的一种尝试。从长远考虑，原料应主要为农林有机废弃物和利用边际土地种植能源作物。

在我国近代农业的发展中，由于粗放和掠夺式经营，导致了大面积土地沙化和水土流失，生态修复和抑制继续恶化的任务很重。因此在生物质生产中，必须坚持生态先行原则，特别是阻碍开发边际性土地种植能源作物中，必须以防止水土流失和生态恶化为前提和条件，做好生态保护工程，做到生态生产双赢。

3. 多元发展，因地制宜

由于生物质原料的多元、产品的多种、需求的多样、自然条件的复杂，以及要和发展农村经济的结合，我国发展生物质能源产业必须走原料与产品多元化和因地制宜的道路，例如，南方以木薯和废糖蜜，北方以甜高粱和薯类生产燃料乙醇；丘陵山地的木本油料、棉区的棉子、冬闲地的油菜等生产生物柴油；作物秸秆富集区和林业剩余未富集区发展成型燃料及热电联产；规模化养殖区和工业有机废弃物集中区规模化生产沼气及纯化压缩加工；粮食加工区进行淀粉和生物塑料生产；北方半干旱四大沙漠种植旱生灌木，生态恢复和能源基地共建双赢。全国如此，省、市、县也依其本地资源特点和优势、技术条件和市场情况，因地制宜地进行原料和产品多元化布局与设计。

4. 突出重点，中小为主

与多元发展和因地制宜相呼应的是突出重点和中小为主。从国家到省、市、县，以及企业在因地制宜和多元发展的同时，需要突出主原料与主产品，作为发展重点，并做好本产业内部及相关产业间的综合平衡。以广西壮族自治区为例，同时拥有甘蔗和木薯两种能源作物，甘蔗制糖是广西的支柱产业和我国主要糖产来源，因此生物质能源的主原料不宜定位于甘蔗而在木薯，甘蔗乙醇反作为产品丰缺和价格涨落情况下的调节之用，巴西在这方面取得了成功经验。广西缺煤，但有大量宜林荒山，宜发展能有灌木，以木质成型燃料替代锅炉用煤，供热发电。南宁市民用液化天然气十分紧张，但郊区有许多木薯酒精生产厂，排放大量高COD废液污染环境，可以此废液为原料生产沼气，经纯化压缩后灌装灌输，替代液化天然气。

根据原料的多元、分散和产品需求的多样性，以及合理的原料收集半径和减少原料与产品进入市场的运输成本，加工生产企业应以中小型为主，一头紧靠原料基地，一头尽量接近产品市场。

5. 资源循环,环境优先

资源的循环利用与保护环境是相辅相成和相融一体的。积极开发利用农林加工及城市的有机废弃物,即促进资源循环利用,又有利于减少污染,保护环境。原料生产和加工生产过程中,也要做到资源循环利用和保护环境相辅相成。在利用边际性土地种植能源植物过程中,必须是科学施肥和田间管理,做到(营养)物质与能量的良性循环,才能保持高产出和持续发展。在生物质加工过程中产生的大量有机废水废渣,即是污染物,又是资源。每生产 1 t 木薯乙醇,要排放 12 t COD 值达 20 000～30 000 mg/L 的废水,需要消耗大量设备、能量和资金才能达标排放。如果利用其中的有机污染物生产沼气,每生产 1 t 木薯乙醇可联产 0.2～0.3 t 标准煤的热量,替代加工过程中的燃煤需要。

当前在生物乙醇等的加工中,都有不同程度的废水废渣的排放,必须坚持环境优先的原则,将达标排放与资源循环利用结合起来。

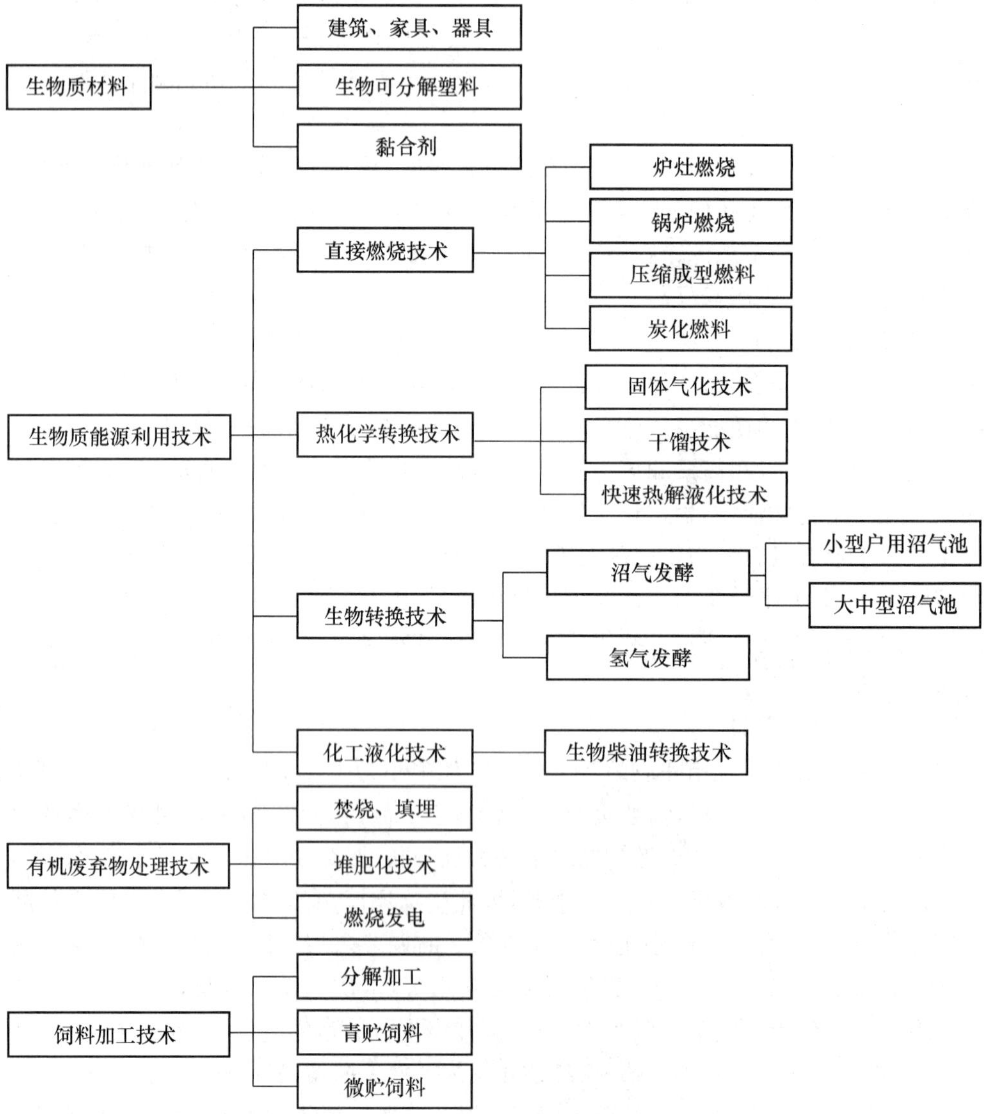

图 1-1 生物质利用技术途径

1.1.3　生物质利用技术途径

人类在发现化石燃料以前，一直依靠生物质获取食物、材料和能源。但随着利用煤炭、石油等密度大而方便的化石资源，生物质在人们生活中的地位下降。直到 20 世纪后半叶以后石油危机的出现，对化石资源的枯竭产生危机感，环境污染日趋加重的背景下，可再生的生物质资源重新得到重视，在全球范围内兴起生物质利用技术开发高潮。

总之，应开发多条途径，把最合适的材料以最合适的方式用于最合适的地方。

纵观国内外已有的研究成果，可归纳如下的利用技术途径（见图 1 - 1）。

1.2　生物质的特征

1.2.1　生物质的类型

生物质资源种类繁多，分布广泛，包括所有生物的残体和代谢物，对此还没有统一的分类方法。随划分的标准不同，可见多种分类方法。如，根据状态不同可分为：绿色生物质和非绿色生物质、固体生物质和液体生物质；按有效成分可分为：糖用生物质、淀粉用生物质、纤维素用生物质、油料生物质、蛋白用生物质、活性物原料生物质；按照来源不同可分为：①农林主产品，包括玉米、小麦水稻等谷物的一部分、油菜、向日葵、麻风果等果实；②种植农业废弃物，主要有各种作物秸秆、甘蔗叶、椰子叶、棕榈枝叶等；③林业废弃物，包括枝杈柴、薪柴等；④园林废弃物，包括修剪枝条、割草等；⑤养殖废弃物，主要为动物粪尿及养殖场废水废渣；⑥加工废弃物，包括稻壳、玉米芯、甘蔗渣、花生皮酒糟、醋糟、菊花粉、椰子壳、椰子皮、棕榈壳、废水和黑色液体、屠宰废弃物等；⑦生活废弃物及人粪尿；⑧能源生物，包括甜高粱、木薯、柳枝稷等纤维植物、速生林、蓝藻类等。

1.2.2　生物质的化学组成与特点

生物质基本上由糖类、淀粉、蛋白质、油脂、纤维素、半纤维素和木质素组成，它们属于可再生资源，与逐年减少的化石燃料不同，可以年年产生。

生物质在 400℃下 70%～80%的组分可挥发分解逸出，而煤在 800℃下仅放出 30%的组分，因此将生物质转换为气体燃料比较容易。另外，与化石燃料相比生物质类物质含碳少，产热值低，但由于比化石类燃料的含氧量几乎高 1 倍，反应活性高，这也是目前将生物质气化生产生物质燃料的可行性原因之一。各种生物质原料产热值情况见表 1 - 1。

较低的含硫量使得其在燃烧过程中比较清洁，对空气污染少，除了稻草和稻壳等含灰分较多外，生物质的灰分含量普遍较低，开发利用过程中容易控制。

但是生物质的营养成分较低，质地粗糙，适口性差，像秸秆类资源在反刍动物的饲料利用上具有一定的局限性。

此外，由于目前国家之间以及国内不同的地区间地质地貌等诸多方面的差异，生物质资源比较分散，存在着分布不均、收集困难等原因。

表 1-1　各种生物质材料的热值　MJ/kg

种　类	最高产热值	最低产热值
玉米秸秆	16.90	15.54
高粱秸秆	16.37	15.07
棉花秸秆	17.37	16.00
大豆秸秆	17.59	16.15
小麦秸秆	16.67	15.36
水稻秸秆	15.24	13.97
谷物秸秆	16.31	15.01
人粪	—	18.841
猪粪	—	12.560
牛粪	—	13.861
羊粪	—	15.491
兔粪	—	15.491
鸡粪	—	18.841

1.3　生物质能源及非能源生物基产品的潜力

1.3.1　生物质能源的潜力

1.3.1.1　生物质能源分类

生物质能源是指将生物质资源转化成的固态、液态和气态的能源产品，主要有以下种类(图 1-2)。

- 生物质能源
  - 液态生物能源
    - 燃料乙醇
    - 生物柴油
  - 固态生物能源
    - 成型颗粒燃料
  - 气态生物能源
    - 生物天然气
    - 生物质气化
    - 生物产氢

图 1-2　生物质能源分类

1.3.1.2　生物质能源利用前景

1. 燃料乙醇

燃料乙醇是从植物中获取的糖经过发酵得到的，多以淀粉类植物为原料，在美国，普遍以玉米作为原料；在巴西，则是以甘蔗作为原料；木薯作为燃料乙醇原料的情形也比较普遍。目前燃料乙醇是生产技术最成熟，应用规模最大和商业化程度最高的生物燃料。E10 到 E85 的混合燃料、加油站和燃料汽车都很完善。它已经成为替代石油、减少温室气体排放和促进农村经济的新的经济增长点，成本和价格的市场竞争力也较强。

我国能源最紧缺的是石油，我国粮食十分紧缺，人均粮食低于世界平均水平，粮食安全是国家的长期战略国策。这个基本国情决定了我国燃料乙醇生产不能争粮。20 世纪末，我国曾发展以陈化粮为原料生产燃料乙醇，这是在当时特殊背景下的一种尝试。我国已具有生产和使用燃料乙醇的实践基础，每年生产能力 130 t，并已在 5 省和 27 个市推广使用乙醇汽油。从长远考虑，原料应主要为农林有机废弃物和能源作物（木薯、甘蔗、甜高粱）。仅木薯一项，就可以发展 300 万 hm^2 和生产 1 500 万 t 燃料乙醇的潜力，纤维素乙醇技术突破后，每年约有 4 亿 t 能源可用作物秸秆做原料。

2. 生物柴油

生物柴油是清洁的可再生能源，它以大豆和油菜子等油料作物、油棕和黄连木等油料林木果实、工程微藻等油料水生植物以及动物油脂、废餐饮油等为原料制成的液体燃料，是优质的石油柴油代用品。一般以 20% 的比例混掺到石化柴油中，称 B20 柴油。目前，原欧盟 15 个成员国年产生物柴油约 200 万 t，占世界生物柴油总产量的 90%，其中德国占到了约 150 万 t。据介绍，目前制约生物柴油发展的难题，主要是原料昂贵、来源不稳定。由于各国多采用油料植物、粮食作物等原料，成本高、生长周期长并受环境限制，因此生物柴油的价格远高于传统柴油。

我国目前每年尚需进口 400 万～500 万 t 食用油和 2 000 万 t 大豆，且原料油脂价格高于产品价，因此，不能像欧洲那样以油菜和大豆作为生物质能源原料，而应该以非食用油油脂为主。非食用油油脂有三大类：一是利用棉区的棉子油和南方的冬闲地的菜子油；二是厨余油脂和废弃动物油脂；三是开发麻风树、黄连木、油棕等木本油料林。

3. 成型颗粒燃料

成型颗粒燃料，主要指生物质（秸秆）致密成型燃料是将生物质（林业废弃物和农作物秸秆）进行加工、生产出的一种具有要求密度和热值的燃料。成型燃料是一种优质的煤的替代燃料，其易储存、易运输、能量密度高。目前成型燃料生产技术大部分已经成熟，并达到规模化和商品化。利用的方式，一是打捆直接燃烧，二是气化，利用燃气发电。900 万人口的瑞典年颗粒燃料使用量为 150 万 t，约 25% 的集中供热是生物质颗粒燃料完成的；600 万人口的丹麦年消费成型燃料 70 万 t。

我国生产成型燃料的资源十分丰富，据统计我国 2007 年林业废弃物有 12 514 万 t，折合标煤 7 166 万 t，秸秆废物总量 7.04 亿 t，折合标煤 3.55 亿 t。这些资源利用率的，浪费严重。这些数量巨大资源可以用来生产成型燃料。最近几年成型燃料技术得到了快速发展，关键技术和配套设备已基本解决，国家政策对可再生能源的循环利用提供了良好的开发环境。未来生物质成型燃料的生产和利用将会在国内广大农村和城镇迅速展开，应用前景十分广阔。

4. 生物天然气

在欧洲，现代化的沼气生产、加工和应用越来越受到重视和普及：一是原料相对集中的进行厌氧发酵，为小区供热发电；二是经压缩净化后的沼气用于运输燃料或民用燃气和发电。现代沼气的生产加工技术设施、电站、加气站和使用沼气的汽车，以及商业化运行系统已经成熟。

我国在 20 世纪 60 年代就开始在农村推广沼气使用，2006 年已有户用沼气池 1 800 万处和大中型沼气工程 1 500 处，年产沼气 80 亿 m^3。在巩固、发展和提高传统沼气生产运用的同时，重点引进和发展工业化和规模化的现代沼气生产和应用技术，提高商品率。我国生产沼气原料资源十分丰富，其中工业和城市污水每年排放量 557 亿 t(2007) 估计所含 COD（化学需氧量）接近 2 000 万 t，沼气年产量 110 亿 m^3。畜禽粪便厂每年产粪便量 30.87 亿 t（鲜重），COD 含量 7 000 万 t 以上。城市垃圾填埋量 1.2 亿 t（干重，2000 年）。全用于沼气发酵可产生 900 亿 m^3

天然气，比 2008 年我国天然气实际消费量还多近 200 亿 m^3。在未来，生物天然气发展潜力巨大，前途无量。

5. 生物质气化

生物质气化过程简单、对设备要求不高，但是能量转化率低(所产生气体的能量一般为生物质所含能量的 60%～70%，最高为 75%)、燃气热值低(仅为 4～6 MJ/Nm^3)、焦油含量高且燃气被焦油和颗粒污染，亦缺乏有效的净化技术，不能灵活使用热值不同的多样化生物质原料，并且气化过程还需要能量。国际上在生物质气化方面的发展趋势则是在气化得到合成气(syngas)的基础上，再经 FT(Fischer-Tropsch)合成得到生物柴油或化工产品，或者是将合成气甲烷化。

6. 生物产氢

生物产氢的重要发展方向是以生物质为原料制取氢气。该项技术的应用将不仅局限于产生高浓度有机废水的食品加工、发酵等行业，而且还可以用城市污水处理厂的剩余污泥、生活垃圾等其他有机废弃物为原料生产氢气。意大利 ETA 公司等开发了生物质直接气化制氢技术，过程简单、产氢速度快，显示出巨大潜力，成本显著低于生物质发电再电解制氢、乙醇制氢等技术，欧洲正在积极推进这项技术的开发。尽管氢被炒得很热，但是"氢经济"的始作俑者美国却始终保持着清醒的头脑，根据美国能源政策委员会 2004 年的年终报告，通过对氢的原料可供给性、CO_2 减排性、与现有基础设施的相容性、到 2020 年与汽油的竞争性等 4 项指标的比较，认为氢还不具备竞争优势。据美国科学院预测，氢需要再经过 50 年的全力研发后才能显示出其优越性。

1.3.2 非能源生物基产品的潜力

非能源生物基产品是指利用农业废弃物、植物基淀粉和木质纤维素材料为原料，生产各种生物基材料及化工用品。例如以淀粉为原料，经乳酸发酵产生乳酸，在聚合生产聚乳酸(PLA)，其是可降解塑料；生物乙醇本身就是一种基本的有机化工产品，可以衍生出乙烯、丁二烯、环氧乙烷等下游化工产品；生产生物柴油也有其共生品甘油、脂肪酸甲酯及其他脂类衍生物；植物中的半纤维素水解得到木糖，木糖加氢可生产功能食品木糖醇。

生物基材料及化工用品可以代替石油基化工产品，即解决了环境污染问题，也解决了原料的可持续问题。这也是其他没有物质性生产能力的可再生能源和新能源(核能、风能、太阳能)所不具备的。可以预见，未来以生物质资源为原料的生产的生物基材料及化工用品将迎来大发展。

参考文献

[1] 姚向君，田宜水. 生物质能资源清洁转化利用技术. 北京：化学工业出版社，2005.

[2] 袁振宏，吴创之，马隆龙. 生物质能利用原理与技术. 北京：化学工业出版社，2005.

[3] 钱易，唐孝炎. 环境保护与可持续发展. 北京：高等教育出版社，2000.

[4] Bhattacharya S C, Abdul Salam P, Hu Runqing, Somashekar H I. An Assessment of The Potential for Non-plantation Biomass Resources in Selected Asian Countries for 2010. Biomass and Bioenergy, 2005(29): 153 - 166.

[5] Li Junfeng, Hu Runqing, Song Yanqing, Shi Jing li, etc. Assessment of Sustainable Energy Potential of Non-plantation Biomass Resources in China. Biomass and Bioenergy, 2005(29): 167 - 177.
[6] 龚运淮,陈惠泉,尹士恩. 生物质能源的开发前景. 云南化工,1995(1):23.
[7] 石元春. 决胜生物质. 北京:中国农业大学出版社,2011.
[8] 杜祥琬,等. 中国可再生能源发展战略研究丛书. 北京:中国电力出版社,2008.

资 源 篇

第 2 章　废弃物资源

原料是产业发展之本，生物质产业更是重在原料，当加工技术成熟之后原料是最终制约生物质产业规模的限制因素。生物质利用技术常常始于废弃物资源的利用，因此废弃物资源是生物质资源的主体。废弃物资源种类繁多分类方法也各异，本章主要介绍农业废弃物、林业废弃物、加工废弃物以及生活废弃物。

2.1　农业废弃物

我国农业废弃物资源主要包括农作物秸秆、畜禽粪便等。

2.1.1　农作物秸秆资源

在农业生产过程中，收获了小麦、玉米、稻谷等农作物以后，残留的不能食用的根、茎、叶等废弃物统称为秸秆。它是我国农村传统的生活用能，大部分作为农民炊事和取暖的燃料。每年秸秆产生的数量取决于当地气候条件、土壤条件和采用的农业技术。一般根据农作物产量和各种农作物的草谷比，可以大致估算出各种农作物秸秆的数量，即

$$农作物秸秆产量=农作物产量\times 草谷比$$
$$农作物产量=播种面积\times 单位面积产量$$

2.1.1.1　农作物秸秆资源分布

我国是一个农业大国，农作物秸秆主要集中分布在河北、内蒙古、辽宁、吉林、黑龙江、江苏、河南、山东、湖北、湖南、江西、安徽、四川、云南等粮食主产区。考虑到收集成本，单位国土面积秸秆资源量高的地区依次为山东、河南、江苏、安徽、河北、上海、吉林、湖北（表 2-1）。

表 2-1　2004 年我国单位国土面积的秸秆资源量

秸秆资源量/(t/hm^2)	分布地区
0～57	新疆、西藏、青海、内蒙古、甘肃、宁夏、云南
57～87	四川、陕西、山西、广西、贵州、海南、黑龙江、吉林、浙江、福建
87～158	广东、湖南、湖北、江西
158～331	山东、河南、江苏、安徽、河北、上海、辽宁

2.1.1.2　农作物秸秆资源量及其所含能量

如表 2-2 所示，2007 年全国九大作物的秸秆总量是 7.04 亿 t，排在前 4 位的是玉米、小

麦、稻谷和油料，分别为 3.05 亿 t、1.49 亿 t、1.16 亿 t 和 0.51 亿 t。以各类秸秆的热值可以分别折算成标煤，玉米、小麦、稻谷和油料秸秆分别相当于 1.61 亿 t、0.75 亿 t、0.50 亿 t 和 0.27 亿 t 标煤，其他是 0.42 亿 t 标煤，秸秆产能总量是 3.55 亿 t 标煤，其中玉米秸秆占产能总量的 45.5%（图 2-1）。作物秸秆的集中产区与主要粮食产区是一致的，按省（区）的前 10 名排序是河南、山东、黑龙江、河北、吉林、江苏、四川、湖南、湖北和内蒙古，多在我国东部产粮区。

表 2-2　2007 年九大作物的秸秆产量及产热量

农作物名称	作物产量/万 t	草谷比	秸秆量/万 t	秸秆量/%	折标煤系数	折标煤量/万 t	折标煤量/%
稻谷	18 603	1∶0.623	11 590	16.5	0.429	4 972	14.0
小麦	10 930	1∶1.366	14 930	21.2	0.5	7 465	21.0
玉米	15 230	1∶2.0	30 460	43.3	0.529	16 113	45.5
杂粮	869	1∶1	869	1.2	0.50	435	1.2
豆类	1 720	1∶1.5	2 580	3.7	0.543	1 401	3.9
薯类	2 808	1∶0.5	1 404	2.0	0.486	682	1.9
油料	2 569	1∶2.0	5 137	7.3	0.529	2 718	7.6
棉花	762	1∶3.0	2 287	3.2	0.543	1 242	3.5
甘蔗	11 295	1∶0.1	1 130	1.6	0.441	498	1.4
合计		—	70 387	100.0	—	35 526	100.0

注：作物产量引自《中国农业年鉴，2008》，甘蔗秸秆仅为叶部，折标系数取自《中国可再生能源发展战略研究丛书·生物质能卷》。

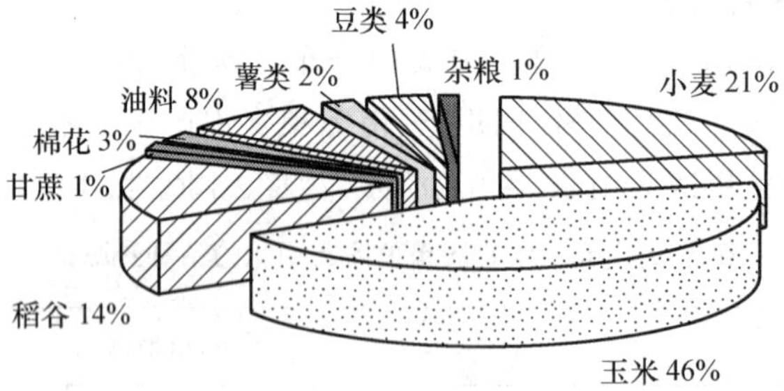

图 2-1　2007 年中国九大农作物秸秆产能百分比

（来源：石元春，决胜生物质）

作物秸秆的利用方式主要有还田、饲料、工业原料、薪柴和露地焚烧（图 2-2）。其中，还田占 15%、饲料 20%、工业原料 4%、薪柴 45%、露地焚烧 16%。依此参数，2007 年中国九大作物的 7.04 亿 t 秸秆的去向中约有 61%可用于能源，即在不改变秸秆现有用途的前提下，每年约有 4.3 亿 t 秸秆可作为生物质原料。

中国秸秆的利用方式很多，主要分为能源化利用、直接还田、饲料化利用、作为工业原料以

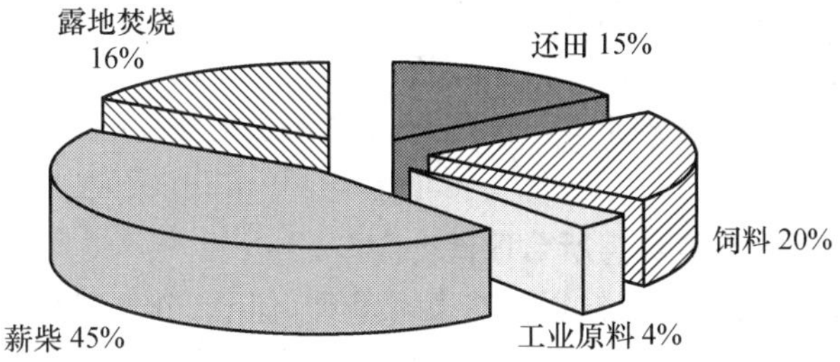

图 2-2　中国作物秸秆的五大去向

（来源：石元春，决胜生物质）

及食用菌基料等。各地经济发展水平、产业结构不同，其利用方式也不相同。

(1)秸秆能源化利用。秸秆能源化利用的主要方式有直接燃烧（包括通过省柴灶、节能炕、节能炉燃烧及直燃发电）、固体成型燃料技术、气化（包括生物质燃气、沼气）和液化（包括燃料乙醇和生物柴油）等。到 2007 年底，全国已累计推广省柴节煤炉灶 1.5 亿户，节能炉 3 470 万户，节能炕 2 000 万铺，普及率达到 70%以上，热效率提高了 10 个百分点，节约了大量的生物质资源，有效缓解了农村能源的紧张局面。秸秆优质能源化利用也取得初步成果，建成秸秆集中供气站 734 处，秸秆沼气 5 万余户，秸秆固体成型燃料示范点 54 处。截至 2007 年 11 月，由各级发改委核准秸秆发电项目 81 处，建成并投产达 17 处，总装机容量达 40 万 kW。

(2)秸秆直接还田。秸秆直接还田主要有机械粉碎翻压还田和覆盖还田两种方式。2005 年全国秸秆机械化还田总面积为 1 934 万 hm^2，占当年播种面积的 12.9%；免耕覆盖还田面积 271 万 hm^2，占当年播种面积 1.8%。

(3)秸秆作为饲料养畜。目前，全国秸秆养畜示范县已发展到 30 个省区市的 485 个县，其中秸秆养牛示范县 323 个，秸秆养羊示范县 162 个，青贮、氨化秸秆数量以及饲用秸秆量逐年上升。2004 年全国青贮秸秆 1.7 亿 t（鲜质量），氨化（含微贮）秸秆 5 100 万 t，两项折算节约饲料量 3 800 万 t。

(4)秸秆作为工业原料秸秆纤维作为一种天然纤维素纤维，生物降解性好，可以作为工业原料。其中，最主要作为纸浆原料。造纸用麦草占麦草总量的 30%以上，主要集中在麦草产区的河南、山东、河北等省。据中国造纸协会对综合信息资料调查，2006 年全国纸及纸板生产量 6 500 万 t，全国纸浆消耗总量 5 992 万 t。其中，禾草浆消耗量约 830 万 t，比上年有所增加，但所占纸浆消耗总量的比例呈降低趋势。

(5)秸秆作为食用菌基料秸秆中含有丰富的碳、氮、矿物质及激素等营养成分，且资源丰富、成本低廉，因此很适合做多种食用的培养料。据中国食用菌协会对全国 25 个省市区统计，2005 年食用菌总产量 1 334 万 t。其中，产量超过 10 万 t 有 4 个省：河南 201 万 t、福建 178 万 t、山东 13 万 t、江苏 100 万 t。如果按照基料和食用菌 1∶1 的比例进行推算，秸秆使用量将不超过 1 000 万 t。

2.1.2　主要畜禽粪便资源

2.1.2.1　主要畜禽粪便资源分布

我国养殖业发展历史悠久，繁殖和喂养的畜禽种类很多。近年来，随着中国经济的迅速发展和人民生活水平的普遍提高，我国特别重视农副产品的发展，特别在一些大中城市建立了众多的大中型现代化、集约化养殖场。畜禽粪便资源量最丰富的 8 个省(区)排序是河南、山东、河北、四川、湖南、云南、吉林及湖北，合计折标煤 5 815 万 t，占全国畜禽粪便产能总量的 52.9%，如表 2-3 所示。

2.1.2.2 主要畜禽粪便资源量及其所含能量

我国主要的畜禽是鸡、猪和牛，根据这些畜禽品种、体重、粪便排泄量等因素，可以估算出粪便的资源量。如表 2-4 所示，2007 年的畜禽粪便实物量为 12.47 亿 t，可开发量为 8.84 亿 t，其中牛、猪、鸡粪分别为 4.46 亿 t、3.39 亿 t 和 0.80 亿 t。牛、猪、鸡粪便的能值分别为每千克 13 799 kJ、12 545 kJ 和 18 817 kJ，折算的年产能分别是 3 934 万 t、2 909 万 t 和 4 139 万 t(标煤)，合计为 1.098 3 亿 t 标煤。

表 2-3 2007 年全国及排名前 8 位省(区)的畜禽粪便资源量(折标煤) 万 t

地区	牛粪*	猪粪	商品鸡粪	蛋鸡粪	合计
全国	3 934.2	2 909.0	1 363.6	2 794.2	10 982.7
河南	382.8	231.1	85.6	422.5	1 121.9
山东	211.9	188.1	298.5	363.2	1 061.8
河北	176.4	152.6	57.3	606.1	992.4
四川	365.8	309.4	59.9	108.7	843.8
湖南	151.4	248.0	52.3	49.8	501.5
云南	269.5	130.6	12.9	29.4	442.4
吉林	200.3	60.3	66.7	100.3	427.6
河北	116.5	161.2	22.8	122.7	423.3

注：数据根据《中国畜牧业年鉴 2008》推算；* 根据《中国统计年鉴，2008》推算。

表 2-4 牛、猪、鸡排粪量及可开发资源量(2007)

项目	牛	猪	肉鸡	蛋鸡
体重/kg	500	50	1.5	1.5
饲养(出栏)周期/d	365	150	60	365
一昼夜排粪量/(kg/头)	20	4	0.1	0.1
一年排粪量/(t/头)	7.3	0.6	0.006	0.036 5
年饲养数量/(万头、万只)	10 595	56 508	726 438	248 046
粪便资源量/(万 t/年)	77 343	33 905	4 359	9 054
粪便收集系数	0.60	1.00	0.60	0.60
粪便可开发量/万 t	46 406	33 905	2 615	5 432
a. 干物质含量/%	18	20	80	80
b. 标煤折算系数	0.471	0.429	0.643	0.643
c. 折合后的标准量(标煤)/万 t	3 934.2	2 909.0	1 345.3	2 794.2
折合后的标准量合计(标煤)/万 t	10 982.7			

(来源：石元春，决胜生物质)

无论是个体养殖，还是大中型规模养殖，产生的大量污水、粪便，难以用传统的还田方式处理，如果处理不当，对环境、饮用水源和农业生态造成严重危害。最为理想的处理方式是进行厌氧发酵产生沼气，并且经厌氧消化的沼渣和沼液中不仅保留了有机物分解后所生成的各种养分，还含有生长素、维生素、有机酸、氨基酸等多种活性物质，而且在沼气发酵过程中绝大多数的有害生物被杀死，因此沼渣沼液适宜用做农用灌溉、生产有机肥等。

针对个体养殖和大中型规模养殖，到 2008 年年底，我国农户沼气池数达 2 857 万个，有"一池三改"(改猪圈、改厕所、改厨房，修一个沼气池)，"四合一"(厕所 - 猪圈 - 沼气 - 温室大棚)、"猪、沼、果"等多种模式。大中型养殖场配套的大型(消化器容积$>$1 000 m^3)沼气池 2 761 处(农业部能源环保技术中心资料，2009)。

目前畜禽规模化养殖的比重不大，但从发展趋势看，以广东、山东、河南和河北 4 省的大中型畜禽养殖场粪便污水可获得量最多，分别为 115.85 万 t、113.38 万 t、103.73 万 t 和 70.06 万 t(均为折标煤)，合计占全国总量的 40%左右。大中型养殖场主要集中在大中城市与农村结合地带，近 70%集中于东部沿海地区和北京、天津、上海和广东等大城市周边，中部地区的大中型养殖场占全国的 23%左右，西部地区只占 7%。畜禽规模化养殖场是发展产业沼气的重要基地。

2.2 林业废弃物

林业废弃物主要包括林业"三剩物"(采伐剩余物、造材剩余物、木材加工剩余物)和废旧木质材料。

(1)林业"三剩物" 采伐剩余物主要包括枝丫、树梢、树皮、树叶等，由于不同地区森林类型不同、树种不同、木材的利用方式不同，采伐剩余物的比例有很大的差别。从全国总体水平看，树干是林木生物量的主要部分，约占 70%；树枝、叶约占 30%。

根据各大林区采伐数据和样地数据，经不完全测算，采伐剩余物、造材剩余物合计约占林木生物量 40%。根据国务院批准的"十一五"期间年森林采伐限额，全国每年限额采伐指标 2.5 亿 m^3，换算为生物量 2.9 亿 t，经测算，每年可产生采伐、造材剩余物 1.1 亿 t。

(2)废旧木材 我国每年因危房改造和家具更新淘汰下来可开发利用的废旧木材资源多达数千万立方米；我国每年产生的总量约 60 亿 t 的城市垃圾中，各类木材制品抛弃物就大约占 1%，即 0.6 亿 t，折合材积约为 0.85 亿 m^3。

2.2.1 主要林木生物质能资源分布

2.2.1.1 林业"三剩物"资源分布

1. 林业采伐剩余物和造材剩余物资源分布

(1)东北地区及东北内蒙古重点国有林区 东北地区三省及东北内蒙古 4 个重点国有林区的"十一五"期间年森林采伐限额占全国的 12.6%；年森林采伐剩余物和造材剩余物合计 1 442.5 万 t，占全国的 13.0%。从剩余物量看，东北地区国有森工集团年森林采伐剩余物都在 100 万～200 万 t 之间，总量只有 570.4 万 t，仅占东北地区采伐剩余物和造材剩余物总量的 40.1%。地方林业系统是采伐剩余物产出的主体，其中数量最大的是黑龙江，达到 393.7 万 t；其次是吉林为 276.7 万 t(图 2 - 3)。

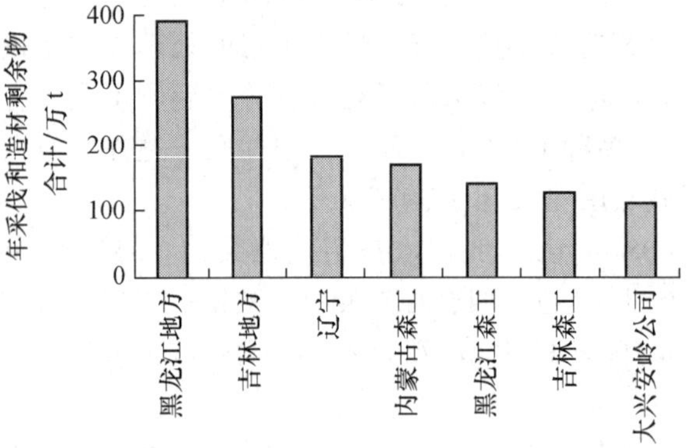

图 2-3 东北地区及东北内蒙古重点国有林区年采伐剩余物和造材剩余物总量分布图

(来源:全国生物质能开发利用工作会议文集)

(2)华北地区 华北地区主要包括北京、天津、河北、内蒙古和山西等 5 个省(区、市),其“十一五”期间年森林采伐限额仅占全国的 3.3%;年森林采伐剩余物和造材剩余物合计 438.6 万 t,仅占全国的 4.0%。华北地区的年森林采伐剩余物和造材剩余物占全国的比重较小,在此区域中,内蒙古地方年森林采伐剩余物和造材剩余物数量较大,为 286.3 万 t,占该区域的 54.0%;河北 136.8 万 t,占该区域的 31.2%;其他三省市合计为 65.0 万 t,占该区域的 14.8%(图 2-4)。

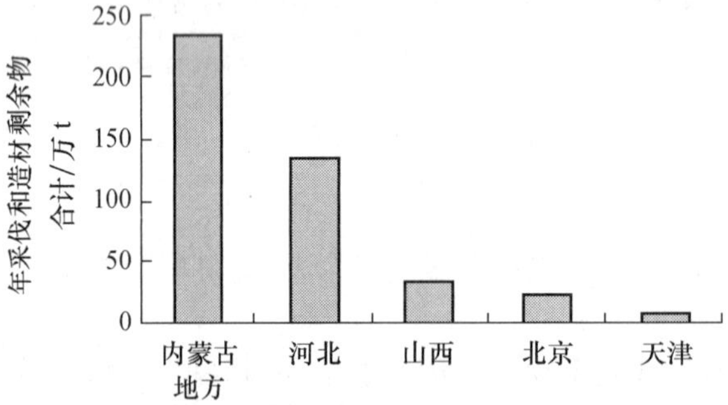

图 2-4 华北地区年采伐剩余物和造材剩余物总量分布图

(来源:全国生物质能开发利用工作会议文集)

(3)西北地区 西北地区包括陕西、甘肃、宁夏、青海和新疆 5 个省(区),该区自然条件较差,生态环境脆弱,森林资源稀少,其“十一五”期间年森林采伐限额仅占全国的 3.3%;年森林采伐剩余物和造材剩余物合计 469.0 万 t,仅占全国的 4.3%。西北地区的年森林采伐剩余物和造材剩余物占全国的比重较小,在此区域中,陕西年森林采伐剩余物和造材剩余物数量较大,为 241.6 万 t,占该区域的 51.5%;新疆 118.5 万 t,占该区域的 25.3%;其他三省市合计为 108.9 万 t,占该区域的 23.2%(图 2-5)。

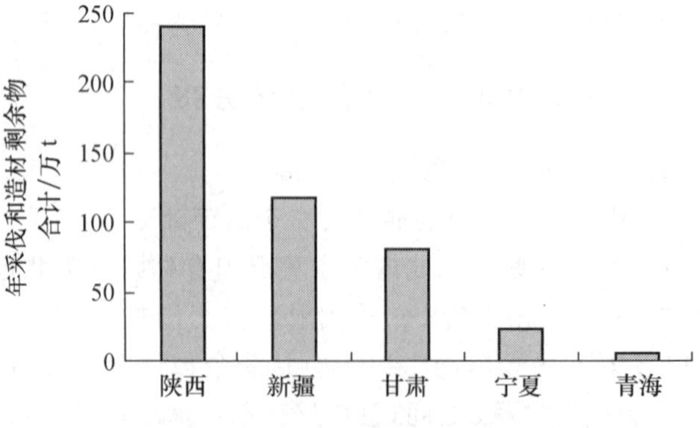

图 2-5 西北地区年采伐剩余物和造材剩余物总量分布图

(来源:全国生物质能开发利用工作会议文集)

(4)西南地区 西南地区包括重庆、四川、云南、贵州、西藏 5 个省(区、市),是我国重要的有色金属资源、水电开发、粮油生产、林业生态和畜牧业生产基地,森林类型多样,树种丰富。西南地区五省(区、市)“十一五”期间年森林采伐限额占全国的

22.5%;年森林采伐剩余物和造材剩余物合计 2 640.4 万 t,占全国的 24.2%。西南地区的年森林采伐剩余物和造材剩余物占全国的比重较大,其中云南年森林采伐剩余物和造材剩余物数量较大,达到 1 307.3 万 t,占该区域的 49.5%;贵州、四川也在 200 万 t 以上(图 2-6)。

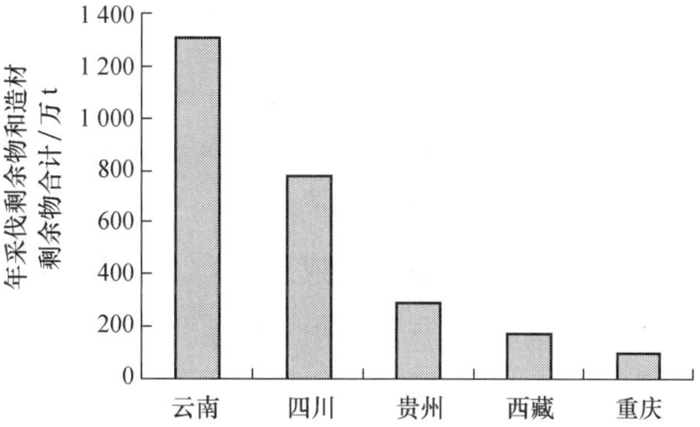

图 2-6　西南地区年采伐剩余物和造材剩余物分布图

(来源:全国生物质能开发利用工作会议文集)

(5)华南地区　华南地区包括广东、广西、海南、福建 4 个省(区),地形复杂,气候炎热多雨,分布有南亚带常绿阔叶林、热带雨林和季雨林。华南地区四省(区)"十一五"期间年森林采伐限额占全国的 28.6%;年森林采伐剩余物和造材剩余物合计 2 772.0 万 t,占全国的 25.4%。华南地区的年森林采伐剩余物和造材剩余物数量在全国几个区域中最大,其中广西、福建都接近 1 000 万 t,这 2 个省的总量占此区域的 69.6%;广东也在 600 万 t 以上,占此区域的 23.5%(图 2-7)。

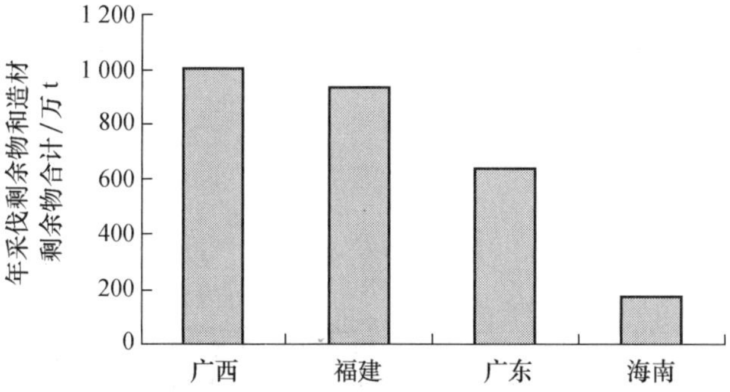

图 2-7　华南地区年采伐剩余物和造材剩余物分布图

(来源:全国生物质能开发利用工作会议文集)

(6)华东地区　华东地区包括上海、江苏、浙江、山东 4 个省(市),该区临近海岸地带,森林类型多样,树种丰富,低山丘陵以常绿阔叶林为主。华东地区 4 个省(市)"十一五"期间年森林采伐限额占全国的 4.9%;年森林采伐剩余物和造材剩余物合计 561.5 万 t,仅占全国的 5.1%。华东地区的年森林采伐剩余物和造材剩余物数量在全国几个区域中所占比例较小,其中浙江 304.2 万 t、山东 203.0 万 t,这两省的总量占此区域的 90.3%;江苏,上海仅占此区域的 9.7%(图 2-8)。

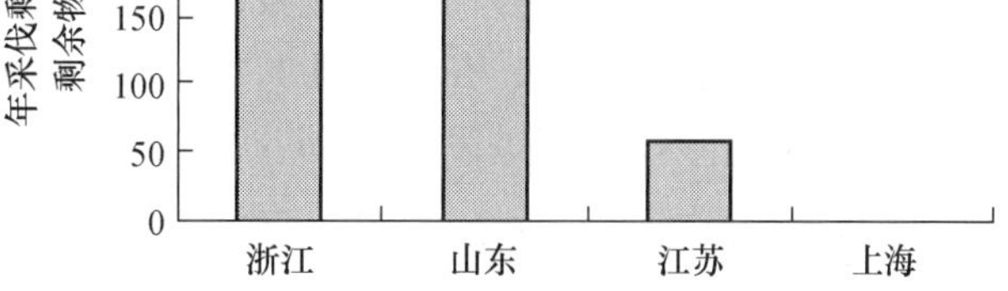

图 2-8　华东地区年采伐剩余物和造材剩余物分布图

(来源:全国生物质能开发利用工作会议文集)

(7)华中地区　华中地区包括安徽、江西、河南、湖北、湖南 5 个省,华中地区 5 个省"十一五"期间年森林采伐限额占全国的 24.4%;年森林采伐剩余物和造材剩余物合计 2 585.5 万 t,占全国的 23.7%。华中地区的年森林采伐剩余物和造材剩余物数量在全国几个区域中所占比例较大,各省均在 200 万 t 以上,其中湖南 845.1 万 t,占此区域的 32.7%;江西

804.9 万 t,占此区域的 31.1%;湖北、安徽、河南占此区域的 36.2%(图 2-9)。

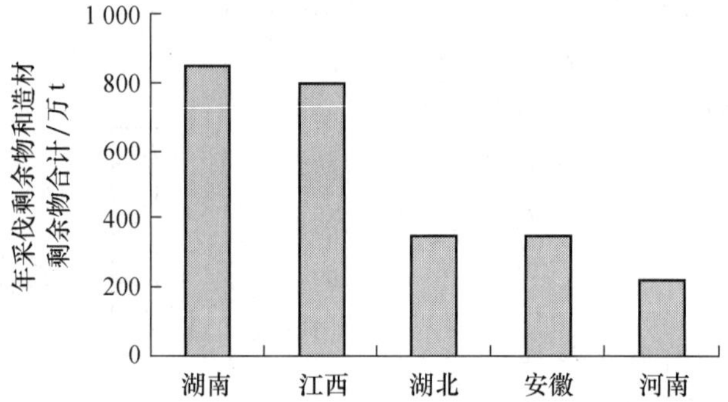

图 2-9 华中地区年采伐剩余物和造材剩余物分布图

(来源:全国生物质能开发利用工作会议文集)

2. 木材加工剩余物的数量和分布

从总体情况看,木材加工剩余物产出最多的是山东、江苏、河北等省,木材加工剩余物的产出量在 400 万 t 以上,浙江、福建、广东、江西、湖南、安徽木材加工剩余物的产出量在 100 万~400 万 t(图 2-10)。

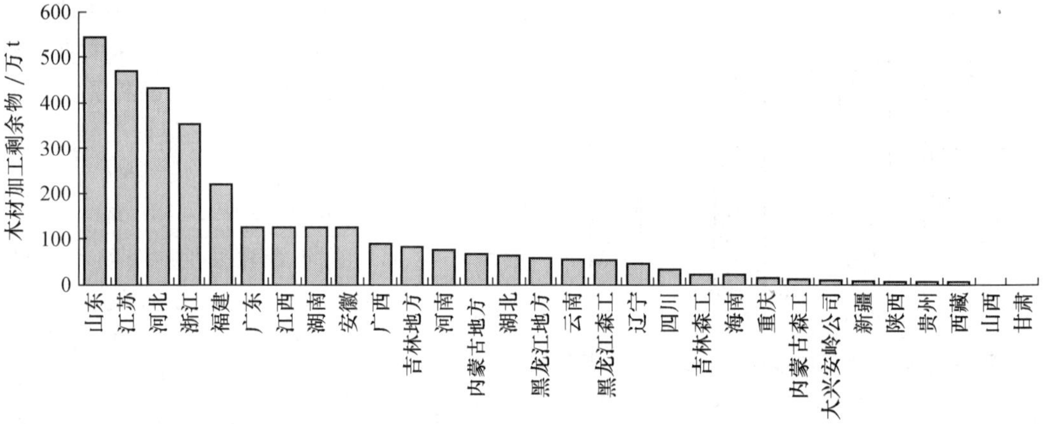

图 2-10 各省(区)木材加工剩余物分布图

(来源:全国生物质能开发利用工作会议文集)

木材加工剩余物主要来源于商品材,农民自用材主要用于房屋建设和薪材,产出的剩余物很少,商品材多数用于木材加工企业,产出的剩余物比较多,进入制材厂的原木,从锯切到加工成木制品,将产生树皮、板皮、边条和下脚料、锯末和刨花等剩余物。根据有关资料,木材加工剩余物数量为原木的 34.4%,其中,板条、板皮、刨花等占全部剩余物的 71%,锯末占 29%。根据有关部门的不完全统计,全国各地的木材加工企业年加工能力 7 245.9 万 m^3,其中,锯材为 1 597.5 万 m^3,人造板 5 648.4 万 m^3,木材加工剩余物 0.3 亿 t。

2.2.2 主要林木生物质能资源量及其所含能量

根据国家林业局关于“十五”期间和“十一五”期间年采伐限额审核意见以及全国第五次森林资源清查结果和第六次森林资源清查结果的对比,全国人工林年采伐限额增加

7 087.2 万 m^3，天然林年采伐限额减少 4 581.9 万 m^3；商品材年采伐限额增加 4 179.5 万 m^3，非商品材年采伐限额减少 1 674.2 万 m^3。按“十五”期间和“十一五”期间年采伐限额，木材采伐和加工剩余物资源量为 7 464 万～8 056 万 t，折算标煤分别为 4 255 万～4 592 万 t(表 2-5)。

表 2-5　“十五”和“十一五”期间年木材采伐限额及木材采伐、加工剩余物资源量估算

项目	采伐量/万 m^3	出材量/万 m^3	采伐出材率/%	加工出材率/%	采伐剩余物/万 m^3	加工剩余物/万 m^3	剩余物合计		折合标煤/万 t
							万 m^3	万 t	
“十五”期间									
商品材	11 590	6 944	59.9	40	4 647	2 777	7 424	3 712	2 116
非商品材	10 720	5 360	50.0	40	5 360	2 144	7 504	3 752	2 139
总计	22 310	12 304	—	—	10 007	4 921	14 928	7 464	5 255
“十一五”期间									
商品材	15 770	9 983	63.3	40	5 787	3 993	9 780	4 890	2 787
非商品材	9 046	4 523	50.0	40	4 523	1 809	6 332	3 166	1 805
总计	24 816	14 506	—	—	10 310	5 802	16 112	8 056	4 592

林业剩余物的第二部分来源是薪炭林、用材林、防护林、灌木林、疏林等林地育林剪枝及四旁树剪枝获得的薪材。经测算，全国薪柴年产量为 5 239.3 万 t，扣除其中薪炭林的薪柴可采量则为 4 812.6 万 t。排在前 10 位的省(区)依次为云南、四川、西藏、广西、江西、湖南、广东、内蒙古、福建和黑龙江。

综上所述，林业剩余物中的森林采伐及木材加工剩余物的实物量为 7 760 万 t，折标煤 4 426 万 t(按“十五”加“十一五”期间的平均值)；薪柴的实物量为 4 813 万 t，折标煤 2 743 万 t，二者合计实物量为 12 514 万 t，折标煤 7 166 万 t。

2.2.3　我国林木生物质能资源优势

1. 我国林木生物质能资源总量大，植物类型丰富

我国现有森林面积 1.75 亿 hm^2，森林蓄积量 124.6 亿 m^3，经初步测算，我国林木生物质能资源总量达 178.9 亿 t；在国务院批准的“十一五”期间年森林采伐限额指导下，每年产生的采伐剩余物和造材剩余物 1.1 亿 t，木材加工剩余物 0.3 亿 t；废旧木料资源 0.6 亿 t；我国现有大面积的灌木林地，现有灌木林生物量 1.8 亿 t。我国木本油料植物种类十分丰富，经初步查明，有 151 科 697 属 1 554 种，其中种子含油量在 40%以上的有 154 种。到 2002 年年底，我国现有经济林种植面积 2 800 万 hm^2，其中木本油料树种总面积 400 多万公顷，每年油料树种的果实产量在 500 万 t 以上。我国林木生物质能源开发利用具备了较为充分的物质基础，开发利用前景广阔。

2. 现有林木生物质能资源没有充分利用

目前，我国森林资源的经营目的以用材林和防护林为主，现有薪炭林主要是解决农民生活烧材所需，并没有考虑为生物质能源的产业化提供原料。每年林业生产加工产生的“三剩物”总量达 1.4 亿 t，虽然有部分用于削片、纤维板等生产的加工原料，但还有大量资源尚未得到合理利用，特别是一些林区的采伐剩余物受交通条件和运输成本的限制，基本上没有被利用。每

年因危房改造和家具更新淘汰下来可开发利用的废旧木材也被废弃，没有得到有效利用。灌木林是我国重要的森林资源(图 2-11)，经合理经营开发利用，每年生产的生物量十分可观，但现阶段，我国灌木林资源应用于能源开发利用的比例还很小。此外，154 种种子含油量在 40%以上的木本油料植物开发利用的仅有十余种。

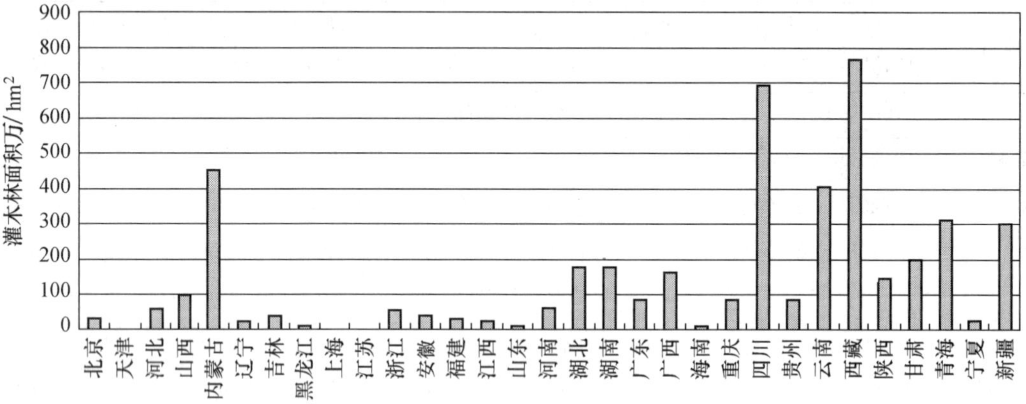

图 2-11 我国各省、区灌木林面积分布图

(来源：全国生物质能开发利用工作会议文集)

3. 林木生物质能资源分布不均，利用成本高，没有形成规模化开发利用

我国森林资源分布特点决定了林木生物质能资源的分布和利用条件。一是我国林木质能源资源主要集中分布在几大林区，东北地区林木生物质能资源占全国的 28.9%，西南地区林木生物质能资源占全国的 43.3%。而这些地区经济发展相对落后，交通条件较差，采伐剩余物和造材剩余物的运输成本高，导致林木生物质能资源开发利用成本高。二是木本油料植物大部分处于天然生长状态，呈自然零散分布，林木种植没有形成规模，集约经营程度差。分布不集中，收集和利用成本高。这些问题一定程度上制约了我国林木生物质能源建设的发展。

4. 林木生物质能源发展的潜力巨大

2003 年 6 月，中共中央、国务院作出了《关于加快林业发展的决定》，明确了林业建设的指导思想、战略目标及政策措施，林业发展的潜力得以充分挖掘。

这也对我国大力发展和利用林业生物质能源创造了良好的条件。从宜林地资源看，我国现有宜林地面积 5 732.3 万 hm^2，在充分考虑林业四大块战略布局和林业重点生态工程建设需要的前提下，仍有相当一部分宜林地资源可供发展生物质能资源以及基地建设所用；同时我国还有大面积的边缘性土地没有得以开发利用，这也为进一步扩大和发展我国林木生物质能源建设提供了有利条件。从灌木林资源看，我国灌木林资源数量较多，特别是在生态建设中营造的灌木林，具有抗逆性较强、需要平茬复壮的特性，加大对灌木林资源的开发利用，既充分发挥了自身的生态效益，又能通过一次种植多次收获的生物特性来发挥一定的经济效益。这些灌木林资源是生物质能资源利用的重要组成部分，发展和利用的潜力较大。丰富的木本油料植物开发利用的潜力巨大，利用其果实含油率高的特点，深入研究生物柴油技术，进行生物柴油的产业化发展，替代部分石油产品，发展前景十分广阔。

2.3　加工废弃物

2.3.1　农产品加工废弃物资源

2.3.1.1　农产品加工废弃物资源分布

农产品在初加工过程产生的副产品主要包括稻壳、玉米芯、甘蔗渣等，主要来源于粮食加工厂、食品加工厂、制糖厂和酿酒厂等，数量巨大，产地相对集中，易于收集处理。稻壳是稻谷加工的主要剩余物之一，占稻谷重量的 20%，主产于东北地区和湖南、四川、江苏、湖北等省；玉米芯是玉米穗脱粒后的穗轴，约占穗重的 20%，主产于辽宁、吉林、黑龙江、河北、河南、山东、四川等省；甘蔗渣是蔗糖加工业的主要副产品，蔗糖与蔗渣各占 50%，主产于广东、广西、福建、云南、四川等地区（表 2 - 6）。

表 2 - 6　我国主要农产品加工副产品的主要产地

农产品副产品	分布地区
甘蔗渣	广东、广西、福建、云南、海南、四川
稻壳	湖南、江苏、江西、湖北、四川、安徽、黑龙江、广西、广东、浙江、云南、福建、吉林、辽宁
玉米芯	吉林、山东、河南、河北、黑龙江、辽宁、内蒙古、山西、四川、云南、陕西

2.3.1.2　农产品加工废弃物资源量及所含能量

上述农产品加工废弃物的总量超过 1 亿 t，折合 6 457 万 t 标准煤（表 2 - 7）。

表 2 - 7　中国各省区农产品加工业废弃物资源及其能源潜力　　万 t

地区	稻壳	玉米芯	甘蔗渣	共折合标煤
北京	0.1	36.5	0.0	18.0
天津	2.5	37.9	0.0	19.9
河北	10.6	640.3	0.0	320.1
山西	0.2	323.8	0.0	159.3
内蒙古	13.1	545.8	0.0	274.9
辽宁	85.5	569.4	0.0	322.7
吉林	98.6	992.0	0.0	537.0
黑龙江	241.1	611.5	0.0	421.2
上海	17.9	1.3	2.2	10.6
江苏	358.5	98.6	5.2	229.9
浙江	141.3	14.0	21.4	86.6

续表 2-7

地区	稻壳	玉米芯	甘蔗渣	共折合标煤
安徽	261.4	149.0	6.1	206.5
福建	101.8	6.5	23.8	64.1
江西	353.4	3.0	17.5	185.6
山东	21.3	880.6	0.0	443.7
河南	85.3	722.6	5.5	400.3
湖北	305.0	104.1	11.2	208.4
湖南	463.9	68.6	27.0	277.1
广东	220.9	31.4	327.8	264.5
广西	232.5	99.0	1 481.2	791.4
河南	28.9	2.8	96.4	56.6
重庆	76.3	103.1	2.5	89.9
四川	267.2	255.6	31.2	272.4
贵州	89.4	169.5	16.0	134.8
云南	130.2	226.0	419.7	353.8
西藏	0.1	0.9	0.0	0.5
陕西	17.3	221.8	0.1	117.7
甘肃	0.8	109.3	0.0	54.1
青海	0.0	0.4	0.0	0.2
宁夏	14.2	60.8	0.0	37.0
新疆	12.1	188.2	0.0	98.6
全国	3 651.4	7 274.1	2 494.6	6 457.3

（来源：根据《中国农业年鉴 2006》整理计算）

2.3.2 工业加工废弃物

工业加工废弃物主要是轻工业的生产过程中产生，如植物油加工、制糖、屠宰、水产加工、水果加工、食品加工、淀粉、酒精、食用酒、造纸等都有大量的有机废水废渣排放。这些废弃物在厌氧条件下被微生物分解时需要消耗大量空气中的氧，所以常用化学需氧量——COD 值表示其污染程度。由于各行业有机废弃物类别不同，排放物的收集方法不同和估测难度较大。

下面主要分析食品、饮料、烟草制造业及造纸及纸制品业的主要有机废水量。这两大行业所排放的 COD 占全国所有工业废水排放总量的 70%。根据 2006 年我国食品饮料和烟草制造业、造纸及纸制品业的 COD 排放量、COD 平均去除率、甲烷产气率估算出这两大有机废水排放行业通过厌氧处理，使废水能源化所提供能源的潜力，如表 2-8 所示。

表 2-8 2006 年我国主要有机废水排放行业有机废水能源化潜力

行业名称	工业废水排放总量/万 t	COD/万 t	甲烷产量/万 m^3	折标煤/万 t
食品、烟草及饮料制造业	196 420	196.4	41 248.2	50.3
造纸及纸制品业	374 407	374.4	78 625.5	95.9

以上废水都是高浓度有机废水。通常根据高浓度有机废水的性质和来源可以分为三大类：第一类为不含有害物质且易于生物降解的高浓度有机废水，如食品工业废水；第二类为含有有害物质且易于生物降解的高浓度有机废水，如部分化学工业和制药业废水；第三类为含有有害物质且不易于生物降解的高浓度有机废水，如有机化学合成工业和农药废水。废水处理过程的各个组成部分可以分类为生物处理法、化学处理法、物理化学处理法、物理处理法等 4 种。对于高浓度有机废水的治理方法往往是上述两种或几种方法进行综合处理。绿色化学和技术引起的工业生产技术的革命正在兴起，从源头上减少或消除污染，将带来越来越大的经济效益、社会效益和环保效益。

2.4 生活废弃物

2.4.1 城市生活垃圾资源

随着经济的快速发展，我国城市化水平提高很快，城市数量和城市规模都在不断扩大。与此同时，我国生活垃圾清运量也在逐年增长。2007 年我国垃圾清运量 1.52 亿 t，无害化垃圾处理率 62%，其中卫生填埋、焚烧处理和堆肥分别占 82%、15% 和 3%。城市生活垃圾中，有机物占 25%～30%，主要是厨余垃圾，其中废弃油脂约 250 万 t。城市垃圾来源主要有居民生活垃圾、市政维护产生的垃圾，种类繁多，应通过分类，分别处理、利用。

按《中国统计年鉴 2008》，全国生活垃圾清运量 1.52 亿 t，折标煤 2 599 万 t，排在前 10 位的省市为广东、黑龙江、山东、江苏、浙江、辽宁、河南、上海、河北及湖北，约占全国总量的 59%（表 2-9）。

表 2-9 全国及排前 10 位的省份的城市生活垃圾资源 万 t

地区	生活垃圾清运量	热值取5 000 kJ/kg时折合的标煤量	热值取6 300 kJ/kg时折合的标煤量
全国	15 214.5	2 599.0	3 274.7
广东	1 833.8	313.3	394.7
黑龙江	963.2	164.5	207.3
山东	945.0	161.4	203.4
江苏	898.4	153.5	193.4
浙江	772.0	131.9	166.2
辽宁	771.4	131.8	166.0

续表 2-9

地区	生活垃圾清运量	热值取5 000 kJ/kg时折合的标煤量	热值取6 300 kJ/kg时折合的标煤量
河南	737.5	126.0	158.7
上海	690.7	118.0	148.7
河北	686.5	117.3	147.8
湖北	673.2	115.0	144.9

注：生活垃圾清运量资料来源于《中国统计年鉴 2008》。

2.4.2 城市生活垃圾资源化利用

目前，城市垃圾绝大部分是露天堆放或稍作处理的，不仅影响城市景观，同时污染了大气、水和土壤，对城镇居民的健康构成威胁。城市生活废弃物，多以固体废弃物为主。固体废弃物资源化是指采取管理和工艺措施从固体废弃物中回收物质和能源，加速物质和能量的循环，创造经济价值广泛的技术方法。

固体废弃物资源化的一般途径有：①废物回收利用，包括分类收集、分选和回收。即处理废弃物并从中回收指定的二次物质，如纸张、玻璃、金属等物质。②废物转换利用，即通过一定技术，利用废物中的某些组分制取新形态的物质，如利用废玻璃和废橡胶生产铺路材料；利用高炉矿渣、粉煤灰等生产水泥和其他建设材料；利用有机垃圾和污泥生产堆肥；利用垃圾微生物分解产生可堆腐有机物生产肥料；用废塑料裂解生产汽油或柴油等。③转换能量，即从废物处理过程中回收能量，包括热能和电能，通过化学或生物转换，释放废物中蕴藏的能量，并加以回收利用。如垃圾焚烧发电或填埋气体发电；利用垃圾或污泥厌氧消化产生沼气，作为能源向企业和居民供热或发电；利用废塑料裂解制取燃料油和燃料气等。

适合我国城市生活废弃物资源化回收利用的途径及对策有：①混合收集—堆肥，回收有机肥料，此方式适合中小城市利用；②混合收集—填埋—产沼直接用于燃烧，适合气化率为60%～80%的大中城市；③分类收集—焚烧发电—灰渣填埋—回收金属、玻璃等，适合大中城市利用；④分类收集—厌氧产沼—沼渣焚烧发电—灰渣填埋—回收金属、玻璃、塑料等，适合气化率大于80%的大、中城市；⑤分类收集—厌氧产沼—中高温堆肥—沼渣填埋—回收金属、玻璃、塑料等，适合气化率大于80%的大、中城市；⑥分类收集—生化处理、热解、气化，此方法为中近期的发展方向。

参考文献

[1] 石元春. 决胜生物质. 北京：中国农业大学出版社，2010.
[2] 袁振宏，吴创之，马隆龙，等. 生物质能利用原理与技术. 北京：化学工业出版社，2005.
[3] http://www.spc.com.cn/spcspc/Chinese/tep/2002/200204/sc-01.htm.
[4] 张建安，刘德华. 生物质能源利用技术. 北京：化学工业出版社，2010.
[5] 程备久，卢向阳，蒋立科，等. 生物质能学. 北京：化学工业出版社，2008.
[6] 姚向君，田宜水. 生物质能源资源清洁转化利用技术. 北京：化学工业出版社，2004.

第3章　生物质原料植物资源

生物质原料植物是能够直接或间接加工成能源和其他生物基产品的植物原料。包括一年生和多年生植物，其能加工的产品形式可以是固体、液体、气体能源以及其他生物基产品。关于生物质原料植物，国内外用得比较多的是“能源植物(energy plant)”，但它涵盖得不完全，仅包括生物基产品中的能源部分。我国人多地少，粮食安全不可放松，从而在发展生物质产业上提出“积极利用边际土地，发展非粮资源”的原则。因此我国的生物质能源植物一般需具备以下一些特性：

(1)有较强的抗逆性，能适应条件较差的边际性土地；

(2)有较高的生物量产出和较好的原料加工品质；

(3)有较广的地域适应性；

(4)有较高的可获得性和可持续供应性；

(5)有经济上的可行性；

(6)与传统农产品在市场供应方面有较强协调性，不争粮、油和糖。

原料植物具有多样性和很强的地域性，在不同生态区和地域，有不同的优势原料植物。生物质产业发展初期，美国的玉米乙醇、巴西的甘蔗乙醇、欧洲的油菜子生物柴油都是就地取材的具有优势的食物基原料作物。第二代生物能源的原料植物则看重非食物基的纤维素类植物，如美国的柳枝稷和芒草，欧洲的灌木柳，以及多年生和多样性的草灌植被、木本油料植物等。第三代原料植物则瞄上了微藻类低等植物。以下分别介绍糖、淀粉、油脂、纤维素以及油藻五大类主要能源植物。

3.1　含糖类植物资源

糖类原料植物是一种可以直接提供单糖和双糖的原料植物，与淀粉类多糖相比，加工过程中可省去淀粉水解工序。糖主要储存于糖类植物的茎秆，俗称“甜秆”，如甘蔗和甜高粱，也有储存于地下部分的，如甜菜和菊芋。

3.1.1　甘蔗

甘蔗是禾本科(Graminaceae)甘蔗属(*Saccharum*)多年生植物。甘蔗是温带和热带农作物，分布在北纬33°至南纬30°，较集中在南北回归线间。中国甘蔗主要分布在北纬24°以南的热带、亚热带地区。甘蔗对土壤要求不高，甘蔗能在各种不同类型、不同质地的土壤生长。甘蔗为中度耐盐植物，一般耐盐度达0.5%。甘蔗是光合转化效率很高的一种能源作物，其主要成分是蔗糖、葡萄糖和果糖，是生产乙醇的理想底物。

2007年中国植蔗面积158.6万 hm^2，总产11 295万 t，单产71 t/hm^2。农业部甘蔗重点实验室和广东中能酒精有限公司中试结果是13.0 t鲜蔗生产1 t乙醇，相当于每公顷可产出乙醇 5 t。在国家“863”和“948”计划支持下，育成了一批单产 105～120 t/hm^2 的糖能兼用新品种并已通过国家或省区审（鉴）定。美国育成了每公顷生物量 271 t 的能源甘蔗新品种 IA3132。

甘蔗主要分布在广西、云南、广东、海南和福建等南方 9 省（区）。广西、云南和雷州半岛（湛江）植蔗面积居前三位，产量占全国总产的 85%。目前甘蔗仍以糖用为主，不可能大规模用于能源，但可在国际国内糖价起伏时发挥调节作用。广西甘蔗产量占全国总产的 60% 以上，近 17 年糖价大起大落于每吨 1 652 元和 4 314 元之间。2007/2008 年榨季甘蔗产量由 2005/2006 年榨季的 4 353 万 t 增加到 7 688 万 t，吨价降到 3 000 元以下，对蔗农和制糖企业打击很大，“糖醇联产”可以起到调节作用。

中国尚有 70 万～80 万 hm^2 的宜蔗土地，按现有生产水平，可年产 5 000 万 t 甘蔗，在不影响现有制糖规模的前提下，具有近 400 万 t 燃料乙醇的生产能力。制糖过程中产生的废糖蜜也可作为乙醇的生产原料。

3.1.2 甜高粱

甜高粱（*Sorghum bicolor* L. Moench）是一种糖类生物质原料，属高光效碳四（C4）植物，是粒用高粱的一个变种，具有生长快，产量高，抗逆性强的特点。因耐旱、耐涝、耐贫瘠、耐盐碱而有“骆驼作物”之称，从黑龙江到海南岛，从东海之滨到塔里木盆地都可以生长，特别适合于在北方的盐碱地和沙地等低质土地上种植（图 3-1）。甜高粱茎秆高 4～5 m，每公顷产鲜茎 45～70 t，汁液丰富，含糖量 17%～21%，可与甘蔗媲美。甜高粱用种少，产量高，农田管理较简单，生产成本明显低于北方玉米和南方甘蔗。在南方，甜高粱的需水量只是甘蔗的 1/3，生育期 4～6 个月，可一年两茬，海南岛可一年三茬。

图 3-1 甜高粱

中国引种甜高粱已有 20 多年历史，现已有自主知识产权的优良品种“M-31E”和“泰斯”、“醇甜系列 1-5 号”杂交种等。据王孟杰资料（表 3-1），“醇甜系列 1-5 号”甜高粱的茎秆产量一般在 60～80 t/hm^2，锤度（指 20℃时用 Brix 比重锤度计测得的 100 g 纯蔗糖溶液中的蔗糖质量，g）一般在 18 左右，每公顷另产子粒 3.5～5.5 t。每公顷甜高粱可转化乙醇 4～6 t，在土壤耕层含盐量为 0.10%～0.60%的轻度和中度盐渍化土壤上，仍可取得较好的质量。印度有每公顷甜高粱产乙醇 5 700～6 500 L，比甘蔗（4 000～4 500 L）高 30%的报道；美国早期也报道了每公顷甜高粱产 6 106 L 乙醇的实验结果。

3.1.3 菊芋

菊芋学名 *Helianthus tuberosus* Linn，又称菊薯、洋姜、鬼子姜等，为菊科向日葵的多年生宿根草本植物，富含多聚果糖（菊糖），干物质糖含量超过甘蔗 30%，甜度比蔗糖高 1 倍。菊芋具有很强的抗逆性，耐干旱，抗风沙，抗病虫害，能在盐碱地、沙地、滨海滩涂等低质土地上生长，能在－40～－30℃的冻土层内安全越冬。菊芋种植管理简单，生产成本低，地上部分收获后，残留土层中的块茎能快速自行繁殖，不需重新播种。菊芋的生态功能显著，根据资料，在20℃左右的黄土坡地上，可减少径流量 88.4％和冲刷量的 97.4％。1999 年在内蒙古沙地曾试种 160 hm^2，2001 年在科尔沁沙地试种 26 余 hm^2，以及在滨海滩涂种植菊芋均取得了成功（图 3 - 2）。

表 3 - 1　甜高粱种植试验

地　点	土壤层含盐量/％	茎秆鲜重/(t/hm^2)	锤度	子粒干重/(kg/hm^2)
呼和浩特	—	75	—	6.0
黑龙江	—	90	—	6.0
新疆	—	105	—	3.8
苏北	0.35	75	18	4.5～5.3
河北黄骅	0.32	87	17	3.2
山东鲁北	0.57	81	18	4.5
三试验点	0.47	95	18	4.5
	0.30	116	18	4.5

菊芋在黑龙江西部沙地每公顷产块茎 30～45 t，在渤海湾滩滩涂荒地可达 75～150 t（其中地上部分 40～60 t，地下块茎部分 45～90 t），菊粉糖产量为 9～18 t。2003 年在山东莱州湾的 33 hm^2 滩涂示范区，在海水灌溉条件下，每公顷块茎湿重 60 t 或干重 15 t，沙地块茎也可达到相近的产量。

图 3 - 2　菊芋

（来源：互动百科网站）

中国的 1 000 多万 hm^2 沙地和 200 多万 hm^2 沿海滩涂都是规模化发展能源菊芋的良好基地。利用菊粉酶解转化为低聚果糖、果糖，进而转化成高附加值的甘露醇、琥珀酸等。已开发成功的有云南天元公司，以及在珠海、南宁、江门、张家港等地的公司，生产能力在年产 2 万 t 以上。目前能源菊芋开发尚处起步阶段，发展潜力可观。黑龙江省于 2005 年开始在西部盐碱化、沙化、退化的“三化平原”建立了土地治理与生物质能源相结合的菊芋基地，已建成种源基地 66.7 hm^2。

3.2　含淀粉类植物资源

被子植物的种子含胚、胚乳和种皮 3 部分，其中胚乳占分量最大，储存着淀粉和脂肪等营养物质，以供胚萌发之用。淀粉是由几百或几千个单糖脱水缩合形成的一种多糖，人们吃的大米、白面等就是这些淀粉多糖。与禾本科谷类作物不同，薯类是将淀粉储存在地下的块根内，准备结实之用。可是，不等到结实，人们就将饱满肥硕的薯块刨出来自己享用了。由于块根是营养器官，比种子生长发育的时间长，积存的淀粉多得多，所以薯类堪称农作物里的淀粉之王。以淀粉为原料发酵造酒的历史久远，“神农耕而作陶，陶以盛酒。”相传炎帝教植五谷，制陶酿酒的原料主要是薯类和高粱。

3.2.1 甘薯

甘薯也称红薯、白薯、番薯、山芋、红芋，原产地中南美洲，约16世纪传入中国。甘薯是一种高产、稳产、耐贫瘠、适应性很广的块根作物，是世界第七大农作物。中国是世界上最大的甘薯生产国，每年种植总面积近1 000万hm^2（表3-2），占世界甘薯种植面积一半以上，年总产量1.5亿t，占世界总产3/4以上。鲜薯平均单产20～25 t/hm^2，含淀粉20%左右，薯干含淀粉可达64%～68%。

表3-2 2007年主要省区甘薯播种面积及产量

省区	面积/万hm^2	单产/(t/hm^2)	总产/万t	省区	面积/万hm^2	单产/(t/hm^2)	总产/万t
河北	25	22	550	江西	15	22	330
江苏	16	30	480	湖北	18	21	378
安徽	40	25	1 000	湖南	25	21	525
山东	45	28	1 260	广东	30	24	720
河南	55	23	1 265	广西	25	18	450
浙江	11	28	308	重庆	50	20	1 000
福建	22	25	550	四川	90	20	1 800

甘薯可生长于旱作薄地，单产淀粉高于玉米五成以上。甘薯是块根作物，其膨大不受发育阶段限制，营养生长期长，以淀粉为主的经济产量系数可达70%～85%，高于玉米等谷类作物。且因根系发达，入土较深，富含水分，又有很强的自动调节功能，故耐旱力强，有“铁杆庄稼”之称。薯类主要用做饲料、加工淀粉或酿酒。四川安岳选育的燃料乙醇专用品种每公顷产鲜薯5.56 t，淀粉含量24.4%，每公顷产淀粉1.35 t，在省内外推广1万多公顷（2004年）。成都阿可尔生物能源公司在遂宁建设了年产3万～5万t的甘薯乙醇生产线，图3-3右图为河北的甘薯地。

3.2.2 木薯

木薯是世界三大薯类作物之一，属大戟科大戟属（*Manihot esculanta* Crantz），光合机制介于C3与C4类型植物之间，主要生长在年温20℃以上的南亚热带和热带。木薯的光合效率高，抗逆性和适应性强，耐瘠薄，是南方丘陵低山区缺少灌溉条件下的一种很有潜力的旱作能源植物。全国木薯种植面积约50万hm^2，主要分布在华南地区中部和南部。适宜种植区域的面积约22万km^2，通过育种可将北界推至年均气温16～18℃的中亚热带区域，种植面积可扩大到300万hm^2。图3-3左图是广西的木薯地照片。

图 3-3　广西的木薯地(左图)和河北的甘薯地(右图)

(来源:程序(左图);刘庆昌(右图))

木薯增产潜力很大。当前每公顷产鲜薯约 15 t,以现品种和先进栽培技术的推广,木薯产量可达 45～75 t/hm^2,高者可达 90 t 以上。当前大面积鲜薯的淀粉含量约 28%,经品种改良可提高到 30%乃至 32%,淀粉含量每提高一个百分点,单位面积太阳能合成效率可提高 6%～7%。一般情况下,约 7 t 鲜薯产 1 t 乙醇,每公顷可产乙醇 4～6 t,高者达 10 t 以上。

以每公顷产鲜薯 30 t 和每吨收购价 400 元计,农民每公顷可获毛收入 1.2 万元,扣除约 3 500 元的成本,净收入 8 500 元;而甘蔗的田间管理成本较高,每公顷净收入约 3 000 元。南方地区素有以木薯制淀粉和食用酒精(勾兑白酒)的传统,木薯秸秆还是加工颗粒燃料的好原料。

3.3　含油脂类植物资源

3.3.1　一年生油料作物

禾本科的谷类作物种子的胚乳里以淀粉为主,而十字花科、豆科的油菜、大豆、花生等的胚乳则含有近 40%的脂肪,储存的能量比糖类高得多。

油菜子油的短链脂肪酸含量高,化学组成与普通柴油十分接近,19 世纪后期即用于内燃机和早期的汽车燃料,德国的生物柴油标准就是以低芥酸菜油为原料的生物柴油制定的。近年欧洲大力发展以油菜子油为原料的生物柴油,从 2001 年的 93 万 t 发展到 2007 年的 571 万 t。美国盛产大豆,多以大豆油作为生物柴油的原料。2001—2007 年,菜子油国际市场价格由 400 美元涨到 1 400 美元;大豆油由 300 美元涨到 1 200 美元,生物柴油的发展无疑起到了价格刺激作用。

2007/2008 年度中国食用油消费量达到 2 388 万 t,占世界消费总量的 1/5。中国油料作物中油菜、大豆和花生三分天下,2007 年油菜播种面积 564 万 hm^2,总产 1 057 万 t;大豆播种面积 875 万 hm^2,总产 1 273 万 t。油菜适种范围广,生长期短,能养地,易倒茬,规模化和机械化程度高,菜子饼加、秸秆和子壳都是优质饲料和深加工原料。2007/2008 年度国产植物油约 727 万 t,只占消费量的 1/3,其他依赖进口。国产植物油中菜子油约 374 万 t,占 50%以上,以食用为主。在中国,增加油料作物产量主要用于提高食用油的自给率而不可能用于能源,且菜子油及大豆油的油价与生物柴油价格倒挂。此外，中国棉花产量 750 万 t，副产棉子油约 200 万 t，棉子油虽很少食用，但作为生物柴油原料，价格仍然偏高。

3.3.2 木本油料植物

中国已查明木本油料植物 151 科 697 属 1 554 种，其中 154 个种的种子含油量在 40%以上，具有开发价值的有 30 多种，面积 342.9 万 hm^2。除油茶、油桐、核桃等少量油料树种资源已被利用外，目前可用于能源开发的树种有漆树科的黄连木、无患子科的文冠果，大戟科的小桐子、山茱萸科的光皮树，以及油桐、乌桕等（表 3-3）。据统计，此 6 树种的现成片林面积约 135 万 hm^2，其中 60 万 hm^2 可经过改造培育成木本油料林，每公顷油料林出油约 1.5 t。开发木本油料的主要制约因素是分散和不易收集，规模化开发需要较长时间才能形成生产能力，但形成生产力后的原料成本比较低廉。

表 3-3 我国主要木本油料树种

树种	主要分布地区	含油率/%	种子产量/(kg/hm^2)	现有面积/万 hm^2	利用初始/年	利用年限/年
小桐子	西南诸省、海南、福建	30～60	3 000～7 500	2.10	3～5	30～50
黄连木	河北、河南、山西、陕西，两广、西南诸省（区）	35～40	1 500～9 000	8.70	4～8	50～80
文冠果	宁夏、甘肃、内蒙古、陕西、东北诸省（区）	30～40	3 000～9 000	0.50	4～6	30～80
光皮树	长江流域至西南各地的石灰岩区	30～36	4 500～10 500	0.45	3～6	40～50
乌桕	长江及珠江流域、浙江、湖北、四川	35～50	2 250～7 500	4.80	3～8	20～50
油桐	陕甘、云贵川、两广、江浙等 15 个省（区）	40～50	3 000～12 000	118.80	3～5	20～50
合计				135.35		

注：现有面积为各地统计上报数据，资料来源于国家林业局。

1. 麻风树

麻风树（*Jatropho curas* L.）属大戟科麻风树属木本植物，是目前发展最快的一种木本油料植物，灌木或小乔木，也称芙蓉树或小桐子，原产于南美，树高 3～5 m，扦插法繁殖，成活率高，生长速度快，当年即可结果，5 年进入盛果期，采摘期可达 40 年。小桐子抗干旱力强，可在丘陵山区种植，有防止水土流失，改善生态环境的功能。每公顷小桐子年产籽粒 5～8 t，可得生物柴油 1.5～2 t。种仁含油 50%～55%，其中油酸 41.6%、亚油酸 33.8%、棕榈酸 13.3%、硬脂酸 8.8%，还有亚麻酸等。由于小桐子油含 SO_2 低、16 烷值高、低温启动性能好、润滑功能强、安全性高，可炼制成高品位的生物柴油。

1995 年在洛克菲勒基金会和德国政府支持下，小桐子作为新能源植物在巴西、尼泊尔、津巴布韦、印度开始种植。中国云南、贵州、四川、广西等地有半野生和栽培的小桐子树。目前，四川已种 1.73 万 hm^2，产籽 17 万 t，产油 6 万 t；截至 2008 年 7 月，云南省已累计完成小桐子造林 6.5 万 hm^2，资源总面积 8.3 万 hm^2，在 4 个县建有良种繁育基地 146 hm^2。云南有适宜种植小桐子的干热、干暖河谷区宜林荒山荒地 67 多万 hm^2，被国家发改委列为生物质工程高技术产业化示范工程的云南小桐子生物能源原料高效生产基地，已有 26.7 hm^2 种苗繁育基地、2 万 hm^2 原料种植基地，已动工建设年产 10 万 t 的生物柴油加工厂。2008 年 6 月，国家发改委批准了中石油在南充、中海油在海南各建年产 6 万 t、中石化在贵州建 5 万 t 的以小桐子为原料的生物柴油产业化示范项目。小桐子是目前在世界范围推广种植最多的一种木本油料植物。(图 3-4)

图 3-4　麻风树

（来源：中国数字植物标本馆网站）

2. 文冠果

文冠果(*Hoceras sorbifolia* Bunge.)是我国特有的一种优良木本油料树种，种子含油率为 30%～36%，种仁含油率为 55%～67%。其中不饱和脂肪酸中的油酸占 52.8%～53.3%，亚油酸占 37.8%～39.4%。在国家林业局公布的我国适宜发展生物质能源的树种中，木本植物文冠果被确定为我国北方唯一适宜发展的生物质能源树种。

图 3-5　文冠果

（来源：于海燕）

文冠果是我国特有的树种，原产我国北部干旱寒冷地区，是一种抗旱、抗寒、耐瘠薄、移栽成活率高的绿化先锋树种，该树全身是宝，开发潜力很大，种仁营养成分极为丰富，且具有独特优点：适应性强、抗逆能力卓越；产量高，生产能力优异；升值途径多，开发潜力巨大；市场销路好，经济效益高等。根据国家"十一五"发展规划，2007 年全国已经试点推广种植了能源林 100 万亩，至 2020 年全国将种植能源林 2 亿亩，生产生物柴油 600 万 t，将逐步改变我国的能源结构，减少对石油的依赖。因此，文冠果作为我国北方最重要的能源林树种，具有广阔的开发前景。(图 3-5)。

3. 光皮树

光皮树(*Wida wilsoniana or Cornus witsoniana*)是一种理想的多用途油料树种。树皮白色带绿，斑块状剥落后形成明显斑纹，果球形，紫黑色。光皮树广泛分布于黄河以南地区，集中分布于长江流域至西南各地的石灰岩区，垂直分布在海拔 1 000 m 以下。光皮树喜光，耐寒，喜深厚、肥沃而湿润的土壤，在酸性土及石灰岩土生长良好。光皮树树干挺拔、清秀，树皮斑驳，枝叶繁茂，深根性，萌芽力强，抗病虫害能力强，寿命较长，超过 200 年以上。实生苗造林一般 5～7 年始果，人工林林分群体分化严重，产量高低不一，嫁接苗造林一般 2～3 年始果，结果早，产量高，树体矮化，便于经营管理。果实千粒重高于 70 g，其果实(带果皮)含油率 33%～36%，盛果期平均每株产油 15 kg 以上。

光皮树的利用价值高，作为生物柴油基础原料油，光皮树油含油酸和亚油酸高达 77.68%(其中油酸 38.3%、亚油酸 38.85%)，所生产的生物柴油理化性质优(如冷凝点和冷滤点)；同时可以利用果实作为原料直接加工(冷榨或浸提)制取原料油,加工成本低廉,得油率高。科学试验表明,以光皮树油为原料生产的生物柴油与0#石化柴油燃烧性能相似,是一种安全、洁净的生物质燃料油。随着光皮树油制取生物柴油的相关研究的开展与深入,光皮树作为重要的生物柴油原料已经得到社会各界的广泛关注。近年,我国林业科学家研究出了光皮树能源植物矮、密、丰高密度栽培及繁殖新技术。同时开展了光皮树油提取方法及其制取生物柴油的研究,提出了超临界二氧化碳法是提取光皮树油的理想方法,并探讨了超临界二氧化碳法的最佳工艺程序。选用果实提取原油后通过酯交换反应制取了生物柴油,并对所得生物柴油的物化性质进行了测定,表明以光皮树油为原料通过酯化反应制取的生物,前景分析认为,光皮树是一种高产木本油料树种,是理想的生物柴油原料油料树种之一。在光皮树优良无性系完成区域栽培试验后,有望在黄河以南和珠江以北地区大面积栽培。据有关统计,在我国中部以南各省(区)如湘、鄂、赣、黔、桂、粤、闽等地石灰岩山地总面积有3 000万hm^2以上,如按10%面积栽植光皮树,可年产光皮树油5 000万t,可以说在我国发展光皮树生物柴油的潜力空间巨大无比(图3-6)。

4. 黄连木

黄连木(*Pistacia chinensis* Bunge)耐干旱、瘠薄,对土地要求不严格,深根性、萌芽力强、生长较慢,种仁含油量为56.7%,遍布于华北、华中、华南23个省区,多零星分布在海拔700 m以下的山地和丘陵,也有大面积纯林或混交林。比较集中分布的有:冀、豫、陕、太行山、秦岭南坡,豫、湘、鄂西部山地及山东中部泰山以及华中与华东低山丘陵。其中以河北省(3.3万hm^2)、河南省(2万hm^2)、安徽省(4万hm^2)、陕西省(2万hm^2)资源数量最多(图3-7)。

图3-6 光皮树

(来源:于海燕)

图3-7 黄连木

(来源:于海燕)

5. 石栗

石栗是一种阔叶常绿乔木,多分布于广西山地。石栗树的土壤适应性强,抗干旱洪涝和病虫灾害,有利于保持水土和改善生态环境。种仁含油率高达64%,人工种植每公顷产22.5~30 t,可产出生物柴油7.5 t左右,主要技术指标可达欧盟油菜生物柴油标准,特别是能达到-10℃柴油的指标。种子繁殖6年挂果,无性快速繁殖试验已获成功,3~4年结果。

3.4 含纤维素类植物资源

植物体全身是宝，而组成成分中含量最多的是纤维素(含半纤维素，下同)，可占到一半以上。纤维素近期主要用于固体燃料，一旦技术取得突破，也可用以生产液体燃料。除作物秸秆、林业剩余物可以提供纤维素原料外，自然界有大量的纤维素类植物，草本的、灌木的和乔木的。

3.4.1 草本能源植物

利用边际性土地种植多年生和多样性的草本植被是获取纤维素原料的重要来源。各国各地各有其优势草本能源植物，如柳枝稷(switchgrass)、芒草(miscanthus)、篙柳(*Salix viminalis*)等。

1. 柳枝稷

柳枝稷是一种在美洲大陆上随处可见的野生植物，主要用于水土保持或喂牛。它的适应性强，耐贫瘠土地，产量高，草梗粗壮，高及 3 m，生长期 20 年。因多年生而有利于土壤碳积累，管理简单，成本低，每公顷年产出干草 30 t 以上，高者可达 45 t，产乙醇 10 t。美国政府将它作为一种新的能源作物进行开发研究，目前柳枝稷乙醇成本约为每加仑 2.7 美元，经基因改良的可将乙醇生产成本降低至每加仑 1 美元左右。中国引进柳枝稷多年，但仍在试种中。

2. 芒草

芒草在美国伊利若依州试种的效果比柳枝稷还好，在无灌溉和施肥的试验地里种植的芒草的平均每公顷干物质产出约 32 t，产能 17.5 t 标煤，而柳枝稷的干物质产出约 12 t，产能 6.7 t 标煤。芒草的产出大约是柳枝程的 2.6 倍(图 3-8)。

图 3-8 芒草(左图)和柳枝稷(右图)

[来源：杨洪岩(左图)；互动百科网站，2011(右图)]

3. 巨菌草

巨菌草又名皇竹草、巨象草，是由象草和非洲狼尾草杂交育成的品种，属狼尾草属，是一种适应性广、抗逆性强、产量高、粗蛋白和糖分含量高的植物。1999 年福建农林大学林占熺成功引进培育成功，巨菌草是目前已知太阳能生物转化率最高的植物之一，植株高大，一般为 3～5 m，目前最高可达 9.03 m，直立丛生，根系发达，适宜在热带、亚热带栽培为多年生，在我国南方有

图 3-9 巨菌草

（来源：刘斌，2011）

大面积种植。针对中国南方山地面积占国土面积比例大，又不适合种植粮食的特点，福建省菌草生物工程中心以保持水土、增加菌物新粮食、为生物质能源提供原料为最终目的，在不同坡度的山地、以不同的方法试验种植巨菌草，每年可收割10次左右，每亩鲜草产量平均25 t，每亩干草5～8 t（图3-9）。

3.4.2 灌木能源植物

灌木耐干旱贫瘠，能截雨蓄水、固定土壤、减少水土流失、防风固沙，以及用于饲料和肥料等的多种功效，是我国西北地区的生态"守护神"，同时也是一种能质较好的能源植物，每千克干重的发热量在16 736 kJ以上，接近原煤。我国西北地区主要成年灌木能源植物每公顷的地上部分产量在8～20 t，年产热量相当于6～14 t标煤，相关指标可参见表3-4。

表 3-4 我国主要灌木能源植物及产能指标

树种	产量/(t/hm^2)	热值/(kJ/kg)	生产力(1)/[MJ/(hm^2·年)]	生产力*(2)/[t/(hm^2·年)]
拧条锦鸡儿	8.0(4年生)	19 722(5年生枝干)	3 945	1.35
小叶锦鸡儿	7.935(4年生)	19 781(4年生枝干) 20 200(5年生枝干)	39 241	1.34
山杏	10.696(4年生)	19 727(2年生枝) 19 907(2年生枝)	53 231	1.82
沙枣	13.3(3年生) 21.33(4年生)	20 601	110 174	3.76
沙棘	4.7～4.99(3年生) 5.21～7.61(4年生) 10.53～10.74(5年生)	20 441	43 478	1.48
多枝柽柳	7.5(栽植3年平茬) 10～15(2年生萌生林) 15～20(3年生萌生林) 20以上(4年生萌生林)	17 623	102 802	3.51
东疆沙拐枣	22.5～30.0(5年生)	16 760	87 990	3.00
桤木	22(4年生，地上部分) 25(5年生，地上部分) 13.53(3年生，全部)	17 598～18 017	87 990～99 094	3.00～3.38
黑荆树	80～100(2年生)	19 274～22 207	770 960～888 280	26.31～30.32

注：生产力(2)栏是由左侧生产力(1)栏换算而得；* 折合为标煤量。

营造灌木林3～5年后，即可成林和发挥生态效益。平茬复壮是灌木林培育的重要特点，即成年灌木必须每三四年砍除地上部枝条以促进生长，平茬下来的枝条是良好的能材。如能形成规模和产业，将大有利于生态保护、能源生产和农民增收。

中国灌木林面积 5 365 万 hm^2，主要分布在北方省区。近年每年营造灌木林 60 万 hm^2 以上，草地、农田和道路两边适合以防护林形式发展灌木能源林，现已形成一批独具规模和特色的柠条、沙柳、沙棘、杜鹃等灌木林基地。根据 2003 年的调查，灌木林总面积超过 3.3 万 hm^2 的县有 163 个，集中连片 2 万 hm^2 以上灌木林有 73 片。初步推算，我国西部地区可以种植灌木约 6 000 万 hm^2 以上，连同已有的灌木林地 3 642 万 hm^2，灌木林总面积可发展到 1 亿 hm^2。在西部地区现有的和计划发展的 1 亿 hm^2 灌木林中，以 60%作为能源林和每公顷年产生物量 3 t 计，可年产生物量 1.8 亿 t，相当于 1.2 亿 t 标煤。

3.4.3　乔木能源植物

为了满足民间薪柴需求和减轻对天然林樵采压力，自 20 世纪 60 年代专门营造了薪炭林，中国是世界薪炭林面积最大的国家。种植薪炭林要求树种生长快、适应性和抗逆性强，热能高，同时兼有良好的生态功能。树种有阔叶树矮林型，如栎树、栲树、石栎、刺槐等；有速生乔木型，如柳树、桉树、铁刀木、马尾松、麻栎等。木本能源林树种要适合本地区的自然特点，如浙江省通过多点试验，筛选出胡枝子、桉树、马尾松、麻栎、枫香等 10 个优良薪炭林树种；又从 22 个结构类型中筛选出胡枝子、桉树等 9 个纯林和马尾松、胡枝子乔灌复层林等 6 个优良混交组合类型。据国家林业局资料，中国现有薪炭林面积 175 万 hm^2。薪炭林主要用于能源，取柴系数高，南方达到 7.5 t/hm^2，北方也可达 3.8 t/hm^2。

3.5　油藻类植物资源

绝大多数能源植物属于种子植物，但也有少数为藻类植物。这类藻类植物含油率较高，经培养后可用于生产生物柴油。

微藻是一种单细胞自养型低等植物，如丛粒藻、葡萄藻等，种类繁多。微藻对环境适应性很强，广泛分布于温带至热带淡水的池塘、湖泊及临时性水域，在半咸水环境中也能大量繁殖。微藻的太阳能转化效率约 3.5%，比一般植物高，每公顷年产量可达 50～80 t。葡萄藻直接产生的碳氢化合物可达到其干重的 75%，化学成分接近柴油。图 3-10 为一藻类养殖场图片。

图 3-10　规模化藻类养殖场

（来源：石元春. 决胜生物质）

1978 年，美国能源部国家可再生能源实验室从美国西部和夏威夷采集分离 3 000 多株微藻，筛选出 300 余株高油脂含量藻种，多为绿藻和硅藻。通过工程菌技术改良后的含油量可高达 40%～60%。在面积为 1 000 m^3 的中试藻池中经一年的试验，平均每平方米产藻 50 g，2008 年开始进行工业化示范。据美国加州 Sapphire 新能源公司报道（2008），利用海藻、阳光、二氧化碳和不能饮用的水，成功制造出的

“环保原油”，成本与现时轻质原油（桶价 130 美元）接近，可在现有石油提炼厂进行提炼（来源：SupeSite/X-Space 社区门户，2008.5.30）。与高等植物相比，单细胞藻类的遗传工程改良要简单得多，养殖过程中还可大量吸存二氧化碳。

中国科学院所属相关单位在微藻藻种选育及资源库建设等方面做了大量工作，取得显著进展。中国海洋大学、清华大学、中石化、中海油等已开始了此项研究。中国有约 350 万 hm^2 可供开垦的海岸滩涂和大量内陆水域，发展微藻潜力很大。

参考文献

[1] 石元春. 决胜生物质. 北京：中国农业大学出版，2010.
[2] 谢光辉. 能源植物分类及其转化利用. 中国农业大学学报，2011，16(2)：1-7.
[3] 白金明. 中国能源作物可持续发展战略研究. 北京：中国农业出版社，2009.

能源转化篇

第 4 章　生物质压缩成型燃料技术

生物质压缩成型燃料是生物质能源转化与利用的一个重要领域。生物质固化成型技术就是将农作物秸秆、稻壳、锯末、木屑等生物质原料，在一定的温度、湿度和压力下，使原来松散、无定形的粉碎原料压缩成棒状、粒状、块状及其他形状，密度大、热值高的固体成型燃料。压缩后得到的生物质固体成型燃料体积为原有生物质体积的 1/8～1/6，密度为 1.0～1.4 t/m^3，能源密度相当于中质烟煤，使用时火力持久，炉膛温度高，明显改善了燃烧特性，可广泛用于各种类型的家庭取暖炉（包括壁炉）、小型热水锅炉、热风炉，也可用于小型发电设施，还可进一步加工成型炭和活性炭，是我国充分利用秸秆等生物质资源替代煤炭的重要途径，具有良好的发展前景（图 4-1）。

颗粒燃料　　块状燃料　　棒状燃料　　炭化成型燃料

图 4-1　成型燃料的形状

4.1　概念与原理

生物质压缩成型过程将分布散、形体轻、储运困难、使用不便的木质纤维类生物质原料，经压缩成型和炭化工艺，加工成燃料，能提高容重和热值，改善燃烧性能，成为商品能源。这种既有利于环境保护又能生产代用燃料的生物质压缩成型燃料技术已越来越受到人们的重视。近年来生物质压缩成型已成为一门新兴的学科，在许多国家崛起，并得到迅速的发展。

4.1.1　发展历史

成型燃料最早是英国一家机械工程研究所以泥煤作原料研制成的，后用于加工用煤和精煤，逐步发展到加工造纸厂的废弃物。20 世纪 30 年代，“螺旋式”在美国开始设计，同时。现代化的活塞成型机在瑞典、德国得到推广，以锯木为原料的燃料块在市场上有了竞争力，40 年代日本申报了利用木屑为原料生产棒状成型燃料的第一个专利，50 年代日本人研制出了螺旋式生物质成型机，并逐步推广到了中国台湾省、泰国乃至欧洲国家和美国。50 年代后又相继产生了以油压、水压为动力的生物质压缩成型设备，以及以机械为动力的滚筒或小颗粒成型设备。

在 20 世纪 80 年代，成型燃料得到较大规模的发展(图 4-2)，当时由于出现能源危机，石油价格上涨，西欧国家、美国的木材加工厂提出用木材实现能源自给。因此，生物质压缩燃料发展很快，在西欧国家及日本等国已成为一种产业，印度和东南亚一些国家对这项技术的研究与应用也相当重视。全球颗粒燃料生产量 2000 年为 300 万 t，2010 年以后将以每年 25%的增长率增长，预计 2020 年将超过 13 000 万 t。2009 年，世界颗粒燃料生产大国依次是美国(410 万 t)、德国(300 万 t)、瑞典(220 万 t)、加拿大(210 万 t)、俄罗斯(190 万 t)、澳大利亚(130 万 t)等国家。2005 年 2 月 28 日，《中华人民共和国可再生能源法》颁布，在国家发展和改革委员会制定的《可再生能源发展“十一五”规划》中详细规定，到 2010 年，农林生物质固体成型燃料年利用量达到 100 万 t，农业生物质发电累计装机容量达到 300 万 kW。国家能源局制定的《新兴能源产业振兴规划》要求到 2020 年，固体生物质能源年利用量达到 5 000 万 t。截至 2009 年，中国颗粒燃料年生产能力达到 30 万 t，实际产量约合 5 万 t。在巨大的需求拉动下，未来 10 年间，预计产业年产值将达到 1 000 亿元以上规模。

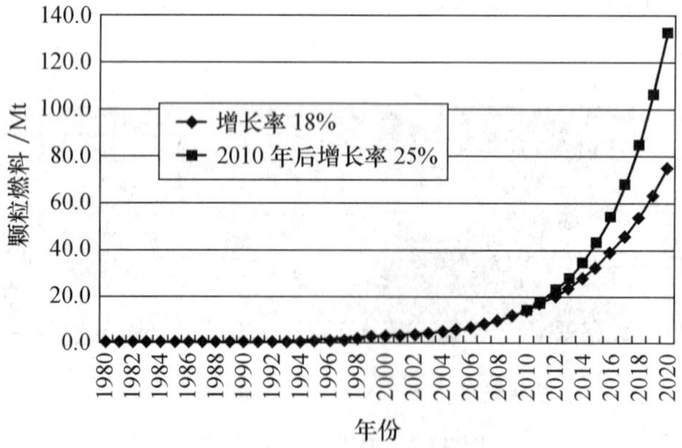

图 4-2 全球颗粒燃料产业增长趋势图

(来源：2008 年德国生物质颗粒燃料大会论文集)

4.1.2 生物质原料组成成分

生物质压缩成型所用的原料主要有：锯末、稻壳、木屑、秸秆等。这些生物质原料细胞中含有纤维素、半纤维素和木质素，占植物体成分 2/3 以上(图 4-3)。

木质素是由苯基丙烷结构单体构成的具有三度空间结构的天然高分子化合物，赋予植物较高的硬度和刚度。在常温下木质素主要部分不溶于有机溶剂，它属于非晶体，没有熔点但有软化点。当温度为 70～110℃时软化具有黏性。当温度达到 200～3 000℃时软化程度加剧，黏性增高，此刻施加一定压力，可使其与纤维素紧密黏结，从而使植物体各部分在模具内成型。在热压缩过程中无需黏结剂，即可得到与挤压模具相同形状的成型棒状或颗粒燃料。

半纤维素是由多聚糖组成，在贮存过程中易水解，转变为木质素，也可达到黏结剂的作用。它结合在纤维素微纤维的表面，并且相互连接，这些纤维构成了坚硬的细胞相互连接的网络。半纤维素吸水性较强，当温度和相对湿度一样时，吸湿率主要取决于半纤维素的含量，含量高，吸湿率就高。

纤维素是由葡萄糖组成的大分子多糖，是植物细胞壁中的主要成分，赋予植物弹性和机械

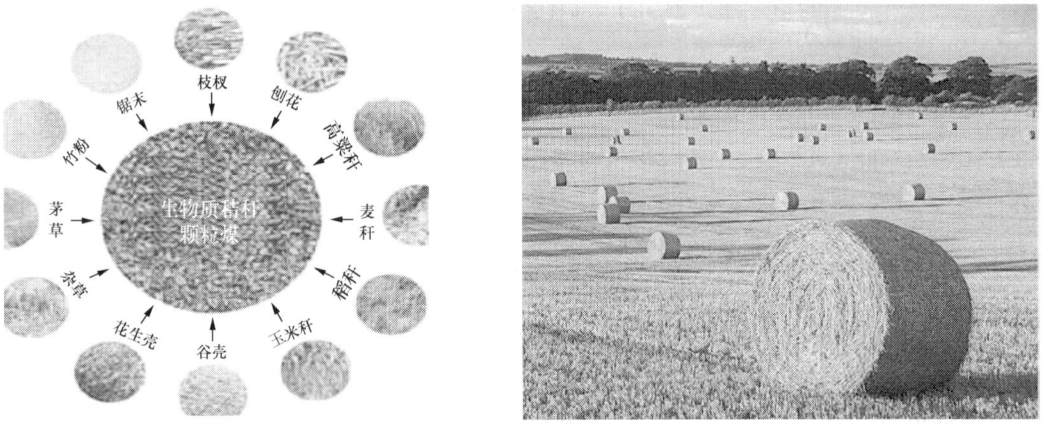

图 4-3　生物质原料来源

强度。纤维素一般不溶于水及有机溶剂，对热的传导作用轴向比横向大，并且与纤维的孔隙度有关。

不同种类的生物质植物都含有纤维素、半纤维素及木质素，但其组成、结构不完全一样。因此纤维素分子连接形成的纤丝，在以黏结剂为主要结合作用的黏聚体内发挥了类似于混凝土中“钢筋”的加强作用，成为提高成型块强度的“骨架”。此外生物质所含的腐殖质、树脂、蜡质等萃取物也是固有的天然黏结剂，它们对压力和温度比较敏感，当采用适宜的温度和压力时，也有助于在压缩成型过程中发挥有效的黏结作用。

生物质的挥发分含量较高，一般在 60%以上，因此生物质比煤易于燃烧，在 400℃左右大部分挥发分就可释放出，煤则在 800℃才释放出 30%左右的挥发组分。生物质的固定碳和灰分含量少，发热量在 15 MJ/kg 左右，比煤小，碳含量越高，燃点越高，点火越难。生物质中碳含量一般在 50%以下，以两种形式存在：与氢和氮组成的化合物，燃烧时以挥发分形式析出燃烧，剩下的固定碳，则在挥发分析出后，在更高的温度下才能燃烧。因此生物质与煤相比较易点燃和燃尽。

表 4-1 为典型的几种生物质的组成成分。从生物质的组成成分看，大部分纤维素生物质都具有被压缩成型的基本条件，生物质中的纤维素、半纤维素和木质素在不同的高温下，均能受热分解转化为液态、固态和部分气态产物。将生物质热解技术与压缩成型工艺相结合，通过改变成型物料的化学成分，即利用热解反应产生的液态热解油（或焦油）作为压缩成型的黏结剂，有利于提高粒子间的黏聚作用，并提高成型燃料的品位和热值。生物质固化成型不改变生物质的内部结构和化学成分，保持了生物质易挥发和能燃尽的特点。但在压缩成型之前，一般需要进行预处理，如粉碎、干燥（或浸泡）等，而锯末、稻壳无需再粉碎，但要清除尺寸较大的异物。

4.1.3　生物质燃料的压缩成型特性

生物质原料的结构通常都比较疏松，密度较小。在一定的温度、湿度和压力下，原料颗粒先后经历重新排列位置关系、颗粒机械变形和流变等阶段。从原来松散、无定形的粉碎原料压缩成棒状、粒状、块状及其他形状、密度大、热值高的固体成型燃料。

表 4-1 几种生物质的组成成分

原料	基本组成/%			元素分析/% ad①					$Q_{net,ar}$②/
	纤维素	半纤维素	木质素	C	H	O	N	S	(kJ/kg)
玉米秸	25～35	15～25	12～18	41.38	4.92	37.26	1.40	0.00	15 055
水稻	40～50	25～35	25～35	47.28	6.29	41.40	1.40	<0.01	17 106
麦秸	30～35	35～50	12～15	41.02	5.10	28.75	1.39	0.12	16 582

注：①ad 为空干基；②Q 为热值。

对于木质素含量较高的原料，在成型温度达到木质素的软化点时，木质素会发生塑性变形，从而将原料纤维紧密地黏结在一起，并维持既定的形状。对于木质素含量较低的原料，在压缩成型过程中，加入少量的诸如黏土、淀粉、废纸浆等无机、有机和纤维类黏结剂，也可以使压缩后的成型块维持致密的结构和既定的形状。

4.1.4 生物质压缩成型的主要影响因素

生物质原料自身特性的复杂性及多样性，使得影响生物质压缩成型的因素较多。由于压缩条件、压缩方式、压缩对象等有较大的差异，因此对各因素的最优选择还不能实现统一。对生物质成型过程及产品性能产生影响的主要因素有原料种类、成型压力、原料粉碎粒度、原料含水率及加热温度等。

1. 原料种类

不同种类的原料，其压缩成型特性具有较大差异。原料种类的不同不但影响成型的物理品质，如成型密度、强度、热值等，还影响成型机的功耗和单位产量。在大量的农林废弃物中，一般木材废料难压缩，而纤维素植物秸秆和树皮等容易压缩，在不加热条件下或温度较低时，较难压缩的原料就不易成型，秸秆等纤维素植物则较易成型；但是在加热条件下或当温度较高时，由于木材废料含有较多木质素，虽然其本身难于压缩成型，但木质素软化能起到黏结作用，在高温条件下成型反而容易，而植物秸秆和树皮等含木质素较少，黏结能力弱，成型后没有木质原料成型棒结合得牢固。所以，原料的种类对压缩成型的影响与成型方式有密切的关系。

2. 成型压力

成型压力是生物质原料压缩成型最基本的条件。只有施加足够的压力，原料才能被压缩成型。压力为物料在模具中的成型提供必要的动力，使松散的生物质变得致密匀实，提高成型燃料的强度。压力过低将不能使原料压紧压实，严重时，不足以克服摩擦力，成型将无法进行。成型压力与模具的形状尺寸有密切关系，原料从成型腔的一端压入，从另一端挤出（出料端直径应小于进料端直径），这时原料的成型压力与原料所受的摩擦力相平衡。在压力较小时，密度随压力增加而大幅度增大，当压力增加到一定值以后，成型物密度的增加就变得缓慢。不同的生物质成型所需压强具有区别，因此模具的尺寸会有所不同，这将影响成型过程中生物质原料喂入前后的体积比及设备能耗。

3. 原料粉碎粒度

原料的粒度大小也影响压缩成型的效果，然而不同的压缩成型方式对粒度的要求不尽相同。对于某一确定的成型方式，原料的粒度大小应不大于某一尺寸。一般来说，粒度小的原料容易压缩，而粒度大的原料较难压缩。在相同的压力及其条件下，原料的粒径越小，其粒子的延伸率或变形率就越大，即粒径越小越容易成型。这种倾向在要求原料粒度较小的成型方式条件下较为明显。当原料的粒度较大时，成型机能耗大，工作不稳定。对于机械冲压成型，要求原料有一定的尺寸或较长的纤维，原料粒度小反而容易产生脱落。对于螺旋挤压成型，原料粒度分布较大时，颗粒不均匀，容易导致成型物表面产生裂纹，密度、强度降低。

4. 原料含水率

原料含水率对成型过程有很大的影响，是生物质成型中需要控制的一个重要参数。原料的含水率过高或过低都不能很好地成型。当原料含水率过高时，加热过程中产生的蒸气不能顺利地从成型燃料中心排出，在成型套筒内汽化后易形成高压蒸气。轻者会造成燃料开裂，表面非常粗糙，严重时，当蒸气产生的压强大于成型套筒壁与生物质间的摩擦力时，就会使成型套筒内已连续挤压成型的生物质棒爆炸为数段，从成型套筒中崩出，产生爆鸣，即发生"放炮"现象，不能正常成型。在相同成型温度下，含水率过高会降低物料的传热速度，一部分热量消耗在蒸发多余水分上，影响热量的传递并造成能量的不必要损失。当原料含水率太低时，使原料内颗粒间摩擦和抗压强度增大，造成太多的压缩能消耗，成型也很困难，因为微量水分作为一种必不可少的自由基，对木质素的软化、塑化有促进作用，有利于降低木质素的熔融温度，在压力作用下，能与果胶质或糖类混合形成胶体也起到黏合剂的作用。对于不同的原料以及压缩方式，成型的适宜含水率有所不同。

5. 加热温度

生物质原料压缩成型过程中的加热，一方面可使原料中含有的木质素软化，起到黏结剂的作用；另一方面还可使原料本身变软，增强物料的塑性和流动性，使物料粒子更易结合，容易压缩。加热温度不但影响原料的成型性，而且影响成型机的工作效率，成型时温度至少不应低于生物质的软化点温度。温度过低，不足以使木质素软化，即使有足够压力，也不能将原料成型，而且功耗增加。虽然温度对压缩成型有利，但成型温度也不宜太高，当温度过高，会造成成型燃料表面严重热分解，出现裂缝，且使成型压力减小，成型物挤压不实，从而降低了强度，导致容易断裂破损。加热温度一般调整在 150～300℃之间。颗粒燃料成型虽然没有外热源加热，但在成型过程中，原料同机器工作部件之间的摩擦作用也可以将原料加热，同样可使原料所含木质素软化，起到黏结作用。所以温度在生物质成型中是一个重要的影响因素。

4.1.5　生物质压缩成型工艺

生物质压缩成型工艺形式的划分有多种，根据主要工艺特征的差别，可以从广义上将生物质压缩成型工艺划分为湿压成型、热压成型、炭化成型等 3 种主要形式（图 4-4）。

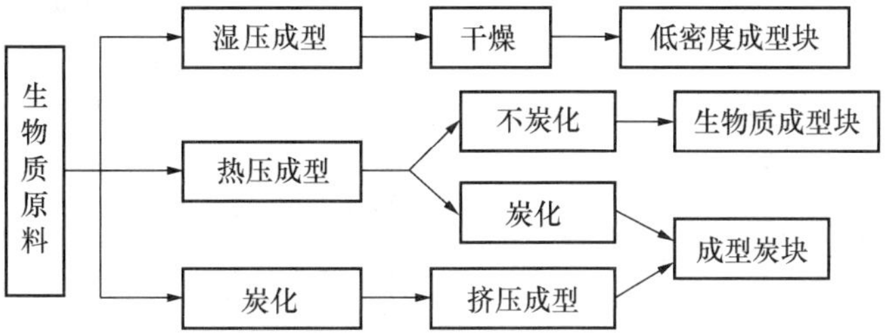

图 4-4　生物质压缩成型的工艺形式

1. 湿压成型

纤维类原料经一定程度的腐化后，会损失一定能量，但是与一般风干原料相比，其挤压、加压性能会有明显改善。湿压成型工艺常用含水量较高的原料，可将原料水浸数日后将水挤走，或将原料喷水，加黏结剂搅拌混合均匀。一般是原料从湿压成型机进料口进入成型室，在成型室内，原料在压辊或压模的转动作用下，进入压模与压辊之间然后被挤入成型孔，从成型孔挤出的原料已被挤压成型，用切断刀切割成一定长度的颗粒从机内排出（图 4－5），再进行烘干处理。

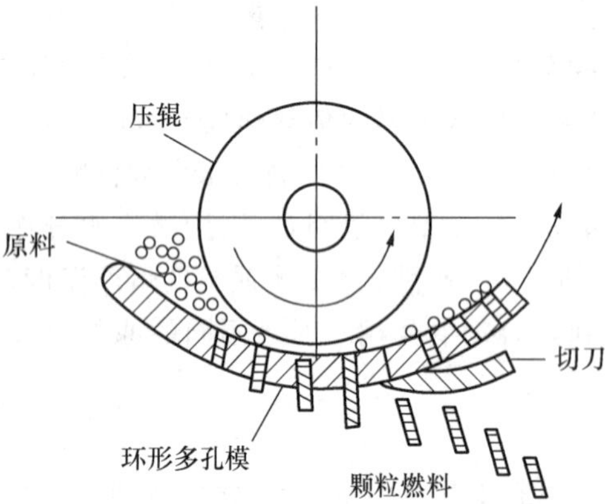

图 4－5 环模成型挤压成型部件结构示意

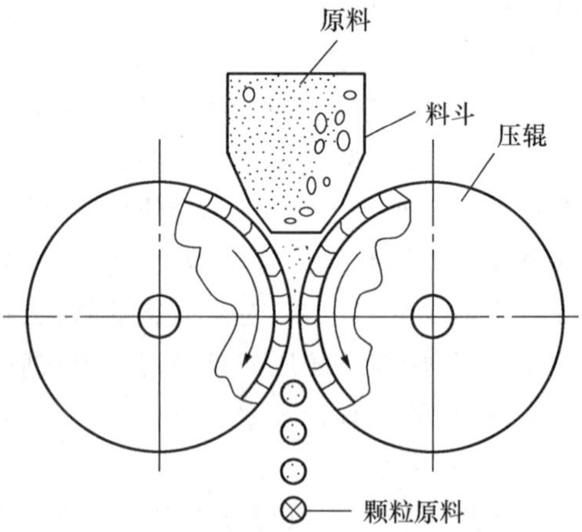

图 4－6 对辊挤压成型部件结构示意

湿压成型燃料块密度通常较低。湿压成型一般设备比较简单，容易操作，但是成型部件磨损较快，烘干费用高，多数产品燃烧性能较差。尽管湿压成型有环模成型、平模成型、对辊成型（图 4－6）、刮板成型、齿轮成型等多种机具类型，但目前应用范围不广，在东南亚国家和日本等地有些小规模的生产厂家。

2. 热压成型

生物质热压成型，就是以生物质加热后的木质素为黏结剂，纤维素、半纤维素为“骨架”，在一定的温度和压力等工艺条件下把碎散的生物质物料压制成具有固定几何形状的规格型体。

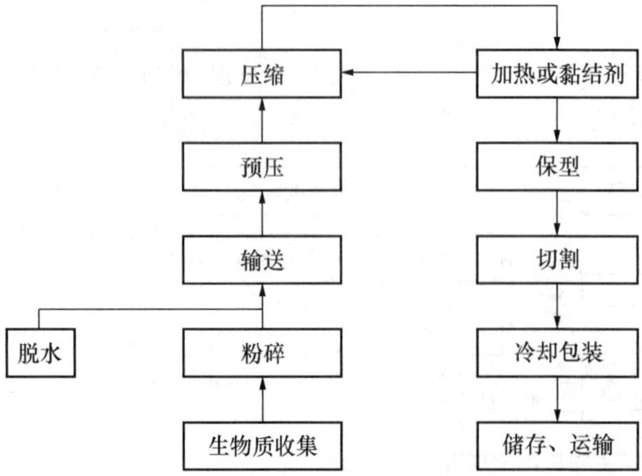

图 4－7 生物质热压成型工艺流程图

热压成型是目前普遍采用的生物质压缩成型工艺，其工艺过程一般为：原料粉碎、干燥混合、挤压成型、冷却包装等几个环节（图 4－7）。由于原料的种类、粒度、含水率、成型压力、成型温度、成型方式、成型模具的形状和尺寸等因素对成型工艺过程和产品的性能都有一定的影响，所以具体的生产工艺流程以及成形机结构和原理也有一定的差别。但是在各种热压成型方式中，挤压成型环节都是关键的作业步骤。国外热成型技术包括烘干、加热、降温等一系列设备，组成一条庞大的生产线，只能在固定的场地内车间化生产。

热成型技术发展到今天，已有各种各样的成型工艺问世，总的看来可以根据原料被加热的部位不同，将其划分为两类：一类是原料只在成型部位被加热，称为非预热热压成型工艺。另一类是原料在进入压缩机构之前和在成型部位被分别加热，称为预热热压成型工艺。两种工艺的不同之处在于预热热压成型工艺在原料进入成型机之前对其进行了预热处理。但是从实际应用情况看，非预热热压成型工艺占主导地位。热压成型工艺中采用的成型机主要有螺旋挤压式成型机(图 4-8)机械驱动活塞式成型机(图 4-9)、液压驱动活塞式成型机等几种形式。其中螺旋挤压成型机采用连续挤压，成型温度通常调整在 220～280℃、为了避免成型过程中原料水分的快速汽化造成成型块的开裂和“放炮”现象发生，一般要将原料含水率控制在 8%～12%，在挤压过程中，原料与成型部的摩擦虽能生热，但满足不了成型温度的要求。因而需采用电热元件等对成型部位进行加热。现在，有关研制单位试用原料在进入成型机之前，对其进行预加热(到 100℃左右)，以减轻成型部件的磨损。

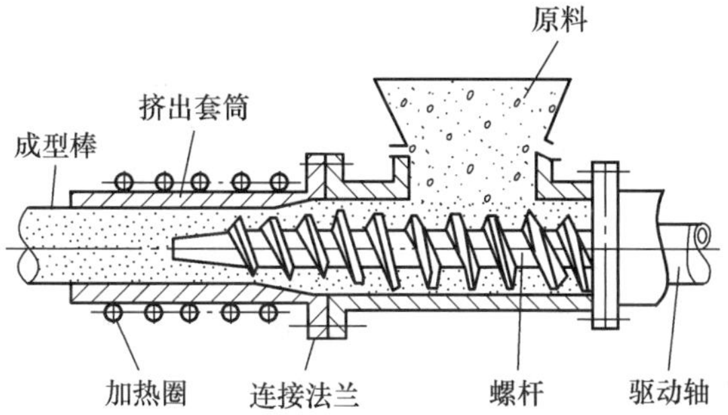

图 4-8　螺旋挤压成型部件结构示意

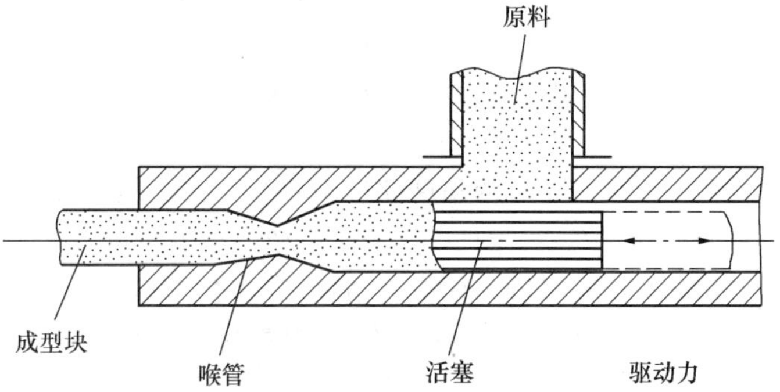

图 4-9　活塞挤压成型部件结构示意

螺旋挤压机产出的成型块通常为空心燃料棒(有利汽化气的排出)，其密度一般为 1.0～1.4 t/m^3。液压或机械驱动的活塞式成型机通常用于生产实心燃料棒或燃料块，其密度通常为 0.8～1.1 t/m^3，其中液压驱动的活塞式成型机对原料的含水率的要求不高，允许原料含水率高达 20%左右。

3. 炭化成型

炭化成型工艺的基本特征是，首先将生物质原料炭化或部分炭化，然后再加入一定量的黏结剂挤压成型(图 4-10)。由于原料纤维结构在炭化过程受到破坏，高分子组分受热裂解转换成挥发炭，并释放出挥发分(包括可燃气体、木醋液和焦油等)，因而其挤压加工性能得到改善，成型部件的机械磨损和挤压加工过程中的功率消耗明显降低。但是，炭化后的原料在挤压成型后维持既定形状的能力较差，储存、运输和使用时容易开裂或破碎，所以采用炭化成型工艺时一般都要加入一定量的黏结剂。如果成型过程中不使用黏结剂，要保护成型块的储存和使用性能，则需要较高的成型压力，这将明显提高成型机的造价。

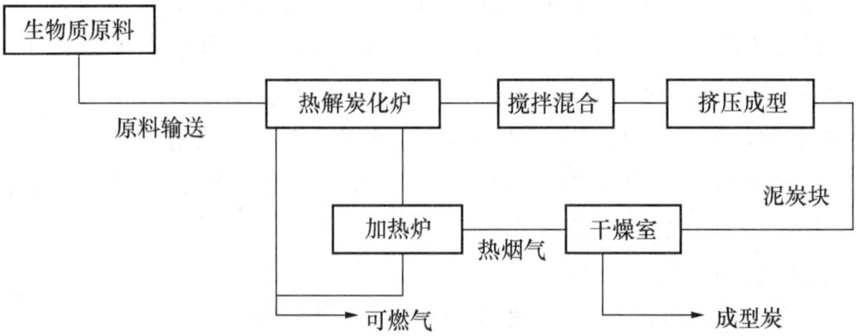

图 4-10 炭化成型工艺流程图

该工艺可以分为两类，一类是先成型后炭化，一类是先炭化后成型。

先成型后炭化工艺：工艺流程为原料粉碎→干燥→成型→炭化→冷却包装。先用压缩成型机将松散碎细的植物废料压缩成具有一定密度和形状的燃料棒，然后用炭化炉将燃料棒炭化成木炭。这种工艺具有实用价值。

先炭化后成型工艺：工艺流程为原料→粉碎除杂→炭化→混合黏结剂→挤压成型→干燥→包装。

先将生物质原料炭化成颗粒状炭粉，然后再添加一定量的黏结剂，用压缩成型机挤压成一定规格和形状的成品炭。这种成型方式使挤压成型特性得到改善，成型部件的机械磨损和挤压过程中的能量消耗降低。但是，炭化后的原料在挤压成型后维持既定形状的能力较差，贮运和使用时容易开裂和破碎，所以压缩成型时一般要加入一定量的黏结剂。

4. 黏结剂

为了能够保证成型炭块具有足够的强度和抗潮解性，使成型块在运输储存和使用时不致破损、裂开，并具有良好的燃烧性能，而且在燃烧时不产生烟尘和异味，常常在固化成型过程中添加一些黏结剂。常用的黏结剂可分为无机黏结剂、有机黏结剂和纤维类黏结剂三类。其中无机黏结剂（如水泥、黏土和水玻璃等）虽然具有一定的黏结能力，但会增大燃料的灰分含量，降低燃料热值，而且在炭块燃烧时会产生开裂的现象，所以使用效果较差；有机黏结剂（如焦油、沥青、树脂和淀粉等）也具有较强的黏结能力，淀粉黏结剂使用量较少，一般为 4%左右，虽然在燃烧时不产生烟气，但其抗潮解能力较差。以焦油、沥青和糖浆肥料作为黏结剂使用时，用量大约为 30%，这类黏结剂的抗潮解能力较强，但在燃烧时会产生一定的烟气和异味；纤维类黏结剂（加废纸浆和水解木纤维等工业废弃物）价格低廉，而且具有较好的黏结能力，使用这一类黏结剂生产的成型炭可以采用自然干燥，而不必进行人工干燥。

4.2 生物质压缩成型机技术

目前世界各地研制生产的生物质压缩成型机械设备按照产品形态主要分为 2 大类，一类是压缩块（briquette），主要应用于间歇式加燃料的燃具，如家用炊事灶、取暖炉等；另一类是压缩粒（pellet）。主要应用于连续式加料燃器，如锅炉、干燥窑和气化炉等。而按照机械作用原理又可以分为螺旋挤压技术、活塞冲压技术、压辊式成型技术、环模压块成型技术和机械冲压成型技术。

4.2.1　螺旋挤压成型技术

螺旋压缩成型机械最早是由美国开发研制并实际应用的。这类成型机以其运行平稳、生产连续、所产成型棒易燃(由于其空心结构以及表面的炭化层)等特性在成型机市场中尤其是在印度、泰国、马来西亚等东南亚国家和我国一直占据着主导地位。成型原料被不断送入压缩成型腔,锥形螺杆在其他动力机械的带动下,推动成型原料进入横截面积渐渐变小的压缩成型筒内,成型物料在锥形螺杆和压缩成型筒的作用下,内压应力越来越大,在压缩成型筒的顶端达到最大内压应力而成型,再经过一段应力松弛段,被推出螺旋压缩成型机械,成为成型物料。生物质螺旋式成型过程是连续的,质量比较均匀。该技术是目前生产生物质成型燃料最常采用的技术。

为了降低螺旋压缩成型设备的功耗,可以在成型原料中加入黏结剂,物料在高压下密度增大,并在黏结剂的作用下成型。为了避免使用添加剂导致的用户对燃烧效率下降和污染物排放增加的担心,又开发了加热螺旋压缩技术,即在螺旋压缩机压缩成型筒外设置一加热装置,使生物质中的木质素受热塑化后具有黏性,从而降低螺旋压缩成型设备的功耗,其原理如图 4-11 所示。为了缩短加热段长度,可以在压缩原料进入压缩成型筒之前就进行部分加热处理,即预热,也称为具有预热的加热螺旋压缩成型。

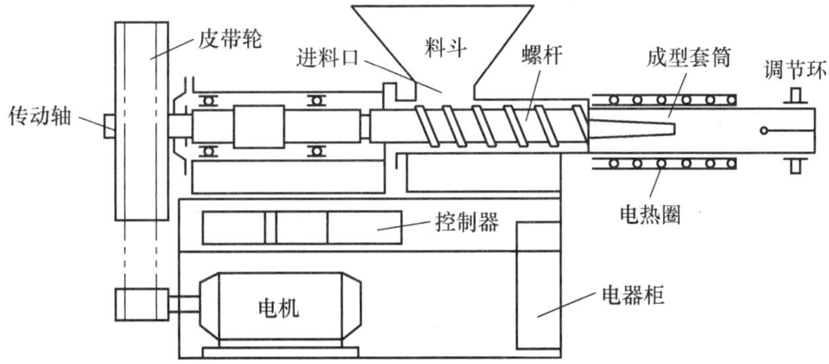

图 4-11　加热螺旋压缩成型原理

螺旋压缩成型机械的锥形螺杆与成型原料之间工作时处于干摩擦状态,普通材质的螺杆的使用寿命很短,而喷涂、堆焊和高耐磨材质的使用可以提高锥形螺杆的使用寿命,如采用喷焊钨钴合金,焊条堆焊 618 或炭化钨,或是采用局部渗硼处理和振动堆焊等方法。通过这些方法进行处理后可使螺杆的使用寿命提高到 100 h 左右。另一种方法就是彻底改变这种成型工艺,活塞式成型机的研制成功在较大程度上解决了该成型方式所存在的成型件磨损严重及能耗高的问题。另外,原料含水率难以控制、设备配套性能差和管理自动化程度较低等问题的存在,导致其难以形成规模,市场化效益低。

4.2.2　活塞压力式成型技术

此类成型机成型是靠活塞的往复运动实现的,其原理见图 4-9。按驱动动力不同可分为两类：一类是用发动机或电动机通过机械传动来驱动成型机的，即机械驱动活塞式成型机，另一类是用液压机械驱动的液压驱动活塞式成型机。

液压驱动活塞式成型机成型工艺较复杂。首先，粉碎后较松散的生物质（秸秆）原料经过垂直液压油缸和水平液压油缸两次预压后，由油缸上的冲杆推入成型套筒内，在合适的成型温度下，套筒中的秸秆生物质在外力的作用下颗粒重新排列位置关系，并发生塑性变形。在垂直于最大应力的方向上，粒子主要以相互靠近结合的形式结合。随外力的增大，生物质体积大幅度减小，容积密度显著增大，生物质内部胶合、外部焦化，并具有一定的形状和强度。冲杆不断推挤，秸秆生物质从成型套筒中挤出，成为生物质棒块成型燃料。

与螺旋挤压式成型机相比，活塞冲压式成型机明显改善了成型部件磨损严重的现象，使其使用寿命有所提高，单位产品能耗也有所下降。但是，机械驱动活塞式成型机设备结构复杂，存在较大的振动负荷，所以一方面造成机器运行稳定性差，另一方面导致噪声较大，另外还存在润滑油污染较严重等问题。液压驱动活塞式成型机由于采用液压驱动，机器的运行稳定性得到改善，而且产生的噪声也较小，操作环境优于机械驱动活塞式成型机。但由于其主机身较长，加上与液压站的管件连接，设备占地面积较大。表 4-2 为螺旋挤压和活塞压缩比较。

表 4-2 螺旋挤压和活塞压缩比较

项 目	活塞压缩	螺旋挤压
原料最佳湿度/%	10～15	8～9
接触部分磨损	在撞头和模子部位有低度磨损	在螺旋部位有大的磨损
机械输出	间断	连续
动力消耗/(kW·h/t)	50	60
密度/(g/m^3)	1～1.2	1～1.4
保养费	高	低
燃烧性能	不太好	很好
炭化	不可以	能制很好的炭
适宜气化	不适宜	适宜
质量均匀性	不均匀	均匀

4.2.3 压辊式成型机

压辊式颗粒成型机主要用于生产颗粒状成型燃料，不用电加热，这种机型具有构造简单，结构紧凑，使用方便等特点。压辊式成型机的基本工作部件由压辊和压模组成。其中压辊可以绕轴转动，压模上加工有成型孔，原料进入压辊和压模之间，在压辊的作用下被压入成型孔内。从成型孔内压出的原料就变成圆柱形或棱柱形，最后用切刀切成颗粒状成型燃料。根据压模结构的不同，压辊碾压式成型机可分为平模成型机和环模成型机，其中环模成型机又可分为立式和卧式两种机型。此类成型机具有产量高、原料适应性强等优点，成为当前研究和开发的热点。基本工作部分由压辊和压模组成，其中压辊可以绕自己轴转动(图 4-12)。压辊的外圈加工齿或槽，用于压紧原料不致打滑。压模有圆盘和圆环两种，压模上加工有成型孔。原料进入压辊和压模之间，在压辊的作用下被压入成型孔内，从成型孔内压出的原料就变成圆柱形或棱柱形，最后用切刀切成颗粒状成型燃料。根据压模的形式，压辊式成型机可分为环模成型机和平模成型机，其中环模成型机又有卧式和立式两种形式。

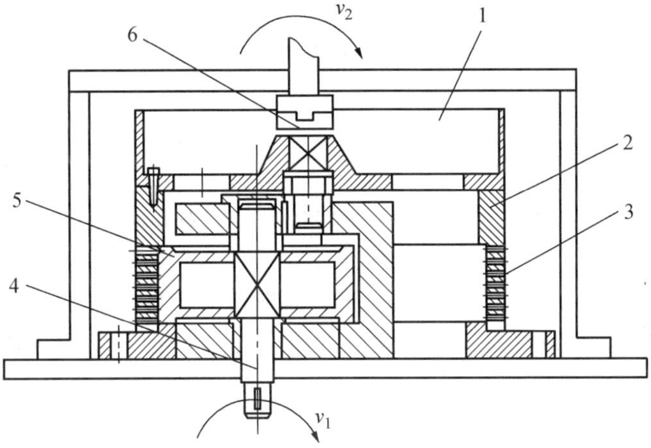

图 4-12　立式压辊式颗粒成型机结构示意

1. 料仓　2. 环模　3. 颗粒成型孔　4. 压辊轴　5. 压辊　6. 环模轴

1. 环模成型机

环模成型机是目前使用最为广泛的机型，主要有齿轮传动和皮带传动两种方式。环模固定在大齿轮传递的空心轴上旋转，压辊则固定在用制动装置固定的实心轴上，为动模式成型机。齿轮型传动效率高、结构紧凑，但生产时噪声较大；皮带型传动不需额外的润滑管理，噪声小，并有较好的缓冲能力，但传动效率低、不能实现低成本的二级变速。

环模式成型机充分借鉴饲料机械的特点，自动化程度高，单机产量大，适于规模化和产业化发展，是目前生物质燃料产业的主流技术与工艺，广泛应用于以木屑、玉米和棉花秸秆为原料的生物质燃料生产。但投资规模较大，环模、压辊易损件磨损严重，对稻草、麦草成型较为困难。目前，国内环模压辊式成型机主要有两种，一种采用内环模压辊挤压成型，另一种采用双环模对辊挤压成型。前者是目前欧美国家的主流技术，设备采用常温成型，适用原料为秸秆、木屑等各种农林废弃物，产品为颗粒状及方块状。后者主要适用原料为木屑，原料过于干燥时不易成型，有黏结剂易于成型，成型后需要干燥处理，产品为颗粒状。用压辊式成型机生产颗粒成型燃料一般不需要外部加热，依靠物料挤压成型式时所产生的摩擦热，即可使物料软化和黏合。若原料木质素含量低，黏结力小，可添加少量黏结剂。对原料的含水率要求较宽，一般在 10%～40%均能成型。

2. 平模成型机

平模成型机压制室空间较大，可采用大直径压辊，因而能将诸如秸秆、木屑等体积粗大、纤维较长的原料强行碾压粉碎后压制成型，降低了对原料的粉碎度要求。对原料水分的适应性也较强，含水率 8%～25%的物料都能被压缩成型。因其结构简单、成本低廉、易于维修维护，适于广大农村农民小规模灵活使用。但受模具限制，产量低于环模机，相对电耗多于环模。我国的平模成型机一般采用拉丝直辊平模制粒方式，广泛使用平行轴齿轮减速。

4.2.4　环模压块成型技术

环模压块机主要由供料器、除铁装置、压块机构、传动装置组成。物料进入压制室后在偏心压轮的挤压下,从径向分布的环模孔中挤出,是规模化生产生物质成型燃料的机型之一。环模压块机工艺简单,生产成本比颗粒燃料低10%～15%;对原料的粉碎要求低,10～50 mm即可;原料的适应性强,农作物秸秆类原料均可成型。但设备运行稳定性差,故障率高;产品密度低,仅为0.6～0.8 kg/dm^3,抗跌性差。比较适于生物质规模化应用的原料预处理以及发电厂补充燃料的加工成型。

4.2.5 机械冲压成型技术

机械冲压成型机主要生产生物质型煤,俗称秸秆煤。其成型机原理为筒内单向力冲压成型。电机驱动一个直径1.5 m、重1.3 t的储能轮,转换成260 t冲压推动力,模具冲头在1秒钟内将原料冲压成型。成型后不马上出壳,使产品在模具筒腔内保压3～5 s时间,始终保持数块成型产品在筒腔内,形成冲头前端阻力。冲压推动力大于阻力,筒腔内产品不断形成至出筒。冲头回抽时入料,实现了既把新进物料冲压成型,又作为动力使前边成型块从筒腔内推出。

4.3 秸秆压缩成型技术应用举例

4.3.1 瑞典生物质颗粒燃料产业的发展

瑞典2002年的能源消费量为7 300万t标准煤,其中可再生能源为2 100万t标准煤,约占能源消费量的28%,而在可再生能源消费中,生物质能占了55%,主要作为区域供热燃料。在1980年瑞典区域供热的能源消费90%是油品,而现在主要是依靠生物质燃料。瑞典作为发达的工业化国家,颗粒成型燃料技术经过多年的研究发展日趋成熟。目前已经完全实现商业化、市场化生产。整个生产过程中工业化程度高、操作人员少,包装运输均实现自动化(图4-13),除定点供应发电和供热企业外,还可通过袋装的方式在市场上销售,成为许多家庭首选生活用燃料。

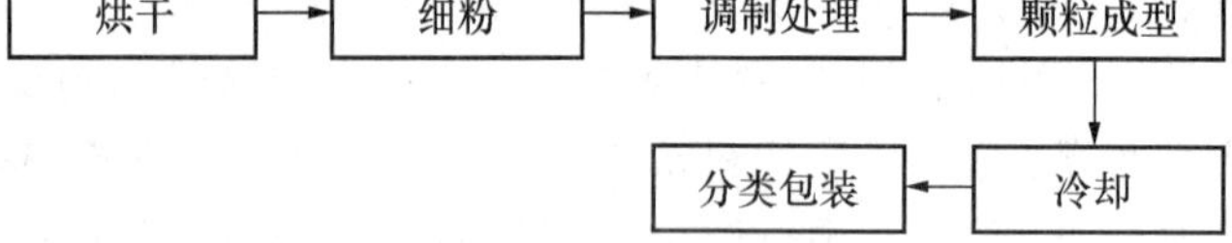

图4-13 瑞典生物质颗粒燃料加工工艺流程

1999年瑞典政府颁布了颗粒燃料标准SS187120。在此标准中颗粒燃料分成3类。第一类较高的质量要求,能够应用于户用的小型燃烧装置;第二、三类没有较高质量的要求,用于大型工业用户。目前,瑞典有57%左右的燃料能够满足本标准。有一部分满足欧盟标准要求,但也有一部分生产企业没有按照本标准要求生产。

近年来,瑞典很多地方企业与一些大公司合作研究开发了燃烧设备,燃烧技术处于国际领先地位。在瑞典市场上有20多家燃烧器制造商,超过50多种类型颗粒锅炉,约12万套户用颗粒锅炉,2万台/套颗粒炉具,一些新型的燃烧设备甚至能够通过远程或通信设备进行控制。2007年,瑞典仍有30万户直接采用电力供暖,约有27万户采用电力加热水供暖。因此,瑞典颗粒燃料锅炉的发展还有很大潜力。

瑞典燃烧设备可以分为集中供热锅炉、生物质炉具两类。

1. 集中供热锅炉

集中供热锅炉能够应用于单个或多个家庭，热量通过水循环交换到供热系统。功率一般在 10～40 kW，同时能够根据热量需求自动调整功率 30%～100%。两种典型的集中供热锅炉：①组合式锅炉。这种锅炉是由一个颗粒燃烧器和一个标准锅炉（无燃烧器）组成，通常是由不同厂家生产的。标准锅炉连接不同类型的燃烧器。②一体式锅炉。这种锅炉主要从奥地利、德国进口，但瑞典也有少部分厂家生产。在这种锅炉中，燃烧器是锅炉的一部分，不能分开。

2. 生物质炉具

目前，有两种生物质炉具：独立颗粒炉具和烟囱一体式炉具。这两种炉具最大的不同是烟囱一体式炉具被安装在壁炉中。目前独立式颗粒炉具是最普通的，独立式颗粒炉具通常有一个内置颗粒料仓，能够存储一定的颗粒燃料，通常能够燃烧 1～2 d，有少量的炉具带有外部料仓。

颗粒燃料的一大优点就是能够实现自动进料、燃烧，因此颗粒燃料燃烧器得到了迅速发展。尤其是在 2006 年颗粒燃烧器销售量达到 3.2 万台。3 种类型燃烧器根据进料方式不同分为上进料式、下进料式、水平进料式。市场上多采用上进料式颗粒燃烧器，比较典型的是 PX 公司生产的上进料式燃烧器，EcoTec 公司生产的下进料颗粒燃烧器和 Traenergi 公司生产的水平进料颗粒燃烧器等。

瑞典颗粒燃料产业发展的特点优势明显：林业资源丰富，原料以林业剩余物为主；瑞典颗粒燃料产业完全商业化生产，成型技术成熟，生产企业以大中型为主，生产能力达到 220 万 t，主要集中在 35 个大型生产企业；政府制定了完善的法律法规以及鼓励政策；瑞典颗粒燃料的标准技术条件不断向欧盟标准靠近和完善；燃烧技术及燃烧设备成熟，处于国际领先地位；拥有完善的质量保障体系，提高了颗粒燃料燃烧设备的质量，保障了用户的利益。

4.3.2　我国成型燃料生产潜力、应用情况及发展趋势

我国林业生物质能资源丰富，每年有约 1.5 亿 t 森林采伐、木材加工等生物质废弃物，这些资源目前没有得到有效的充分利用。另外，全国还有 4 600 多万 hm^2 宜林地，还有约 1 亿 hm^2 不宜农耕的荒废土地资源，适宜种植高产能源植物，如果利用其中 10%的土地就可以结合生态建设，开发种植能源植物。中国的生物质能极为丰富，预计到 2015 年中国主要农作物秸秆产量将达到 9 亿 t，其中 1/2 可作为农业生物质能的原料。从秸秆资源产量看，广大农村和乡镇的各种秸秆产量大，范围广。秸秆经过热压成型达到一定的密度后再燃烧，可提高燃烧温度和热利用率，燃烧速度快，减少空气环境的污染，可使秸秆成为高品位的能源产品加以利用；符合国家的环保政策，多数地区都采取了禁烧秸秆的措施，大中城市已基本取缔了 2 t 以下的燃煤锅炉，改燃清洁燃料（天然气等），而清洁燃料的成本较高，当秸秆压块成型机的生产率达到 200 kg/h 时，经过经济效益计算，秸秆压块成型燃料棒（块）的成本价在 180 元/t 左右；当秸秆压块成型机的生产率达到 400 kg/h 以上时，秸秆压块成型燃料棒（块）的成本价降为 100～130 元/t，售价在 220～240 元/t，完全可以替代煤作为城镇中 2 t 以下燃煤锅炉的燃料。生物质成型燃料的灰尘及其他指标的排放也比煤低，可实现 CO_2、SO_2 降排，减少温室效

应，是保护生态环境的有效方法，环保效益明显。秸秆的粉碎和成型放在农村，可以降低秸秆原料的运输成本和成型费用。可在中、小城镇、农村中使用燃烧炉、制气炉、制气站，在大城市建设碳化工厂，促使秸秆类生物质从粉碎、成型到应用形成产业化。

生物质固化成型技术目前是生物质利用的一个重要方面，世界上许多国家都在这方面进行了深入的研究，技术已基本成熟，而且部分国家已实现了产业化，我国虽然在这方面的研究起步较晚，但是国家对生物质利用非常重视，尤其是最近几年科研经费投入大幅度增加，国内很多高校和研究院所、企业通过自我探索、引进和吸收国外技术，目前生物质成型设备技术取得显著进步。据不完全统计，推广使用的各类固化成型燃料设备有 30 多处(不含机制木炭)，其中包括部分由生产饲料转制生产燃料的企业，年总生产能力约 20 万 t。但是这远远不能满足市场对生物质燃料的需求。

位于吉林省的辉南宏日新能源有限责任公司在林业生物质成型燃料产业发展中创立了成功的商业模式。该公司通过打通生物质成型燃料产业发展的完整产业链，即资源收集、加工成型、燃烧产能、市场消费 4 个环节，为林业生物质成型燃料找到了出路，并能有效保障能源产品的稳定持续供给。宏日新能源建立的 3 座工厂分别以采伐剩余物、清林抚育剩余物和木耳菌袋作原料，通过拥有自主知识产权，可以实现连续稳定生产木质生物质颗粒燃料的生产工艺加工颗粒燃料，然后运送到生物质成型燃料供热站，用生物质颗粒燃料专用锅炉燃烧供热。

目前国家正在研究有关加快推进农作物秸秆综合利用的意见。到 2015 年，我国秸秆资源综合利用率有望超过 80%。中国资源综合利用协会主办的“2008 秸秆综合利用(北京)高层研讨会”介绍说，近年来在国家政策引导和扶持下，秸秆资源化利用技术不断完善和推广，在秸秆用作肥料、饲料、食用菌基料、燃料和工业原料的产业化利用等领域得到较快发展。生物质成型原料在我国很丰富，成型后的固体燃料具有体积小、密度大、储运方便；品位较高、燃料特性优良；使用方便，干净卫生等优点，可以替代矿物能源用于生产和生活领域。成型技术与矿物燃料的竞争力会随着化石燃料价格上涨及人们对环境改善要求程度的提高而增长。生物质成型燃料成本会随着技术水平和规模的提高逐渐降低，所以其市场前景相当广阔。对生物质固化成型这一产业，我国政府给了许多政策性的引导和税收方面的优惠政策，例如：减少生物质固化成型行业的税收，优先发展生物质固化行业等。中国新能源和可再生能源发展纲要(1996—2010 年)中提出要将“发展高效的直接燃烧技术、致密固化成型技术、气化液化技术”作为今后工作的一个主要方面来抓。国家“十一五”规划纲要中明确提出“扩大生物质固化成型燃料生产能力”。国家发展和改革委员会生物质固化成型燃料发展规划提出到 2020 年，使生物质颗粒燃料成为普遍使用的一种优质燃料，消耗颗粒燃料 5 000 万 t，代替 3 000 万 t 煤。加快制造生物质成型燃料生产设备，对推进秸秆资源综合利用，实现秸秆商品化和资源化，对于节约资源、减轻污染、增加农民收入，加快建设资源节约型和环境友好型社会，具有十分重要的意义。

参考文献

[1] 袁振宏，吴创之，马隆龙，等. 生物质能利用原理与技术. 北京：化学工业出版社，2005.
[2] 陈勇等. 固体废弃物能源利用. 广州：华南理工大学出版社，2003.
[3] 吴创之，马隆龙. 生物质气化技术及其应用. 北京：化学工业出版社，2003.

[4] 国家计委基础产业发展司. 1999 年新能源与可再生能源白皮书. 北京：中国农业出版社，2002.

[5] 朱世伟，等. 中国农村能源技术经济. 北京：水利电力出版社，1998.

[6] 吴创之，马隆龙. 生物质能现代化利用技术. 北京：化学工业出版社，2003.

[7] 刘荣厚，牛卫生，张大雷. 生物质热化学转换技术. 北京：化学工业出版社，2005.

[8] 姚宗路，等. 瑞典生物质颗粒燃料产业发展现状与经验. 可再生能源，2010，28(6)：145 - 150.

[9] 周成. 生物质固化成型燃料的开发与应用. 现代化农业，2005(12)：16 - 17.

[10] 蒋恩臣，何光设. 稻壳、锯末成型燃料低温热解特性试验研究. 农业工程学报，2007，23(1)：188 - 191.

[11] 黄明权，张大雷，姜洋，等. 影响生物质固化成型因素的研究. 农村能源，1999，83(1)：17 - 18.

第 5 章　生物质直接燃烧技术

人类在最初之所以能看得见、摸得着火，就是因为有了生物质的贡献。生物质作为火的载体，帮助人类走进了新的阶段，也是从此开始，人类对火的使用也离不开生物质，以生物质为燃料的直接燃烧技术是最原始、最实用的利用方式，并一直延续到今天。随着社会的发展、科技的进步，燃用生物质的设施和方法在不断地改进和提高，目前已达到工业化规模利用的程度。本章重点介绍生物质直接燃烧原理、我国传统炉灶和生物质直燃发电技术等（图 5-1）。

图 5-1　秸秆在柴灶中燃烧

5.1　生物质燃烧原理

5.1.1　生物质燃料特性

典型生物质燃料的元素组成如表 5-1 所示，表中同时列出了典型的烟煤和无烟煤的相应成分组成以示对比。

表 5-1　生物质燃料和煤炭在成分组成上的对比

燃料种类	C/%	O/%	H/%	灰分/%	挥发分/%	密度/(t/m^3)
生物质燃料	38～50	30～44	5～6	4～14	65～70	0.47～0.64（木材）
煤炭	22～90	3～20	3～5	5～25	7～38	0.8～1.0

与煤炭相比，生物质燃料主要有以下差别：

(1) 含碳量较少，含固定碳少　生物质燃料中含碳量最高的也仅 50%左右，而煤炭含碳量最高达 90%左右。生物质燃料中固定碳的含量明显比煤炭少（固定碳属于煤炭工业领域的概念，是指煤炭除去水分、灰分和挥发分后的残留物，此处同样可以描述生物质燃料），因此，生物质燃料中固定碳含量低的特性注定了它不耐烧、需要频繁添加的特点，同时它的热值也较低。但是，从清洁意义上讲，正是因为它在含碳量上的优势，使得每利用 1 万 t 秸秆替代煤炭燃烧，将减少 CO_2 排放 1.4 万 t，另外，减少 SO_2 排放 40 t。

（2）含氧量多，含水量多　生物质燃料含氧量明显高于煤炭，这使得生物质燃料热值低，但易于引燃。在燃烧时可相对地减少空气供应量。生物质水分含量较多，燃烧需要较高的干燥温度和较长的干燥时间，产生的烟气体积较大，排烟热损失较高。

（3）挥发分含量多　生物质燃料中的碳，多数和氢结合成较低分子的碳氢化合物，遇一定的温度后热分解而析出挥发分，高含量的挥发分一般在 250～350℃温度下就大量析出并开始剧烈燃烧，在空气和温度不足的情况下，析出量较大的挥发分不完全燃烧易产生镶黑边的火焰，将会增大燃料损失，因此，在炉灶设计中必须注意这一点。目前，我国北方广大农村地区仍在使用灶台，来自北方农村的同学对秸秆直燃烧饭产生的大量烟尘一定有较深的体会。另外，挥发分燃尽后，受到灰烬包裹和空气渗透困难的影响，焦炭颗粒燃烧速度缓慢、燃尽困难。上述分析看出，生物质燃料在直接燃烧时存在挥发分析出过快等问题，高密度的压缩成型生物质燃料，由于它压缩密实，限制了挥发分逸出速度，加之空气流通有一定的通道而比较均匀，燃烧过程相对较稳定，可以改善需氧量大起大落的波动，详见生物质成型燃料一章。

（4）密度小　生物质燃料的密度明显地较煤炭低，质地比较疏松，特别是农作物秸秆和畜禽粪便，这样使得这类燃料易于燃烧和燃烬，灰渣中的残留碳量也较燃用煤炭者少。但是，密度小直接导致其作为燃料的能量密度小，这使得相同能量生产过程中，要消耗体积较多的生物质燃料，这意味着有可能增加燃料收集的劳动环节的工作量。

（5）含硫量低　大部分生物质燃料含硫量少于 0.02%，减少 SO_2 排放，有利于环境保护。

由于生物质燃料从成分组成上有以上这些特点，所以在直接燃烧时，为了提高其燃烧效率，针对不同种类的生物质燃料，在空气供给、燃烧室容积和形状以及燃料添加口等方面也应作相应调整，已达燃烧最优条件，才能保证生物质燃烧设备运行的经济性和可靠性，提高生物质开发利用的效率。

5.1.2　生物质燃料的燃烧过程

5.1.2.1　燃烧各阶段分析

生物质燃料的燃烧过程是强烈的放热化学反应。燃烧过程是燃料和空气间的传热、传质过程。燃烧过程产生的热量使周围温度升高，温度又促使传质过程加快，它是使热量产生的一种连锁反应过程（图 5-2），因此，除燃料外，发生燃烧的前提条件是要有足够的热量供给和适当的空气供应。

生物质燃料的燃烧过程如图 5-2 所示，可以分为：预热、干燥（水分蒸发）、挥发分析出燃烧和焦炭燃烧等阶段。需要注意的是，燃烧各个阶段虽然是依次串联进行的，但也有一部分是重叠进行的，没有严格的分界线，各阶段所经历的时间与燃料种类、成分和燃烧方式等因素有关。为便于理解，下面以柴草为例，说明燃烧过程各阶段。

（1）预热阶段　当柴草送进炉灶后，用火种引燃柴草表面的可燃物，温度逐渐升高。

（2）干燥阶段　柴草在逐渐升高的温度中失水蒸发而干燥，同时，干燥的柴草继续吸热增温。

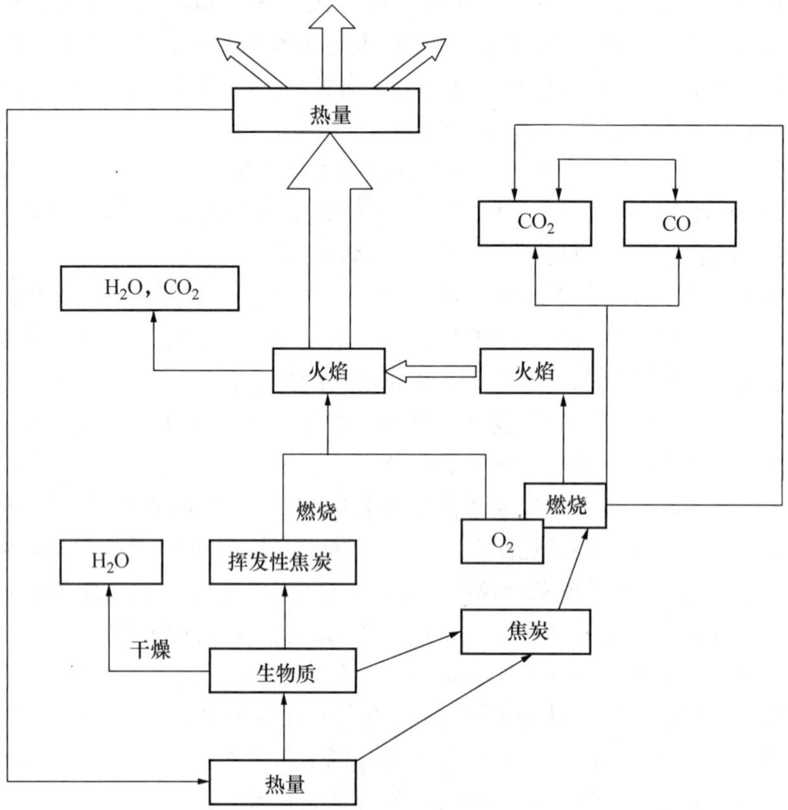

图 5-2 生物质燃料的燃烧过程

(3)挥发分析出燃烧阶段　当温度达到 100～105℃时，柴草表面中的挥发分即以气体形式析出，燃料的结构也开始变得蓬松，温度继续升高，当达到 250～350℃时挥发活跃。当挥发分与空气相混合，使得挥发分与氧气达到一定的浓度比例，且温度达到 500～600℃时，挥发分首先着火燃烧，可见，挥发分的燃烧前提要具备两个条件，即温度和浓度。柴草表面挥发分燃烧所放出的热能逐渐积累，通过传导和辐射向柴草内层扩散，从而使内层挥发分析出，继续与氧混合燃烧，并放出大量的热量，此时柴草中剩下的焦炭被挥发分所包围，灶膛中的氧不易接触到焦炭表面，焦炭难以燃烧。挥发分的燃烧为其后的焦炭燃烧准备了热量条件。

(4)焦炭燃烧阶段　在挥发分减少后，氧气逐渐接触到焦炭，焦炭开始燃烧。随着焦炭的燃烧，不断产生的灰分把内层的焦炭包裹，妨碍它继续燃烧。这时适当人为地加以搅动或加强炉灶中的通风，都可以加强剩余焦炭的燃烧。灰渣中残留的余炭即产生在此阶段。

燃烧过程中，挥发分气体不断向上流动，边流动边燃烧形成扩散火焰，在扩散火焰中，各层的挥发分气体与空气混合的比例不同，比例恰当的，燃烧速度快，火焰温度高；比例不恰当时，燃烧速度较慢，火焰温度低，形成各层温度不同的火焰，即人们常说的外焰、中焰和内焰，所以过大、过小的比例，即进入灶膛的空气过多或过少时都会造成柴草的熄火。

简而言之，以上燃烧各过程可以分为两类：吸热反应（预热、干燥和挥发分析出）和放热反应。挥发分燃烧和焦炭燃烧，前者占燃烧时间的 10%、但提供总热量的 70%，后者占燃烧时间的 90%。

因参与吸热反应的柴草和参与放热反应的柴草并未直接接触，这使得柴草的吸热只能依靠火焰和炉膛内壁的辐射。基于此，湿度不同的生物质燃料，对炉灶的要求也不同，湿度较大的燃料需要较多的热量进行吸热反应过程，因此要尽量保持炉膛内壁的高温，这样才能维持湿燃料的燃烧；对于燃料的燃烧则要考虑对炉膛内壁的冷却，这并不是简单的出于与湿燃料相反的考虑，而是大量的炉膛辐射可能使灰渣达到软化点，导致灰渣在炉膛中结渣，当然温度再高，也可能导致炉膛内壁的熔化。在清洁炉渣的研制过程中，必须针对燃料湿度提出要求。

另外，对于空气这个燃烧发生的必要条件，我们可将其分为一次空气和二次空气。一般地，从炉灶底部供应的空气被称为一次空气，而为了让挥发分尽可能地充分燃烧所额外提供的空气被称为二次空气。对于高挥发分燃料，二次空气的供应量往往高于一次空气。

5.1.2.2　燃烧过程的温度控制技术

首先，从化学角度复习一下生物质在炉膛中的燃烧过程。燃烧过程主要发生的为碳的燃烧：

$$C+O_2 = CO_2 + 405.8\ \text{kJ}$$

生成的二氧化碳在氧气供应不足的情况下与空气中的碳颗粒发生吸热反应，从而降低环境温度：

$$CO_2 + C = 2CO - 160.7\ \text{kJ}$$

水蒸气与碳也会发生吸热反应：

$$H_2O + C = CO + H_2 - 126.7\ \text{kJ}$$

以上两个吸热反应的产物即一氧化碳和氢气在氧气作用下，进一步提高了炉膛中的放热强度：

$$H_2 + 1/2O_2 = H_2O + 241\ \text{kJ}$$
$$3CO + 3/2\ O_2 = 3CO_2 + 849.8\ \text{kJ}$$

可见，即使过程中有不完全燃烧，但是最终在氧气供应充足的情况下，热量释放得更多。由此联想到，可以通过引入部分烟气进行吸热反应来达到降低炉膛温度的效果，这种方法称为烟气循环。该方法用于那些以湿燃料为设定燃料却燃用干燃料的锅炉，同样适用于那些具有高热值和低挥发分的燃料。而降低炉膛温度的最终目的正是 3.1.2.1 中所述的防止结渣。

5.1.3　燃烧过程的部分计算问题

5.1.3.1　空气供给量计算

燃烧所需空气的供给有一个最佳范围，适合的空气量可增加可燃气体的浓度，使化学反应减慢。单位质量燃料的理论需要空气量可根据化学反应式获得。生物质燃料中含磷含量极少，而钾常以氧化钾的形式存在，在忽略不计的情况下，则单位质量燃料的理论需要空气量可按下式计算：

$$V^0 = 0.889C^y + 0.4256H^y + 0.0333(S^y - O^y)$$

式中，V^0 为单位质量燃料理论需要空气的体积(标准状态下)，m^3/kg 燃料；C^y 为燃料碳元素的应用基含量，%；H^y 为燃料氢元素的应用基含量，%；S^y 为燃料硫元素的应用基含量，%；O^y 为燃料氧元素的应用基含量，%。

常见的生物质燃料，其理论需要空气量为 4～5 m^3/kg 燃料，在实际的炉灶内燃烧时，由于供给方式的限制以及空气和燃料的接触不完善，只供给理论空气量是不够的，为了保证充分燃烧，供给的空气比理论的要多。实际供给空气量(V)和理论空气量之比称作空气过量系数，用符号 α 表示。

$$\alpha = \frac{V}{V^0}$$

式中，V 为单位质量燃料实际空气供给量(标准状态下)，m^3/kg 燃料；V^0 为单位质量燃料理论需要空气量(标准状态下)，m^3/kg 燃料。

一般的，以生物质为燃料的炉灶不像锅炉那样可以通过调节方法控制 α 值。从实际测试中看出，凡是烟囱的抽力不佳、拦火过分、喉口小等都会减少空气的进入，是空气过量系数过小，而排烟中一氧化碳明显地增多；而烧火旺、拦火小、烟囱抽力大的情况下，则空气过量系数增大，最大时可达 4.0 以上。一般情况下 α 值为 1.7～3.0，最佳的 α 值约在 2.0，即空气供给量为理论量的 2 倍最好。

空气过量系数可以采用烟气分析仪测定，烟气中的氧、二氧化碳和一氧化碳含量由下式计算获得：

$$\alpha_{py} = \frac{21}{21 - 79 \times \frac{[O_2] - 0.5[CO]}{100 - ([CO_2] + [O_2] + [CO])}}$$

式中，α_{py} 为用烟气分析计算获得的 Q 值，称作排烟处 Q 值；$[O_2]$为干烟气中氧含量，%；$[CO_2]$为干烟气中二氧化碳含量，%；[CO]为干烟气中一氧化碳含量，%。

说明：此式中 CO_2 严格讲应为 $CO_2 + SO_2$，由于生物质燃料中硫含量明显较少，故忽略不计。

5.1.3.2 排烟量计算

排烟量的计算对于喉口(排烟口)、烟囱截面和炕洞截面尺寸的设计是重要的参考数据。每千克燃料的烟气量除了与燃料的元素组成、水分含量有关外，还和空气数量有关。每千克燃料的实际烟气量可按下式计算：

$$V_{py} = 0.1866(C^y + 0.375S^y) + 0.111H^y + 0.0124W^y + 0.008N^y + (1.0161\alpha_{py} - 0.21)V^0$$

式中，V_{py} 为每千克燃料的实际烟气量(标准状态下)，m^3/kg 燃料；C_y 为燃料碳元素的应用基含量，%；S_y 为燃料硫元素的应用基含量，%；H^y 为燃料氢元素的应用基含量，%；W^y 为燃料水分的应用基含量，%；N^y 为燃料氮元素的应用基含量，%。

炉灶中的排烟热损失和排烟量温度有关，所以排烟量大(一般由 α 的增大而促成的)，排热损失也随之增大。

5.1.3.3 燃烧温度计算

目前实际燃烧温度，只能根据热值表 5-2 进行理论计算，因为它受外界因素的影响较多。

表 5-2 一些生物质燃料的工业分析成分、元素组成和分析基低位热值

燃料种类	工业分析成分				元素组成						低位热值 Q_{dw}/(kJ/kg)
	水分	灰分	挥发分	固定碳	H	C	S	N	P	K_2O	
杂草	5.43	9.40	68.27	16.40	5.24	41.00	0.22	1.59	1.68	13.60	16 203
豆秸	5.10	3.13	74.65	17.12	5.81	44.79	0.11	5.85	2.86	16.33	16 157
稻草	4.97	13.86	65.11	16.06	5.06	38.32	0.11	0.63	0.15	11.28	13 980
玉米秸	4.87	5.93	71.45	17.75	5.45	42.17	0.12	0.74	2.60	13.80	15 550
麦秸	4.39	8.90	67.36	19.35	5.31	41.28	0.18	0.65	0.33	20.40	15 374
马粪	6.34	21.85	58.99	12.82	5.35	37.25	0.17	1.40	1.02	3.14	14 022
牛粪	6.46	32.40	48.72	12.52	5.46	32.07	0.22	1.41	1.71	3.84	11 627
杂树叶	11.82	10.12	61.73	16.83	4.68	41.14	0.14	0.74	0.52	3.84	14 851
针叶木					6.20	50.50					18 700
阔叶木					6.20	49.60					18 400
烟煤	8.85	21.37	38.48	31.30	3.81	57.42	0.46	0.93	—	—	24 300
无烟煤	8.00	19.02	7.85	65.13	2.64	65.65	0.51	0.99	—	—	24 430

设想使燃料在理想条件下燃烧(理想条件是指没有散热损失和完全燃烧)时计算出来的燃烧温度称为“理论燃烧温度”,该数值用来评价燃料燃烧过程本身的程度,是通过进入和排出燃烧系统物质的热平衡来求得,按下式计算:

$$t_{th}=\frac{Q_{dw}+Q_{a}+Q_{f}-Q_{t.d}}{V_{py}C_{py}}$$

式中,t_{th} 为理论燃烧温度,℃;Q_{dw} 为燃料低位热值,kJ/kg;Q_a 为空气带入的物理热,kJ/kg;Q_f 为燃料带入的物理热,kJ/kg;$Q_{t.d}$ 为燃料热分解的吸热,kJ/kg;V_{py} 为每千克燃料的实际烟气量(标准状态下),m^3/kg;C_{py} 为烟气的定比热容(标准状态下),kJ/(m^3 · ℃)。

以分析基玉米秸为例,若 $\alpha=2.4$ 时,其理论燃烧温度为 940℃,明显低于煤炭的理论燃烧温度。在实际中燃用生物质燃料的炉灶实测是这样的,焦炭层的燃烧温度为 850~900℃,火焰测试 500~700℃在 α 值减小时此值尚能提高。

了解上述基础性知识将有助于生物质燃料直接燃烧效率的提高。

5.1.4 影响燃烧的主要因素

影响燃烧的因素主要有以下 7 种。

5.1.4.1 反应温度

反应温度直接影响反应速率,在考虑到灰分熔化问题的前提下,应尽量提高反应温度。

5.1.4.2 空气量

燃料与空气供给决定着燃烧反应的进程。空气量太少,燃烧反应进行不完全,浪费燃料;空气量太多,则过量的空气将所吸收的热量白白带走,导致燃烧温度降低,使燃烧稳定性变差。因此,空气量有个最佳范围,即保证空气过量系数稳定是保证燃烧过程稳定的前提条件。

5.1.4.3 反应时间

燃料燃烧同样属于化学反应，因此，燃烧也需一定的时间才能完成。足够的反应时间是燃料完成燃烧反应的重要条件之一。

5.1.4.4 颗粒尺寸

固体颗粒反应一般在其表面进行，所以燃料颗粒的表面积越大，越利于燃烧反应的进行。颗粒尺寸越小，则其比表面积越大，因此，尽量减小燃料颗粒尺寸有利于燃烧反应的进行。

5.1.4.5 水分含量

燃烧反应是放热反应，而水分蒸发会强烈吸收热量。因此，大多数生物质燃料若要进行自维持燃烧，则要求燃料中水分含量不超过 65%，如果超过，则需借助辅助燃料助燃。

5.1.4.6 气固混合

燃烧过程中，必须有氧扩散到颗粒表面，同时随着燃烧反应的进行，燃料内层的灰分会逐渐暴露出来并包裹为燃尽的炭，因此需要搅动使气固混合良好，才能使灰分剥落并暴露出未燃的炭，保证燃烧的充分性。

5.1.4.7 灰分

灰分不可燃，因此，燃料中灰分含量越高，燃料的热值和燃烧温度越低。更重要的是，在燃烧过程中灰分能够包裹内层未燃烧的燃料，使燃烧速度缓慢，同时，炉膛温度较高时，高灰分量无疑增加了熔化量，因此，若不采取合理措施，则会出现燃料不完全燃烧、锅炉受腐蚀的情况。

从上述因素中可以看出，燃料充分燃烧的三要素是：温度、空气量及其与燃料的混合、反应时间和空间。

(1)温度　温度是燃料良好燃烧的首要条件，只有温度足够高，才能保证着火所需的热量、保证有效的燃烧速度。

(2)空气量及其与燃料的混合　3.1.3.1 已述及实际空气量供给要大于理论空气量，这里不再赘述；良好的气固混合是燃料充分燃烧的必要条件。

(3)反应时间和空间　燃烧反应一般都发生在一定的时间内和空间中。若燃烧空间小，燃料滞留时间短，未等其充分燃烧进入低温区，增加不完全燃烧的热损失，因此，为保证充分的燃烧时间，需要有足够的燃烧空间。另外，燃烧空间要充分利用，不留死角，适当时需要设置挡板或炉拱，否则，空间再大，不利用还是会出现上述问题。

5.1.5 生物质直接燃烧技术

5.1.5.1 生物质直接燃烧技术的特点

生物质直接燃烧是将生物质直接作为燃料燃烧，燃烧产生的能量主要用于发电或集中供热。作为最早采用的一种生物质开发利用方式，生物质直接燃烧具有如下特点：

(1)生物质燃烧所释放出的 CO_2 相当于其生长时通过光合作用所固定的 CO_2，实现 CO_2 的零排放，有助于缓解温室效应；

(2)生物质的燃烧产物用途广泛，灰渣可加以综合利用；

(3)生物质燃料可与矿质燃料混合燃烧，既可以减少运行成本，提高燃烧效率，又可以降低 SO_x、NO_x 等有害气体的排放量；

(4)采用生物质燃烧设备可以最快速度地实现各种生物质资源的大规模减量化、无害化、资源化利用，而且成本较低，因而生物质直接燃烧技术具有良好的经济性和开发潜力。

5.1.5.2　生物质直接燃烧技术分类

生物质直接燃烧主要分为炉灶燃烧和锅炉燃烧。炉灶燃烧操作简便、投资较省，但燃烧效率普遍偏低，从而造成生物质资源的严重浪费；而锅炉燃烧采用先进的燃烧技术，提高了生物质燃料的利用效率，适用于相对集中、大规模地利用生物质资源。生物质燃料锅炉的种类很多，按照锅炉燃用生物质品种的不同可分为：木材炉、薪柴炉、秸秆炉、垃圾焚烧炉等；按照锅炉燃烧方式的不同又可分为固定床技术、流化床技术和悬浮燃烧技术。

(1)炉灶燃烧技术　炉灶在我国农村已沿用了几千年，现今仍有相当大的比例。旧式柴灶热效率只有 10%左右，而且严重污染环境。20 世纪 80 年代，我国政府在农村大力推广节柴灶，节柴灶具有以下特点：一是热能在灶内停留时间长，可以得到充分利用，故热效率高(达 20%～25%)；二是无熏烟，污染少；三是质量小，可拆装；四是功能多，经灶桥的调整，可烧柴、烧锯灰和烧煤。目前，节柴灶仍然是一些农村地区生物质能利用的重要手段。采用先进技术，提高全国数亿台小型炉具的燃烧和热利用效率，降低污染物的排放，对于改变我国农村生物质利用状况具有重大意义。

(2)锅炉燃烧技术　下面简单介绍一下按燃烧方式不同进行分类的 3 种锅炉燃烧技术，即固定床技术、流化床技术和悬浮燃烧技术，三者原理如图 5-3 所示。

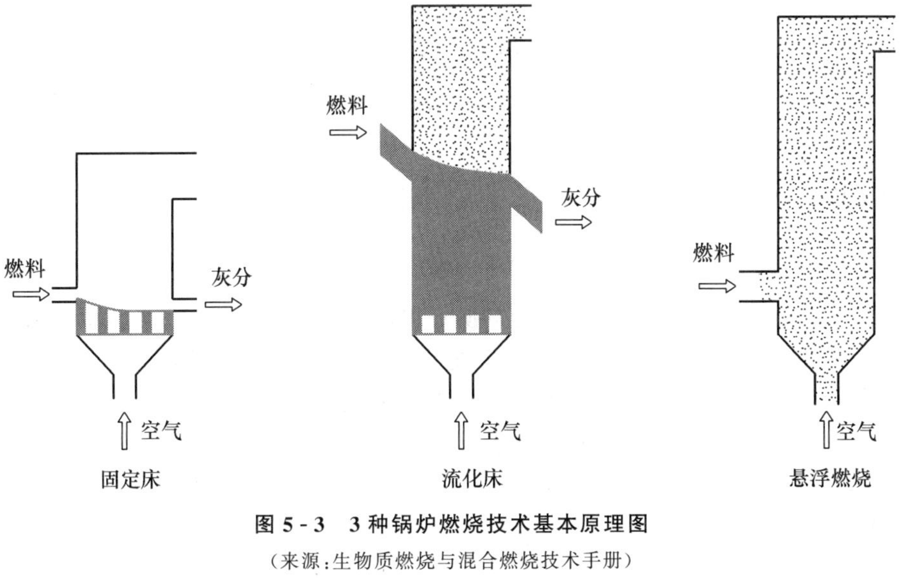

图 5-3　3 种锅炉燃烧技术基本原理图

(来源：生物质燃烧与混合燃烧技术手册)

在进行多相过程的设备中，若有固相参与且处于静止状态时，则设备内的固体颗粒物料层称为固定床。锅炉燃烧的固定床技术包括层燃和下饲式两种形式。在层燃方式中，生物质平铺在炉排上形成一定厚度的燃料层，进行干燥、挥发分析出及燃烧等过程。一次空气从下部通过燃料层经历干燥、气化和固定碳燃烧阶段，析出的挥发分与二次空气在燃料层上方混合燃烧。

流化床技术是指生物质燃料颗粒与空气在锅炉中在沸腾状态下燃烧。流化床内有大量床料，能蓄积大量热量，便于低热值燃料的快速干燥和点火，同时由于窗内高温炽热颗粒的剧烈运动，强化了气固混合，使燃料表面的灰分剥落，有利于颗粒充分燃烧。因此，流态化燃烧具有传热传质性能好、燃烧效率高、有害气体排放少、热容量大等一系列的优点，很适合燃烧水分大、热值低的生物质燃料。根据流化速度不同，流化床技术分为鼓泡流化床和循环流化床。

悬浮燃烧技术是指生物质燃料以粉状随同空气经燃烧器喷入锅炉炉膛，在悬浮状态下进行燃烧。该种技术适用于小颗粒燃料燃烧(一般直径在 10 mm 之内)，含水率不能超过 15%，燃料是在涡流作用下实现悬浮状态燃烧，挥发分与二次空气混合并燃尽。

5.1.5.3 生物质直接燃烧技术存在的问题

从国内外生物质直接燃烧技术的发展状况来看，流化床锅炉对生物质燃料的适应性较好，但也存在问题，下面仅针对流化床锅炉列出问题如下：

(1)流化床锅炉对燃料颗粒尺寸要求严格，因此在燃料入炉之前需进行筛选、干燥和粉碎等一系列预处理，使其尺寸、状况均一化，保证燃料的正常流化。

(2)对于比重较小、结构散松、蓄热能力差的生物质，如稻壳和木屑等，必须不断地添加石英砂等床料，以维持正常燃烧所需的蓄热床料。燃烧后产生的生物质飞灰较硬，容易磨损锅炉受热面，而混入了石英砂等床料的灰渣也难以利用。

(3)为了维持一定的流化床温，锅炉的耗电量较大，费用较高。

(4)生物质燃料的高含水量使锅炉排烟容积增大、效率降低；燃烧某些碱金属含量较高的燃料(如稻草)时受热面易受高温腐蚀、流化床燃烧过程中某些燃料与床料之间的反应而导致床凝结、直接燃烧某些高含氮量燃料时 NO_x 浓度过高等现象，大大影响了燃烧效率的提高和排放物浓度的有效控制。

(5)在垃圾焚烧技术方面，城市生活垃圾的水分较多、热值偏低，其组成成分和热值高低随季节与地区的变化而变化，导致垃圾焚烧时不易着火，燃烧和燃尽困难。

5.2 传统炉灶及其改进

我国农村把生物质作为生活用能的主要来源，用能设施基本是灶和炕，灶用于炊事，炕用于休息和冬季取暖。虽然我国有丰富的生物质资源，可是 20 世纪 70 年代，却仍产生了不能满足用灶农村人口生活用能的现象，我们姑且称它为“柴荒”，柴荒的根源是旧式炉灶热效率低。面对这样的局面，农业部号召开展灶、炕改革运动。不久，在全国各地涌现出不同形式的省柴灶；对旧式火炕也作了各式各样的改进；接着又陆续出现了架空炕、节能地炕等，这对缓解农村生活用能的紧缺状况和改善农民生活条件起到了积极推动作用。本节主要介绍一下旧式炕连灶的相关知识。

5.2.1 旧式炕连灶

在我国北方，特别是东北地区，广大农村一直沿用着旧式灶与旧式炕，灶与炕常常是相连的，称炕连灶(图 5-4)，而在西北有些地区，灶与炕是分置的。

旧式柴灶所用的燃料是农作物秸秆、薪柴、草类、干畜粪等。导致其热效率低有以下原因：一是灶膛(炊具下面的空间)小，因缺少灶箅，空气供应不充分，燃料常常不能彻底燃尽；二是灶门大，灶体保温性能差；三是炊具与燃料距离较远；四是高温烟气在灶膛内停留时间短。其热效率可按如下公式计算：

$$\eta = \frac{Q_1}{Q_2}$$

式中，η 为旧式柴灶热效率，%；Q_1 为炊事有效热量，kJ；Q_2 为燃料所具有的热能，kJ。

旧式柴灶的热效率很低，一般在 10%左右。

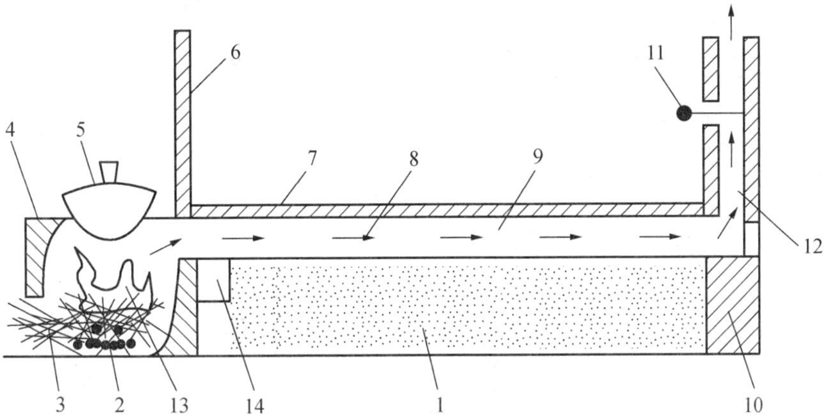

图 5-4　旧式炕连灶示意

1. 炕体　2. 灰　3. 秸秆　4. 灶体　5. 炊具　6. 隔墙　7. 炕面　8. 烟气　9. 炕洞　10. 外墙　11. 烟插板　12. 烟囱　13. 火焰　14. 落灰堂(有除灰门)

(来源：生物质能利用原理与技术)

5.2.2　旧式炕

旧式炕又称为“火炕”(即图 5-4 的中间部分)，在我国东北地区，火炕对人们冬季取暖至关重要。砌在居室内的地面上又称为“落地炕”，对应的是“架空炕”。炕的长度与居室相当，宽度一般为 2 m 左右，多为土、砖、石结构，炕洞有 4 条左右，炕洞较深，一般是 40～50 cm。温度较高的烟气从柴灶喉口经炕洞流入烟囱，炕面被加热，并将热量散入室内供用户采暖。

旧式炕的主要问题是采暖热效率低，原因是热量从不同方向损失掉了：一是从炕里侧面墙(一般为人休息时头的方向，即居室内方向)传走；二是从炕远端墙(一般为人休息时脚的方向)传走；三是从地面传走；四是被流向烟囱的烟气带走。因此，在冬季，有些百姓炊事完毕时，待烟气温度稍微降低，将烟囱用耐热物质堵上，减少热量散失，延长夜晚采暖时间。

5.2.3　炕连灶的综合热效率

容易理解的是，从炕里侧和炕面散失的热量(即采暖有效热量)及炊事吸收的有效热量的总和是炕连灶的总有效热量，它与燃料所具有的总热量之比，称为炕连灶的综合热效率。

$$\eta_1 = \frac{Q_3}{Q_2}$$

式中，η_1 为炕连灶综合热效率，%；Q_2 为燃料所具有的热量，kJ；Q_3 为总有效热量，kJ。

旧式炕连灶的综合效率，一般为 45%左右。旧式炕连灶除了热效率低下、浪费燃料外，还常常存在一些别的毛病，如灶门燎烟，炕头过热、炕稍过凉，灶面各处温差大等。

5.2.4　旧式炕的改进

现在，北方许多地方仍沿用着旧式落地炕，不过几乎都作了改进：一是改变炕洞的形式

（图 5-5），让烟气在炕洞中迂回流动；二是尽可能减少支撑炕面的炕洞中砖的数量。经过这样改进，从炕面向室内散发的热量比原来多，炕面上各点的温度也较均匀。

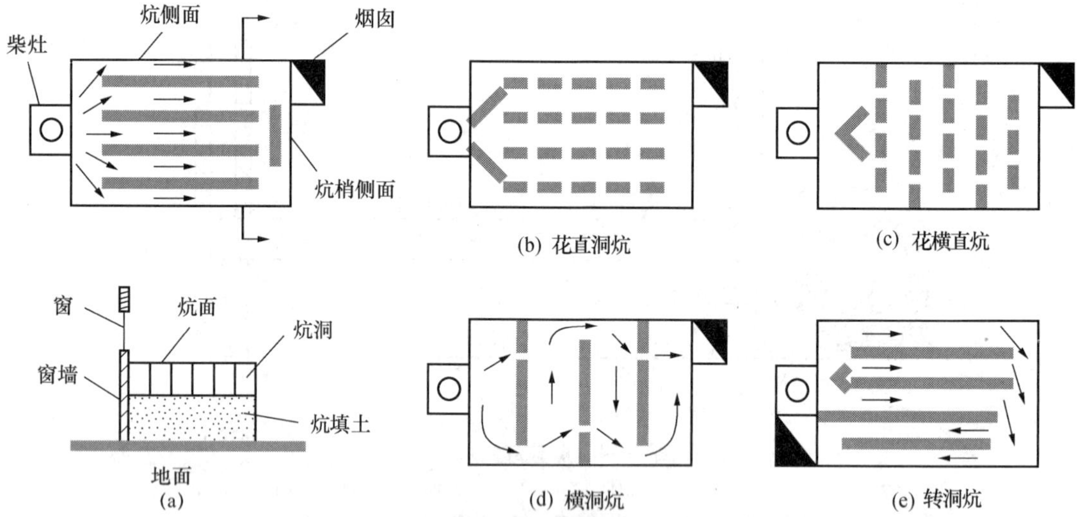

图 5-5　旧式炕炕洞的改进示意（俯视图）

（a）未改进的旧式炕洞，上、下图分别为附视图和剖面图　（b）、（c）、（d）、（e）对旧式炕洞改进的几种形式

图 5-6 的改进措施，是在炕洞下方设回烟道，烟囱建在屋内，用两个烟插板控制由灶出来的烟气流向：冬季时，需要炕面向室内散热时，烟气的流向如图 5-6 所示，增加烟气流动路程，期望其尽量向室内释放最大热量；夏季时，用插板阻截烟气，使其从灶出来后直接从烟囱排出。

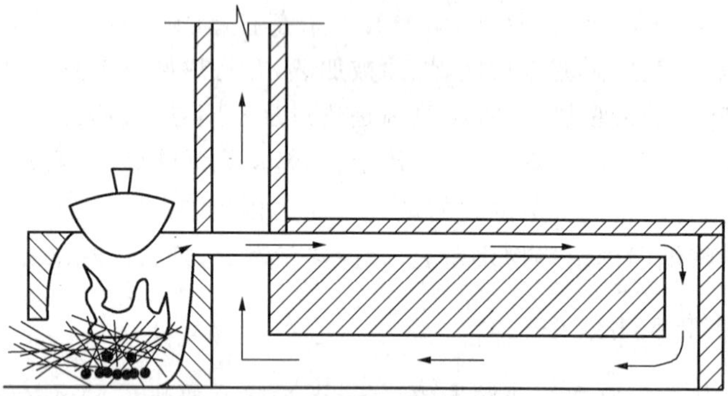

图 5-6　炕洞下方设回烟道示意

（来源：生物质能利用原理与技术）

5.3　生物质直燃发电

5.3.1　概念及发电系统

与燃煤锅炉火力发电类似，生物质直接燃烧发电是由生物质锅炉利用生物质直接燃烧后的热能产生蒸汽，再利用蒸汽推动汽轮机等发电系统进行发电的一种技术。该发电系统由生

物质原料收集系统、预处理系统、储存系统、给料系统、燃烧系统、热利用系统和烟气处理系统组成。

图 5-7 为生物质直燃发电厂的流程图：原料经从发电厂一定范围内收集并运送至电站，经预处理（包括破碎、分选和压实等）存于仓库中，处理好的原料经在给料系统作用下被运送至锅炉进行燃烧，燃烧热将锅炉给水转化为蒸气，蒸气推动汽轮机进行发电。后处理工作包括对生物质燃烧后的灰渣处理和对烟气的处理。值得一提的是，为保证发电的连续性，仓库中的燃料储备要保证一定的天数。

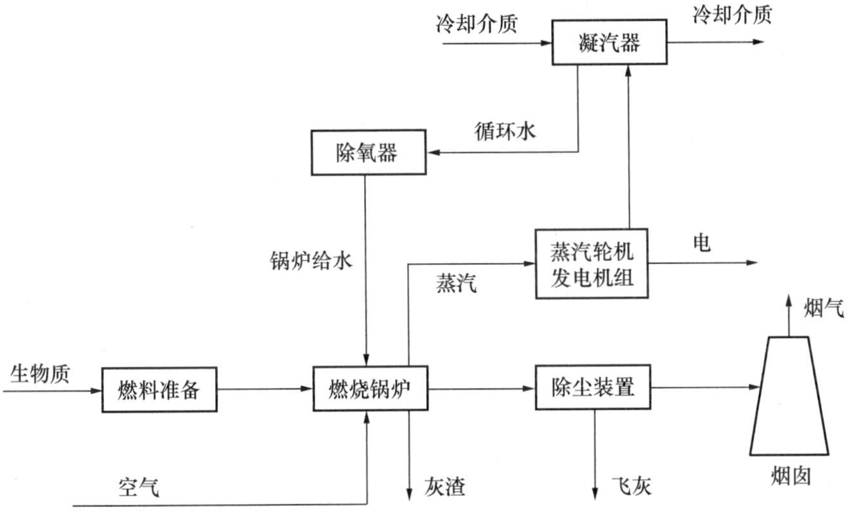

图 5-7　生物质直燃发电厂流程图

（来源：生物质发电技术）

5.3.2　不同种类生物质直燃发电

5.3.2.1　农林废弃物直燃发电

1. 农林废弃物的收集与供应

农林废弃物分布分散、密度小，因此收集成本问题和供应成本问题成为影响发电成本的重要因素，这决定了发电厂建设的不能太小，更不能太大。太小则不能实现规模效益；太大则增加农林废弃物运输距离，最终也影响效益。可见，建设合理容量的发电厂，要找到原料的“经济运输距离”分界点，在实际建设中尽量使原料收集范围符合该分界点的要求，同时，对发电厂的生物质需求量和运输车辆数做好详细的调研和准备工作。

2. 农林废弃物的预处理

针对农林废弃物水分含量变化大、能量密度低等特点，需对其进行预先处理，来改变其密度、硬度及颗粒度及一些化学特性，以满足不同燃烧系统的要求。一般预处理包括干燥、破碎、造粒等。

干燥是指利用热能等将农林废弃物中的水分蒸发排出，依据是否使用热源，将其分为自然干燥和人工干燥。自然干燥利用空气流通或太阳能将水分蒸发出，该方法简单使用，且成本低，但易受天气条件影响；人工干燥是指利用一定的干燥设备和热源对农林废弃物进行加热干燥，该法不受天气条件影响并可大大缩短干燥时间，但成本较高，一般用于高附加值农林废弃物的干燥过程，值得注意的是，农林废弃物中含有大量的木质素，木质素在较高温度下发生软化，并具有黏性，同时，部分农林废弃物如秸秆的着火点很低，因此，人工干燥的温度要相对严格控制，一般在 80℃较适宜。人工干燥技术主要有流化床干燥技术、回转圆筒干燥技术和筒仓型干燥技术。流化床干燥技术即为物料颗粒悬浮于气流之中并发生强烈的传热、传质作用，达到干燥物料的目的。该技术适合于流动性好、颗粒度不大(0.5～10 mm)且密度适中的物料。回转筒干燥技术是由一个缓慢转动的倾斜的圆柱形壳体组成，物料由高端进，在筒内与干燥介质并流或逆流达到干燥目的之后由低端出，该技术适用于流动性好、颗粒度为 0.05～5 mm的物料。筒仓型干燥技术相对前二者最大的优点就是对物料的适应性强，但干燥效率较低，物料堆积在筒仓内，由热风炉产生的热风带走物料中的水分。

农林固体废弃物常用的破碎机有颚式破碎机、冲击式破碎机、剪切式破碎机等。其中，颚式破碎机属于挤压式破碎机，其主要部件为固定颚板、可动颚板、连接于传动轴的偏心轮，两个颚板构成了物料破碎腔；冲击式破碎机，顾名思义，大多是旋转式的，利用冲击作用进行破碎，其原理为，进入破碎机的物料被高速旋转的转子猛烈冲撞，此为一次破碎，冲撞后的物料高速飞向坚硬的机壁，受到二次破碎，继而物料弹回转子往复破碎，难于破碎的物料被转子和固定板剪断。而剪切式破碎机则以剪切破碎为主，安装有固定刃和可动刃，通过二者的啮合作用将固体废弃物破碎，因刀刃易受磨损，该类破碎机不宜破碎二氧化硅含量较高的物料，如稻草。

物料造粒，即固化成型技术，详见第 4 章，这里不再赘述。

3. 储存与给料方式

燃料储存分为收集点储存和生物质电厂储存。以秸秆为例，收集点储存又分为秸秆户存和集中存储，前者是秸秆在农民自家院落周围存放，优点是减少仓储建设费用和火患，但统一管理较麻烦，思想认识不一致，在秸秆供应是可能会出现扯皮现象，影响电厂生产连续性；而后者是将秸秆收集到指定地点集中存储，与前者相反，该方式易于管理、方便连续性生产，但存在一定的安全隐患，防雨防潮麻烦等。若采用生物质电厂储存方式，燃料的储存仓容积一般要保证存放 5 d 以上的的燃料量，存放过程中要考虑可能散发的气味、湿度波动和自燃等问题。

原料输送一般分为气力输送、带式输送和螺旋输送。气力输送适合小颗粒原料，但消耗能量多；带式输送适合于所输送未经粉碎的原料，该方式成本低、能耗少；螺旋输送适用于输送距离相对较短且粉碎好的原料，但其输送距离受到限制，一般为 6 m 左右。

4. 燃烧系统

现有的农林废弃物燃烧锅炉基本是围绕 3 种锅炉燃烧技术(见 3.1.5.2)，即固定床燃烧技术、流化床燃烧技术和悬浮燃烧技术设计改进的。如现有的依据固定床燃烧技术设计的一体式锅炉和有预燃室锅炉，二者的差别在于燃烧室和受热面是否为一个整体，每一种锅炉都因炉排的形状或摆放位置差异而有 3 种形式：火山炉排、水平炉排和倾斜炉排。而流化床锅炉是国际上利用生物质所广泛采用的，因生物质燃烧后难以形成稳定床层、部分生物质难以流化，所以需在流化床中加入合适的床料以改善流化质量，为高水分、低热值的燃料提供优越的着火条件。床料选择要考虑以下因素：一是具有与原料相当的流化性能；二是热物性如耐磨性、硬度和密度等适于流化床燃烧使用；三是价格低廉、无毒无味、易于获得，如河沙、石英砂、大理石颗粒等就较理想。悬浮锅炉的给料系统一般配用气力输送给料装置，通过气体的流动使燃料颗粒在炉膛内部保持悬浮状态燃烧。

5. 热利用系统

该系统将燃烧系统产生的热量转化为电能，其中，核心的热功转换装置分为汽轮机、蒸汽机和斯特林机。

6. 污染物控制

农林废弃物燃烧后的排放物会对环境造成严重影响，直接排放到大气中的污染物为一次污染物，一次污染物在阳光作用下发生光化学反应，生成的污染物为二次污染物。这些污染物主要包括烟尘、CO、NO_x 及 HCl 等。

烟尘中除含有灰粒外，还有有机物和重金属等有毒有害物质或强致癌物质，仅靠改善燃烧技术无法完全消除烟尘，需通过除尘器去除大部分烟尘，除尘器一般包括机械式除尘、湿式除尘、过滤式除尘、静电除尘和几种除尘器的组合式除尘，分别简要说明如下：机械式除尘是利用质量力（包括重力、惯性力和离心力）作用将灰分从烟尘中分离出来，可分为重力沉降室、惯性除尘器和旋风除尘器（表 5-3）；湿式除尘器是利用气体与液滴或液膜密切接触，依靠惯性、截留、扩散和凝聚效应等机理，将灰分从烟气中分离出来，有湿式离心除尘器、喷淋塔、泡沫除尘器和文丘里管几类（表 5-4）；过滤式除尘是含尘气流通过织物或多空填料层进行过滤分离的装置，主要分为袋式除尘器和颗粒层除尘器；而静电除尘过程是气体在静电除尘器中得到净化，该过程分为气体的电离、粉尘的荷电和沉积 3 个步骤，静电除尘效率高、能耗小，但一次性投资较大。

表 5-3　机械除尘器的类型及特点

设　备	重力沉降室	惯性除尘器	旋风除尘器	高效旋风除尘器
作用力	重力	惯性力	离心力	离心力
除尘效率/%	小于 50	50～70	60～85	80～90
最小捕捉粒径/μm	50～100	20～50	20～40	5～10
压力损失/Pa	50～130	300～800	400～800	1000～1500
气流速度/(m/s)	0.3～2	10	15～25	15～25

表 5-4　湿式除尘器的类型和性能特点

设　备	湿式离心除尘器	喷淋塔	泡沫除尘器	文丘里管
特点	将离心分离和湿式分离除尘相结合	将液体雾化成细小液滴，与气流逆向运动	气体通过筛板进入液体，形成泡沫接触除尘	利用文丘里管将液体雾化成细小颗粒
除尘效率/%	80～90	70～95	80～95	90～98
最小捕捉粒径/μm	2～5	10	2	小于 0.1
压力损失/Pa	500～1 500	25～250	800～3 000	50 00～20 000

燃烧过程中产生的 NO_x 主要是 NO 和 NO_2，前者无色无味，与血红蛋白的亲和力约为 CO 的 1 000 倍，当其浓度较大时，会引起缺氧性中枢神经麻痹；后者是红色的有窒息性气体，对呼吸系统有强烈刺激作用，再者，在日光下 NO_2 与 O_2 发生反应形成光化学烟雾，刺激人的眼睛、鼻黏膜等，进而产生病变。人们所处的环境中氮氧化物的含量不能超过 5 mg/m^3，否则严重的可能导致死亡。对 NO_x 的控制方法有两种，其一是通过燃烧控制抑制其产生，其二是

通过烟气净化将其去除。

5.3.2.2 垃圾处理与焚烧发电

我国垃圾焚烧处理起步较晚，但前景乐观，利用其焚烧进行发电的工艺如图 5-8 所示。

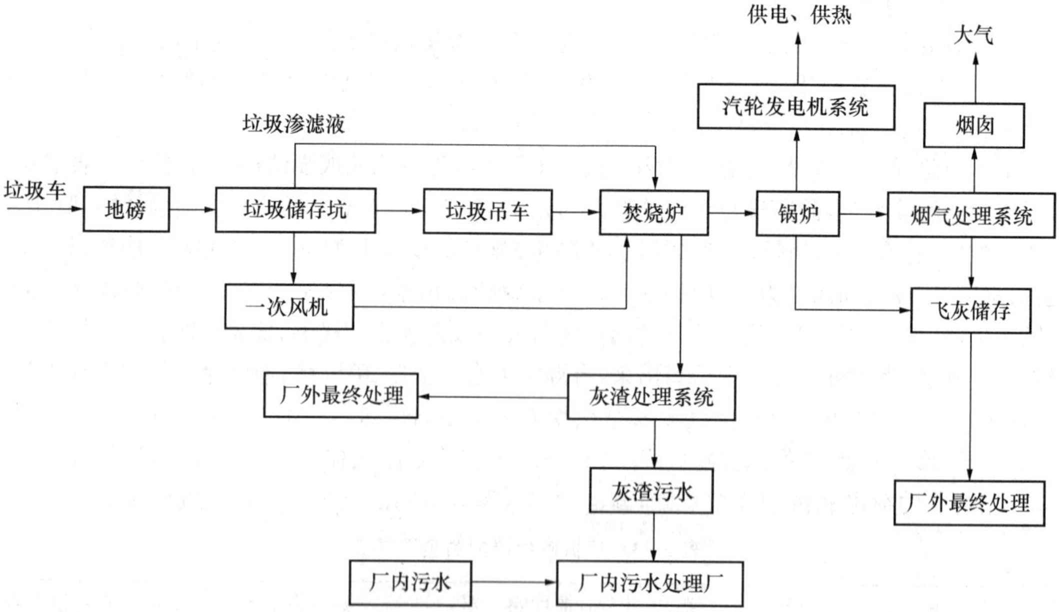

图 5-8 垃圾焚烧发电工艺流程图

（来源：生物质发电技术）

垃圾经地磅称重后，卸到垃圾储存坑中（储存坑容积一般要足够堆放 3 d 以上的焚烧量），垃圾在坑内发酵脱水后，由吊车将垃圾送入给料器，并进入焚烧炉内进行焚烧。送风机从垃圾储存坑中吸入空气使坑中保持负压，避免臭气外漏，空气经过空气预热器后作为锅炉的一次空气和二次空气。灰渣送到灰渣处理系统，灰渣处理过程的污水和电厂内部的其他污水一并送到污水处理厂进行无害化处理；燃烧产生的热量和烟气经过预热锅炉进行能量回收，产生的蒸气推动汽轮机发电；锅炉出来的烟气经烟气处理系统除尘除酸后排入大气；除尘设备收集的飞灰和灰渣由厂外处理。

以上过程大部分与农林废弃物直燃发电相似，但因垃圾成分复杂，因此在最初多了道垃圾分选的工序，采用机械式为主、人工分选为辅的方式合理而有效，常用的垃圾分选包括重力分选、筛分、磁选等，其中，重力分选是根据固体废弃物中不同物质颗粒的密度差异及在运动介质中受到重力、介质作用力和其他机械力的不同，是颗粒群产生松散分层和迁移分离，从而得到不同密度产品的分选过程；筛分是利用垃圾的粒度差异，是固体颗粒在具有一定大小筛孔的筛网上运动，把不同物质按照颗粒大小不同进行分离的过程；而磁选是利用垃圾中各种物质的磁性差异，在不均匀磁场中进行分选的处理方法，主要用于从废物中分离回收罐头盒、铁屑等含铁物质。

5.3.3 生物质直燃发电技术应用现状与展望

5.3.3.1 我国直燃发电厂的建设

2006 年，我国批准建设的工厂有 30 个，建成 6 家示范发电厂，总设计发电量 120 万 kW·h；

2007 年,国家和各省发改委核准直燃发电项目 87 个,总装机规模 220 万 kW,至年底,全国建成投产的生物质直燃发电项目 16 个,在建项目 30 多个;2008 年,项目达 30 多个,总装机规模 600 万 kW 年可发电量 30 亿 kW·h。

5.3.3.2　我国生物质直燃发电厂建设实例

2006 年 12 月 1 日,山东单县秸秆直燃发电厂建成,它是我国成功利用秸秆发电的首例工程实例,标志着我国大容量生物质直燃发电实现了从无到有的突破,对我国广大生物质能未开发利用地区有着深远的示范意义。该电厂规模为 1×25 MW,燃料为收集于周围农田的秸秆,以棉秆为主,辅以果木枝条及花生壳等。图 5-9 为单县发电厂全景及秸秆打包间。

图 5-9　发电厂全貌(左图)和秸秆打包间(右图)

几乎同时,江苏宿迁秸秆直燃发电厂建成,规模为 2×12 MW,燃料为稻秆、麦秸等。图 5-10 为宿迁发电厂一隅。

图 5-10　宿迁发电厂一隅

5.3.3.3　生物质直燃发电存在的问题

3.1.5.3 中已述及生物质直燃存在的问题,以下主要就结渣和腐蚀问题作详细讨论。

1. 碱金属引起的积灰、结渣和腐蚀

生物质中高含量的碱金属(K,Na)会给燃烧过程带来许多问题,比如:引起锅炉受热面积灰(灰的沉积表面光滑、孔隙度小,比煤灰沉积更难去除)、结渣和腐蚀,造成锅炉寿命和热效率降低;引起床料结渣,破坏床内的流化,使燃烧工况恶化。

Bapat 等在研究生物质流化床燃烧时发现生物质灰中的碱金属氧化物或盐类与床料颗粒(SiO_2)发生以下反应:

$$4SiO_2 + K_2CO_3 = K_2O \cdot 4SiO_2 + CO_2$$
$$2SiO_2 + Na_2CO_3 = Na_2O \cdot 2SiO_2 + CO_2$$

形成的低温共熔体的熔融温度分别仅为 764℃和 874℃,从而造成了严重的烧结。

因此,在生物质燃烧利用过程中,通过降低燃料中碱金属含量的比例(与煤混烧或适当预处理手段),设法提高燃料灰分的熔点(加入添加剂),抑制碱金属的挥发,以及探索选用新型的床料（非 SiO_2 类床料），是解决生物质流化床积灰、结渣和腐蚀问题的有效途径。同时，在保证正常的流化床运行工况的前提下，适当地降低燃烧温度、合理地调节燃烧工况也是一种有效减轻结渣的方法。

2. 高温氯腐蚀

生物质燃料的另一特点是氯含量高（如稻草），氯在生物质燃烧过程中挥发，并与锅炉受热面反应进而引起锅炉腐蚀，温度达 400℃时即发生上述现象。

生物质燃料锅炉发生高温氯腐蚀的原因主要是氯在燃烧过程中以 HCl 形式挥发出来，与锅炉的金属壁面发生反应，生成的 $FeCl_3$ 熔点很低，仅为 282℃，对保护膜的破坏较为严重；除了对 Fe、Fe_2O_3 的侵蚀外，氯与氯化物还可在一定条件下对 Cr_2O_3 保护膜构成腐蚀。当氯、硫化合物共存时：

$$2MCl + SO_3 + H_2O \longrightarrow M_2SO_4 + 2HCl$$
$$2MCl + SO_2 + O_2 \longrightarrow M_2SO_4 + Cl_2$$

可见氯、硫化物的同时存在并借助 HCl 和 O_2，不仅可加速硫酸盐的生成，也有利于 HCl、Cl_2 的形成，进而加速高温腐蚀过程。除了以上高温气体腐蚀和熔融盐腐蚀之外，HCl 气体还易在烟道出口处形成露点腐蚀。

在锅炉受热面设计时选用新的防腐材料，在实际运行过程中应当合理地调整工况，加入适量的脱氯剂或吸收剂脱除或减少 HCl 的排放，降低炉内 HCl 的浓度，可以减轻锅炉的高温氯腐蚀。同时考虑到生物质燃料中的氯大部分是以游离氯离子的形态存在，收集原料时采用雨水冲刷后太阳晾干的生物质原料，在一定程度上可以缓解锅炉的高温氯腐蚀。

图 5-11 清晰说明了锅炉中的结渣和腐蚀情况。

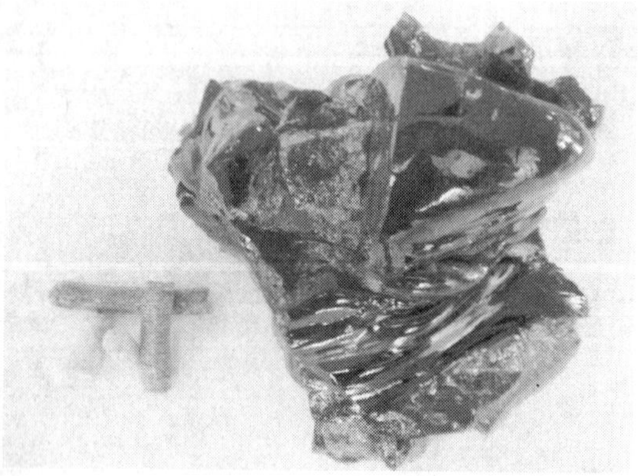

图 5-11 锅炉中结渣和腐蚀情况

左上图为附着在锅炉内壁的秸秆灰分结渣；
左下图为秸秆盐分对锅炉的腐蚀；
右上图为秸秆盐分的结渣
（来源：朱万斌 ppt，2010）

5.3.3.4　我国生物质直燃发电展望

生物质直燃发电已在中国成功实践，这证明了虽然中国农业生产比较分散，但在市场经济条件下，通过建立适当的生物质原料收集系统，是可以为规模化发电提供原料保障的。以一个农业大县为中心，加上周边几个县，开展农林废弃物生物质工业化、规模化应用是完全可以行得通的。目前生物质直燃发电技术和设备系统已全部国产化，来自丹麦的生物质发电“童话”已经落户在中国大地上。正是应了那句老话，新事物在产生之初，道路是曲折的，但未来是光明的。

参考文献

[1] 袁振宏，吴创之，马隆龙. 生物质能利用原理与技术. 北京：化学工业出版社，2005.
[2] 杨勇平，董长青，张俊姣. 生物质发电技术. 北京：中国水利水电出版社，2007.
[3] 郭继业. 省柴节煤炕连灶的砌筑技术. 农村能源实用技术论文集. 农村能源杂志社，2002(1).
[4] 石元春. 决胜生物质. 北京：中国农业大学出版社，2010.
[5] 张明，袁益超，刘聿拯. 生物质直接燃烧技术的发展研究. 能源研究与信息，2005，21(1)：15－20.
[6] 田宜水，姚向君. 生物质燃烧与混合燃烧技术手册. 北京：化学工业出版社，2008.
[7] 马洪儒，苏宜虎. 生物质直接燃烧技术研究探讨. 农机化研究，2007(8)：155－158.
[8] 陈汉平，李斌，杨海平，等. 生物质燃烧技术现状与展望. 工业锅炉，2009(5)：1－7.

第 6 章　固体生物质裂解转化技术

6.1　生物质汽化技术

6.1.1　生物质汽化基本说明

与煤一样，生物质也可以通过热化学过程裂解汽化为气体燃料，俗称“水煤气”，是一种常用的生物质能转换途径。生物质汽化能量转换效率高，设备简单，投资少，易操作，不受地区、燃料种类和气候的限制。生物质经汽化产生的可燃气可广泛用于炊事、采暖和作物烘干，还可以用做内燃机、热气机等动力装置的燃料，输出电力或动力，提高了生物质的能源品位和利用效率。在我国，尤其是农村地区，具有广阔的应用前景。

6.1.1.1　汽化方法分类

汽化方法达 200 种，表 6-1 根据条件的不同对其进行分类。

表 6-1　汽化方法分类

（来源：日本能源学会，2006）

条件	分　类
汽化压力	常压(0.1～0.12 MPa)，加压(0.5～2.5 MPa)
汽化温度	低温(700℃ 以下)，高温(700℃ 以上)，高温熔融(灰分熔点以上)
汽化剂	空气、氧、水蒸气及其组合，特殊场合为二氧化碳
加热方式	直接汽化(汽化原料的一部分与氧反应产生热量)、间接汽化(通过外部加热原料与汽化剂)
汽化炉形式	固定床、流动床、循环流动床、喷流床、移动床、搅拌床、扶轮窑、二塔式、熔融炉

6.1.1.2　与汽化有关的生物质的物理性质研究

通过进行与生物质汽化有关的物理性质研究，可以有效地解析汽化现象。

1. 化学分析一

先根据生物质的碳元素(C)、氢元素(H)和氧元素(O)的摩尔比求得其简化分子式为 $C_nH_mO_p$。对于含纤维素、半纤维素和木质素等的草本类、木本类生物质而言，$m=2$，$n=1.2\sim1.5$，$p=0.8\sim1.0$。当 n 较大、p 较小时，大多需要添加汽化剂。此外，上述化学分析也可有效预测生成气体的组成。

2. 化学分析二

为了探讨对生物质汽化气体利用机械(锅炉、汽轮机等)的腐蚀问题，分析生物质中硫(S)和氯(Cl)的含量。草木类生物质一般不含 S 和 Cl，但在火山和海岸附近地区的植物中也有含量达 0.1%左右的。

3. 工业分析

求得表面水分、固有水分、挥发组分、固定的碳元素、灰分的质量分数，可以有效解析汽化的过程。

4. 热平衡分析

在不含氧的氮气环境中进行热平衡分析，观察温度上升时生物质的挥发特性。

挥发组分在400～500℃之间完成大部分蒸发的物质(纤维素类)很少产生焦油和木炭；但到800℃为止过程中持续蒸发的物质(木质素类)则容易产生焦油和木炭。

5. 灰分的熔点

为了设计汽化炉，必须在还原气体环境下测定灰分的熔点(熔融温度)。一般设计的汽化炉内温度要低于灰分的软化点(熔融开始的温度)。相反，当灰分熔点较低时，汽化温度升高后，灰分发生熔融，则设计成从炉底活塞式排出炉渣。

6. 原料的发热量

因为生物质的含水量和灰分含量(1%～20%)变化较大，所以应在不含水分和灰分的条件下评价生物质的发热量，以该发热量为基准设计汽化炉容积。此外，这也是计算生成气体的冷气体效率(生成气体成分含有的发热量与原料发热量之比)所不可缺少的数据。

6.1.1.3　与生物质汽化有关的基本现象

生物质原料的汽化过程是将原料直接投入高温区域，在达到汽化之前基本要经过以下几个阶段。

1. 表面水分的蒸发

原料在水的沸点温度(随压力而改变)下，其表面水分被蒸发，原料体积较大时，内部会有水分残留。

2. 固有水分的蒸发

在表面水分蒸发之后，在沸点以上10～20℃的温度下其固有水分被蒸发。

3. 挥发组分的汽化

在达到200～300℃时，生物质原料开始热分解，汽化生成CO、CO_2、H_2、H_2O，此时的热分解为放热反应(生物质$C_nH_mO_p$特有的现象)。

4. 挥发组分的汽化与汽化反应

原料生物质挥发组分汽化的同时，温度上升，从轻质的烃类(C_xH_y)到高沸点的重质烃类C_xH_y，形成挥发物质后被移除。其后烃类C_xH_y与汽化剂进行反应转化为低分子的清洁燃气，但在汽化剂扩散迟缓的场合，烃类C_xH_y发生缩合而生成焦油和木炭。

5. 炭黑的汽化

原料生物质挥发性组分的汽化结束后，炭黑作为固定碳元素组分与灰分，在上升到常压汽化温度后与汽化剂反应，碳元素组分转变为CO和CO_2气体。但是，汽化剂在水蒸气过剩且汽化温度750℃以上时，则通过水性汽化反应生成以CO、CO_2和H_2O为主的气体。

6. 炭黑的残余组分

水性汽化反应的速度较慢，容易生成炭黑类残余组分。

6.1.1.4　汽化剂

为了将固体生物质转变为可燃性气体，必须加入引发化学反应的物质，将这些添加的物质称为汽化剂。汽化剂所采用的物质以空气(N_2，O_2)、氧气(O_2)、CO_2、H_2O为主，必要时也将它们混合起来使用。在采用空气(其中只有 O_2 参与反应)或 O_2 的条件下,氧化反应放出热量,但是 O_2 用量的增加会造成可燃性气体生成量减少,而在以 H_2O 与 CO_2 进行反应时,则有必要提供反应热。

6.1.1.5 焦油、木炭和炭黑

可燃物质(固体、液体)汽化时多数会产生焦油、木炭和炭黑。

焦油为高分子烃类,特别是含有较多的多环芳香族类,高温下处于气体状态,但在温度低于沸点时冷却成为黑色油状物。其沸点范围很广(200～800℃),烃类分子质量越高其沸点越高。在生物质汽化时挥发组分与汽化剂不发生反应时会生成焦油。

如果焦油烃类置于高温区域,但不与汽化剂发生反应,其烃类会发生缩合和脱氢反应,生成木炭,这称为气相析出型木炭。

挥发性组分汽化结束后残余的固体称为炭黑。炭黑也是木炭的一种,为了与气相析出型木炭相区别,也有将其称为残留碳元素型木炭。

为了实施清洁汽化,有必要努力控制焦油、木炭和炭黑的产生,它们的产生不仅会降低汽化的效率,而且也会造成机器故障。

6.1.1.6 与汽化有关的主要化学反应

生物质汽化不生成焦油、木炭和炭黑时,生成气体的主要组成可以用下式简单表示:

$$C_nH_mO_p + aO_2 + bH_2O \rightarrow cCO + dCO_2 + eH_2 + C_xH_y$$

此处,根据 800℃ 以上的化学平衡理论,不会产生烃类 C_xH_y,仅生成包括 CO、CO_2 和 H_2 的清洁气体。高温而且长时间反应下,可以形成与平衡气体相近的组成。但是,在汽化剂极度缺少时,根据化学平衡计算,也会生成 CH_4 和 C(固体)。

接下来给出的是与前述的生物质汽化相关的主要化学反应。

①燃烧:$C+O_2 = CO_2$(放热)

$2H_2+O_2 = 2H_2O(g)$(放热)

②部分氧化:$2C+O_2 = 2CO$(放热)

③燃烧炉汽化:$C+CO_2 = 2CO$(吸热)

④水性汽化:$H_2O+C = CO+H_2$(吸热)

⑤氢化:$C+2H_2 = CH_4$(放热)

⑥置换反应:$H_2O+CO = CO_2+H_2$(略有放热)

⑦甲烷化:$CO+3H_2 = CH_4+H_2O(g)$(放热)

⑧重排:$2H_2O+C = CO_2+2H_2$(吸热)

6.1.2 生物质汽化的原理

6.1.2.1 定义

生物质汽化是生物质热化学转换的一种技术,基本原理是在不完全燃烧条件下。将生物质原料加热,使较高分子质量的有机碳氢化合物链裂解,变成较低分子质量的 CO、H_2、CH_4 等可燃性气体,在转换过程中要加汽化剂(空气、氧气或水蒸气),其产品主要指可燃性气体与 N_2 等的混合气体。此种气体尚无准确命名,称燃气、可燃气、汽化气的都有,以下称其为“生物质燃气”或简称“燃气”。生物质汽化技术近年来在国内外被广泛应用,对生物质进行热化学

转换的技术还有干馏和快速热裂解，它们在转换过程中是加不含氧的汽化剂或不加汽化剂，得到的产物除燃气之外还有液体和固体物质。

6.1.2.2　生物质汽化所用原料

生物质汽化所用原料主要是原木生产及木材加工的残余物、薪柴、农业副产物等，包括板皮、木屑、枝杈、秸秆、稻壳、玉米芯等，原料来源广泛，价廉易取。它们挥发组分高，灰分少，易裂解，是热化学转换的良好材料。按具体转换工艺的不同，在添入反应炉之前，根据需要应进行适当的干燥和机械加工处理。

6.1.2.3　生物质汽化技术应用途径

生物质汽化产出的可燃气热值(低位热值)，主要随汽化剂的种类和汽化炉的类型不同而有较大差异。我国生物质汽化所用的汽化剂大部分是空气。在固定床和单流化床汽化炉中生成的燃气的热值通常在 4 200～7 560 kJ/m^3 之间，属低热值燃气。采用氧气或水蒸气乃至氢气作为汽化剂，在不同类型的汽化炉中可产出中热值(10 920～18 900 kJ/m^3)乃至高热值(22 260～26 040 kJ/m^3)的燃气。

6.1.2.4　生物质汽化的基本热化学反应

生物质汽化都要通过汽化炉完成，其反应过程很复杂，目前这方面的研究尚不够细致、充分。随着汽化炉的类型、工艺流程、反应条件、汽化剂的种类、原料的性质和粉碎粒度等条件的不同，其反应过程也不相同。

$C+O_2 = CO_2$ 在汽化炉内(图 6-1)大体上分为 4 个区域(层)：氧化层、还原层、热分解层和干燥层。炉内温度自氧化层向上递减，原料从炉顶落入炉内，大型汽化炉原料是连续加入；而户用小型汽化炉原料是间歇性投入的。空气由下方供给，产出的燃气经上方管道输走。其汽化过程是：

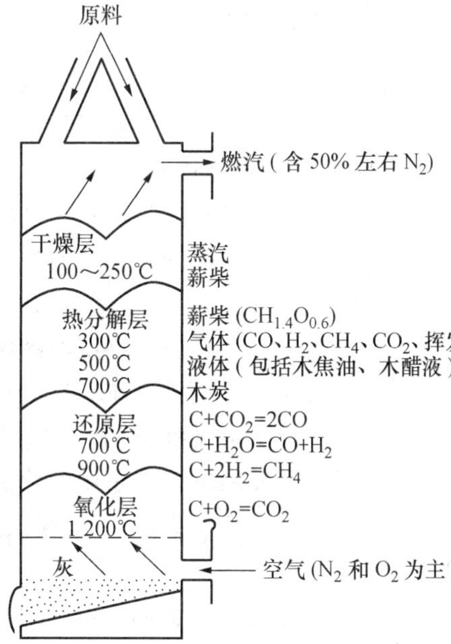

图 6-1　生物质汽化机理

(来源：袁振宏等，2008)

(1) 氧化层(燃烧层)　氧气在这里烧完，生成大量二氧化碳，同时放出大量热量，温度最高可达 1 200～13 000℃ 或更高。其反应式为：$C+O_2 = CO_2+408\ 860$ J 同时，有一部分由于氧气(空气)的供应量不足，便生成一氧化碳，放出一部分热。$2C+O_2 = 2CO+246\ 447$ J。在燃烧层内主要是产生二氧化碳，一氧化碳的生成量不多，在此层内已基本没有水分。

(2) 还原层　已没有氧气存在，二氧化碳及水在这里还原成一氧化碳和氢气，进行吸热反应，温度开始降低，一般在 700～900℃。

$$C+CO_2 = 2CO-162\ 297\ J$$

$$H_2O+C = CO+H_2-118\ 742\ J$$

$$2H_2O+C = CO_2+2H_2-75\ 186\ J$$

$$H_2O+CO = CO_2+H_2-43\,555\ J$$

$$C+2H_2 = CH_4$$

(3)热分解层(干馏层) 燃料中挥发物进行蒸馏,温度保持在450℃左右。蒸馏出的挥发物混入燃气中。

(4)干燥层 燃料中的水分蒸发,吸收热量,全燃气温度降到100~300℃。

氧化层及还原层总称为汽化层(或称有效层),因为汽化过程主要反应在这里进行。干馏层和干燥层总称为燃料准备层。必须指出,燃料层这样清楚地划分在实际上是观察不到的。因为层与层之间是参差不齐的,这个层的反应也可能在那个层中进行。上述燃料层的划分只是指汽化过程的几个大的区段。

通常认为燃气中一氧化碳和氢气的含量愈多愈好(但在做户用燃料时,从安全角度考虑,其一氧化碳含量就≤20%),而它们主要产生在还原层内,因此还原层是影响燃气品质和产量最重要的地区。试验表明,温度愈高,则二氧化碳还原成一氧化碳的过程进行得愈顺利,还原区的温度应保持在700~900℃。另外,使二氧化碳与炽热的碳接触时间愈长,则还原作用进行得愈完全,得到的一氧化碳量也愈多。

6.1.3 生物质汽化技术类型

生物质汽化技术按加热方式分为直接汽化和间接汽化,它们之间的区别是:直接汽化是汽化原料的一部分与氧反应产生热量,间接汽化是在外部将原料与汽化剂进行加热。

6.1.3.1 生物质直接汽化技术

农作物秸秆、薪柴等经过部分与氧反应汽化转变成生物质燃气,需要用生物质汽化炉来完成,因此,汽化炉便是生物质汽化设备的核心部件。

汽化炉大体上可分为3大类:固定床汽化炉、流化床汽化炉和喷流床汽化炉。

固定床汽化炉是将切碎的生物质原料由炉子顶部加料口投入固定床汽化炉中,物料在炉内基本上是按层次地进行汽化反应。反应产生的气体在炉内的流动要靠风机来实现,安装在燃气出口一侧的风机是引风机,它靠抽力(在炉内形成负压)实现炉内气体的流动;靠压力将空气进入炉中的风机是鼓风机。固定床汽化炉的炉内反应速度较慢。按气体在炉内流动方向,可将固定床汽化炉分为下流式(有称下吸式的)、上流式(有称上吸式的)、横流式(有称横吸式的)和开心式4种。

流化床汽化炉的工作特点是将粉碎的生物质原料投入炉中,汽化剂由鼓风机从炉栅底部向上吹入炉内,物料的燃烧汽化反应呈"沸腾"状态,反应速度快。按炉子结构和汽化过程,可将流化床汽化炉分为单流化床、循环流化床、双流化床和携带流化床4种类型。按供给的汽化剂压力大小,流化床汽化炉又可分为常压汽化炉和加压汽化炉两类。

喷流床汽化炉是一种高温、高压煤粉汽化炉,采用氧、富氧、空气或水蒸气作为汽化剂,当以氧为汽化剂时,汽化炉炉膛中心的火焰温度可达2 000℃。由于是高温汽化,在产生的粗煤气中不可能含有很多碳氢化合物、煤焦油和酚类物质,煤气的主要成分是CO、H_2、CO_2和水蒸气,离开汽化炉的热煤气温度在1 200~1 400℃,往往高于灰的软化温度。为了防止热煤气中已软化了的黏性飞灰在汽化炉下游设备(余热锅炉)黏结堵塞,将除尘后的冷煤气增压后再返送回煤气炉的出口和热煤气混合,将热煤气的温度降低到比灰的软化温度低50℃,然后,热煤气再经过汽化炉的余热锅炉产生饱和蒸汽同时使热煤气的温度降低到 200℃左右，约 50%的煤中灰分在汽化炉高温炉膛中心变成液态渣，由炉底排出并通过集渣器送入渣池。

1. 固体床汽化炉

(1)固定床汽化炉　固定床汽化炉结构简单，投资少，运行可靠，操作比较容易，对原料种类和粒度要求不高，铡碎的物料自上而下加入炉内。

固定床汽化炉通常产气量较小，多用于小型汽化站内或户用，只有上流式固定床汽化炉可用于较大规模的生物场合(它的产气量可以大一些)。

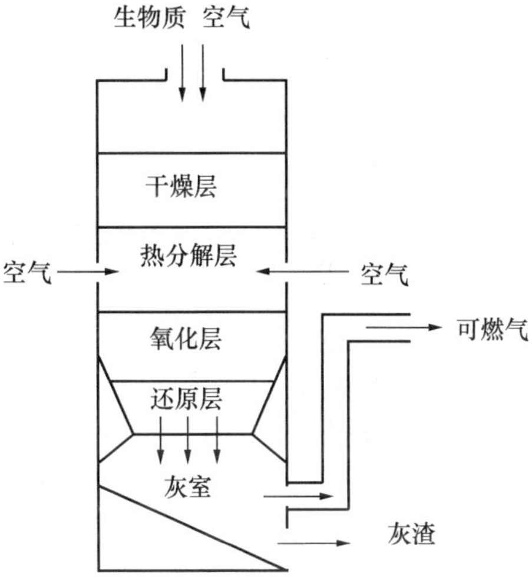

图 6-2　下流式固体汽化炉示意

(来源：袁振宏等，2008)

下流式固体汽化炉(图 6-2)中，生物质原料由炉顶的加料口投入炉内，作为汽化剂的空气由进料口和进风嘴进入炉内。炉内的物料自上而下分为干燥层、热分解层、氧化层、还原层。

下流式汽化炉的优点是：结构工作稳定性好，可随时开盖添料。气体中的焦油在通过下部高温区时，一部分被裂解成小分子永久性气体(再降温时不凝结成液体)，所以出炉的燃气中焦油含量较少。它的缺点是：下吸式一般需由缩口加强其燃烧速度，阻力较大，不便于设备的放大；同时由于炉内的气体流向是自上而下的，而热流的方向相反，引风机抽出燃气要耗费较大的功率。

下流式固定床汽化炉适于农村的技术水平与经济水平。这种炉型的产气量一般小于 600 m^3/h，最大可达 1 000 m^3/h；燃气的热值常为 5 000 kJ/m^3 左右。农作物秸秆资源比较分散，自然村居民超过 400 户的为数不多，汽化站用这种小炉型产气量与用气量匹配合理，原料用量少，易收集(运输距离短)。这种炉型的设计、制造、安装与使用的经验比较成熟，人们对它已有良好的印象，易于推广应用。国内现有几百个生物质汽化站所用的汽化炉基本上都属于这种类型。

上流式与下流式的工艺上最大的区别就是：一是下流式汽化炉的炉内气体流动方向是自上而下的，而上流式汽化炉则是自下而上的；二是下流式汽化炉的氧化层在上，还原层在下，而上流式汽化炉则相反。

上流炉型的优点是，燃气在经过热分解层和干燥层时将其携带的热量传递给物料，用于物料的热分解和干燥，同时降低其自身的温度，使炉子热效率大大提高；热分解层和干燥层对燃气有一定的过滤作用，所以出炉的燃气中只含有少量灰分。它的缺点是，添料不方便，对于微型(户用)汽化炉，采用间断式加料方式，即一炉料燃尽后打开上盖再加下一炉料；而连续生产则需专门的加料装置，当气阀叶片磨损后，密封不严将导致漏气。上流式固定床汽化炉燃气中含挥发性物质(如焦油蒸气)较多，适用于燃气无需冷却、过滤和远距离输送而直接燃用的场合。这种炉子在欧洲和东南亚一些国家以及国内外户用微型设施中得到了应用。

横流式固定床汽化炉中，汽化剂由炉子的一侧供给，产生的燃气从炉子的另一侧抽出，这种炉子所用的原料多为木炭，反应温度很高，汽化强度大，燃气几乎不含焦油。该种汽化炉在南美洲得到了广泛应用。

开心式固定床汽化炉是由我国研制并应用的，它类似于下流式固定床汽化炉，所不同的是，它没有缩口，同时它的炉栅中间向上隆起。这种炉子多以稻壳作为汽化原料，反应产生灰分较多。在工作过程中，由减速器带动它绕垂直轴非常缓慢地转动。避免草木炭堵塞炉箅子。

2. 流化床汽化炉

流化床汽化炉（图 6 - 3）的反应物料中常掺有精选过的惰性材料沙子，在吹入汽化剂作用下，物料颗粒、沙子、汽化剂接触充分，受热均匀，在炉内呈“沸腾”燃烧状态，汽化反应速度快，生产能力大，燃气得率高。炉内温度高而且恒定，焦油在高温下裂解生成气体，因而燃气中焦油较少，但出炉的燃气中含有较多的灰分。流化床汽化炉结构比较复杂，设备投资较大，大型汽化设备较多，国内已有几处应用。它分为以下几种。

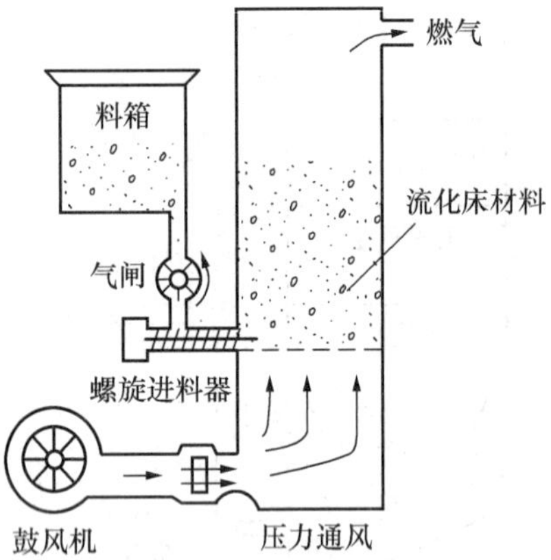

图 6 - 3 流化床汽化炉

（来源：袁振宏等，2008）

循环流化床汽化炉与单流化床汽化炉的主要区别是在燃气出口处设有旋风分离器或袋式分离器，将燃气携带的颗粒和沙子分离出来，返回汽化炉中再次参加汽化反应。

双流化床汽化炉分为两个组成部分：一部分是汽化炉；另一部分是燃烧炉。

常压汽化炉汽化剂的吹入压力为 0.11～0.15 MPa；加压汽化炉汽化剂的吹入压力为 1.8～2.25 MPa。

流化床汽化技术在欧美一些国家得到了推广应用。我国广州能源研究所研制的循环流化床汽化炉在国内已经有几处应用，一台汽化炉可同时供给 5 台 200 kW 发电机组所需的燃气。

3. 喷流床汽化炉

喷流床汽化炉（图 6 - 4）采用的是将粉体用气流载入后进行燃烧的汽化反应方式，也称为浮游床汽化炉。

喷流床汽化炉采用的是将粉体用气流载入后进行燃烧的汽化反应方式，与粒子在内部循环的喷流床的不同之处在于喷流床汽化炉原料为 1 mm 以下的粉体。在微粉炭燃烧锅炉中，要求 74 μm 以下的粒子达到 90%左右，所以要用到微粉碎的方法。而在以生物质为原料时，其相对密度较轻、挥发性组分较多且含氧元素，所以不需要进行像微粉炭那样的微粉碎。

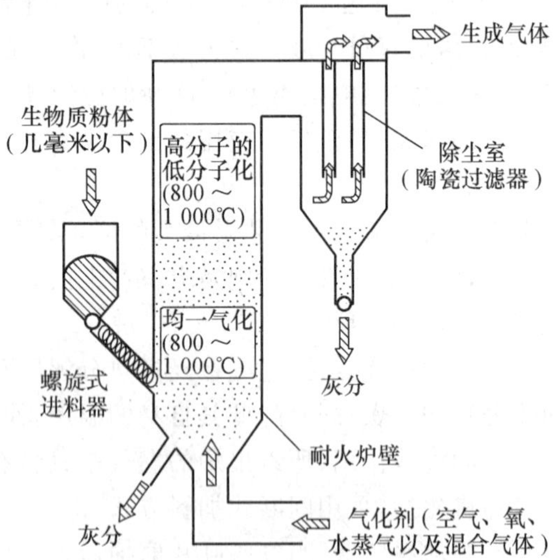

图 6 - 4 喷流床汽化炉

（来源：日本能源学会，2006）

喷流床汽化炉中供给到炉内的粉体原料从炉底随汽化剂上升，发生汽化反应的同时除去灰分，完成汽化过程。该温度范围为 800～1 000℃，由汽化剂中的氧与原料的燃烧或部分燃烧产生的热量保持该温度。粒子的汽化时间除粗大粒子以外，以 1 s 以下为宜。

炉壁采用耐火材料隔热，保证到后面流出部为止的区域处于高温。灰分和木炭、炭黑引出汽化炉后，以陶瓷过滤器除去，生成的气体导至外部。除尘的方法是将产生气体冷却后，用袋式过滤器进行精处理。此外，也有必要考虑灰分熔点。当炉内温度高于灰分熔点时，灰分会附着在炉壁上，所以必须用烟灰吹除机（带有移动装置的、以几厘米的喷嘴产生高压水蒸气或空气将附着的灰分吹除）间歇地将其清除。

6.1.3.2　生物质间接汽化技术

在 800℃的温度下通过热化学反应汽化，主要的生物质原料为木材，此外还有玉米、高粱、甘蔗等植物的茎和叶。因为这些原料是固体，汽化所必需的外部加热供给比较困难，实际使用设备中的热化学反应汽化采用的是直接汽化方式。直接汽化使用汽化剂（氧气或空气），理论的氧气比为 1/3～1/2，氧气与生物质原料发生部分氧化反应，在发热的同时进行汽化。

间接汽化不使用生物质原料的燃烧热作为汽化所必需的反应热，而是采用外部间接加热的方式。间接汽化是与直接汽化相对应的专业术语。直接汽化的部分燃烧生成的气体中无效的 CO_2 会增加；与此相对应的，间接汽化能够将产生的 CO_2 控制在最小范围，增加有效气体的浓度。以生物质为原料的热化学间接汽化在实际生产中使用较少，但研究开发较多，在今后具有较好的发展前景。间接汽化时使用的汽化剂中不含氧气，所以也称为热分解汽化或水蒸气改性。

1. 生物质干馏汽化及炭化技术

生物质干馏汽化是生物质间接汽化的主要部分，其定义为在隔绝或限制空气（氧）条件下，将木材、秸秆、树皮等农林剩余物在一定的热力学条件下（400～600℃）转化为可燃气（以木材为原料时称为木气）、固体炭、液体产物（木醋液和木焦油）的过程。该反应过程受原料特性、反应温度等诸多因素影响，同时各产物间有不同程度的转换。以气体或液体的回收利用为重点的技术称为干馏汽化，以生产炭为主要目的的技术称为制炭。

大连市生物质能源工程为例说明生物质干馏汽化技术。

（1）工艺流程　大连市环境科学设计研究院设计的生物质能源工程系统，按供给 1 000 户燃气能力的规模，已在大连、遵义等地推广应用几处。生产所用原材料以农作物秸秆为主，也可用树的枝叶、木屑、野草等。采用干馏工艺，其生产流程如图 6-5 所示。生物质热裂解需要加热，如热裂解 1 kg 玉米秸秆需要 2 000 kJ 的热量。

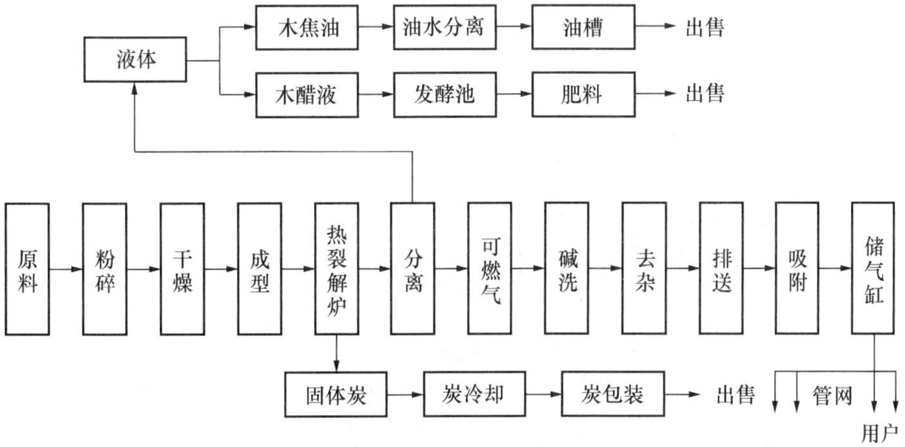

图 6-5　生物质干馏工艺流程

（来源：袁振宏等，2008）

(2)热裂解产品　热解炉内反应温度不同,气、固、液产量比例则不同。当生物质热裂解温度控制在 900℃时,产物中木炭含量为 28%～30% 木焦油 5%～10%,可燃气 30%～35%,木醋液 30%～35%。1 000 kg 玉米秸秆经热裂解后可以获得约 300 kg 炭,300 m^3 可燃气,100 kg焦油,250 kg 木醋液。

可燃气中含有 CO、CH_4、C_2H_4、H_2 等,热值约为 14.7 MJ/m^3。木炭含灰分低,反应性能好,比表面积大,其热值约为 29 MJ/kg,属优质炭。木焦油和木醋液成分复杂,含有醋酸、甲醇、乙醛、丙酮、乙酸乙酯等。

产品用途如下:

①可燃气目前主要供给居民做生活用气体燃料。

②木炭多用于食品烧烤、有色金属冶炼、铸造行业中。

大连环科院试验的炭粉还田技术已取得可喜的效果。初春将炭粉撒到农田表面,可使地温增高 2～7℃,有利于春播,减少病虫害,提高产量。将炭粉混合化肥中施肥,减少化肥流失的效果显著。不加炭粉的,化肥流失 65%,只有 35%被植物吸收;而加炭粉的,化肥 70%以上被植物吸收。

木炭的另一个用途是吸附污水、废气,用于环保行业代替活性炭。经测定,用玉米秆、稻秆生产的炭,其碘质可达 500 mg/g,接近工业活性炭指标,用于污染治理上,可大大降低成本。

③木焦油目前多用于油漆业中。

④木醋液含醋酸 4%～15%,规模大了以后,可直接提取醋酸,小规模可作为有机沤肥原料。大连环科院用木醋液做植物生长剂、饲料添加剂,试验表明,能提高菜、蛋产量。

2. 间接汽化装置

(1)双流动床　此处对使用双流动床的 BCL 工艺进行介绍,BCL 的双流动床式汽化工艺如图 6 - 6 所示。

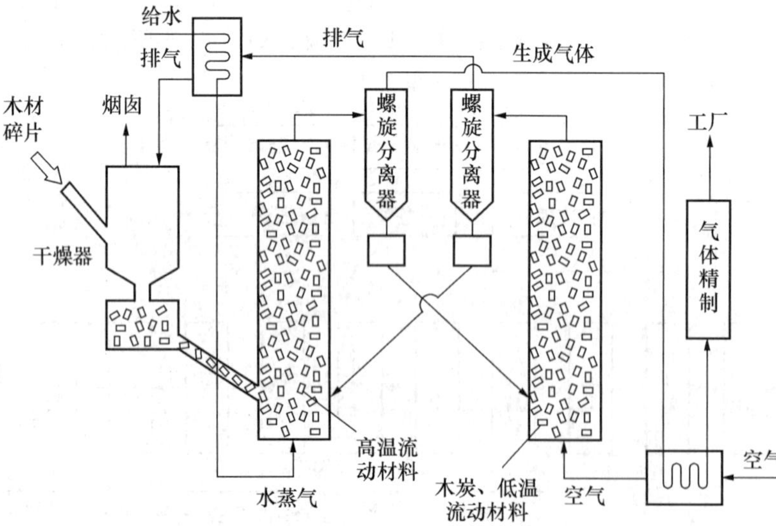

图 6 - 6　BCL 的双流动床式汽化工艺

(来源:日本能源学会,2006)

两个流动床分别承担汽化炉和燃烧炉的功能，供给到汽化炉的生物质（木材碎片）在流动材料（作为热介质的沙）的保持热量和流动床底部喷上来的汽化剂的作用下进行热分解。到达炉顶的生成气体通过螺旋分离器将炭黑和流动材料分离后，以精制合成气体的形式引出体系。另外，将螺旋分离器分离的炭黑和流动材料送到燃烧炉，通过由流动床内底部喷上来的空气将炭黑燃烧，并加热流动材料。与汽化炉一样，燃烧炉顶部通过螺旋分离器分离燃烧排气和流动材料，流动材料作为高温热源送至汽化炉，燃烧排气则以加热水蒸气回收热量后，通过烟囱排放。

根据报道，采用上述方式的实际发电试验工厂以木材为原料，所生产气体的组成为：H_2 21%、CO 43%、CH_4 16%、CO_2 13%、C_nH_m 5%，高位发热量为 17.8 MJ/m^3。

（2）喷流床　与直接汽化喷流床不同，间接汽化喷流床的热源来自外面。以水蒸气作为供热媒介，在流动系统的一段利用外部热量将水加热产生 950～1 000℃的水蒸气，将 800℃以上的水蒸气由汽化单元的下部喷入反应管内，与此同时由反应管的顶部喷入生物质粉剂（图 6-7）。汽化反应由靠下部的一级汽化和靠上部的二级汽化两步完成，全过程需 2～3 s。在一级汽化过程中主要分解较简单的成分，较难分解的木质素、焦油等在二级汽化过程中被裂解汽化。气流继续由反应管上部流出，经过螺旋除灰后流出汽化装置。

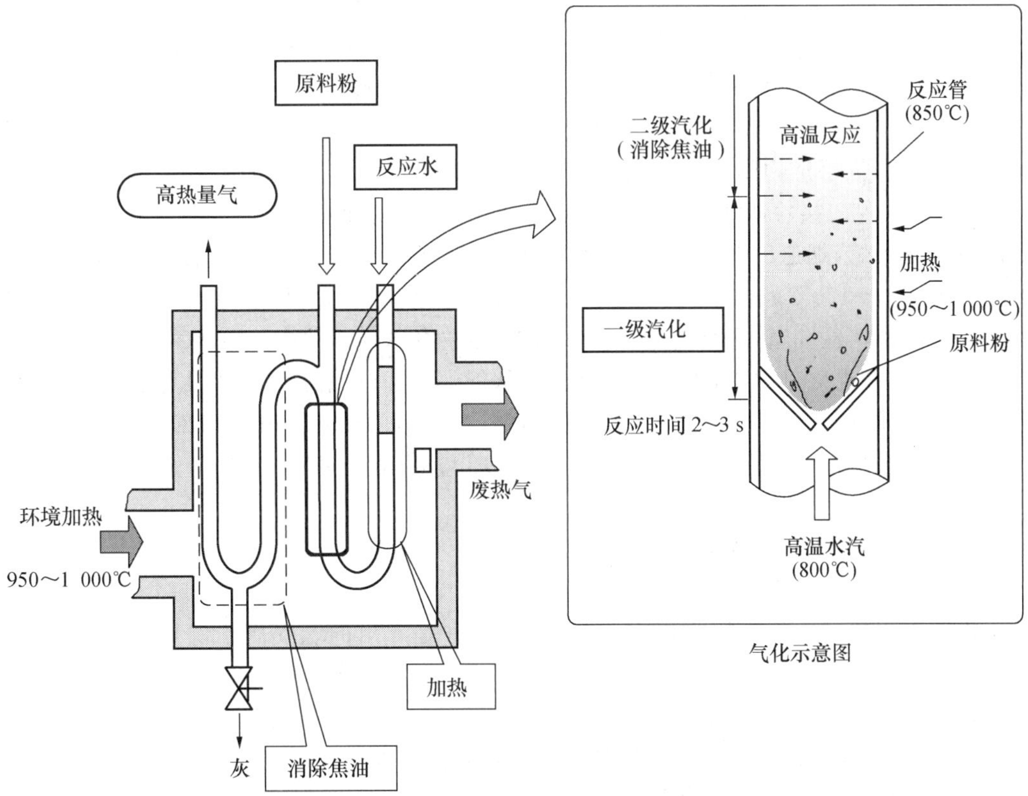

图 6-7　喷流床

间接汽化喷流床汽化温度为最适宜汽化的 800℃，汽化充分，不留焦油；又因汽化管内没有发生直接燃烧，气体中 CO_2 少，燃气质量高。其主要气体成分为 H_2 50.0%，CO 25.5%，CH_4 6.5%，C2 以上烃类 1.0%，CO_2 17.0%。

但对原料的粉碎细度要求高(1～2 mm),汽化管环境温度需要加热至950～1 000℃,外部耗能大,如将粉碎原料和环境加热所需的能量均由生物质原料来供应计算,汽化的能量转化率只有20%～30%,这也是目前这种技术没有广泛推广应用的主要原因。

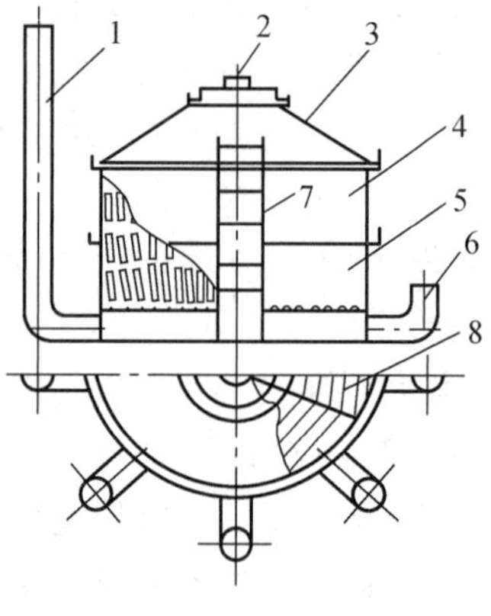

1. 烟道 2. 点火口 3. 炉盖 4. 上炉体 5. 下炉体 6. 风孔 7. 点火架 8. 护栅

图6-8 可移动式烧炭炉

(来源:袁振宏等,2008)

(3)可移动式烧炭炉 可移动式烧炭炉(图6-8)具有结构紧凑、操作容易、移动方便、出炭率高、炭质较好的特点,并且避免了筑窑劳动强度大、受季节影响等窑烧法存在的问题,近年来普及较快。

①可移动式烧炭炉结构。通常采用的可移动式烧炭炉由上炉体、下炉体、烟道、风孔、炉盖、点火架、炉栅等组成。底部的炉栅距地面20 cm,中间竖有点火通风架,上、下炉体和炉盖用2 mm厚的钢板焊制而成,上端的点火口可以开闭。炉子容积为2 m^3 左右,每炉可装入压缩成型燃料1.5 t。

②烧炭操作成型。现以压缩成型燃料棒为例,说明烧炭操作程序。

先将成型燃料棒竖填排列于炉内,装满后盖好炉盖,并将上、下炉体及炉盖的连接处用黏土(或其他密封材料)密封。将4根直径100 mm、高1.5 m的烟道管和4根通风管与炉体紧密连接好,即可点火烧炭。先从点火口投入火种,陆续添加燃料(或预先于点火架内已装好燃料),当烟道口温度达到60℃以上时(手感灼热),封闭点火口。此时烟道口冒出白烟(含水蒸气)。经过3～4 h后,炉内原料干燥完,接着烟气由白色转为黄色(含挥发物),这时要逐渐关小通风孔再过6～8 h,当通风口出现火焰,烟道口冒青烟时,说明成型燃料已经炭化。此时炉内温度上部达600℃,下部温度为450～470℃,这时将通风管抽掉并用泥沙堵住孔口。再经过半小时左右,将烟道管抽去并用泥沙堵住孔道,进行闷炉。经大约10 h左右,炉温降至50～60℃时,即可出炭。

应该指出,在炭化过程中,由烟道口排出的烟气中,含有可燃性气体及木焦油、挥发酚等物质。可燃性气体可用管道引回到烧炭炉中做燃料;在管道中间用冷却法可回收木焦油与木醋液。这样,既有效地利用了能源,又减少了对环境污染。可移动式烧炭炉的出炭率为25%～30%。

6.1.3.3 生物质汽化技术的发展现状及问题

1. 国内利用

生物质汽化技术在国内的应用主要两个方面:一是产出的燃气用于供热;二是燃气用于发电。

(1)户用生物质汽化供气、热装置 汽化炉为下流式的汽化炉位于室外,由于长度不足1 m的管道与厨房内的灶具相连,安全卫生。该汽化装置所用原料适应性广,树枝、玉米秸、树叶、杂草、干牛粪等均可,其中硬质原料配量应大于30%。

在推广应用中,户用生物质汽化炉的基本要求有3点:①运行可靠耐用,不出故障;②造价低,使用成本低;③操作简单。要达到"用得起,用得住","省时、省柴,上火快、火力旺。"

(2)生物质汽化集中供气 生物质汽化集中供气系统已在我国许多省份得到了推广应用,在农民居住比较集中的村落,建造一个生物质汽化站,就可以解决整个村屯居民的炊事和取暖所用的其他燃料。吉林省从 1998 年，已先后在四平、长春、吉林、延边地区兴建了 7 个生物质汽化站，每个站产燃气 200～1 800 m^3/h。

①汽化站主要设备及其工作过程。汽化站（图 6-9）的主要设备有切碎机、上料装置、汽化炉（下流式）冷却器、过滤器、风机、水封器、储气罐（也称燃气柜）等，首先用切碎机将秸秆铡成碎块，然后将秸秆碎块投入喂料斗中，上料器中的螺旋叶片或刮板在电动机的驱动下，将物料从喂料斗中提升并落入汽化炉内。

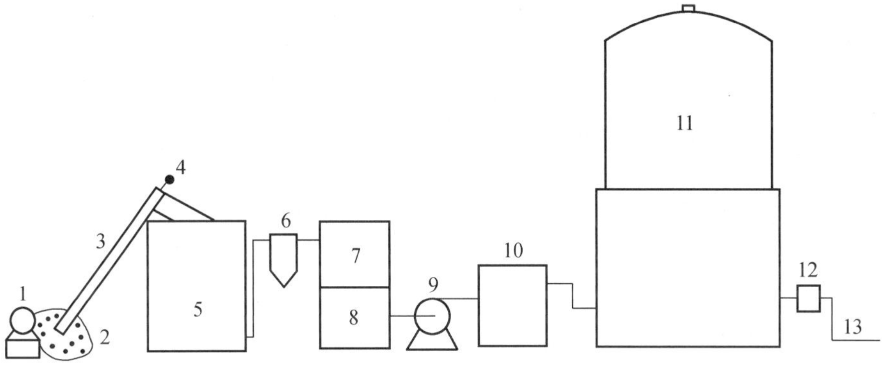

图 6-9　生物质汽化站主要设备

1. 切碎机　2. 喂料斗　3. 上料器　4. 电动机　5. 汽化炉　6. 旋风分离器　7. 冷却器　8. 过滤器 9. 风机　10. 水封器　11. 储气罐　12. 阻火器　13. 送气主管

（来源：袁振宏等，2008）

汽化炉产出的燃气经旋风分离器、冷却器、过滤器后，可达到净化和降温的目的。燃气的流动靠风机抽力来实现，常用的风机是容积式罗茨风机（也有用水环式真空泵的），由风机出来的燃气具有一定的压力，经水封器送入储气罐。水封器相当于单向阀，它只允许燃气向储气罐中输送，当风机停转时，靠水封器的液面阻截住反向流动的燃气。储气缸容积大小要依据用气户数的多少和汽化炉产气量的大小来设计制造。储气罐内的燃气要保持恒定的压强，压强值的大小要保证距汽化站最远的用户灶前所需要的压强，储气罐中的燃气经阻火器进入送气主管道。阻火器是一个安全装置。

我国生物质发电所用的原料以谷壳为主，早在 20 世纪 60 年代，我国就开始了生物质汽化发电的研究，研究出了样机并进行了初步推广。后因经济环境的限制停止了这方面的工作。

②燃气净化处理方法。

A. 灰分的去除。在汽化炉反应过程中，大部分灰分由炉栅落入发室，燃气中的灰尘经旋风分离器或袋式分离器被分离一部分，余下的细小灰尘将在处理焦油的过程中被除掉。

B. 水分的去除。在特制的容器中装有多个叶片，形成曲折的流道（汽水分离器），让燃气流经容器过程中，多次冲击叶片，形成水滴，沿板流下。有的汽化站是用在燃气流道中安装高速旋转的风机，用离心力将水分分离出来。在干式过滤焦油和灰尘时，干燥的过滤材料也会吸收一些燃气中的水分，在输气管道上设集水井，将冷凝水及时取出。

C. 燃气中焦油的去处。应该说，对水分和灰分的处理是比较容易的，生物质汽化应用技术中一个很大的难题就是对燃气中焦油的处理。对焦油的去处一般有以下几种方法：a. 喷淋法除焦油和灰尘;b. 鼓泡法去除焦油和灰尘;c. 干式过滤法;d. 催化裂解法除焦油。

2. 国外利用

(1)生物质汽化发电 所用的发电机组基本上有3种类型:一是内燃机/发电机机组;二是汽轮机/发电机机组;三是燃气轮机/发电机机组,有的发电厂将前二者联合使用,即先利用内燃机发电,再利用系统的余热生产蒸气,推动汽轮机做功发电。由于内燃机发电效率较低,单机容量较小,应用受到一定限制;也有的发电厂将后两者联合使用,即用燃气轮机发电系统的余热生产蒸气推动汽轮机做功发电、比较这两种联合发电,后者发展前景较广阔,尤其是在大规模生产的情况下。

①内燃机/发电机系统。最近美国的通用汽车公司研制了STM4-120型发电机被美国能源部评价为世界上最先进的斯特林发电机。此机的发电效率为30%左右,而且噪声小,废气处理污染少。

②燃机轮机/发电机发电系统(HATC)。比利时布鲁尔大学研制出了一种生物质汽化发电系统,粉碎的木屑在汽化炉中汽化,产出的燃气经旋风分离器除去颗粒杂质后,进入燃烧器燃烧,高温烟气在热交换中将来自压缩机和蒸发器的工作介质加热至850℃左右,附加燃烧器的燃料是天然气,工作介质经过它升温至1 000℃左右,进入涡轮机做功带动发电机发电。由涡轮机排出的气体进入燃烧器与燃气燃烧。工作介质中有部分水蒸气接入,有助于系统功率的提高。烟气经过热交换器、蒸发器后,进入热回收装置,在这里将来自水泵的冷水加热成热水供大学校园使用。降温后的烟气从烟囱排走。

③燃气轮机/发电机-汽轮机/发电机联合发电系统。1991年在瑞典兴建了世界上第一座燃气轮机/发电机-汽轮机/发电机联合发电系统联合发电厂。

④燃料电池/燃气轮机发电系统。美国有以天然气为燃料的小型燃料电池/燃气轮机发电系统,如25 kW、50 kW发电机组。最近,美国普林斯顿大学能源和环境中心,在研制以生物质燃气为燃料、发电功率为200 kW的小型燃料电池/燃气轮机发电系统,用固定床下流式汽化炉将生物质汽化产出的燃气经旋风分离器、冷却器和过滤器,使其净化并降温。空气和燃气由压缩机送往燃料电池发电。其间经过热交换器提高了温度,燃料电池未利用的燃料及余热再通过燃烧器带动燃气轮机发电。由燃气轮机排出的温度较高的气体经热交换器后,再进行余热回收。

(2)区域供热 在芬兰,使用上流式汽化炉生产生物质燃气,用于区域供热已达到了商业化水平。

(3)为水泥厂供热与发电的生物质汽化站 意大利罗伦萨地区建立了欧洲圈套的生物质汽化站之一。

(4)生物质汽化用于氨的合成 在芬兰凯米诺奥埃地区有个奥留化肥厂,它原以重油为原料生产化肥,1988年春天,将此厂改造成世界上第一个以泥炭为原料用汽化合成氨的方法来生产化肥的厂家。它是将含水量40%左右的泥炭粉碎后再干燥至含水量为15%左右喂入加压流化床汽化炉中,汽化剂用氧气和水蒸气的混合体。反应温度为750~950℃,泥炭喂入量为23 t/h,汽化每吨泥炭需290 m^3 氧气(标准状态下)和160 kg水蒸气,汽化得到的气体组分为CO 35%、H_2 32%、CH_4 6%~8%、CO_2 22%。每吨泥炭产出的气体净化后可得到925 m^3(标准状态下)的CO与H_2的混合气,生产过程中炭的转化率达88%。再用此气体与制备好的N_2合成氨,进而生产化肥供农业需要。该厂还用泥炭与木屑的混合物做原料进行过试验,也获得了成功。

国外生物质汽化用于制取化工产品的还有 H_2、CO 等。

最后要提及的是发展中国家印度。那里的生物质汽化炉数量较多，但一般来说规模都比较小，生产的可燃气除用于发电而外，还用于生活供热、企业生产的物料烘干、为面包生产和炒菜等食品加工业提供燃料等。

3. 生物质汽化面临的主要问题

生物质汽化，免去了烟熏火燎的炊事环境，也改变了农村秸秆到处堆放的局面，减少了农村火灾的发生，整洁了农村环境和农民生活质量和健康状况也有所提高。但是各种原因，生物质在汽化过程中存在着一些急需解决的问题。

生物质汽化生产中的主要问题　将生物质汽化产出的可燃性气体供燃用或用其发电，是农村供能与用能的重大变革。在汽化站的生产过程中，存在以下几个主要问题，只有解决好才能加速这一技术的推广应用。

①从汽化炉产出的燃气中含有焦油、灰分和水分，有待去除，否则影响燃气的使用，尤其是对焦油的去除。

②建汽化站投资比较大。产出的燃气如果只供当地居民炊事用燃料，需用的生物质原料并不多，若用燃气做发电燃料和在北方冬季还要用它做采暖燃料，则耗用的生物质汽化原料就比较多。基于以上两点原因，在确定建站地点时，最好选在经济条件比较充裕，汽化所用原料产量比较丰富的村屯。

③在我国北方地区，冬季寒冷而漫长，这就涉及储气、输气系统的防冻问题、送气管道埋在冻土层以下。湿式储气罐难以正常越冬运行，这就需要选用合适的干式储气设施。目前，国内的汽化站绝大多数使用的是湿式储气罐，吉林省在试验推广干式储气罐。

④生物质汽化应用技术中一个很大的难题就是对燃气中焦油的处理。

焦油的特点：在固定床的热分解层，温度在 200℃以上，生物质的纤维素、半纤维素和木质素开始热分解，生成焦炭、焦油、木酯液及其他气体。焦油的成分十分复杂，大部分是苯的衍生物。可以分析出的成分有 200 多种，主要成分不少于 20 种，其中含量大于 5%的有 7 种，它们是苯、萘、甲苯、二甲苯、苯乙烯、酚和茚。焦油的含量随反应温度升高而减少。

生物质汽化产生的焦油的数量与反应温度、加热速率和汽化过程的滞留期长短有关，通常反应温度在 500℃时焦油产量最高，滞留期延长，焦油因裂解充分，其数量也随之减少。

图 6-10 所示为在不同温度下燃气中焦油含量（质量分数）的变化情况。

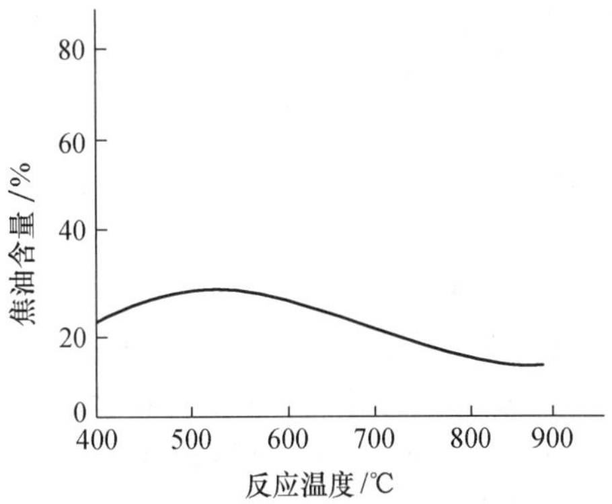

图 6-10　不同反应温度下燃气中气焦油含量

（来源：袁振宏等，2008）

焦油的危害在于：一是焦油占燃气能量的 5%～10%，在低温下很难与可燃气一起被利用，造成能源的浪费；二是焦油低温下凝结成液体，阻塞管道；三是焦油难以燃烧完全，对燃气轮机有损坏；四是焦油及其燃烧物质产生的气味对人体是有害的。

对焦油的去除方法一般包括喷淋法、鼓泡法、干式过滤法和催化裂解法等。

6.2 生物质裂解油转化技术

生物质热裂解反应产生的生物油通过进一步的分离，不仅可做锅炉和其他加热设备的燃料，再经处理和提炼可作为内燃机燃料，还可用来提取化工产品。从寻求石油的替代原料角度考虑，近十几年，世界上许多国家都很重视生物质快速热裂解的研究，成为生物质能转换的前沿技术。

6.2.1 生物质裂解油转化的原理

6.2.1.1 定义

生物质裂解制油是将秸秆、木屑、甘蔗渣等农林废弃物通过高温加热分解为挥发性气体，再经冷却后提炼出的一种液体。生物质裂解油的热值一般为 16～18 MJ/kg，约为柴油的 40%，可直接用作锅炉燃料，也可进一步加工转换为车用燃料或化工产品。由于生物质裂解油外观与原油接近，用途和原油也比较类似，也有人称之为“生物质原油”。

6.2.1.2 生物质裂解油物理化学性质

生物油不是热力学平衡条件下热解反应的产物，而是生物质经短时间的热解反应，然后快速冷却的产物。生物油是由木质素、纤维素、半纤维素通过解聚和热解过程得到的，主要由一些相对分子质量大的有机物组成，是非常复杂的混合物，其物理化学性质取决于生物质原料的种类、生物质热解过程和产物分离效率等因素。

1. 含水量和含氧量

生物油含水量较高，其主要来自于生物质原料本身、热解反应和生物油存储时的脱水反应。水一方面降低了生物油的热值和火焰温度，另一方面降低了生物油的黏度，增强了生物油的流动性，使其有利于在发动机内喷射燃烧。对美国国家可再生能源实验室(NREL) 和 Ensyn Techno logies Inc. CA (加拿大 ENSYN 公司)制备的生物油进行比较发现 NREL 的热解步骤改善了生物油的化学和汽化性质，得到的生物油含水量低、相对分子质量小，因此其点火等性能比 ENSYN 制备的生物油好。

生物油是高度氧化的混合物，300 种以上的组分都含有氧。氧的存在是生物油与燃料油性质差别较大的主要原因，含氧量过高使生物油的能量密度比通常所用的燃料油低 50%左右，并且不能与烷烃互溶。生物油的酸性很强，加上其有机氧含量高，致使生物油的性质极不稳定。

2. 黏度

生物油的黏度范围很宽。在恒温浴中，由紫檀和杉木得到的生物油的动力黏度分别为 70～350 MPa · s，10～70 MPa · s，由稻草得到的生物油因为含水量高使得动力黏度较低，为 5～10 MPa · s。对比几种原料在常压流化床内闪速热解得到的生物油，发现含水量高和水不溶性成分较少的生物油黏度较低。生物油的黏度还受醇含量的影响。黏度较低的稻草热解生物油含有质量分数 4%的甲醇；当向含醇量低的硬木热解生物油中添加质量分数 5%的甲醇后，其黏度下降了 35%。NREL 的研究表明，添加甲醇后，生物油的稳定性较好。

3. 热值

相对于稻草、木材和农业废弃物，油料作物热解生成的生物油的热值比较高。在固定床反应器内进行快速热解实验，红花子热解生物油的热值为 41 MJ/kg，收率为 59.7%；油菜子热解生物油的热值可达 36.4 MJ/kg，但收率并不高。以木材和农业废弃物为原料生产的生物油的热值一般在 20 MJ/kg 左右。

4. 生物油的化学组成

生物油是由酸、醛、醇、酯、酮、糖、苯酚、邻甲基苯酚、丁香醇、呋喃、木质素衍生取代酚、提取物衍生萜和水等组成的混合物，其组成很复杂，多达数百种。利用色谱 - 质谱分析生物油的组成，发现不同种类的生物油中主要组分的相对含量大都相同，如糠醛、二甲氧基苯酚、2 - 甲氧基 - 4 - 甲基苯酚、丁子香酚、雪松醇、2 - 呋喃酮等在每种生物油中都占有很大的比例。生物油中带有酮、醛取代基的苯酚类物质种类最多。色谱 - 质谱分析结果还证明了大量存在的醛类和酮类化合物使生物油具有亲水性，并使其含水量高且水易去除。

5. 酸性

生物油含有大量的有机羧酸（如甲酸和乙酸），使生物油的 pH 较低（2～3）。强酸性使生物油的腐蚀性很强，高温下腐蚀性更强，因此对于容器的抗腐蚀性要求很高。如果生物油用做车用燃料，则需对其进行精制。

6. 灰分

生物油中的灰分会引起发动机和阀门的腐蚀、反冲启动等问题，当灰分质量分数大于 0.1%时，情况更加恶化。灰分主要含碱金属和碱土金属，主要是易沉积、可引起高温腐蚀的钠、钾及会导致更坚硬的固体沉积的钙金属。

6.2.1.3　生物质热裂解油转化工艺过程

生物质热裂解油转化的一般工艺过程（图 6 - 11）包括物料的干燥、粉碎、热裂解、产物炭和灰的分离、气态生物油冷却和生物油的收集。

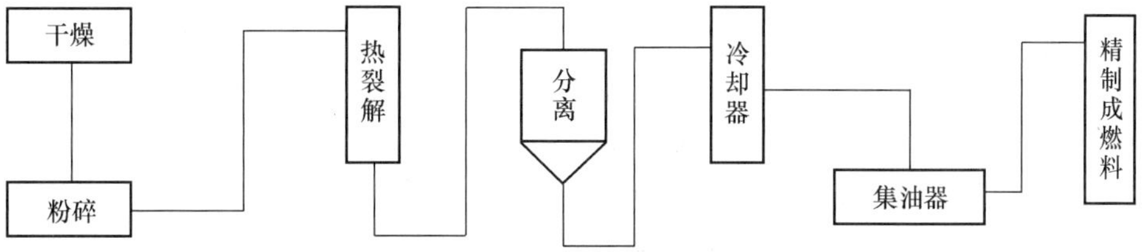

图 6 - 11　生物质直接液化工艺流程示意

（来源：袁振宏等，2008）

（1）干燥　为减少生物油中的水分，需要对原料进行干燥，一般要求物料含水率在 10%以下。

（2）粉碎　为了提高生物油产率，必须有很高的加热速率，要求物料有足够小的粒度。不同的反应器对生物质粒径的要求也不同，旋转锥所需的生物质粒径小于 200 μm；流化床要小于 2 mm；传输床或循环流化床要小于 6 mm。

（3）热裂解　热裂解技术是直接液化技术的关键，要求非常高的加热速率和热传递速率、严格的温度控制。

（4）固液分离　固体副产物——炭会在二次裂解中起催化作用，所以应将其与生物油快速分离。

（5）气态生物油的冷却　热裂解挥发分的停留时间越长，二次裂解生成不可冷凝气体的可能性越大,须快速冷却挥发产物。

6.2.2 生物质材料的裂解油转化技术

6.2.2.1 循环流化床裂解反应器

循环流化床裂解流程如图 6-12 所示。预热过的载气通入循环流化床裂解反应器,同时携带由加料口输入的石英砂进行循环。生物质原料采用螺旋加料器输入,在循环流化床内迅速热解为蒸气,蒸气被立即携带出反应器。石英砂和生物质热解后产生的炭在旋风分离器中分离下来后进入燃烧室,炭充分燃烧,为反应提供热量,被加热的石英砂则作为热载体循环回反应器。从旋风分离器出来的焦油蒸气在两个冷凝器中被冷却,不凝气则作为载流气进入循环。

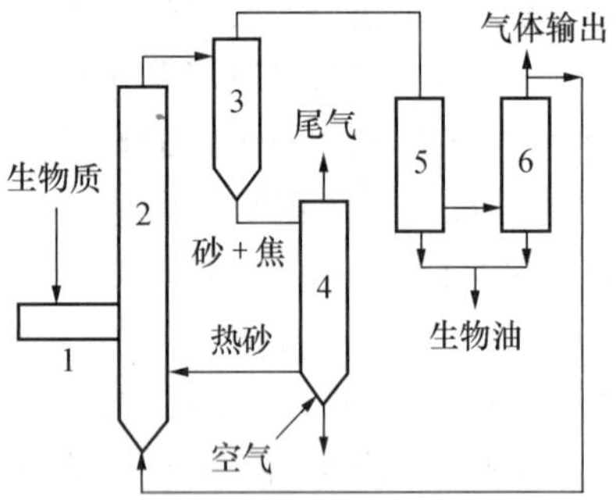

图 6-12 循环流化床裂解流程

(来源:薛瀚深等,2008)

1. 螺旋进料器 2. 流化床反应器 3. 旋风分离器 4. 燃烧室 5、6. 冷凝器

该装置的优点是设备规模小,气相停留时间短,从而获得较高的液体产率。其主要缺点是需要使用较大流量的载气。

6.2.2.2 旋转锥裂解反应器

旋转锥裂解反应器如图 6-13 所示。生物质经过预处理后同预热过的热载体(细砂)进入旋转锥裂解反应器底部,旋转锥裂解反应器锥体的旋转带动固体颗粒螺旋上升。在上升过程中,生物质被迅速裂解为蒸气,蒸气经由导出管进入旋风分离器。床温可以通过调节燃料量和配风比来控制,传热速率可以通过调节旋转锥的转速控制,通过调节转动杆可改变床容积,从而控制裂解蒸气的停留时间。旋转锥裂解反应器的显著优点是不需载气,因此可大大减小装置容积,也可减小冷凝收集的气体量及装置的成本。但旋转锥裂解反应器运行和维修较复杂。目前,旋转锥裂解反应器在我国也有研究。

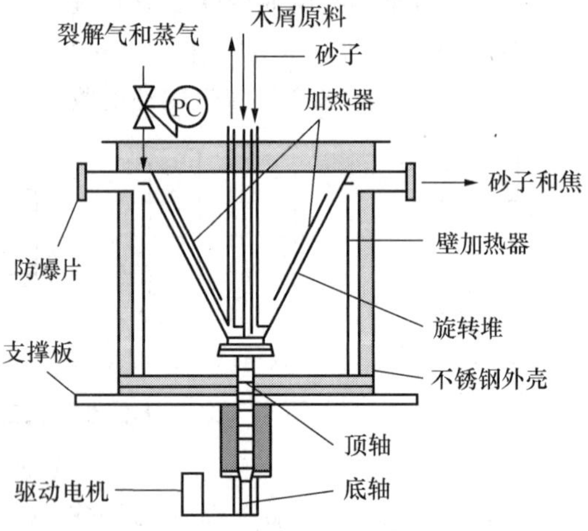

图 6-13 旋转锥裂解反应器

(来源:薛瀚深,2008)

6.2.2.3 快速流化床裂解反应器

快速流化床裂解流程如图 6-14 所示。原料一般采用干燥过的木屑,粒度在 30~170 目之间,含水 7%左右。生物质原料由载气夹带进入快速流化床裂解反应器。快速流化床裂解反应器为圆柱形,内以细砂粒为流化介质,裂解所需热量部分由预热过的流化气提供,部分通过对反应器外壁的加热提供。裂解中生成的炭粉被流化气带出裂解反应器,在旋风分离器内分离后进入焦炭收集室。产物经二级冷凝,第一级冷凝温度约 100℃,主要得到沥青类产品;第二级为室温冷凝,主要收集轻油。

近年来,国内研制了生物质快速流化床裂解反应器,木粉进料速率 3 kg/h,反应温度

500℃左右，流化气流量 2 m^3/h（室温），夹带气流量 0.2 m^3/h（室温），可取得 63%的液体产率。山东理工大学王丽红等利用自行设计开发的等离子体流化床热解液化装置（图 6 - 15）进行玉米秸秆粉的闪速热解液化实验，制成的生物质裂解油的最高得油率为 37%。生物质裂解油在常温下呈酸性，pH 介于 3.8～4.0 之间，密度在 1 100～1 200 kg/m^3，黏度也随着温度升高而下降，在 27.5℃ 时发生变化，黏度下降速率减小。生物质裂解油中主要成分有羟基丙酮、乙酸、水、呋喃、乙醛等；另外，生物质裂解油含水量和含氧量高，降低了生物质裂解油的热值，增加了生物质裂解油的不稳定性，直接利用技术目前尚未成熟，需要经过进一步处理后方可应用。

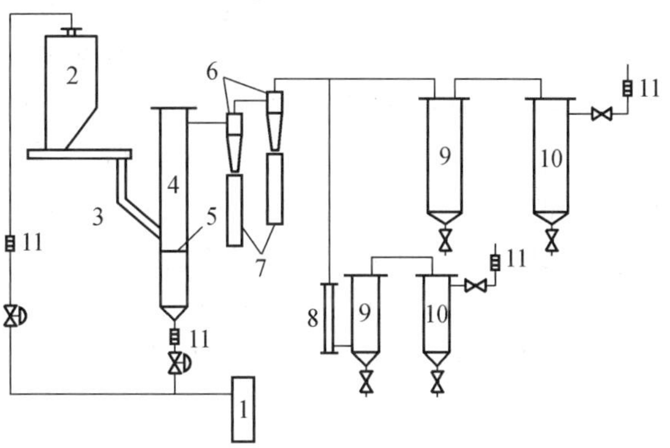

图 6 - 14　快速流化床裂解流程

1. 氮气钢瓶　2. 料斗　3. 螺旋进料器　4. 流化床反应器　5. 分布板　6. 旋风分离器　7. 灰斗　8. 固定床反应器　9. 一级冷凝器　10. 二级冷凝器　11. 气体流量计

（来源：薛瀚深等，2008）

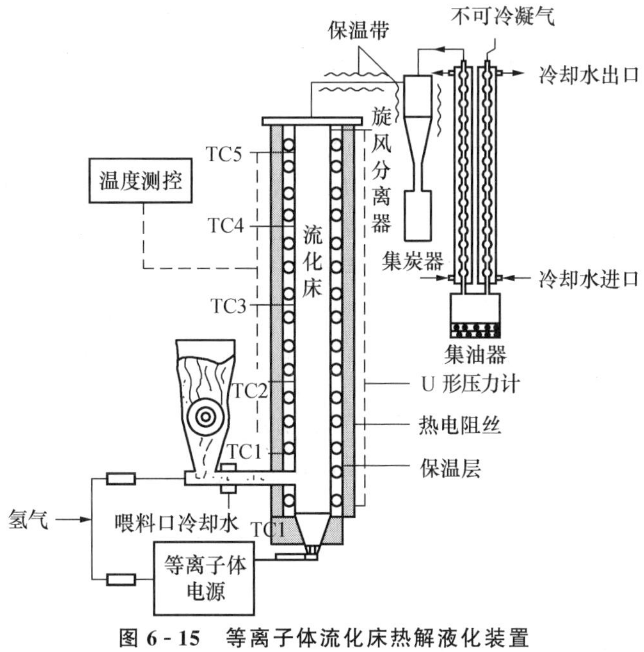

图 6 - 15　等离子体流化床热解液化装置

（来源：王丽红等，2006）

以木屑为原料，在自制的小型流化床上，开展了生物质快速热裂解制取生物质裂解油的试验研究。试验结果表明，当木屑原料粒径在 0～0.45 mm 之间变化时，生物质裂解油产率并无明显变化，在一定的热裂解温度范围内，生物质裂解油产率有极大值。温度为 500℃ 时，平均生物质裂解油产率最高为 58.74%。当粒径小于 0.28 mm 的木屑在 475℃、500℃ 和 550℃ 3 种热裂解温度下制取的生物质裂解油的含水率分别为 42.5%、46.0% 和 40.7%，密度分别为 1 140 kg/m^3、1 148 kg/m^3 和 1 151 kg/m^3。

国内已开发了生物质热解流化床装置，在流化床反应器上开展了稻秆和木屑热裂解制取生物质裂解油的试验研究，同时比较了稻秆和木屑等原料快速热解的实验结果。结果表明，生物质裂解油收率最高达到55.7%；水曲柳热解制取生物质裂解油的热值最高达23.4 MJ/kg；灰分含量高但纤维素含量低的稻秆热解制取生物质裂解油的收率低、品质差，其更适合于作为汽化工艺原料，而木质素的液体产物芳香化程度更高，热稳定性高。当纤维素含量相对于木质素含量过低时，生物质裂解油收率较低。

在自制的小型流化床上，以稻壳、松木屑、玉米秆和棉花秆为原料进行生物质快速热裂解制取生物质裂解油的研究。结果表明，稻壳、松木屑、玉米秆和棉花秆热解液化时的产油率分别为53%、63%、57%和56%，生物质裂解油的热值均为17～18 MJ/kg。生物质转化为生物质裂解油后的最大特点是其能量密度得到大幅度提高，用途变得更加广泛。

就目前而言，快速流化床热裂解反应器、循环流化床热裂解反应器是最流行的热裂解反应器，其操作简便；同时，也能大范围改变固体停留时间，实现连续操作，生产能力大，温度便于控制，相对能耗少，投资少、维修费用低，便于放大。因此，流化床热裂解技术在我国得到了较好的研究。

6.2.3 国内生物油研究现状及展望

6.2.3.1 生物油研究现状

国内利用生物质快速热解制取生物油的原料主要是秸秆、木屑等农林废弃物。通过生物质热解流化床装置，比较稻秆和木屑等原料快速热解的实验结果表明，生物油收率最高达到55.7%；水曲柳热解生物油的热值最高达23.4 MJ/kg；灰分含量高但纤维素含量低的稻秆热解生物油的收率低、品质差，更适合于作为汽化工艺原料，而木质素的液体产物芳香化程度更高，具有高热稳定性，当纤维素含量相对于木质素含量过低时，生物油收率较低。利用热等离子体将玉米秸秆热解液化制成的生物油中乙酸成分最多(质量分数25.994%)，生物油的收率为50%。以松木屑为原料快速热解得到的生物油热值为16.595 MJ/kg，当气相停留时间小于0.80 s时，生物油收率达到最大值(62.60%)。利用旋转锥闪速热解反应器，加工能力10 kg/h，原料是玉米秸秆，生物油收率为30%～35%，生物油的含水量为22%(质量分数)，其黏度介于重油和轻油之间，热值为20～25 MJ/kg。

国内制取生物油的技术已经初步成熟，但对生物油精制的研究尚处于起步阶段。在固定床反应器上，利用HZSM-5催化剂催化裂解生物油，在质量空速3.7 kg/h、380℃的条件下，精制生物油收率为44.68%，产物中含氧有机物含量大大降低，不含氧的芳香族和多环芳香族化合物含量增加。

6.2.3.2 展望

生物质快速热解技术已经得到各国能源组织与机构的广泛重视，目前该技术面临的主要问题有：

(1)生物质快速热解制取生物油技术须与生物质原料和产品的用途对应起来，将适宜的反应器、反应工艺和反应条件有机地结合起来。

(2)提升和稳定生物油品质的研究必不可少，了解其中的机理很重要。

(3)加氢处理、催化裂解、水蒸气重整的生物油精制工艺比较复杂，对设备要求较高，开发性能稳定、与反应器相适合的催化剂的任务十分紧迫。针对生物油内含有的物质及可能发生的化学反应，尝试将生物油中有价值的成分在简单装置上通过适合的反应将其转化为附加值高的产品将是利用生物油的一个突破口。生物油可作为能源进行有效利用,也可提取有价值的化工产品,将两方面进行整合,达到最佳的经济可行性,将为世界的可持续发展作出贡献。

参考文献

[1] 袁振宏,吴创之,马隆龙.生物质利用原理与技术.北京:化学工业出版社,2004.
[2] 日本エネルギー学会(日本能源学会).バイオマスハンドブック(生物质手册).オーム社(Ohmsha),2006.
[3] 吴创之,马隆龙.生物质汽化技术及其利用技术.北京:化学工业出版社,2003.
[4] 孙立,等.秸秆类纸质生物质原料热解汽化技术及其应用评价.农村能源,1995(3).
[5] 马隆龙.生物质汽化供气系统研制.农村能源,2001(1).
[6] Oasm aa A,Czern ik S. Fuel Oil Quality of Biomass Pyrolysis Oils State of the Art for the End Users. Energy Fuels,1999,13 (4) :914 - 921.
[7] 张琦,常杰,王铁军,等。生物质裂解油的性质及精制研究进展,石油化工,2006,35(5):493 - 498.
[8] 薛瀚深,李洪宇,许庆利,等.生物质裂解油技术研究进展.河南化工,2008,25(11):1 - 5.
[9] 王丽红,柏雪源,易维明,等. 玉米秸秆热解生物油特性的研究. 农业工程学报,2006,22(3): 108 - 111.

第7章　生物质燃料乙醇的转化

7.1　概述

全世界都在面临着能源危机，同时，以石油为原料的液体燃料燃烧后排放的废气引起的环境污染也是人类面临的一大问题。自1973年发生第一次世界石油危机以来，美国、巴西、欧盟等许多国家一直在寻求石油替代能源，以煤制油替代、煤制甲醇和二甲醚替代、天然气替代、电动力汽车或氢动力汽车替代等。经过大量的替代试验和尝试，有过上万辆用不同替代燃料驱动的汽车上路，最后选择的主要替代产品是燃料乙醇。

7.1.1　燃料乙醇的基本概念

所谓燃料乙醇是指对浓度为95%左右的乙醇进一步脱水，再加上5%（体积分数）的变性剂（一般为无铅汽油或无铅的烃类）使之成为水分小于0.8%的变性无水乙醇而作为燃料乙醇。燃料乙醇是一种清洁能源，虽然乙醇的能量仅是汽油的67%，但是汽油醇（添加乙醇的汽油）的能量等同甚至高于汽油，而且乙醇可替代汽油中的铅和甲基叔丁基醚（MTBE）作为辛烷值增强剂和汽油增氧剂，对降低汽车尾气中的一氧化碳含量很有效，起到了节省石油、净化空气的效果。

7.1.2　国内外燃料乙醇发展概况

进入21世纪，由美国和巴西领衔的生物燃料乙醇登上了发展的快车道，中国、欧盟等也相继跟进。如图7-1所示，1975—2010年世界燃料乙醇产量，以2007年为例，美国（USA）产量

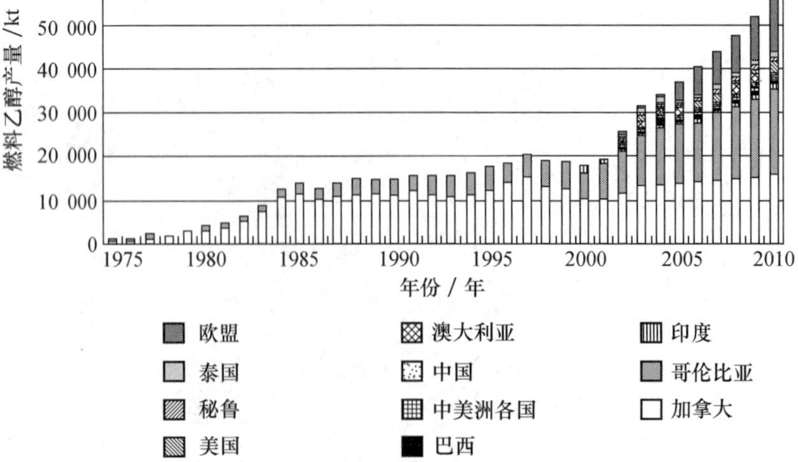

图7-1　1975—2010年世界燃料乙醇产量

（来源：ir. Wim De Greyt，2009）

为 1 950 万 t，巴西(Brazil)1 500 万 t，欧盟(EU)260 万 t，总产量达 4 300 万 t。在 2006—2009 年的 4 年间，美国燃料乙醇净增了 1 560 万 t，巴西净增了 546 万 t，欧盟净增了 194 万 t，中国净增了 32 万 t。美国主要利用玉米生产燃料乙醇，巴西主要利用甘蔗生产燃料乙醇，欧洲则利用小麦等生产燃料乙醇。我国 2007 年之前主要利用陈化粮生产燃料乙醇，2007 年之后的增加主要利用薯类和甘蔗生产燃料乙醇。

7.1.2.1　巴西燃料乙醇的发展现状

巴西燃料乙醇产业的发展始于 20 世纪 20 年代。1925 年，甘蔗乙醇汽车首次完成 400 km 的长距离测试，1931 年发布了 19717 号总统法令，规定政府公务车汽油中要添加 10%乙醇，公众汽油中最少添加 5%的乙醇。第二次世界大战期间，巴西进口石油非常困难，为了解决动力燃料问题，在汽油中掺入了 62%的乙醇。1973 年爆发第四次中东战争、发生石油危机、国际市场糖价大幅下跌，于是巴西启动“全国实施发展燃料乙醇生产计划”，选择了用乙醇代替石油的发展之路。20 世纪 80 年代中期，燃料乙醇的利用达到了一个高峰，当时巴西每年生产的 80 万辆汽车中，3/4 以上是采用乙醇燃料。20 世纪 80 年代末到 90 年代初，巴西的国内政治环境发生了巨大变化，政府取消了对蔗农的补贴，蔗糖加工厂也从主要生产乙醇改为主要生产食糖；同时期，国际市场上石油价格直线下跌，直接导致巴西国内燃料乙醇供应量急剧萎缩。1993 年又重颁乙醇振兴计划，强制使用 E20 和 E25 乙醇汽油。直到世纪之交才进入稳定快速的发展。目前，巴西共有 360 家燃料乙醇生产企业。正在新建的 120 家，乙醇产量由 1975 年的 30 万 t 发展到 2008 年的 1 749 万 t。

巴西燃料乙醇产业是以廉价的甘蔗为生产燃料乙醇的主要原料。巴西是世界第一大甘蔗生产国，2001—2002 年度甘蔗产量为 2.93 亿 t。2007—2008 年度甘蔗产量达 4.75 亿 t。巴西的燃料乙醇企业都建在蔗田里，达到了最经济的运输半径。且产品结构合理，进行乙醇和糖的联产，可以互相调剂、平衡生产，充分适应糖类产品市场行情的变化。基本上做到“吃干榨净”。其中生产燃料乙醇的蔗渣一般都用来发电，燃料乙醇生产企业都是电力自给，同时向公用电网送电。

巴西乙醇产业发展的前提，需要政府的补贴和减税，随着技术进步、成本降低和市场竞争力的增加，政府逐渐减少了补贴。30 年间，由于发展燃料乙醇而减少原油进口，政府节约开支达 500 亿美元，是乙醇产业投资和补贴的 10 倍，且为农村创造了大量就业岗位。

7.1.2.2　美国燃料乙醇的发展现状

美国的自然资源丰富，科技和经济实力雄厚，在世界生物质产业中的另一位领军人物就是美国。1976 年美国开始小规模的生产玉米乙醇，在当时，凡使用和推广添加 10%乙醇的乙醇汽油(E10)，可以免征联邦税。但是，以美国的富有和石油基础的强大，玉米乙醇的开发并未受到重视。八九十年代，美国玉米乙醇的产量一直只有巴西甘蔗乙醇产量的 1/3。然而，进入 21 世纪，由于考虑到国家的能源安全及环境保护，美国的燃料乙醇发展迅速。2005 年美国燃料乙醇产量与巴西持平，2006 年反超巴西，成为世界第一。2009 年美国生产 3 156 万 t，减排二氧化碳 3 374.5 万 t，创造了 95.6 万个就业岗位。

美国燃料乙醇产业发展十分迅速，首先是国际原油价格不断上涨，2005 年原油的平均价格在每桶超过了 50 美元，2007 年价格达到了新高。为了减少对国际原油市场的依赖，增强国家能源安全保障能力，加大能源自主能力和促进能源多元化，美国政府对燃料乙醇生产给予各种鼓励措施。还有就是很多炼油厂用乙醇替代“助燃剂”作为汽油添加剂，乙醇和“助燃剂”都可以帮助其充分燃烧，但是乙醇可以减少排放到空气中的污染物。2005 年美国能源法规定使用的燃料至少添加一定比例的可再生燃料，预计 2006—2012 年，燃料乙醇产量将从 151.4 亿 L 增长到 283.875 亿 L。1978 年以来政府对酒精行业给予税收补贴，现在的补贴为 13.5 美分/L。

美国燃料乙醇的原料 95%是玉米。2005 年燃料乙醇消耗了玉米总供给量的 12%，除去库存因素，产量的 20%用于生产乙醇。有专家预测，到 2012 年，乙醇生产将消耗玉米总供给量的 20%。2004 年美国能源法制定了 2012 年燃料乙醇生产量达到 283.875 亿 L 的目标(2005 年燃料乙醇的产量大约为 151.4 亿 L)。美国经济学家 Collins 认为，按照现在的发展速度，到 2012 年美国乙醇产量将大大超过 283.875 亿 L。但美国农业部和能源部关于替代 30%的石油消费总量的生物质原料的报告中指出，以玉米为原料的乙醇只作为适度发展规模的过渡性产品，而未来九成原料均来自非粮的农林废弃物和多年生木质纤维素类能源植物。

7.1.2.3 中国燃料乙醇的发展现状

我国燃料乙醇起步较晚，但是发展迅速。已成为继美国、巴西之后世界第三大燃料乙醇生产国。

中国政府推广生物燃料乙醇的最初设想在 1999 年，当时中国的粮食严重积压，如何解决陈化粮问题成了当务之急。2001 年，当时的国家计委等 5 部委颁布了《陈化粮处理若干规定》，规定陈化粮必须在县级以上粮食批发市场公开拍卖，确定陈化粮的用途主要用于生产酒精、饲料等。于是在几个粮食主产区，国家一次就批准了 4 个陈化粮乙醇生产项目，产量很快超过百万千升，我国的车用燃料乙醇试点从 2002 年开始，虽然时间不长，但发展速度很快。尽管如此，用粮食生产燃料乙醇国家严格控制，2007 年 9 月国家发改委发布《关于促进玉米深加工业健康发展的指导意见》，《意见》要求各地立即停止备案玉米深加工项目，而且要对在建、拟建项目全面清理，对已备案尚未建的项目全面叫停。以玉米、小麦等粮食为原料的新增燃料乙醇项目被叫停，各地燃料乙醇公司不得不寻找过渡性的非粮原料。木薯、甜高粱等原料成为发展的重点，木薯、甜高粱等被视作燃料乙醇原料的第 1.5 代，如果将薯类全部用来生产乙醇即具有年产 2 500 万～4 000 万 t 乙醇的生产能力。然而，这些原料也不能全部用来生产燃料乙醇，到 2009 年我国的燃料乙醇总产量 170 万 kL，其中 120 万 kL 来自粮食，其余部分才来自非粮原料。

目前，我国燃料乙醇的生产具有明显的政府推行特点，该产品实行定点生产、定向销售、政府定价、政府定额补贴。获得政府批准和补贴是燃料乙醇生产企业开工的必要前提。

7.1.2.4 欧盟及其他国家燃料乙醇的发展现状

欧盟在大力发展生物柴油的同时，也寄希望于燃料乙醇。燃料乙醇在欧洲是后起之秀，2003 年才开始部署。2003 年发布的《欧盟交通部门替代汽车燃料使用指导政策》要求汽车燃料消费中生物液体燃料的比例指标由 2005 年的 2%提高到 2010 年的 5.57%；2005 年又提出 2010 年生物燃料达到 1.5 亿 t 标油的替代目标，具体部署是：0.55 亿 t 标油用于发电，0.75 亿 t 标油用于供热，0.19 亿 t 标油用于交通运输。国外积极开发推广燃料乙醇的国家还有俄罗斯、加拿大、日本、印度、澳大利亚和泰国等。

7.2　燃料乙醇生产原理及工艺类型

7.2.1　燃料乙醇生产方法

由于燃料乙醇是将浓度为 95%的乙醇进一步脱水，再加上 5%的变性剂，因此燃料乙醇的生产主要是乙醇的生产。目前生产乙醇的方法主要有化学合成法和发酵法，发酵法是主要生产燃料乙醇的方法。

7.2.1.1　化学合成法生产乙醇

用化学方法使乙烯与水结合生成的乙醇称之为合成乙醇，以区别于用发酵法制取的乙醇。化学合成法又分为乙烯间接水合法、乙烯直接水合法和乙炔法等。

(1)乙烯间接水合法　又称硫酸吸附法。具有效率高、乙烯单程转化率高、原料纯度要求不苛刻、反应温度及压力不高等优点，但此工艺过程产生大量稀硫酸。对设备造成严重腐蚀，限制了该工艺的发展。

反应方程式如下：

$$2C_2H_4 + H_2SO_4 \longrightarrow (CH_3CHO)_2SO_2$$

$$(CH_3CHO)_2SO_2 + H_2O \longrightarrow 2CH_3CH_2OH + H_2SO_4$$

在反应过程中伴随有副产物乙醚的生成。

(2)乙烯直接水合法　其工艺流程合理，对设备腐蚀小，易形成大型化、现代化的规模生产。乙烯直接水合法工艺应用较多，有逐渐代替间接水合法的趋势。它是以磷酸为催化剂，在高温高压条件下，乙烯和水蒸气直接反应成乙醇。利用乙烯直接水合法合成的乙醇溶液中大部分是水。乙醇浓度仅为 10%～15%。其中还有少量的乙醚、乙醛、丁醇及其他有机化合物。

反应方程式如下：

$$C_2H_4 + H_2O \xrightarrow[230\sim300℃,\,7\sim8\ \text{MPa}]{\text{催化剂}} C_2H_5OH$$

(3)乙炔法　美国、日本、意大利等国家开发了一种用一氧化碳、氢气(或甲醇)进行羟基合成制取乙醇的工艺方法。适当提高反应温度，可以提高反应速度。然而随着温度的提高，副反应增多并加剧。为使反应速率提高，且副产物少，必须寻找一种选择性强、催化性能好的催化剂，这是由 $CO—H_2$ 合成乙醇的关键。

乙烯是石油的工业副产品，在石油日益短缺的情况下，该工艺的应用受到限制。目前，合成乙醇在国外仅占乙醇总产量 20%左右。而以 $CO—H_2$ 为原料合成乙醇的研究已进行了大量的工作，今后，只要在催化剂的研制方面有所突破，将会取得更大的进展。

7.2.1.2　发酵法生产乙醇

按生产所用主要原料的不同，发酵法生产乙醇又分为糖类原料生产乙醇、淀粉质原料生产乙醇、纤维素原料生产乙醇。用糖质原料可以直接发酵生产乙醇(见 7.3.1.1)；用淀粉原料需要经过淀粉水解后再发酵产乙醇(见 7.3.1.2)。而纤维素复杂的结构，使其水解要比淀粉难得多，因此需要对木质纤维素类原料先进行预处理(见 7.3.2.3)，再通过水解的方法将其转化为糖(7.3.2.2),最后发酵产乙醇。发酵法生产乙醇的基本过程就是将原料转化为糖,而后经微生物发酵为乙醇醪液,最后提取出乙醇(见 7.3.2.4)。这其中,微生物发挥着重要的作用(见 7.2.4.2)。

7.2.2 乙醇发酵的生化反应过程

由淀粉和纤维素类原料生产乙醇的生化反应可概括为 3 个阶段:

①淀粉、纤维素和半纤维素,水解为葡萄糖、木糖等单糖分子;

②单糖分子经糖酵解形成 2 分子丙酮酸;

③在无氧条件下丙酮酸被还原为 2 分子乙醇,并释放出 CO_2。

糖类原料则不经第一阶段,大多数乙醇发酵菌都有直接分解蔗糖等双糖为单糖的能力,从而直接进入糖酵解和乙醇还原过程。

7.2.2.1 水解反应

大多数乙醇发酵菌都没有水解多糖物质的能力或能力低下、没有合成水解酶系的能力或酶活性很低,不能满足工业生产需求。在乙醇生产工艺中,用在微生物体外人工水解的方式将淀粉或纤维素降解为单糖分子。淀粉一般采用霉菌生产的淀粉酶为催化剂,而纤维素及半纤维素则一般可采用酸或纤维素酶为催化剂。

(1)淀粉原料的水解反应过程

$$(C_6H_{10}O_5)_n \xrightarrow{\text{酸或}\alpha\text{-淀粉酶},H_2O} \alpha\text{-1,4-寡聚葡萄糖}$$

$$\alpha\text{-1,4-寡聚葡萄糖} \xrightarrow{\text{酸或}\alpha\text{-淀粉酶},H_2O} nC_6H_{12}O_6$$

(2)木质纤维素原料的水解反应过程 木质纤维素类原料的水解比较复杂,首先,木质纤维素聚合体难以解聚;其次,β-1,4-糖苷键水解反应难。

纤维素水解反应过程为:

$$(C_6H_{10}O_5)_n \xrightarrow{\text{酸或纤维素酶},H_2O} \beta\text{-1,4-寡聚葡萄糖}$$

$$\beta\text{-1,4-寡聚葡萄糖} \xrightarrow{\text{酸或纤维素酶},H_2O} nC_6H_{12}O_6$$

半纤维素水解反应过程为:

$$(C_6H_{10}O_5)_m \xrightarrow{\text{弱酸},H_2O} mC_5H_{10}O_5$$

7.2.2.2 糖酵解反应

乙醇发酵的实质就是酵母等乙醇发酵微生物在无氧条件下利用其特定酶系统所催化的一系列有机质分解代谢的生化反应过程。发酵底物主要是由大分子物质(糖类、淀粉、纤维素、半纤维素)水解产生的六碳糖和五碳糖。所谓糖酵解就是在无氧条件下,1 分子葡萄糖降解为 2 分子丙酮酸,同时产生 ATP 的过程。糖酵解在胞质溶胶中进行,包括 4 种途径:EMP 途径、HMP 途径、ED 途径和磷酸解酮酶途径。其中 EMP 途径最重要,一般的乙醇生产所用的酵母菌都是以此途径发酵的。

7.2.2.3 乙醇发酵的类型

在不同条件下,酵母菌利用葡萄糖发酵乙醇分 3 种类型。

1. 酵母一型发酵

在乙醇发酵生产条件下，酵母菌将葡萄糖经 EMP 途径产生的 2 分子丙酮酸脱羧为乙醛，最终产物为 2 分子乙醇和 2 分子 CO_2。

2. 酵母二型发酵

发酵环境中存在亚硫酸氢钠时，生成的乙醛则与亚硫酸氢钠反应生成磺化羟基乙醛，最终生成甘油和乙醇。

3. 酵母三型发酵

在弱碱性条件下，乙醛不能获得足够的氢进行还原反应而积累，2 分子乙醛间会发生歧化反应，即 1 分子乙醛为氧化剂被还原为乙醇，另 1 分子为还原剂被氧化为乙酸。最终产物为乙醇、乙酸和甘油。

7.2.3　乙醇发酵的工艺类型

按发酵过程物料的存在状态，乙醇发酵可分为固体发酵法、半固体发酵法和液体发酵法。目前，固体发酵法和半固体发酵法主要用于白酒的生产，产量较小，工艺较古老且劳动强度大。而在大生产中，都采用液体发酵法生产乙醇，其生产成本低，生产周期短，设备自动化，能大大减轻劳动强度。

根据发酵醪注入发酵罐的方式不同，乙醇发酵又可分为间歇式发酵法、半连续式发酵法和连续式发酵法。

(1)间歇式发酵　是在一个发酵罐中完成。根据发酵罐体积和糖化醪流加方式等工艺操作的不同，间歇发酵法可大致分为以下方法：一次加满法，此法是将糖化醪用泵送入发酵罐一次加满；分次添加法，此法操作时，糖化醪分数批加入发酵罐；连续添加法，先将规定数量的酒母醪送入发酵罐，同时连续添加糖化醪；分割主发酵醪法，此法是将处于旺盛主发酵阶段的发酵醪分割出 1/3～1/2 至第二罐，然后两罐同时补加新鲜糖化醪至满罐，继续发酵。

间歇发酵的优点是操作简单，易于管理，不易出现大面积杂菌感染，但存在每个罐发酵后的洗刷灭菌工作量大、单耗增加、发酵时间长、设备利用率低等缺点。

(2)半连续式发酵　其工艺是指主发酵阶段采用连续发酵，后发酵阶段采用间歇发酵的方法。在半连续发酵中，根据糖化醪流加方式不同，又可分为：前 3 只罐保持连续主发酵状态，从第 3 只罐流出的发酵液分别顺次装满其他发酵罐，并在其中发酵，直至发酵完毕；由 7～8 个发酵罐组成一个罐组，每只罐之间用溢流管相连接。生产时，先制备发酵罐体积 1/3 的酒母，加入第 1 只发酵罐，并在保持主发酵状态的前提下，流入糖化醪。满罐后，通过溢流管流入第 2 只罐，当充满到 1/3 体积时，糖化醪改为流加入第 2 只罐，第 2 只罐加满后，溢流入第 3 只罐，然后重复第 2 只罐的操作。直至最后一只罐满罐。最后，从首罐至末罐逐罐顺次将发酵成熟醪送去蒸馏。

(3)连续式发酵工艺　其特点是发酵开始时，酒母醪和糖化醪一起流入第 1 只发酵罐，充满后，发酵醪经溢流管流入第 2 只罐，然后第 3 只罐……；如此，充满整个发酵罐组，发酵成熟醪则从最后一只发酵罐流出，送去蒸馏。

7.2.4　乙醇生产中常见的发酵微生物

影响燃料乙醇发酵的最关键影响因素就是产乙醇微生物。能够发酵生产乙醇的微生物包括酵母菌、细菌和霉菌。而目前工业上生产乙醇应用的菌株主要是酵母菌。

7.2.4.1 乙醇生产对微生物的要求

在燃料乙醇的生产过程中，菌株的质量至关重要，一般产乙醇微生物必须满足下述的要求：

①具有较高的发酵性能，可以快速并完全地将有效的糖分转化为乙醇；

②微生物具有较快的繁殖能力；

③抗杂菌能力强，即耐杂菌代谢产物能力强，抗有机酸能力强；

④对培养基的复杂成分的适应能力强；

⑤具有较高的耐高浓度糖和乙醇的能力，即耐自身代谢废物和产物的能力强；

⑥对温度、酸度等的突变适应性强。

7.2.4.2 乙醇生产中一些常见微生物

工业上能进行乙醇发酵的微生物种类很多，在生产中能够发酵生产乙醇的微生物主要有酵母菌、细菌和基因工程菌。

由于大多数只能利用己糖作为底物发酵产乙醇，不能利用木糖，如果能开发发酵木糖的酿酒酵母菌株，将其直接整合用于现有的工艺中，可以减少 20%的乙醇生产成本。

(1)常见的己糖发酵微生物，以几种酵母菌举例

①拉斯 2 号酵母(Rasse Ⅱ)，又名德国 2 号酵母，是 1889 年 Linder 从发酵醪中分离选育出来的一株酵母菌种。细胞呈长卵形，细胞大小为 5.6 μm 左右，子囊孢子 2.9 μm，但一般较难形成。该酵母能发酵葡萄糖、蔗糖、麦芽糖等，但不能发酵乳糖。

②K 字酵母，源于日本，细胞呈卵圆状，个体较小，但繁殖迅速，在我国很多的乙醇工厂都使用过 K 字酵母。

③南阳五号酵母(CICC 1300)，由我国南阳乙醇厂选育，固体培养时生成白色菌落，表面光滑，质地湿润。细胞呈卵圆形，少数呈腊肠形，其个体大小一般为 3.3 μm×5.94 μm—4.95 μm×7.26 μm。可发酵麦芽糖、葡萄糖、蔗糖，不能发酵乳糖、菊糖，耐乙醇浓度可达 13%。

④日本发研 1 号，该菌种在 30℃的米曲汁培养基上培养 5 d，细胞呈椭圆形，个体大小为(4.5 μm×6.6 μm)～(6.4 μm×8.2 μm)，子囊有 1～4 个孢子，可以发酵葡萄糖、麦芽糖、蔗糖、甘露糖、棉子糖和半乳糖，不能发酵乳糖。该菌的发酵能力强，适合于淀粉质原料的乙醇生产。

⑤台湾酵母 396 号(F-396)，该酵母菌种的细胞呈球形、卵形或椭圆形，曲汁培养基中呈球形，4.5 μm×9.8 μm，空胞大。在糖蜜中细胞呈椭圆形，孢子呈椭圆形，2.5 μm×3.5 μm，子囊中 1～3 个孢子，孢子形成温度为 30℃。该菌最适的生长温度为 33℃，最适生长 pH 为 4.5～5.0；发酵最适温度为 33～35℃，最适发酵 pH 为 2.0～5.0。

⑥As.2.118 9 和 As.2.119 0，这两株来自古巴的菌种是甘蔗糖蜜乙醇发酵的优良菌种。它们的细胞呈圆形、椭圆形或腊肠形。菌落呈白色、圆形，有光泽、中心部稍有突起，对乙醇的耐力强，对营养的要求也比较低。

⑦川 102，是 1952 年轻工业部原重庆工业试验所糖酒研究室选育出来的甘蔗糖蜜发酵菌种。它的细胞多数呈圆形或卵圆形，增殖快，最适发育温度为 28～30℃，最适发酵温度为 31～34℃，最高不超过 36℃，抗乙醇的耐性强，耐酸能力强。

能利用己糖进行乙醇发酵的还有细菌，细菌乙醇发酵是 20 世纪 70 年代出现的。该菌种的特点是代谢速率快，发酵周期短，乙醇产率高。工业上常用的乙醇发酵细菌有，芽孢杆菌（*Clostridiumterol des*）、耐热厌氧菌（*Thermoanaerobacter ethanolicus*）和嗜热芽孢杆菌（*Clostridlum furicum*）。

（2）常见的戊糖发酵微生物　20 世纪 70 年代后期，在北美的两个实验室分别发现酿酒酵母（*S. cerrevisiae*）能够转化五碳的木酮糖产乙醇，掀起了发酵木糖的酿酒酵母重组菌株的构建热潮。但至今只产生了有限的几个发酵戊糖的酿酒酵母工业菌株，主要难点是因为对真核的酵母代谢调节的认识还不够深入。假丝酵母（*Candida*）同酿酒酵母相比具有耐高温的特点，且某些菌株也能利用木糖，如具柄毕赤氏酵母（*Pichia sapiris*）、热带假丝酵母（*C. tropicalis*）、热纤梭菌（*C. thermocellum*）、热硫化氢梭菌（*C. thermohydrosulfuricum*）都是能利用木糖的微生物。1980 年，美国普度大学再生资源工程实验室成功地采用了木糖异构酶，将木糖异构成木糖醇，再用酵母发酵生成乙醇，为大规模利用木糖生产乙醇开辟了新途径。

（3）乙醇发酵菌的选育及基因工程菌的构建　为了提高乙醇生产效率，研究者们除了利用上述典型的菌种之外，还通过生物工程技术选育和构建出大量耐高温、耐乙醇等适应能力强、乙醇产率高的新酵母菌种。这是一项极具发展潜力的生物技术。如今已利用该技术获得了产乙醇的高效菌种，但这些高效菌种也面临一系列的问题：①由于代谢网络的刚性，导致优良性能片段丢失；②由于环境等因素导致代谢流的改变，而使乙醇产量下降；③底物利用的局限，如自然界中大量的纤维二糖等仍然不能利用。虽然这些高效菌种还有待于更进一步驯化成熟，有待于在工业化生产中接受更严峻的挑战。但是基因工程技术确实为燃料乙醇的生产提供了前所未有的发展机遇，将为人类实现清洁能源生产和环境保护等方面作出重大贡献。

7.3　不同原料的乙醇生产

制造生物乙醇的原料主要有 3 类：第一类是淀粉原料，是制造生物乙醇的主要原料，约占各种生物原料的 80%，如玉米（占 35%）、薯类（占 45%）等；第二类是糖类原料，如蜜糖、蔗糖、甜菜、甜高粱等；第三类是纤维质原料，如树枝、木屑、工厂纤维质下脚料等。

所谓一代燃料乙醇，是指以农作物的淀粉或糖作为原料，经水解及酒精发酵而生成的乙醇，最近美国称这种食物基生物燃料为“常规生物燃料”。而以非食物基及纤维素基的燃料称为“先进生物燃料”，其中，以木质纤维素为原料生产的燃料乙醇称为二代燃料乙醇。

7.3.1　一代燃料乙醇生产技术

一代燃料乙醇的原料主要是糖和淀粉。糖类植物，如甘蔗、甜高粱、甜菜、菊芋等是在茎秆或地下块根、块茎中积存的单糖（葡萄糖和果糖）还有双糖（蔗糖），无需经过水解工序即可直接酒精发酵。淀粉是一种营养储存态的多糖，集中于玉米、小麦等谷类作物的子实或薯类的块根。淀粉分子是由葡萄糖基团聚合而成的，是多糖中最易水解的一种，需要经过水解和糖化为双糖和单糖后才能进行乙醇发酵。淀粉类原料和糖类原料的加工工艺基本相同，只是糖类原料较淀粉类原料少一道淀粉水解工序。

7.3.1.1　糖类原料的乙醇生产技术

糖类乙醇的发酵方法很多，基本上可分为间歇法与连续法两大类。目前我国大多数糖蜜酒精工厂都采用连续发酵法，生产技术管理比较完善，而产量较少的乙醇工厂仍有采用间歇发酵法。

以甘蔗发酵燃料乙醇为例，图 7-2 是甘蔗清汁发酵生产乙醇的新工艺。

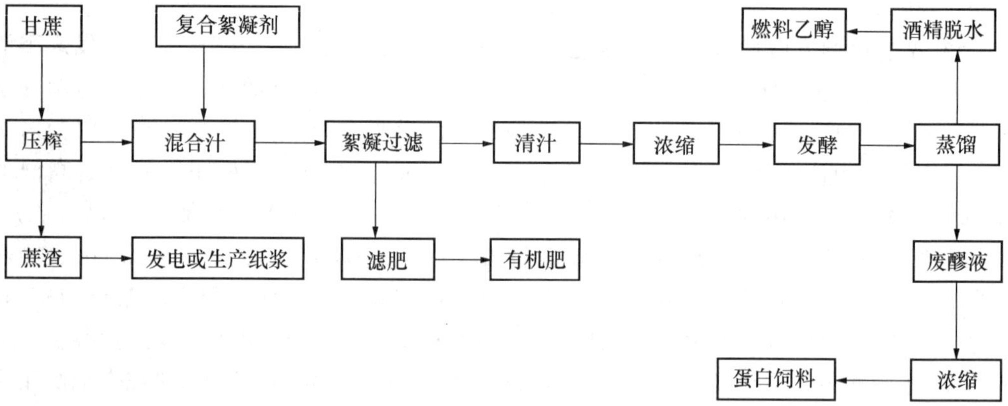

图 7-2 能源甘蔗清汁发酵燃料乙醇的新工艺

（来源：黄祖新，2007）

能源甘蔗清汁发酵燃料乙醇的新工艺是以酒精清洁生产为出发点，排除甘蔗混合汁中影响正常发酵的非糖分胶体物质及无机固体悬浮物，防止其经高温蒸馏形成难降解的化合物，以利于酵母回收循环使用时的正常发酵。采用甘蔗清汁作为发酵基质，连续发酵缩短了发酵周期，有利于进行高浓度发酵，提高发酵液酒精浓度。新工艺产生的酒精废液具有良好的生物可降解性，经生物处理可达标排放，酒精废液可浓缩后制作动物蛋白饲料，解决生物质原料发酵生产酒精的废液污染的难题。蔗渣可以作为燃料发电或生产纸浆，蔗汁的滤泥可作为有机肥料，各种副产物进行综合利用和深加工，做到“榨干吃尽”，将整体预防的环境战略持续应用于酒精生产过程和酒精产品中，以期减少对人类和环境的危害。该工艺生产技术已经成熟，具有明显经济效益。

7.3.1.2 淀粉类原料的乙醇生产技术

用淀粉质原料生产乙醇，其基本工艺环节有原料粉碎、蒸料、糖化曲制备、乙醇制备、乙醇发酵、蒸馏到产品。

原料粉碎，将植物组织破坏，使其中的淀粉释出。蒸煮糖化，将淀粉质原料在吸水后进行高温高压的蒸煮，目的是使植物组织和细胞彻底破裂。原料内含的淀粉颗粒因吸水膨胀而破坏，使淀粉由颗粒变成溶解状态的糊液，易于淀粉酶的作用，把淀粉水解成可发酵糖。另外，通过高温高压蒸煮，还将原料表面附着的大量微生物杀死，具有灭菌作用。糖化工艺，加压蒸煮后的淀粉糊化成为溶解状态，尚不能直接被酵母菌利用发酵生成乙醇，而必须进行糖化，即将蒸煮醪中的淀粉转化成可发酵糖。糖化过程所用的催化剂称为糖化剂。我国多采用曲霉作糖化剂，欧洲各国则采用麦芽为糖化剂。酵母培养，培养高质量的酵母是保证获得淀粉出酒率的基本前提，在实际生产中，要求酵母细胞形状整齐、健壮、无杂菌、芽孢多且降糖快的特点，还要检测酵母细胞数、出芽率、死亡率、耗糖率、乙醇分及醪中酸度。乙醇发酵，要满足乙醇酵母的生长和代谢所必备的条件，有一定的生化反应时间，加强控制发酵产生的副产物，并在蒸馏过程中提取，以保证乙醇的质量。乙醇提取与精制是通过蒸馏进行的。

以玉米发酵燃料乙醇为例，图 7-3 是美国主流的“干法”工艺。

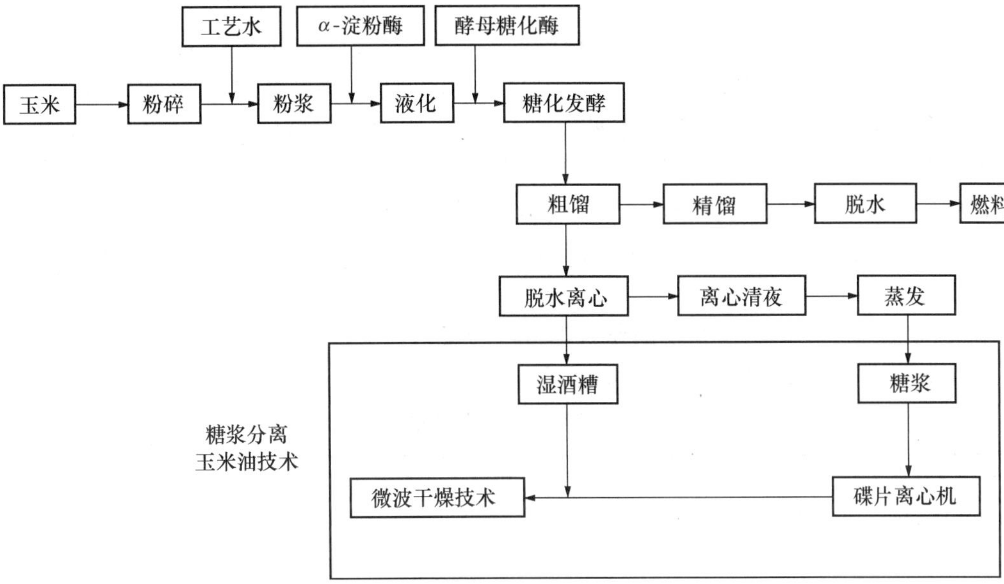

图 7-3　美国玉米发酵燃料乙醇的主流“干法”工艺

（来源：邓立康，2010）

在美国主流“干法”工艺中，体现了以下工艺特点：①玉米全粉碎大颗粒生产乙醇（粉碎粒度 3.2～3.3 mm），降低能耗以便于后续饲料生产；②玉米粉浆浓度高达 32%，离心清液回配超过 50%，塔釜废水（80℃）及蒸发冷凝水全部回用，最大限度节约用水并利用了废热；③采用高浓度液化技术，既可实现浓醪发酵，使成熟醪乙醇浓度为 16.5%～19.0%（体积分数），又可在不增加蒸气锅炉容量的情况下，提高产量；④发酵成熟醪进入三塔差压精馏，粗塔和气提塔为精馏塔提供热源；⑤在浓缩糖浆中回收部分玉米油，玉米油收率达 15～20 kg/t 乙醇，提高了产品经济性。

7.3.2　二代燃料乙醇生产技术

人类食物主要是农作物中的碳水化合物（淀粉和糖）、蛋白质和脂肪，而植物体组成成分中含量最多的却是纤维素和半纤维素，占到一半或 70%以上。据最新的一份研究报道，放眼全球，每年木质纤维素类原料生成量转化为生物燃料相当于 340 亿～1 600 亿桶原油，这已经超越了目前全球每年 30 亿桶原油的能源消耗。我国纤维素类生物质资源丰富，其中每年仅农作物秸秆、皮壳就达 7 亿多 t，其中玉米秸秆占 35%，小麦秸秆占 21%，稻草占 19%，大麦秸秆占 10%，高粱秸秆占 5%，谷草占 5%。木质纤维素能源植物生物产量高，且比一般农作物对水土条件和种植管理的要求低得多，我国西北地区主要灌木能源植物每公顷的地上部分产量在 8～20 t。这部分资源的充分利用，将是一笔宝贵的财富。

7.3.2.1　木质纤维素类原料的特性

木质纤维素类原料是植物光合作用的产物，它是生产乙醇最大的潜在原料。木质纤维素类废弃物的主要成分包括半纤维素、纤维素和木质素三部分。前二者都能被水解为单糖，单糖再经发酵生成乙醇，而木质素不能被水解。纤维素是木质纤维素主要的组成部分，由 *D*-葡萄

糖残基以 β-1,4-糖苷键相连而成的线性聚合物。在植物纤维中,纤维素沿着分子链链长的方向彼此近乎平行聚集成为细纤维而存在,其间充满了半纤维素、果胶和木质素等物质,影响纤维素的水解。半纤维素是由不同多聚糖构成的混合物,聚合度较低,也无晶体结构,故较易水解。半纤维素水解产物主要是木糖,还包括少量的阿拉伯糖、葡萄糖、半乳糖和甘露糖,含量因原料不同而不同。普通酵母不能将木糖发酵成乙醇,因此五碳糖的发酵成为研究的热点。纤维素经水解可生成葡萄糖,易于发酵成乙醇。木质素含有丰富的酚羟基、醇羟基、甲氧基和羰基等活性基团,可以发生氧化、还原、磺甲基化、烷氧化和烷基化等反应。木质素的综合利用,可提取许多高附加值的化学产品,为提高木质纤维素生产燃料乙醇的经济性开辟了新的途径,日益受到科技工作者的重视。

纤维素、半纤维素和木质素在不同原料中所占的比例各不相同,故利用的难易程度也会有差异。一些常见的植物纤维各组分比例见表 7-1。

表 7-1 常见木质纤维素类原料的成分组成 %

木质纤维素原料	纤维素质量分数	半纤维素质量分数	木质素质量分数
农作物废弃物			
小麦秸秆	35～45	20～30	8～15
玉米秸秆	40	30	24
玉米纤维	19	29	8
稻壳	36	12	15
甘蔗渣	43	31	11
大豆秸秆	25	12	18
树木			
硬木	40～55	24～40	18～25
软木	45～50	25～35	25～35
纸张			
新闻纸	40～55	25～40	18～30
废纸	60～70	10～20	5～10

7.3.2.2 木质纤维素类原料的分解利用

制取燃料乙醇的木质纤维素类原料主要包括:森林采伐和木材加工剩余物、农作物秸秆等。

木质纤维素的性质很稳定,只有在催化剂存在下,纤维素的水解反应才能显著地进行。常用的催化剂是无机酸和纤维素酶,由此分别形成了酸水解和酶水解工艺,其中的酸水解又可分为浓酸水解工艺和稀酸水解工艺。目前比较成熟的、已经工业化的是稀硫酸渗滤水解法。但现在正在大力研究酶水解生产工艺,具有很大的开发潜力。应用纤维素酶催化可以高效水解木质纤维素生成单糖。酶水解工艺的优点:可在常温下反应,水解副产物少,糖化得率高,不产生有害发酵物质,可以和发酵过程耦合。

1. 浓酸水解

浓酸水解在 19 世纪即已提出,它的原理是结晶纤维素在较低温度下可完全溶解在浓酸中，转化成含几个葡萄糖单元的低聚糖。把此溶液加水稀释并加热，经一定时间后就可把低聚糖水解为葡萄糖。浓酸水解的优点是糖的回收率高(可达 90%以上)，可以处理不同的原料，相对迅速(总共 10～12 h)，但对设备要求高，且酸必须回收。

2. 稀酸水解

浓酸水解因为成本太高、污染严重等问题，使用范围在减小。而稀酸水解条件相对温和，有利于生产成本的降低。

稀酸水解的机理是溶液中的氢离子与纤维素上的氧原子相结合，使其变得不稳定，容易和水反应，纤维素长链即在该处断裂，同时又放出氢离子，从而实现纤维素长链的连续解聚，直到分解成为最小的单元——葡萄糖。稀酸水解原料处理时间短，且较易实现工业化，但由于产生的糖会进一步发生分解，因此影响了糖的回收率。近年来的研究表明，在适当的条件下，也有可能获得 85%的糖回收率，其中反应器的开发成为研究的热点。为了减少单糖的分解，实际的稀酸水解常分两步进行：第一步用较低温度分解半纤维素，产物以木糖为主；第二步用较高温度分解纤维素，产物主要是葡萄糖。

3. 酶水解

纤维素酶是降解纤维素成为葡萄糖单体所需的一组酶的总称，一般认为其主要包括 3 个组分：内切葡聚糖酶、外切葡聚糖酶和 β - 葡萄糖苷酶，每一组分又由若干亚组分组成。纤维素水解生成葡萄糖的过程必须依靠这 3 种组分的协同作用才能完成。内切葡聚糖酶的作用机理是切割 β - 1，4 - 葡萄糖苷键，使纤维素长链断裂，断开的分子链暴露出还原末端和非还原末端；外切葡聚糖酶包含两个组分酶，其作用是分别从纤维素长链的还原端切割下葡萄糖和纤维二糖(两个葡萄糖的聚合物)；β - 葡萄糖苷酶的作用是把纤维二糖和低聚糖分解成葡萄糖，这是纤维素酶水解乙醇生产的主要环节。

酶水解的条件温和(pH 为 4.8，温度为 45～55℃)、能量消耗小、糖转化率高、无腐蚀、无环境污染和发酵抑制物等问题。不足之处是反应速率慢、生产周期长、酶成本高，而且由于纤维素、半纤维素和木质素互相缠绕，形成晶体结构，会阻碍酶接近纤维素表面，故木质纤维素直接酶水解的效率很低，因此必须采用预处理的方式以降低纤维素结晶度和聚合度。

7.3.2.3　预处理技术

木质纤维素原料通过发酵方法转化为酒精，必须首先将木质纤维素中的木质素分离去除，并将纤维素和半纤维素分解为可发酵性单糖。除去木质素一般采用水解或酶解。在木质纤维素原料中，纤维素是以晶体束状态埋植在半纤维素和木质素的复合体里面，木质素在植物细胞结构中起保护作用。因此无论是酸水解或酶水解，其浓度都很低。为了提高纤维素水解速率及糖的得率，木质纤维素原料在水解之前必须经过预处理。

木质纤维素原料的收割、收集、储存、运输以及原料的预处理是整个燃料乙醇的重要环节，占总成本的 35%～50%，其中，预处理成本占总生产成本的 20%以上。预处理方法对生物质原料的选择、采收、储存、尺寸的减小等上游加工有影响；同时预处理对下游加工过程及最终的生产成本有深远的影响。例如，采用酸水解时，水解液除葡萄糖单体外还可能产生大量的阿拉伯糖、半乳糖、甘露糖、木糖等单体或寡聚体，这些糖在发酵过程中不能被直接发酵而影响乙醇的产率。另外预处理及水解过程中可能还会产生对发酵有抑制或毒性的酚、醛、酸等有机物，同时水解后 pH 的调节一方面会引入杂质组分，另一方面水解方式会影响设备的选择，从而影响固定资产的投资，这些都是需要在选择预处理方式上全面考虑。此外，预处理方式对残余物如木质素、矿物质、蛋白质等的回收利用也有明显影响。例如不同的预处理方式会影响木质素的回收,有的预处理方式适于将木质素作为生产生物合成气的原料,有的适于将木质素碎片作为中间化学品,而有的可能只能做燃料,这些将最终影响企业的生产成本和经济效益。以上诸多因素导致用木质纤维素原料转化为燃料乙醇的生产过程存在技术选择难度大、生产成本高的问题,目前仍缺乏低成本、高得糖率的预处理方法,将其中的纤维素、半纤维素转化为可发酵糖。

一般预处理方法应遵循的原则:酶解能达到最大转化率;可溶性糖的损失最小;在酶和微生物群体中不需要添加有毒的化学品;最小化地利用能源、化学品及设备;可以逐步扩大为工业生产。但实际上并不可能有一个前处理过程能够满足上述所有的条件。总的技术要求就是,去除木质素,较少地去除半纤维素,最大化地利用木质纤维素中可利用的成分。

预处理一般有以下几种:

1. 物理法

包括机械粉碎、热解、声波电子射线等方法,这些方法均可使纤维素粉化、软化,提高纤维素酶的水解转化率。

研磨是一种常用的物理方法,它能增加纤维素与酶的接触面积,提高酶解率。高能辐射使纤维素的聚合度和结晶度降低,原料可溶性增强。蒸气爆破是将已破碎的木质纤维素类原料置于高压饱和蒸汽中(通常是160～260℃,0.69～4.83 MPa)处理数秒,再迅速降至常压的物理预处理方法。微波处理能明显地改善纤维素的酶解效果,微波预处理稻草和麦秆方面的研究表明,微波协助的碱处理能提高水解初期的速率,降低发酵期间的纤维素酶使用量、缩短反应时间,提高乙醇转化率。热水也能溶解半纤维素,当大多数的生物质原料在220℃热水下处理2 min,可以去除1/2～2/3的木质素。流动预处理的方法是在预处理过程中连续或间断地通入热水,木质素去除率能达到75%的,流动预处理酶解后的总糖产量高于批次处理。

2. 化学法

规则且相互交联的纤维素链形成了抗拒纤维素酶渗透进纤维中的一个有效屏障。通过化学处理可以打破木质纤维素组织结构,从而使纤维素酶可以很好地利用纤维素等成分。化学法包括碱处理法、酸处理法、有机溶剂法及臭氧法等。

碱性溶液,如在NaOH、氨水中浸泡原料,接着加热一段时间可以使原料孔隙发生润涨,从而增加原料的内表面积,降低结晶度和聚合度。在碱处理过程中,大部分木质素和一些半纤维素会溶解。由于碱处理主要通过脱木质素起作用,因此它对农业废弃物和草本植物比对木材原料更有效,因为这些原料通常含有较少量的木质素。

稀酸预处理,是目前广泛使用的预处理方法,它能够释放大部分的戊糖,并能提高纤维素的水解效果,该方法的木糖产量可达96%。虽然稀酸处理的单糖产量很高,但也存在一些缺点。稀酸批次处理对木质素的去除率较低,在20%以内;反应通常是在高温高压下进行,半纤维素分解成木糖后,木糖继续降解易形成发酵抑制物糠醛,在发酵之前需要对水解液进行额外的脱毒处理;并且稀酸预处理方法需要耐腐蚀性的容器。

3. 物理化学法

物理和化学相结合的预处理方法也能达到较好的效果。用自动热水水解和氨循环渗滤工艺相结合的方法处理白杨木,半纤维素去除量达到62%(180℃,30 min),酶解能力达到95%。采用氨水和盐酸的预处理方法处理玉米芯,在26℃下24 h去除了80%～90%的木质素及醋酸盐类，整个预处理酶解后得到 92％的葡萄糖产量。

氨纤维爆裂（AFEX）结合了氨水和蒸气爆破的优势，在温和温度（70～100℃）及高压（200～500 Pa）下使氨水结合在纤维素上，然后迅速降压，达到降低纤维素的结晶度并扩大酶解接触面的目的。AFEX 不仅能降低木质素和半纤维素含量，还能在低酶量加入条件下高效地将纤维素转化为葡萄糖。前期研究优化了 AFEX 预处理玉米秆的最佳条件，得到了 80％的木糖产量和近乎 100％的葡萄糖产量。

石灰（Lime）预处理是一种低成本除去木质素的方法。在 25～130℃的温度范闱内反应都能够进行，相对应的反应时间在数周到数小时之间。对于低木质素含量的草本植物，石灰处理所达到的效果可以有效地进行酶解；但对于高木质素含量的木本植物，还需要与额外的预处理方法相结合才能有效地进行酶解。

湿氧化（wet oxidation，WO）预处理是在高温水蒸气和高压氧气共同存在下氧化木质纤维素原料，使部分木质素和大多数半纤维素溶解，从而提高酶解效果。用碱性 WO 处理麦秆，在最佳条件下（185℃，12 bar O_2，15 min），有 55％的木质素和 80％的半纤维素溶解。用碱性 WO 处理甘蔗渣（95℃，12 bar O_2，15 min），酶解 48 h 后获得 792 g/kg 的葡萄糖产量。

4. 生物法

生物预处理主要是在纤维质原料中加入能分解木质素和半纤维素的微生物。利用微生物自身代谢活动来降解木质纤维素中的成分。常用于降解木质素的微生物有白腐菌、褐腐菌、软腐菌等真菌。近年来对白腐菌生物预处理木质纤维素的报道较多。低的能量需求及温和的环境条件、成本低和设备简单使得生物预处理方法具有独特的优势，可用专一的酶处理原料，分解木质素，提高木质纤维素消化率。但是较长的分解周期使这种方法存在局限性。此方法虽然在试验中取得了一定的成功，但还停留在实验室阶段。

7.3.2.4 乙醇发酵利用技术

在以木质纤维素类物质为原料的酒精生产中，其发酵工艺也是一个重要环节，研究者在这方面做了大量的研究工作。根据不同步骤的整合程度分为分步糖化发酵、同步糖化发酵、同步糖化共发酵和微生物直接转化。

1. 分步糖化发酵（SHF）

即糖化、发酵二段发酵法，该法是目前研究最多的一种方法，首先利用化学方法或纤维素酶对纤维素进行水解，生成已糖或木糖；然后再将水解得到的糖作为发酵碳源，利用酵母或细菌发酵生产乙醇。纤维素水解产物（已糖）和半纤维素水解产物（戊糖）在酵母等微生物的代谢下生成乙醇。已糖（如葡萄糖）发酵产乙醇技术已经是非常成熟的，而利用五碳糖（如木糖）发酵生产乙醇技术还相对落后。迄今为止科研人员发现了 100 多种微生物，包括细菌、真菌、酵母菌等，能够代谢五碳糖发酵生成乙醇。一些国内外的研究机构通过基因工程的方法也成功选育了可以利用五碳糖的酵母菌种。

在 SHF 工艺中，糖化与发酵独立进行，每一个过程都可以在最佳条件（温度、pH）完成，但水解终产物（葡萄糖或木糖）的积累会抑制纤维素酶活性；纤维二糖的积累会抑制内切葡聚糖酶和外切葡聚糖酶，葡萄糖的积累对于 β-葡萄糖苷酶的催化也有一定的抑制作用，因此纤维素的浓度无法提高，这样导致酶解糖化效率不高，从而影响后续的产乙醇得率。

在 SHF 过程中，乙醇产物的形成主要受到下列因素限制：末端产物抑制、低细胞浓度以及基质抑制。一般随着发酵液中乙醇浓度的增加，大多数微生物的细胞膜完整性就会受损。有研究者认为微生物对乙醇胁迫反应与细胞膜中脂的种类有关，酿酒酵母和运动发酵单胞菌的细胞膜具有独特的结构：酿酒酵母的细胞膜富含固醇类物质，而运动发酵单胞菌富含顺-十八烯酸（固醇的类似物）。除了细胞膜组成外，其他因素也影响乙醇耐受性，如细胞膜ATPase活性和SOD活性、菌株产生海藻糖的能力（在酵母中海藻糖有助于耐受乙醇）等。

2. 同步糖化发酵（SSF）

同步糖化发酵，使酶解与发酵合二为一，酶解产生的糖不断被发酵利用，消除了纤维素酶受葡萄糖和纤维二糖的抑制作用，提高了糖化效率，并降低了酶制剂的用量。在工艺上采用同步糖化发酵，简化了设备，同时缩短了发酵周期，提高了生产效率。同步糖化发酵是目前木质纤维素生物转化为乙醇研究中运用最多的一种方法。

但同时糖化发酵法也存在一些抑制因素，如纤维素水解和乙醇发酵所需的酶系通常来自不同的微生物，最适反应条件各不相同。酶解温度一般为45～50℃，发酵温度为30～35℃；酶解最适pH一般为4.5～5.5，而发酵pH一般为中性。解决这两个过程温度不协调的方法有：采用耐热酵母，进一步选育耐热酵母与普通酵母混合发酵，并降低纤维素酶生产成本和周期，优化预处理手段以及开发和使用连续工艺。

3. 同步糖化共发酵（SSCF）

随着基因工程技术的发展和应用，构建了能同时发酵戊糖和己糖的工程菌，如大肠杆菌K011。使戊糖和己糖在同一反应器中发酵成为可能，从而实现了同步糖化共发酵（SSCF）。同步糖化共发酵在同步糖化发酵的基础上，进一步简化了设备，缩短了发酵周期，因而对该工艺的研究越来越多。

酿酒酵母LNH-ST，它的染色体组里携带着毕氏酵母菌的可编码木糖分解代谢的基因。1997年，Toon等利用这种菌株连续发酵纯糖，在48 h内有稳定的乙醇产量，可达到理论产值的70.4%。中试规模中用预处理玉米芯进一步研究证实这种菌株在SSCF过程中的功能特性，即高水平的代谢抑制剂的存在下，4 d内仍可转化78.4%的葡萄糖和51.6%的木糖。

2006年，Kim等研究了一种使用氨水的预处理方法处理玉米秸秆，同步糖化共发酵生产燃料乙醇。此方法不但能够缩短停留时间和降低能源投入，而且可以完成59%～70%的木质素的去除率且保留48%～57%的木聚糖。在该方法处理玉米秸秆的最佳操作下，当滤纸酶活（FPU/g）分别为60，15和7.5的情况下，酶促反应率对应为95%、90%和86%。样品在同步糖化共发酵试验中，使用酿酒酵母NREL-D(5)A，在葡聚糖质量浓度为6%时，乙醇产量是最大理论产量的84%。当利用重组大肠杆菌K011时，葡聚糖和木聚糖均可被高效利用，产出的总乙醇产量为单一用葡聚糖的最大理论产值的109%。其流出物里存在的低聚木糖不能被纤维素酶高效水解，其效率只是消化率的60%。当处理过的玉米秸秆中有流出物时SSCF就会受到严重阻碍，而且总乙醇产量只有理论值的56%。同年，Ohgren等将玉米秸秆浸泡在3%的SO_2中蒸气爆破预处理，酿酒酵母TMB3400在0.05%底物浓度下同步糖化共发酵预处理的玉米秸秆，相对于不能发酵五碳糖的酵母来说，理论产率从52%提高到64%。

经研究证明，葡聚糖和木聚糖的酶促水解反应是高相关性的，并且若木糖浓度较低，在SSCF过程中对酶促水解作用不会有明显的抑制作用。所产生的乙醇不仅抑制特定的生长率，而且和细胞死亡相关联。在所有酶促水解反应相关常数里，纤维素酶解的比率常数是最大影响因子；而在发酵相关常量里乙醇产量和乙醇最大容忍量是最大影响因子。

4. 直接微生物转化(DMC)

直接微生物转化法,是将纤维素酶的生产、纤维素酶水解糖化和糖的乙醇发酵3个过程耦合成一步。因为减少了容器的使用,所以节约了成本。然而,由于发酵过程中副产物的产生以及微生物的乙醇耐受性比较差,所以乙醇的产量比较低。在DMC的研究中,热解糖梭菌被研究得比较多。

7.3.3　不同原料生产乙醇所存在的问题及展望

1. 传统原料生产乙醇存在的问题

随着耐高温、耐高糖、耐高乙醇酵母的选育和底物流加工工艺、发酵分离粉质类原料的燃料乙醇生产工艺已经具有明显的市场竞争力。由糖类和淀粉类原料制备燃料乙醇技术已日臻成熟,并已进行产业化生产,规模不断扩大,技术不断改进,效益不断提高。但在生产过程中会产生大量废水和一定量的废渣,需建设配套的治理装置。由于我国粮食资源有限,淀粉含量高的薯类作物如木薯是极好的原料,开发边际性土地、选育优质木薯品种,形成木薯原料收集—加工—产品销售的产业链条,是今后燃料乙醇产业化生产的一条可行之路。

2. 纤维素类原料生产乙醇存在的问题

利用纤维质原料生产乙醇工艺的研究和开发是目前国内外学者寄予厚望的重点,如何开发高效廉价的纤维质原料预处理技术、选育诱变产高酶活的纤维素酶生产菌株、构筑能同化五碳糖的菌株以及实现相对高浓度发酵等是降低纤维乙醇成本的关键。

纤维质原料必须先经充分的预处理操作,之后通过水解转化成糖,再发酵生成乙醇。纤维质原料的预处理十分关键,但目前仍未能完全攻克,其主要成分(纤维素和半纤维素)比碳水化合物更难转化成糖。浓酸和稀酸水解工艺,由于其技术成熟,在近期将被用于工业化生产,但稀酸水解会产生大量副产物;浓酸水解生成的副产物较少,但废酸的循环利用使过程的成本增加,加之硫酸的腐蚀性很强并且难以处理,使得工艺更为复杂。浓硫酸和稀硫酸工艺均在较高的温度下运行(100℃和220℃),因而可导致糖衰变,降低碳资源的利用率,并且最终降低乙醇产率。这一系列因素都制约着纤维质燃料乙醇成本的下降。潜力最大的纤维质燃料乙醇生产工艺是酶水解工艺,但由于纤维素酶成本的制约,也使得该工艺一直未能产业化。总之,纤维素类原料乙醇生产困难重重,产业化道路艰辛。

3. 木质纤维素类原料的其他利用方向

木质纤维素类原料还有其他的利用途径。常见的木质纤维素生物转化技术主要有汽化、热解、液化等,生物质汽化是生物质合理利用的重要途径之一,其基本过程是将生物质在汽化炉中干燥、裂解,从而得到含有CO、H_2、CH_4的混合气体。这些混合气体可以分离后直接使用或进一步通过化学反应合成甲醇、烷烃、烯烃等燃料和化学品。木质纤维素类原料经热解转化可以获得生物油,但由于生物油成分复杂、品质较差、不能直接作为汽车燃料使用。因而必须通过加氢脱氧、催化裂解和乳化等手段提升生物油的品质。但由于传统的生物油精制工艺比较复杂,设备与生产成本较高,因而要寻求新的、高效的生物油精制方法。

木质纤维素类原料还可以通过各种化学手段将木质纤维素大分子经降解或分解过程得到小分子化合物,这些小分子化合物经纯化后可直接作为化学品,或对其进行催化重整得到具有工业意义的化学品。近年来,各国学者在通过化学手段转化木质纤维素获得化学品方面取得了一定的研究成果，但这些技术都只停留在研究阶段，产业化还尚早。

参考文献

[1] Mitsuyoshi Ueda, Akihiko Kondo. Frontier of Eco-Bioenegy-Constraction of Sustainable Sosocity System Orentted Zero Emission. By CMC, 2005, 9: 21 - 119.

[2] 袁挣宏，吴创之，马隆龙. 生物质利用原料与技术. 北京：化学工业出版社. 2004：211 - 288.

[3] 景明，徐莉，徐伟平. 美国、巴西和中国燃料乙醇发展现状比较. 世界农业，2008，6.

[4] 孙清. 燃料乙醇的生产方法. 可再生能源，2010，28(2).

[5] 黄祖新，陈由强，张彦定. 甘蔗生产燃料乙醇发酵技术的进展. 2007，10：81 - 84.

[6] 邓立康，武国庆，林海龙，等. 玉米燃料乙醇技术发展趋势与产业化应用. 粮食与食品工业，2010，17：6 - 9.

[7] 石元春. 决胜生物质. 北京：中国农业大学出版社，2011.

[8] 宋安东，裴广庆，王风芹，等. 中国燃料乙醇生产用原料的多元化探索. 农业工程学报，2008，24(2)：302 - 307.

[9] 张素平，颜涌捷，等. 纤维素制取乙醇技术. 化学进展，2007，19(7/8).

[10] 王璀璨，王义强，等. 木质纤维生产燃料乙醇工艺的研究进展. 生物技术通报，2010：2.

[11] Hennning Jorgensen, Jan Bach Kristensen and Claus Felby. Enzymatic conversion of lignocelluloses into fermentable sugars: challenges and opportunities.

[12] 陈万里，赵明星. 燃料乙醇产业发展综述. 河南化工，2010：27.

[13] 卫新来，汪志，等. 木质纤维素生物质降解产物的化学转化研究进展. 现代化工，2010，30(12)：26 - 33.

第 8 章　生物柴油的转化

柴油作为一种重要的石油炼制产品，在各国燃料结构中占有较高的份额，柴油具有动力大的特点，可以作为许多大型动力车辆发动机的主要燃料。随着世界范围内车辆柴油化趋势的加快，未来柴油的需求量会愈来愈大。而石油资源的日益枯竭和人们环保意识的提高，大大促进了世界各国加快柴油替代燃料的开发步伐，尤其是进入了 20 世纪 90 年代，生物柴油以其优越的环保性能受到了各国的重视。

8.1　生物柴油转化原理

8.1.1　生物柴油概述

8.1.1.1　生物柴油的概念及特点

生物柴油是通过动植物油脂转化而来的高级脂肪酸的低碳烷基酯混合物。它是通过以不饱和油酸 C_{18} 为主要成分的甘油酯分解而获得的。柴油分子是由 15 个左右的碳原子组成的烃类，而植物油分子中的脂肪酸一般由 14～18 个碳原子组成，与柴油分子的碳原子数接近。生物柴油以其物化性能与石化柴油相近，并可以直接代替石化柴油或与普通石化柴油以任意比例互溶代替石化柴油使用而得名。比如 B5（5％的生物柴油与 95％的普通柴油混合），B20（20％的生物柴油与 80％的普通柴油混合）等。

表 8-1　生物柴油和柴油的性能比较

性能参数	单位	生物柴油（DIE E 51606）	0# 柴油（GB 252—2000）
密度（15℃）	kg/m^3	875～900	实测
运动黏度	mm^2/s	3.5～5.0（40℃）	3.0～8.0（80℃）
闪点	℃	≥110	≥55
硫含量	％	≤0.01	≤0.2
十六烷值		≥49	≥45
氧含量	％	10.9	0
热值	MJ/L	32	35
燃烧功率（柴油＝100）	％	104	100

表 8-1 对比了生物柴油和柴油的性能。数据表明，生物柴油的燃烧性能完全可以满足柴油机的需要。并且，与柴油相比，它还具有以下优点：

①与普通柴油相比，生物柴油具有优良的环保特性，使用生物柴油可降低 90％的空气毒性，降低 94％的患癌率；由于生物柴油含氧量高，使其燃烧时排烟少，一氧化碳的排放与柴油

相比减少约 10%(有催化剂时为 95%);生物柴油的生物降解性高。

②具有良好的燃料性能,十六烷值高,使其燃烧性好于柴油,燃烧残留物呈微酸性,使催化剂和发动机机油的使用寿命加长;有较好的低温发动机启动性能,无添加剂冷滤点达-20℃;具有较好的润滑性能,使喷油泵、发动机缸体和连杆的磨损率低,使用寿命长;无需改动柴油机,可直接添加使用,同时无需另添设加油设备、储存设备及人员的特殊技术训练。

③具有较好的安全性能,由于闪点高,生物柴油不属于危险品,在运输、储存、使用方面的十分安全。

④具有可再生性能,作为可再生能源,与石油储量不同,其通过农业和生物科学家的努力,可供应量不会枯竭。

生物柴油是典型"绿色能源",大力发展生物柴油对经济可持续发展,推进能源替代,减轻环境压力,控制城市大气污染具有重要的战略意义。近年来,随着温室效应日涨和全球气候变暖,有效地减少环境污染也成为生物柴油开发的另一个重要的推动力。

8.1.1.2 生物柴油发展历史

人类其实很早就开发过生物柴油。欧洲上世纪就开始认识和研究生物柴油。最早的柴油发动机就是使用生物柴油,德国鲁道夫·迭塞尔工程师于 1895 年研制了第一台柴油发动机,因此他被称为柴油引擎发明之父。

1980 年美国开始了以大豆油代替柴油作为燃料的研究,但因大豆油燃烧不完全,易结焦,导致不能用于普通的柴油机。1983 年美国科学家 Craham Quick 首先将亚麻子油的甲酯用于发动机,燃烧了 1 000 h,并将可再生的脂肪酸甲酯定义为生物柴油"biodiesel"。1984 年美国和德国的科学家研究了采用脂肪酸甲酯或脂肪酸乙酯代替柴油做燃料。从 1990 年起,欧洲以菜子油为原料工业化生产生物柴油,并在拖拉机中广泛应用,得到一致好评,成为生物柴油成功走向市场的里程碑。

8.1.2 生物柴油生产原理

目前工业产业生物柴油主要应用的方法是酯交换法。各种天然的植物油和动物脂肪以及食品工业的废油都可以作为酯交换生产生物柴油的原料。1 分子甘油三酯经一系列化学反应转变为 3 分子脂肪酸单酯,可使分子量降至原来的 1/3,黏度降低到 1/8,同时也提高了燃料挥发度。生产过程所涉及的化学反应主要是包括油脂的水解反应、酯化反应和酯交换反应。

8.1.2.1 水解反应

油脂在酸性溶液中,经加热,可水解为甘油和脂肪酸,是一种可逆反应。理论上认为,酸性溶液为油脂的水解反应提供了氢离子,氢离子可结合于酯的羧基上,使羧基碳的正电性强化,易于发生亲核加成反应。如果没有酸的强化作用,水解速度则比较缓慢。理论上认为,酸性溶液。反应方程见式 8-1。

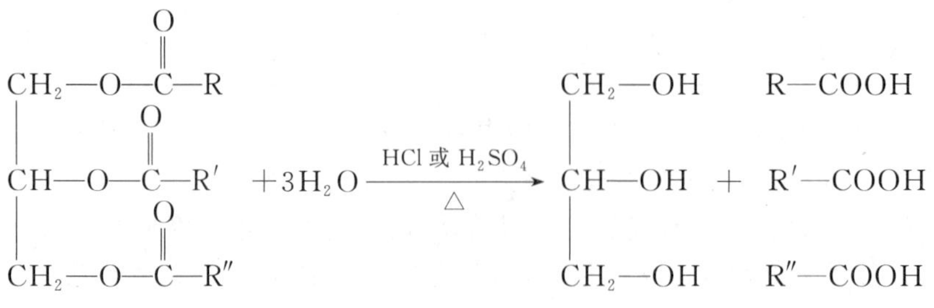

(8-1)

油脂在碱性溶液中更容易水解，由于水解生成的脂肪酸立刻与碱反应生成，离开反应相，打破了反应平衡，使反应进行到底，生成物为高级脂肪酸盐，即肥皂。

8.1.2.2　酯化反应

脂肪酸和醇在酸性催化剂的存在下加热，可以生成酯。为了提高酯的产量，通常加过量的脂肪酸或醇，或不断地从反应相中移去生成的水。在生产生物柴油的场合，动植物油脂经水解后，加入甲醇（最常用于酯交换的醇为甲醇），通过酯化反应，即得脂肪酸甲酸。总反应见式 8-2。

（8-2）

可能的反应经历可表达为：

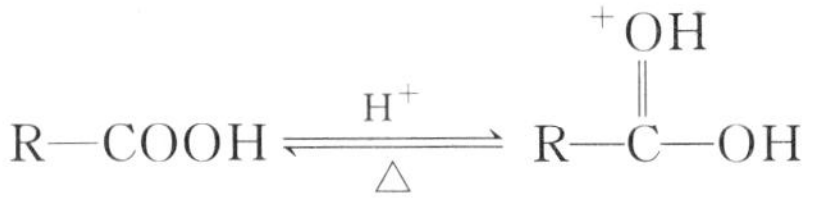

（8-3）

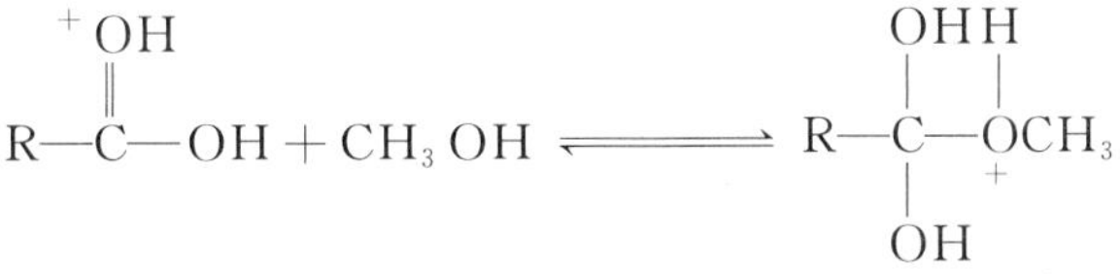

（8-4）

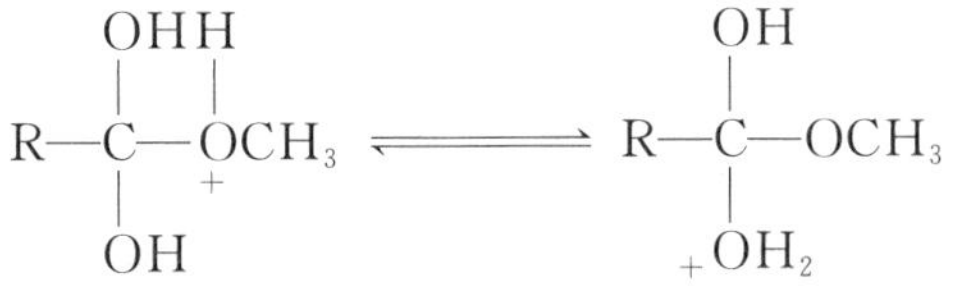

（8-5）

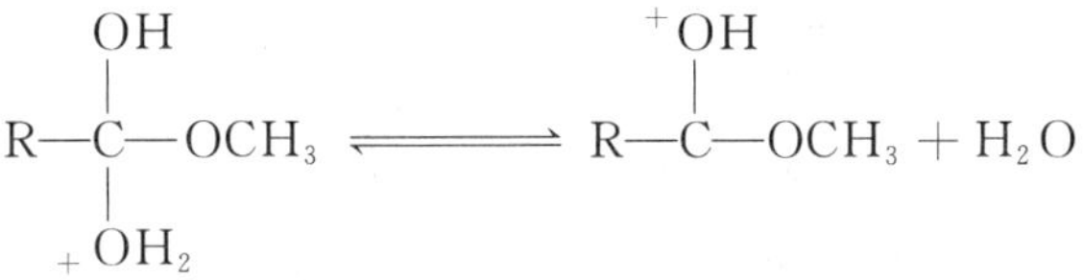

（8-6）

（8-7）

从反应历程可见，酯化反应是一个可逆反应。所以，在反应平衡点时，反应相总存在一定量的产物和反应物。为了提高酯的产量，通常加过量的脂肪酸或醇，或不断地从反应相中移去生成的水。如果生成的酯沸点很低，则可以用加热的方法将酯蒸出。总之，是为了破坏反应平衡，得到更高的酯产量。

8.1.2.3　酯交换反应

酯交换包括了酯与醇的作用，称为醇解；酯与酸的作用，称为酸解；酯与酯的作用，称为酯交换。生物柴油生产工艺是利用了酯交换的醇解反应，即油脂（甘油三酯）与甲醇在催化剂的作用下，可直接生成脂肪酸单酯（生物柴油）和另一种醇（甘油），而不必将油脂水解后再酯化。此反应可用酸催化，也可以用碱催化。反应见式 8-8。

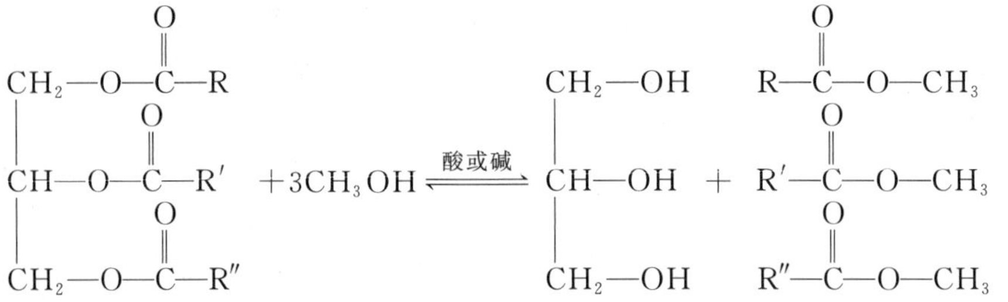

(8-8)

从反应历程可见，酯化反应是一个可逆反应。所以，在反应平衡点时，反应相总存在一定量的产物和反应物，为了提高酯的产量，通常加过量的脂肪酸或醇，或不断地从反应相中移去生成的水，如果生成的酯沸点很低，则可以用加热的方法将酯蒸出。总之，为了得到高的酯产量，反应平衡一定要破坏。

8.2 生物柴油生产技术

目前，国内外生物柴油的制备方法主要有：物理法、化学法、酶法等。

8.2.1 物理法生物柴油生产技术

在物理法生物柴油生产技术方面，主要是利用了动植物油脂具有高能量密度和可燃烧的特性用于柴油代用燃料。由于动植物油脂具有黏度较高的特点，为了使其能够用于内燃机燃烧，一种方法是直接混合法。即将天然油脂与石油柴油、溶剂或醇类按不同的比例直接混合后用于柴油代用燃料。Amans 等在 1983 年将大豆油与 2 号柴油进行混合，然后在直接喷射的涡轮发动机上试验，结果表明，大豆油与 2 号柴油以 1∶2 的比例可以得到很好地混合，降低了燃料油的黏度，并可直接用于农用机械的替代燃料。通常采用植物油与石化柴油 5%～30%的混合比，其性能与 2 号石油柴油的性能很接近。

另一种方法是微乳液法。即将将动植物油与甲醇、乙醇和 1-丁醇等溶剂混合制成微乳液，来解决动植物油的黏度高的问题。微乳液是一种透明的、热力学稳定的胶体分散系。是由两种不互溶的液体与离子或非离子的两性分子混合而形成的直径在 1～150 nm 的胶质平衡体系。Georing 等用乙醇水溶液与大豆油制成微乳液，Ziejewski 等用冬化葵花子油、甲醇、1-丁醇制成乳状液，Neuma 等用表面活性剂(主要成分为豆油皂质、十二烷基磺酸钠及脂肪酸乙醇胺)、助表面活性剂(主要成分为乙基、丙基、异戊基醇)、水、石化柴油和大豆油制成可替代柴油的微乳液。我国江苏理工大学与德国 ELSBETT 公司合作，成功地开发了燃烧植物油的小缸径高速直喷内燃机，并在开发的车用内燃机上开展了用植物油做燃料的应用研究，成功地燃烧多种植物油。

8.2.2 化学法生物柴油生产工艺

目前生物柴油主要是用化学法生产，即用动物和植物油脂和甲醇或乙醇等低碳醇在酸或者碱性催化剂和高温(230～250℃)下进行转酯化反应，生成相应的脂肪酸甲酯或乙酯，在经洗涤干燥即得生物柴油。甲醇或乙醇在生产过程中可循环使用，生产设备与一般制油设备相同，生产过程中可产生 10%左右的副产品甘油。Ballaestra 间歇式油脂醇解工艺是最常用的酯交换工艺。一般分为三个步骤,见图 8-1。

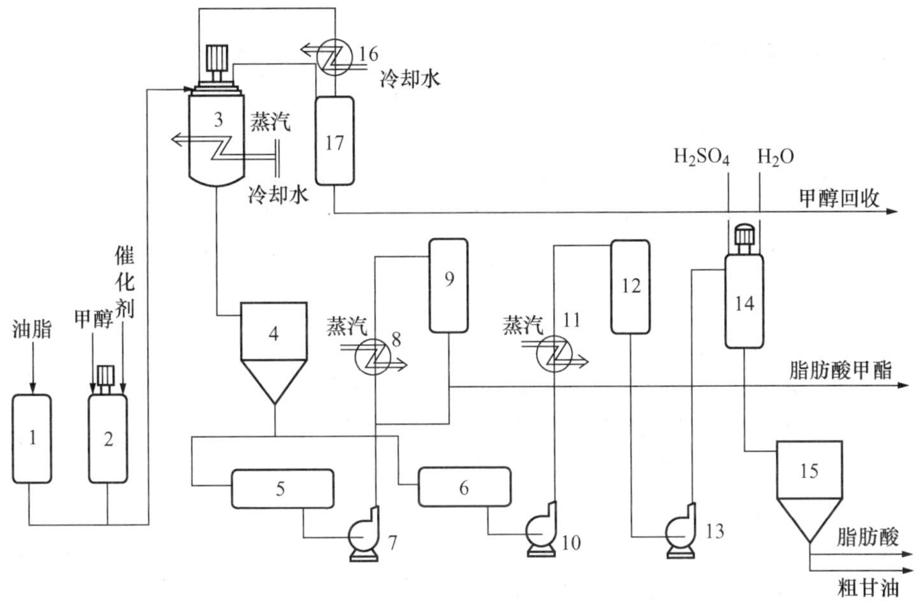

图 8-1　Ballaestra 间歇式油脂醇解工艺流程

1. 油脂储槽　2. 甲醇储槽　3. 酯交换反应器　4,15. 沉降器　5. 甲酯收集器　6. 甘油收集器　7,10,13. 料泵　8,9. 甲醇蒸发器　11,12. 甲醇闪蒸器　14. 肥皂分离器　16. 甲醇冷凝器　17. 冷凝甲醇收集器

(1)酯交换　经预处理的油脂与甲醇一起装入反应罐,加入少量 NaOH 做催化剂。其中甲醇为油脂质量的 12%～14%,催化剂为油脂的 0.8%左右,物料在搅拌下加热,在压力 0.5～0.6 MPa、温度为 160℃的条件下,反应 2～3 h。

(2)分离　反应物料降温到 90～100℃,减除压力,加入油脂质量 0.8%～0.9%的硫酸,将产生的肥皂分解。在物料中加入一定量的水,静置沉淀一段时间,甲酯不溶于水而被置于沉降器中,甘油可溶于水从反应罐底部排出,进行回收利用。

(3)甲醇的回收　减压蒸发甲醇,甲醇蒸气在冷凝器中冷凝后回收入甲醇储罐,加入 NaOH 中和甲醇中的酸,然后将甲醇送到精馏塔进行精馏,从精馏塔出来的蒸气冷凝后部分回到精馏塔,部分回到甲醇储罐重新使用。分离出来的水由精馏塔底部排出。

化学法合成生物柴油法虽然常用,但有以下缺点:工艺复杂、醇必须过量,后续工艺必须有相应的醇回收装置,能耗高;色泽深,由于脂肪中不饱和脂肪酸在高温下容易变质;酯化产物难于回收,成本高;生产过程有废碱液排放。

8.2.2.1　采用互溶剂的强化酯交换技术

促进油脂和甲醇的互溶性是强化反应的一种手段。最近,加拿大多伦多大学的 Boocock 等开发成功了 BIOX 工艺,此工艺通过在酯交换反应中引入了惰性的助溶剂,使油脂和甲醇在反应初始阶段就成为一相,大大加快了反应的速度。BIOX 工艺包含了酸催化和碱催化两个过程,可以处理高酸值的动植物油,油脂中游离脂肪酸的含量可以高达 30%。原料来源广泛,包括废弃的动植物油、地沟油等。

8.2.2.2 采用超临界反应的强化酯交换技术

加压、提高反应温度也是强化反应的重要手段。随着温度进一步升高，反应体系接近甲醇的临界点时，反应物之间的传质和反应特性得到很明显的强化，即使没有催化剂存在酯交换反应还是能够顺利进行。油脂中所含的水和游离脂肪酸对普通催化剂来说通常是有害的，但超临界反应条件下，它们并不会影响反应的进行。超临界情况下，如果体系有水存在，油脂首先是水解生成脂肪酸，再与甲醇反应生成脂肪酸甲酯。如日本住友化学公司开发成功了超临界甲醇醇解工艺，在高温(超过 350℃)、高压(超过 30 MPa)和无催化剂存在下，在极短的时间内使油脂发生醇解，能达到很高的转化率。此工艺可加工高酸值原料，而且在于不使用催化剂，后处理简单且无三废排放，10 000 t/年的生产装置已经在 2006 年运转。

8.2.2.3 固体碱催化技术

在传统的酸、碱催化酯交换反应的过程中，催化剂与产物的分离较困难，需要中和、水洗。而采用多相催化剂时，固体催化剂很容易与液体物料分离。固体碱催化剂代表着近年来研究发展的重要方向，可以解决产物与催化剂分离的问题，使用固体碱催化剂，减少了三废排放。

如以未预酯化处理的粗菜子油为原料，即使在较高的反应温度(200℃)下，CaO 和 MgO 等固体碱催化剂的活性仍很低，脂肪酸甲酯的收率低于 10%。以经预酯化的菜子油为原料，采用 CaO 或 MgO 催化剂，在甲醇与油摩尔比为 12∶1、反应温度 65℃、反应时间 2 h、固体碱催化剂用量(占原料油的质量分数)2% 的条件下，脂肪酸甲酯收率可达 80% 以上；采用高温煅烧水滑石得到的高活性 MgO - Al_2O_3催化剂，脂肪酸甲酯收率可达 86.5%；在共溶剂的辅助下，以 KF - CaO 为催化剂，脂肪酸甲酯收率达 90% 以上；采用质量分数为 99%的甘油三脂肪酸酯为原料，在共溶剂的辅助下，以 Al_2O_3 负载 K_2CO_3 为催化剂，脂肪酸甲酯的收率可达 94%。

固体催化虽解决了催化剂与产物分离困难的问题，但反应速率慢、时间长，且催化剂的成本较高，寿命通常较短。难以达到工业化要求。最近法国石油研究院(IFP)在固体碱催化酯交换工艺方面有所突破，开发成功了 Esterfip - H 工艺。此工艺用尖晶石结构的固体碱作为催化剂，采用多相催化反应来制备生物柴油。Esterlip - H 工艺是第一套采用固体碱催化剂生产生物柴油的工艺。与以氢氧化钠或甲醇钠为催化剂的液相反应相比，新工艺中酸碱中和步骤和洗涤步骤都不使用，废水、废渣排放少；同时，新上艺制备的副产品甘油的纯度很高，超过 98%，而液相反应得到的甘油相纯度仅为 80%左右。在 Esterfip - H 工艺中，酯交换的温度比均相反应高，加入的甲醇过量，采用的是两级连续反应法。植物油和甲醇经过第一级固定床反应恭后，部分闪蒸甲醇，并进行甘油沉降和分离，对上层粗酯和补充的甲醇一起进入第二级固定床反应器，然后再闪蒸甲醇、进行甘油沉降和分离，对上层粗酯进行减压蒸馏并脱甘油，得到生物柴油，纯度超过 99%，油脂的转化率接近 100%。

8.2.3 酶法生物柴油生产工艺

为解决上述问题，人们开始研究用生物酶法合成生物柴油，即用动物油脂和低碳醇通过脂肪酶进行转酯化反应，制备相应的脂肪酸甲酯及乙酯。酶法合成生物柴油具有条件温和，醇用量小、无污染排放的优点。

用于催化合成生物柴油的脂肪酶主要是酵母脂肪酶、根霉脂肪酶、毛霉脂肪酶、猪胰脂肪酶等。由于脂肪酶的来源不同，其催化特性也存在很大差异。

脂肪酶固定化技术在工业规模生产中极具吸引力，因其具有稳定性高，可重复使用；保留酶活性，并有获得超活性的可能；容易从产品中分离。酶的固定化方法很多，其中吸附法制备简单且成本低，被认为是大规模固定化脂肪酶的最适宜的方法。

采用固定化酶反应器的连续酯交换工艺如图 8-2 所示。首先在反应器 A 中装填入固定化脂肪酶催化剂，然后用计量泵将油脂、低碳醇和低沸点溶剂的混合溶剂按一定比例分别从固定床反应器顶部和底部泵入，进行转酯反应。产物从反应器流出进入甘油分离器，静置分出下层粗甘油，然后进入反应器 B。产物经过与第一级类似的第二级、第三级反应，最后经甘油分离、闪脱脱出其中的少量溶剂，得粗产品。得到的粗产品根据各地区的生物柴油冷凝点的要求，经冷冻分离装置生产各种规格的总产品。

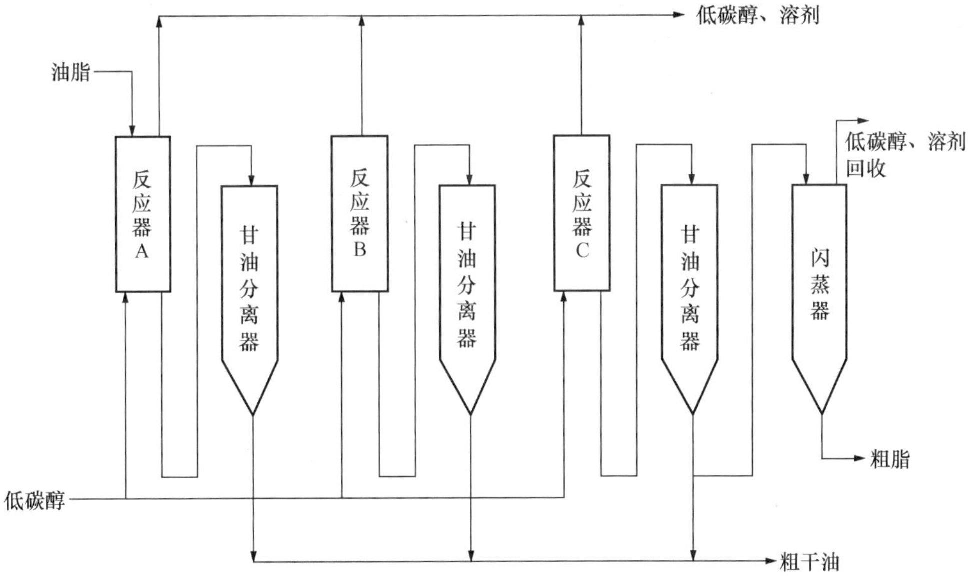

图 8-2　固定化脂肪酶连续酯交换工艺流程

但目前主要问题有：对甲醇及乙醇的转化率低，一般仅为 40%～60%，由于目前脂肪酶对长链脂肪醇的酯化或转酯化有效，而对短链脂肪醇如甲醇或乙醇等转化率低。而且短链醇对酶有一定毒性，酶的使用寿命短。副产物甘油和水难于回收，不但对产物形成抑制，而且甘油对固定化酶有毒性，使固定化酶使用寿命短。

8.2.4　工程微藻法生产技术

“工程微藻”生产柴油是生物柴油生产的新动向，为柴油生产开辟了一条新的技术途径。美国国家可更新能源实验室（NREL）利用“工程微藻”生产柴油。“工程微藻”是一种通过基因工程技术建构的微藻，称为“工程小环藻”（cyclotellacryptica）。在实验室条件下可使脂质质量分数增至 60%以上，户外生产能力也可增至 40%以上，而一般自然状态下硅藻油脂的质量分数仅为 5%～20%。工程微藻中脂质含量的提高主要由于乙酰辅酶 A 羧化酶（ACC）基因在微藻细胞中的高效率，在控制脂质积累水平方面起到了重要作用。目前，正在研究选择合适的分子载体，使 ACC 基因在细菌、酵母和植物中充分表达，还进一步将修饰的 ACC 基因引入微藻中以获得更高效率。清华大学吴庆余等通过异养转化细胞工程技术获得了脂类含量高达细胞干重 55%的异养藻细胞。

"工程微藻"的优越性：一是生产能力高，称得上是一座"大化工厂"，又不与其他农业争地；二是以海水作为天然培养基，可进行大量养殖；三是用它生产油脂比陆生植物单产高出 30 倍。

8.3 生物柴油发展现状

8.3.1 国外发展生物柴油现状

由于得自于动植物油脂的生物柴油与得自于石油的石化柴油相比，生物柴油具有环境友好、在使用过程中降低有害废弃物排放等多方面环保优点，加之占世界能源消耗量 40%的石油因资源量极为有限，造成原油和燃料油市场价格巨幅波动，生物柴油作为一种优质生物质可再生能源，自 20 世纪 90 年代以来在世界范围内形成了研究开发热潮，并已经形成快速发展的产业。

8.3.1.1 欧盟国家

近年来，欧盟国家政府大力推进生物柴油产业，给予巨额财政补贴和优惠税收政策支持，使生物柴油与石油柴油相差无几，从而使之具有较强的市场竞争力。图 8-3 为来源于欧洲生物能源局(EBB)的资料。

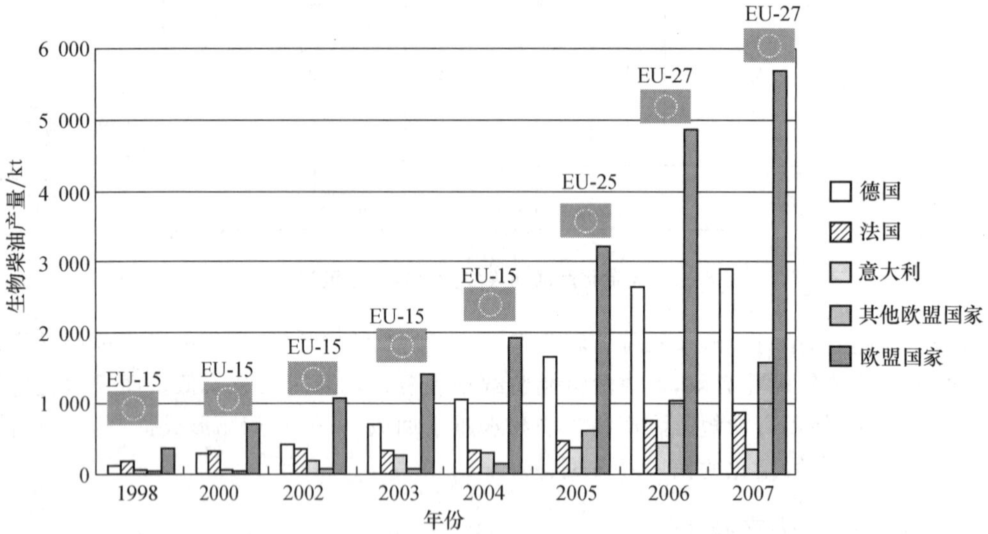

图 8-3 欧盟生物柴油产量图

从图 8-3 中可以看出，从 1999 年以来，欧盟的生物柴油产量稳步上升，2002 年欧盟生物柴油产量达到了 200 万 t，比 1996 年增加 4 倍：2003 年，欧洲国家生物柴油的产量超过了 230 万 t；2004 年生物柴油产量比 2003 年增长了 35%，2005 年欧盟国家生物柴油产量达到 260 欧盟对生物燃料也很重视，但由于欧盟成员国人均耕地面积少，地处温带，农业生产条件较差，不具备大量使用粮食或甘蔗生产燃料乙醇的条件，因此，欧盟生物燃料主要以生物柴油为主，包括以大豆、油菜子等为原料生产的柴油和以回收动植物废油为原料生产的柴油两种。目前，原欧盟 15 个成员国年产生物柴油约 200 万 t，占世界生物柴油总产量的 90%，其中德国占到了约 150 万 t。

欧洲是世界上生物柴油发展最快的地区之一。欧盟生产的生物柴油约占世界产量的 2/3，2008 年欧盟生物柴油产量为 775 万 t，占产能的 48%，而德国生产的生物柴油产量占到整个欧洲的 36%。2006 年产量 400 多万 t，到 2009 年 7 月，欧洲生物柴油的生产能力增加到了 2 100 万 t/年，而一年前的产能为 1 600 万 t/年。欧盟制定了一系列促进机制和激励政策。如免除生物柴油 90%的税收，另外，欧洲国家的高额燃油税一般要占柴油燃料零售价格的 50%甚至更多。

8.3.1.2　美国

美国生物柴油生产的原料主要有大豆油、黄脂膏和生油脂等，其中大豆油是主要的原料，以大豆油为原料生产的生物柴油在美国生物柴油市场上的占有率达到 88.5%。

到 2005 年 5 月的统计，美国现有 30 多家公司投入了上百万美元用于发展生物柴油工厂，据 biodiesel board 估计，美国目前的生物柴油直接生产能力达到了每年 11 000 万 gal，并且由于生物柴油生产的模式化比较成熟，因此该生产能力完全有可能在特定情况下在 12 个月的时间框架内翻一番甚至达到 3 倍的产量。

根据美国能源部的统计数据，2003 年美国生物柴油产量接近 7 000 万 L，而美国生物柴油专业组织 Biodiesel Board 的数据显示，2003 年的生物柴油产量为 2 000 万 gal，约合 7 570 万 L，2004 年美国生物柴油产量达到 2 500 万 gal，约合 9 462.5 万 L。尽管这两个统计数据有差距，但我们基本可以做出美国生物柴油的产量已经接近 1 亿 L 的判断。

生物柴油在美国的发展已经有相当长的历史，大大小小的生物柴油工厂更是分布于各地(图 8-4)。截至 2005 年 4 月，美国共有生物柴油工厂 60 家，包括已经有生产实践的和筹建中的工厂在内。大部分分布在美国东部地区。

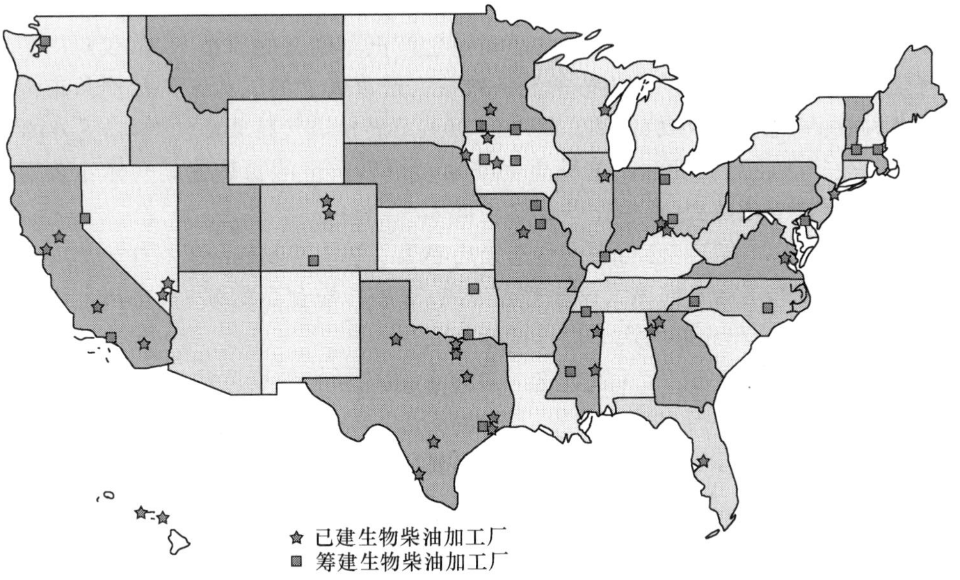

图 8-4　截至 2005 年 4 月美国生物柴油加工厂的分布情况

(来源：www.biodiesel.org)

另外，生物柴油业已通过美国《清洁空气法案》严格的健康影响测试。与石油柴油燃料相比，使用生物柴油的车辆排出的废气对人体健康的影响更加小。行政法令 13149 是美国政府转而使用生物柴油的主要原因。该法令规定，美国国内见拥有 20 辆以上机动车的政府机构的石油年消费量到 2005 财年末将比 1999 财年的石油消费水平降低至少 20%。2003 年，在能源税收综合决策案议定增加各种能源税收之际美国参议院财政委员会通过了一项给予生物柴油的税收激励政策。这项法案规定；对于生物柴油与石油柴油混合使用的柴油，每掺入 1%的生物柴油就免去柴油燃料营业税 1 美分，实施免税的最高比例额度为 20%。美国 2004 年颁布了对生物柴油的税收激励法案。据 Informa 经济公司发布的最新报告，美国 2007/08 年度生产生物柴油 6.55 亿 gal。

8.3.1.3 其他国家

(1)阿根廷　阿根廷豆农目前正提议国家开始销售生物柴油(一种用植物油配制成的燃料)，以便增加油子的回报率并降低农民的成本、作为油子的主要生产国之一，阿根廷目前有几个实验性的生物柴油项目正在实施、生产生物柴油能增加油子在本地市场的销售量，并使售价提高。议会下院会通过了一项法律。授权并规范了生物柴油的生产和销售。考虑使生物柴油免除 15 美分的税(这是对其他燃料征收的一种税)。免除了这样一项税后，生物柴油的成本为 33～35 美分。

(2)巴西　巴西东北部塞阿拉联邦大学的教授帕伦特经 20 年研究，生产出一种以蓖麻油为原料的污染程度低、可再生的生物柴油。研究人员以氢氧化钠为催化剂，对蓖麻油进行脂基转换，研制出生物柴油。在这种化学反应中产生的丙三醇也可为工业所用。经巴西各汽车制造厂的实验证明，这种柴油可用于各种发动机，也可用于发电机，而且无需对发动机进行改装。但由于蓖麻油的黏度比较大，在使用时需将 20%的生物柴油混入 80%的普通柴油。研究还发现，除蓖麻外，任何植物油如豆油、葵花油、玉米油以及动物油如鱼油等，都可制成生物柴油。研究人员目前正在大力推广生物柴油的生产，以便减少石油进口。

圣十字州立大学目前开发出利用炸食品残油生产汽车燃料的新技术，不仅解决了乱倒残油污染环境的问题，而且还能产生很好的经济效益。这家大学的试验工厂每周从市内的饭店回收炸完各种食品后需要扔掉的残油。其中的 90%可转换成代替柴油的燃料，另外的 10%还可以提炼用于生产化妆品的甘油。这种生物柴油燃烧后产生的二氧化碳气体比普通柴油少 80%，基本不产生二氧化硫、其价格比普通柴油低 10%。

里约热内卢联邦大学日前已与麦当劳连锁店签署了利用回收残油进行生产汽车燃料试验的协议、根据协议麦当劳每月向该大学无偿提供 1.5 万 L 炸食品的残油，联邦大学则将提炼出的燃料供里约热内卢州政府的汽车进行试验。

(3)日本等国　日本 1995 年开始研究生物柴油，由于植物油资源贫乏，日本主要以煎炸油为原料生产生物柴油，1999 年建成了 259 L/d 生产生物柴油的工业化实验装置。目前日本生物柴油年生产能力达 40 万 t。巴西以蓖麻油为主要原料生产生物柴油，正在推广实验中，2004 年生物柴油产量达千吨，到 2007 年生物柴油产量增加到 2.5 万 t。韩国目前有年生产能力 20 万 t 的生物柴油生产厂；泰国发展生物柴油计划已于 2001 年 7 月发布，并实施税收减免政策。第一套生物柴油生产装置已经投入使用；非洲国家冈比亚已在 2003 年上半年投产建设第一套以花生油为原料生产生物柴油装置，并获得政府支持；马来西亚大力推进以棕榈油为原料生产的生物柴油，生产潜力达 2 000 万 t/年；印度正积极开发麻风果生物柴油，将在 5～10 年内达到 1 000 万 t/年的生产能力；印度政府公布的数据，印度有 3 920 万 hm^2 土地适合种植麻风树，计划用 5 年的时间发展生物柴油，替代 20%的化石柴油。保加利亚、加拿大、澳大利亚等国近年来也开始推广使用生物柴油。

8.3.2　我国发展生物柴油现状

我国发展生物柴油的课题首先由著名学者闵恩泽院士明确提出，两院院士石元春也呼吁要发展生物质产业，引起了业界学者、专家和企业家的高度关注。2004 年，科技部高新技术和产业化司正式启动"十五"国家科技攻关计划项目"生物燃料油技术开发"项目，其中也包括了生物柴油技术开发的内容。2006 年 7 月，国家发改委、科技部、财政部、建设部、国家质检总局、国家环保总局、国管局、中直管理局联合印发了《"十一五"十大重点节能工程实施意见》，将实施十大重点节能工程，其中包括节约和替代石油工程，鼓励发展生物柴油。我国《国民经济和社会发展第十一个五年规划纲要》提出要发展各种石油替代品，将发展生物液体燃料确定为国家产业发展的方向。

我国生物柴油产业也已经起步，我国生物柴油生产实践首先在民营企业展开，海南正和生物能源公司、四川古杉油脂化工公司、福建卓越新能源发展公司等都建成了 1×10^4～2×10^4 t/年生产装置，目前主要以餐饮业废油为原料。北京市科委可持续发展科技促进中心正与中国石油大学合作，利用北京市餐饮业废油为原料来制造生物柴油。江西巨邦化学公司进口美国转基因大豆油和国产菜子油生产生物柴油，正在建设 10×10^4 t/年生产装置。四川大学生命科学院正筹备建立 2×10^4 t/年的生产装置。

我们在产业方面产业目前刚刚处在起步阶段，发展潜力极其巨大，相对比较容易形成较大规模的可再生能源产业，具有带动农业和能源业发展的能力。在产业形成和发展初期，国家进行政策扶持，促进产业进入快速发展轨道极为必要。在这方面，可以借鉴欧美等发达国家发展生物柴油产业的政策和措施，并研究适合我国生物柴油产业发展的扶持、促进政策。我们一方面可通过国家各种科技计划引导资金投入，加大国家资金投入的力度来促进生物柴油产业尽快形成规模；同时积极引导其他各种投资资金（包括民间投资）的投入，对生产生物柴油的企业在税收和补贴方面给予一定期限的实惠，使生物柴油的价格体系尽快形成，并增强生物柴油产品的市场竞争力。

8.4　生物柴油的应用前景分析

生产和推广应用生物柴油的优越性是显而易见的：①原料易得且价廉。用油菜子和甲醇为生产原料，可以从根本上摆脱对石油制取燃油的依赖。②有利于土壤优化。种植油菜可与其他作物轮种，改善土壤状况，调整平衡土壤养分，挖掘土壤增产潜力。③副产品具有经济价值。生产过程中产生的甘油、油酸、卵磷脂等一些副产品市场前景较好。④环保效益显著。生物质燃烧时不排放二氧化硫，排出的有害气体比石油柴油减少 70%左右，且可获得充分降解，有利于生态环境保护。此外生物柴油由于竞争力不断提高、政府的扶持和世界范围内汽车车型柴油化的趋势加快而前景更加广阔。

中国石油市场需求增势强劲，预计到 2015 年市场需求量将达到 1.3×10^8 t 左右。我国石油储量很有限，因此我国将成为石油消费和进口大国。而大量进口石油对我国的能源安全造成威胁。所以，中国必须加快寻找除石油和煤等传统能源以外的新能源。目前，汽车柴油化已成为汽车工业的一个发展方向，而柴油的供应量严重不足，这为生物柴油提供了广阔的发展空间。

石化柴油的供应不能满足需求，提供了生物柴油发展的广阔的市场前景。统计数据显示，中国人均石油资源占有量目前仅为世界平均水平的 1/10，属于人均占有油气资源相对贫乏的国家。根据国内外预测见表 8-2，到 2020 年我国石油的需求量将达到 4.1 亿～5.5 亿 t，到时候中国石油对外依存度将达 60%。

表 8-2 我国 2020 年石油需求预测

预测单位	国内预测	美国兰德公司	剑桥能源研究协会	美国能源情报署
石油需求(亿 t)	4.1～4.5	4.4	4.3～5.5	4.5～4.7

注：数据来源于中国新能源网(http://www.newenergy.com.cn)

柴油的供需平衡问题将是我国未来较长时间内，石油市场发展的焦点问题之一。预计到 2010 年，我国柴油需求量将突破 1 亿 t，至 2015 年市场需求量将达到 1.3 亿 t 左右。近年来，我国炼化企业的柴油产量不断提高，但仍不能满足消费需求。巨大的市场空间为生物柴油产业提供了广阔的发展空间。

柴油价格的不断上涨，将给生物柴油企业带来巨大的利润，并且增加农民的收入。由于石油消耗量的增加及国际政治的影响，最近几年石化柴油价格飞速上涨。按照目前柴油的价格变化趋势分析到 2011 年(示范基地盛产原料油时)我国柴油出厂价格将超过 6 000 元/t。如果按原料油成本占总成本的 75%来计算，原料油价格将达 4 500 元/t，这将大大地增加农民收入，促进调整农业结构，促进三农问题的解决。

参考文献

[1] Mitsuyoshi Ueda, Akihiko Kondo. Frontier of Eco-Bioenegy-Constraction of Sustainable Sosocity System Orentted Zero Emission-. By CMC, 2005.9: 21-119.

[2] 袁振宏，吴创之，马隆龙，等. 生物质能利用原理与技术. 北京：化学工业出版社，2005.

[3] 韩德奇，袁旦，王尽涛，等. 生物柴油的现状与发展前景. 石油化工技术经济，2002(4).

[4] http://www.spc.com.cn/spcspc/Chinese/tep/2002/200204/sc-01.htm.

[5] 黄庆德. 生物柴油技术和产业展望. 生物技术世界，2005(2).

[6] 张建安，刘德华. 生物质能源利用技术. 北京：化学工业出版社，2010.

[7] 程备久，卢向阳，蒋立科，等. 生物质能学. 北京：化学工业出版社，2008.

[8] http://www.newenergy.com.cn.

[9] http://www.hdcmr.com.

[10] http://www.chinafeed.org.cn.

第 9 章　沼气发酵

9.1　地球上甲烷的产生和分解循环

9.1.1　地球上甲烷的循环过程

在 35 亿年前的地球大气中，甲烷的含量是现在的 1 000 倍。早期甲烷主要由于火山爆发产生。这段时期，地球出现了最早生命，古细菌利用氢和二氧化碳生产甲烷和水。光合微生物出现之前，大气中没有氧气，甲烷一直含量很高，直到氧气出现，甲烷含量才渐渐降低。空气中的甲烷含量随季节的变化而变化，一般夏季较低，并与大气中的羟自由基(·OH)发生化学反应从而被破坏掉。甲烷一般在地面生成，进入到空气的对流层。图 9-1 是甲烷在地球上的循环图。

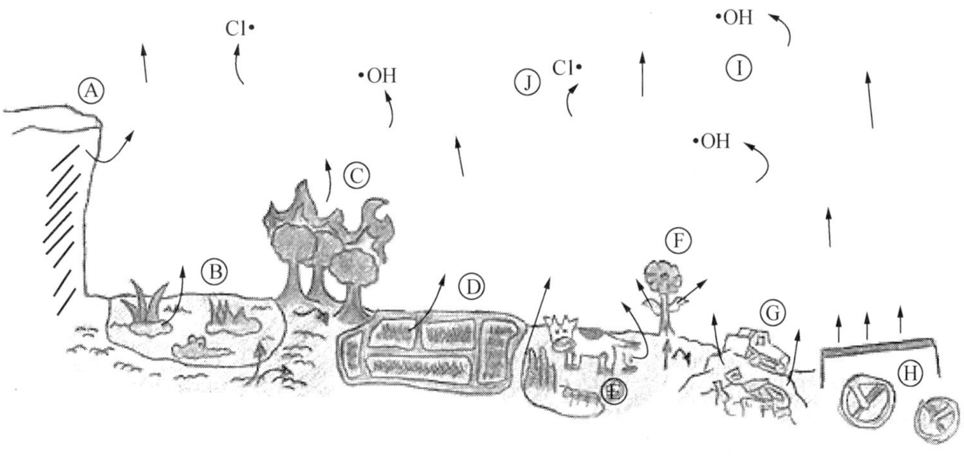

图 9-1　地球上甲烷的循环过程

(来源：en. wikipedia. org/wiki/Atmospheric_methane)

A：冻地、冰川，随着全球温度的上升缓慢释放被困在冰冻环境下甲烷　B：湿地，适宜温度和潮湿的环境是沼气生产的理想场所。　C：森林大火，大量有机燃烧释放大量甲烷。　D：水稻田，适宜温度和潮湿的环境有大量沼气产生。　E：动物，反刍动物(牛)，白蚁消化系统产生甲烷。　F：植物，也是甲烷直接生产者。　G：垃圾填埋场，腐烂的有机物厌氧降解产生大量甲烷。　H：废水处理设施，厌氧消化水中有机物产甲烷。　I：对羟基自由基，甲烷和大气中的羟自由基(·OH)发生化学反应从而被破坏掉。　J：氯离子，可以与甲烷发生化学反应。

9.1.2　地球上甲烷的产生和分解过程

甲烷生成并释放到大气中称为甲烷的“源”。产甲烷菌是一群形态多样，具有特殊细胞成分,可以代谢氢和二氧化碳及少数简单有机物生成甲烷的严格厌氧的古细菌(图 9-2)。产甲烷菌主要有两种途径利用底物生成甲烷。

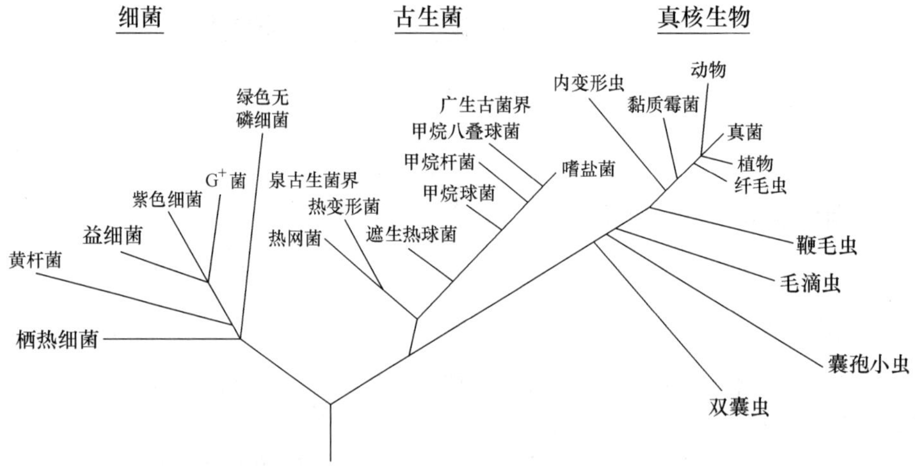

图 9-2 16S-rRNA 生命系统发生树

①利用乙酸:$H_3C—COOH \longrightarrow CH_4 + CO_2$

②利用氢和二氧化碳:$4H_2 + CO_2 \longrightarrow CH_4 + 2H_2O$

甲烷消耗称为甲烷"汇"。甲烷的消耗有两种途径,在大气中与对羟自由基反应被清除,在土壤中被甲烷氧化菌氧化。

①在大气中:$CH_4 + \cdot OH \longrightarrow \cdot CH_3 + H_2O$

②在土壤中:$CH_4 + 2O_2 \longrightarrow CO_2 + 2H_2O$

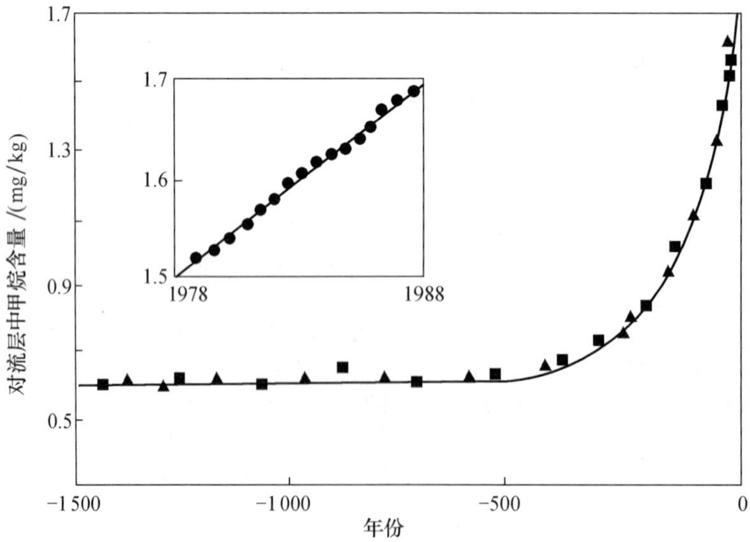

图 9-3 对流层甲烷浓度

(来源 en. wikipedia. org/wiki/Atmospheric_methane)

9.1.3 地球上甲烷的产生和分解量

在自然环境条件下,甲烷含量应处于“源汇”平衡的状态。但是过去200年中,大气中甲烷含量增长了一倍多,对流层甲烷浓度呈线性上升趋势(图9-3)。表9-1显示释放和消除处于不平衡状态。大气中的甲烷有多种来源,如一些湿地会向大气中释放甲烷,但55%的甲烷排放与人类活动相关,畜牧业和使用矿物燃料等都会排放大量甲烷。

表9-1 不同途径每年释放甲烷的量(Houweling et al. 1999)

途径	CH_4释放		
	总量/(Tg/年)	占该类/(%/年)	占总/(%/年)
自然释放			
湿地(包括水稻田)	225	83	37
白蚁	20	7	3
海洋	15	6	3
水化物	10	4	2
自然释放总量	270	100	45
人为释放			
能源	110	33	18
垃圾填埋场	40	12	7
反刍动物	115	35	19
废水处理	25	8	4
生物质燃烧	40	12	7
人为释放总量	330	100	55
甲烷消除			
土壤被氧化	−30	−5	−5
被对羟自由基清除	−510	−88	−85
平流层流失	−40	−7	−7
甲烷消除总量	−580	−100	−97
释放+消化			
平衡	+20		

注:1 Tg=10^{12} g。

9.1.4 地球上甲烷引起的温室效应

温室效应是指大气能使太阳短波辐射到达地面,但地表向外放出的长波热辐射线却被大气吸收,这样就使地表与低层大气温度增高。甲烷是一种主要的温室气体,甲烷作为温室气体的效力是二氧化碳的25倍。引起温室效应吸收的总热量中有19%是甲烷的作用,人类活动造成的温室效应中约17%与甲烷排放有关(图9-4)。因此加大甲烷的有效利用,减少其排放对影响全球气候的温室效应有巨大的减缓作用。

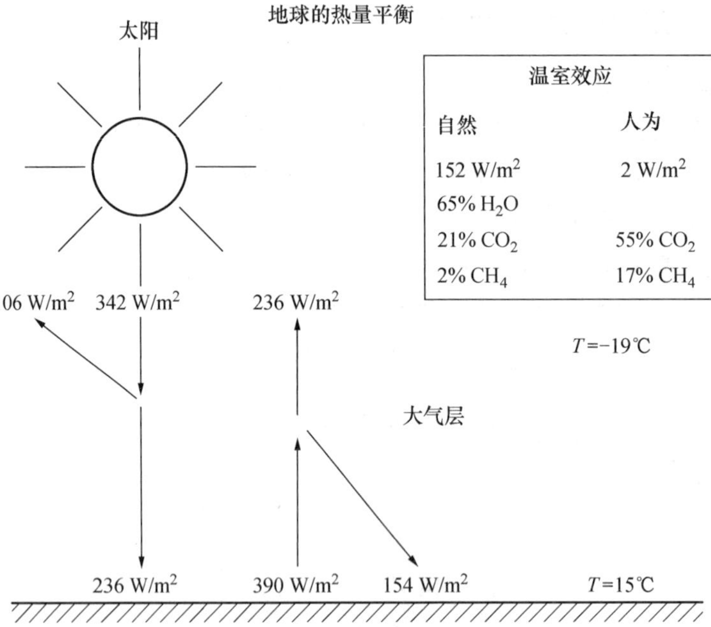

图 9-4 地球热量平衡及甲烷产生温室效应

9.2 沼气发酵原理

沼气发酵是一个微生物作用的过程。它是各种有机质(包括农作物秸秆、畜禽粪便以及工农业排放废水中所含的有机物等)在厌氧及其他适宜的条件下,通过微生物的作用,最终转化成沼气,完成这个复杂的过程,即为沼气发酵。

9.2.1 沼气的理化性质

沼气是一种混合气体,它的主要成分是甲烷(表 9-2,表 9-3),其次有二氧化碳、硫化氢(H_2S)、氮和其他一些成分。沼气的组成中,可燃成分包括甲烷、硫化氢、一氧化碳和重烃等气体;不可燃成分包括二氧化碳、氮和氨等气体。在沼气成分中甲烷含量为 55%~70%、二氧化碳含量为 28%~44%、硫化氢平均含量为 0.034%。

(1)甲烷 甲烷是无色、无味、可燃和微毒的气体。甲烷对空气的重量比是 0.54,比空气约轻一半。甲烷溶解很小,在 20℃、0.1 kPa 时,100 单位体积的水,只能溶解 3 个单位体积的甲烷。同时甲烷燃烧产生明亮的蓝色火焰,然而有可能会偏绿,是因为燃烧甲烷要用的玻璃导管中含有钠元素,钠燃烧呈现黄色的焰色,与甲烷燃烧的蓝色混合后变成绿色。

$$CH_4 + O_2 = CO_2 + 2H_2O + 890\ \text{kJ}$$

(2)二氧化碳 常温下是一种无色无味气体,密度比空气略大,能溶于水,并生成碳酸。固态二氧化碳俗称干冰。二氧化碳被认为是造成温室效应的主要原因。

(3)硫化氢 有毒气体,微量时具有恶臭,沼气中的臭味主要来自硫化氢。一般沼气中含万分之几的硫化氢,经燃烧后,硫化氢被氧化成硫或二氧化硫,失去臭味,毒性减轻。

表 9-2　甲烷和沼气的理化性质

特　性	甲　烷	标准沼气(含甲烷 60%)
体积分数/%	54～80	100
热值/(kJ/L)	35.82	21.52
爆炸范围/%	5～15	8.33～25
密度/(g/L)	0.72	1.22
相对密度	0.55	0.94
气味	无	微臭
临界温度/℃	−82.5	−25.7～48.42
临界压力/10^5 Pa	46.4	59.35～53.93

注:①爆炸范围——可燃性气体在空气中或氧化中建立爆震波所需的浓度范围。

②临界温度、临界压力——由气态开始转为液态的温度和压力。

表 9-3　沼气与几种燃料热值比较

参数	纯甲烷	沼气(79%甲烷)	煤 气	汽 油	柴 油	原 煤
燃料量/m^3	1	1	1	1	1	1
发热量/kJ	35 822	25 075	16 720	45 000	39 170	22 990

9.2.2　微生物学原理

9.2.2.1　沼气产生中的厌氧微生物及其作用

一般认为,从各种复杂有机物的分解开始到最后生成沼气,共有五大生理类群的细菌参与沼气发酵过程:发酵性细菌、产氢产乙酸菌、耗氢产乙酸菌、食氢产甲烷菌和食乙酸产甲烷菌。五群菌构成的一条食物链(图 9-5),根据其代谢产物的不同,前三群细菌共同完成水解酸化阶段、后两群细菌完成产甲烷阶段。

1. 不产甲烷菌及其作用

不产甲烷菌包括三类:发酵性细菌、产氢产乙酸细菌和耗氢产乙酸细菌,这三种细菌在沼气厌氧发酵中都起着非常重要的作用。

(1)发酵性细菌　由于用于沼气发酵的有机物种类繁多,如畜禽粪便、作物秸秆、食品及酒精加工废水等,其主要化学成分包括多糖,如纤维素、半纤维素、淀粉、果胶质等,脂类和蛋白质。这些复杂有机物大多不溶于水,必须首先被发酵性细菌所分泌的胞外酶分解为可溶性的糖,氨基酸和脂肪后,才能被微生物吸收利用。

发酵性细菌将上述可溶性物质吸收进入细胞后,经发酵作用将其转化为乙酸、丙酸、丁酸脂肪酸和醇类,同时产生一定量的氢和二氧化碳。

参与水解发酵过程的发酵性细菌是复杂的混合菌群,种类繁多。已知的就有几百种包括梭状芽孢杆菌、拟杆菌、丁酸菌、乳酸菌、双歧杆菌和螺旋体等,这些细菌多数为厌氧菌,也有兼性厌氧菌。在厌氧活性污泥中,发酵性细菌的数量可达 108～1 010 个/mL。发酵细菌群种类很多,主要包括酸杆菌属(*Fusobacterium*)、拟杆菌属(*Bacteroides*)、丙酸杆菌属(*Propionibacterium*)和气杆菌属(*Aerobacter*)等。发酵性细菌主要功能有两个方面:一是在部分水解细菌分泌的胞外水解酶的催化作用下,将大分子不溶性有机物水解成小分子的水溶性有机

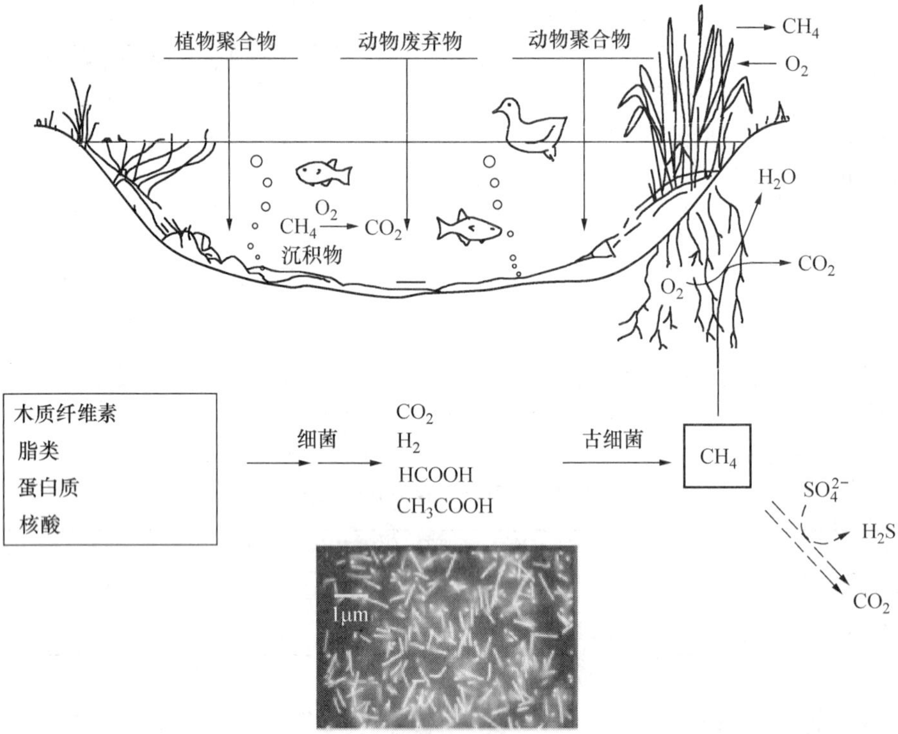

图 9-5 沼气产生过程

物；二是发酵细菌将水解产物吸入细胞内，经细胞内复杂的酶系统的催化下将一部分有机物转化为代谢产物，排入细胞外的水溶液，成为参与下一阶段生化反应的细菌菌群吸收利用的基质。发酵细菌大多数为异养型细菌，对环境条件的变化有较强的适应性，世代周期短，数分钟到数十分钟即可繁殖一代。

(2)产氢产乙酸细菌　发酵性细菌将复杂有机物分解发酵所产生的有机酸和醇类，除乙酸、甲酸和甲醇外均不能被产甲烷菌所利用，其余的发酵产物(约占发酵基质 50%)必须由产氢、产乙酸菌将其分解转化为乙酸、氢和二氧化碳。主要反应过程如下：

丙酸　$CH_3CH_2COOH + 2H_2O \longrightarrow CH_3COOH + CO_2 + 3H_2$

丁酸　$CH_3CH_2CH_2COOH + 2H_2O \longrightarrow 2CH_3COOH + 2H_2$

乙醇　$CH_3CH_2OH + 2H_2O \longrightarrow CH_3COOH + 2H_2$

乳酸　$CH_3CHOHCOOH + H_2O \longrightarrow CH_3COOH + CO_2 + H_2$

经研究证明上述反应过程除乳酸降解外，在标准状况下由于所产氢的反馈作用，使反应不能进行，丙酸、丁酸等长链有机酸则不能降解。只有当食氢产甲烷菌和产氢产乙酸菌生活在一起时(互营联合)，在产生氢气的同时，将产生的氢利用掉，使环境条件维持极低的氢分压时，上述反应才能进行。

产氢产乙酸菌主要有脱硫弧菌(*Desulfovibio desulfuricans*)、普通脱硫弧菌(*Desulfovibio vulgaris*)、沃尔夫互营单胞菌(*Syntrophononas wolfei*)、沃林互营杆菌(*Syntrophobacter wolinii*)等。

(3)耗氢产乙酸细菌　也称同型乙酸菌，这是一类既能自养生活又能异养生活的混合营养型细菌。它们既能利用 H_2+CO_2 生成乙酸，也能代谢糖类产生乙酸。这些菌在沼气发酵过程中的重要性还未被广泛地研究。有人认为耗氢产乙酸菌能利用 H_2，因而对厌氧消化系统中有机物的分解转化很重要，这些细菌能够代谢 H_2/CO_2，为食乙酸菌产甲烷菌提供了生产甲烷的基质，又由于代谢分子 H_2，使厌氧消化系统中保持较低的 H_2 分压，有利于沼气发酵达到正常进行。有人估计这些菌形成的乙酸在中温消化器中占1%～4%，在高温消化器中占3%～4%，其反应如下式：

$$2CO_2+4H_2 \longrightarrow CH_3COOH+2H_2O$$
$$C_6H_{12}O_6 \longrightarrow CH_3COOH$$

常见的同型产乙酸细菌有伍迪乙酸梭菌（*Acetobacterium woodii*）、威林格乙酸梭菌（*A. wieringae*）、乙酸梭菌（*Clostridium aceticum*）、威林格乙酸杆菌（*Clostridium formicoaceticum*）等。

2. 产甲烷菌

在沼气发酵过程中，甲烷的形成是由一群高度专业化的细菌——产甲烷菌（*Methanogen*）所引起的。产甲烷菌是一群形态多样，具有特殊细胞成分，可以代谢 H_2 和 CO_2 及少数几种简单有机物生成甲烷的严格厌氧古菌。产甲烷菌包括食氢产甲烷菌和食乙酸产甲烷菌两个生理类群，是厌氧消化过程食物链中的最后一组成员。尽管它们具有各种各样的形态，但在食物链中的地位使其具有共同的生理特性。产甲烷菌在严格厌氧条件下将前三群不产甲烷细菌代谢的产物，在没有外源受氢体的情况下，把乙酸和 H_2/CO_2 转化为——CH_4、CO_2 和水，使有机物在厌氧条件下的分解作用得以顺利完成。

在生物分类学上，产甲烷菌（*Methanogen*）属于古细菌（Archaebacteria），大小、外观上与普通细菌（Eubacteria）相似，但实际上，其细胞成分特殊，特别是细胞壁的结构较特殊。产甲烷菌广泛分布于自然界，在污泥、瘤胃、人和动物的肠道、昆虫的肠道、地热水泉、深海火山口、碱湖沉积物、淡水和海洋的沉积物、水田和沼泽等厌氧环境中都有甲烷菌存在。在厌氧消化器中，产甲烷菌的数量达到 $10^6 \sim 10^8$ 个/mL，UASB 颗粒污泥中的产甲烷菌数量可达 10^9 个/mL。

常见的产甲烷细菌主要有：甲烷杆菌属（*Methanobacterium*），如反刍甲烷杆菌（*Methanobacterium ruminantium*）、甲酸甲烷杆菌（*Methanobacterium forrmicicum*）、索氏甲烷杆菌（*Methanobacterium sochngenii*）、运动甲烷杆菌（*Methanobacterium mobilie*）、热自养甲烷杆菌（*Methanobacterium thermoautrophicum*）等，甲烷八叠球菌属（*Methanosarcina*），如巴氏甲烷八叠球菌（*Methanosarcina barkeri*）等，以及甲烷鬃毛菌属（*Methanosaeta*），甲烷球菌属（*Methanococcus*），甲烷螺菌属（*Methanospirillum*），甲烷短杆菌属（*Methanobrevibacter*），甲烷袋状菌属（*Methanoculleus*）等。

产甲烷菌具有以下特性：

(1)生长于严格厌氧环境　产甲烷细菌都是专性严格厌氧菌，对氧非常敏感，遇氧后生长、繁殖立即受到抑制，有的还会死亡。

(2)营养特性　产甲烷菌只能利用简单的碳素化合物，如 H_2/CO_2、甲酸、乙酸、甲醇、甲胺类等。产甲烷菌均能利用氨态氮为氮源，但是对氨基酸的利用能力差。另外甲烷菌生长需要某些维生素(B族维生素)和微量元素(Ni、Co、Fe)。

(3)偏中性的pH环境　大多是产甲烷菌比较适于在pH 6.8～7.2的中性环境中生长,过高(pH＞8)或者过低(pH＜6)都会抑制其生长和繁殖。

(4)生长繁殖缓慢　甲烷细菌生长很缓慢,在人工培养条件下需经过十几天甚至几十天才能长出菌落。据麦卡蒂(McCarty)介绍,有的甲烷细菌需要培养七八十天才能长出菌落,在自然条件下甚至更长,菌落也相当小,特别是甲烷八叠球菌菌落更小。甲烷细菌世代时间也长,有的细菌20 min繁殖一代,甲烷细菌需几天乃至几十天才能繁殖一代。

3. 产甲烷细菌与不产甲烷菌的相互作用

在厌氧处理系统中,存在着种类繁多,关系复杂的微生物群系。甲烷的产生是这个生物群系中各种微生物相互平衡、协同作用的结果。厌氧处理过程实际上是由这些微生物所进行的一系列生物化学的偶联反应,而产甲烷细菌是厌氧生物链上的最后一个成员。在厌氧处理系统中,不产甲烷细菌和产甲烷细菌相互依赖,互为对方创造良好的环境和条件,构成互相关系。同时,双方又互为制约,在厌氧生物处理系统中处于平衡状态。

(1)不产甲烷细菌为产甲烷细菌提供生长繁殖的底物。不产甲烷细菌中的发酵细菌可以把各种复杂的有机物,如高分子的碳水化合物、脂肪、蛋白质等进行发酵,生成H_2、CO_2、NH_3、挥发性有机酸、丙酸、丁酸、乙醇等又可被产氢产乙酸细菌转化成H_2、CO_2和乙酸。这样,不产甲烷细菌通过生命活动,为产甲烷细菌提供了生长和代谢所需要的碳源和氮源。

(2)不产甲烷菌为产甲烷细菌创造了适宜的氧化还原电位。在厌氧反应器运转过程中,由于加料过程难免使空气进入装置,有时液体原料里也含有微量溶解氧,这显然对产甲烷菌是有害的。氧的去除可依赖非产甲烷细菌类群中那些兼性厌氧或兼性好氧微生物的活动,将氧消耗掉,从而降低反应器中氧化还原电位。

(3)不产甲烷细菌为产甲烷细菌清除了有毒物质。如工业废水可能含有酚、氰、苯甲酸、长链脂肪酸和重金属离子等,这些物质对产甲烷细菌有毒害作用。但不产甲烷细菌中有许多种类能裂解苯环,有些菌还能以氰化物作为碳源和能源,这些作用不仅解除了有毒物质对产甲烷细菌的毒害,而且同时给产甲烷细菌提供了底物。此外,不产甲烷细菌的代谢产物硫化氢可以和一些重金属离子作用,生成不溶性的金属硫化物沉淀,从而解除了一些重金属的毒害作用。但反应系统内的H_2S浓度不能过高,否则会毒害产甲烷细菌。

(4)产甲烷细菌为不产甲烷细菌的生化反应解除了反馈抑制。不产甲烷细菌的发酵产物,可以抑制本身的生命活动。在运行正常的消化反应器中,产甲烷细菌能连续利用由非产甲烷细菌产生的氢、乙酸、二氧化碳等生成CH_4,不会由于氢和酸的积累而产生反馈抑制作用,使不产甲烷细菌的代谢能够正常进行。

(5)不产甲烷细菌和产甲烷细菌共同维持环境中的适宜pH。在沼气发酵初期,不产甲烷细菌首先降解废水中的有机物质,产生大量的有机酸和碳酸盐,使发酵液中pH明显下降。同时不产甲烷细菌类群中还有一类氨化细菌,能迅速分解蛋白质产生氨。氨对中和部分酸,起到一定的缓冲作用。另一方面,产甲烷细菌可利用乙酸、氢和CO_2形成甲烷,从而避免了酸的积累,使pH稳定在一个适宜的范围,不会使发酵液中pH达到对产甲烷过程不利的程度。但如果发酵条件控制不当,如进水负荷过高、C/N失调,则可造成pH过低或过高,前者较为多见,称为酸化。这将严重影响产甲烷细菌的代谢活动,甚至使产甲烷作用中断。

9.2.2.2　沼气产生的生理生化机理

有机物厌氧消化过程是一个非常复杂的由多种微生物共同作用的生化过程。不同的学者对其内部机理有着不同的解释。

1. 两阶段理论

20 世纪 30—60 年代，被普遍接受的是两阶段理论，即将有机物消化过程分为酸性发酵和碱性发酵两个阶段。两阶段理论如图 9-6 所示。

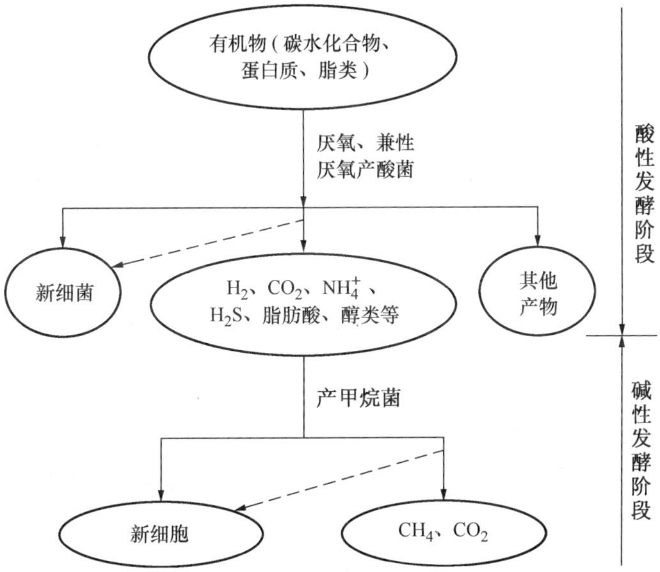

图 9-6　两阶段厌氧消化过程示意图

第一阶段，酸性发酵阶段。主要功能是复杂的有机物如糖类、脂肪和蛋白质等，在产酸菌（厌氧或兼性厌氧）的作用下被分解成低分子的中间产物，主要是一些低分子有机酸，如乙酸、丙酸、丁酸等，以及醇类，如乙醇，并有 CO_2、H_2、NH_4^+、H_2S 等产生。由于此阶段中有大量的脂肪酸产生，使发酵液的 pH 降低，因而称之为酸性发酵阶段或产酸阶段。主要参与反应的微生物统称为发酵细菌或产酸细菌，这些微生物的特点是：生长速率快；对环境条件的适应性（温度、pH 等）强。

第二阶段，产甲烷阶段，又称碱性发酵阶段。产甲烷菌（专性厌氧菌）利用前一阶段的中间产物，并将其分解转化为 CH_4 和 CO_2，同时系统中有 NH_4^+ 的存在，使发酵液的 pH 不断升高。主要参与反应的微生物被统称为产甲烷菌（Methane producing bacteria）。产甲烷细菌的主要特点是：生长速率慢，世代时间长；对环境条件（温度、pH、抑制物等）非常敏感，要求苛刻。

在不同的厌氧消化阶段，随着有机物的降解，伴随合成新的微生物细胞。细胞合成和微生物的生长所需的能量由有机物分解过程中释放的能量提供。

2. 三阶段理论

1979 年 M. P. Bryant 根据大量事实把甲烷的形成过程分为三阶段。他在二阶段理论的基础上，将第一阶段进一步分为两个阶段：水解 - 发酵阶段与产氢、产乙酸阶段。从而提出三阶段理论（图 9-7）。

该理论认为产甲烷细菌只能利用一些简单有机物作为基质，其中主要是一些简单的一碳

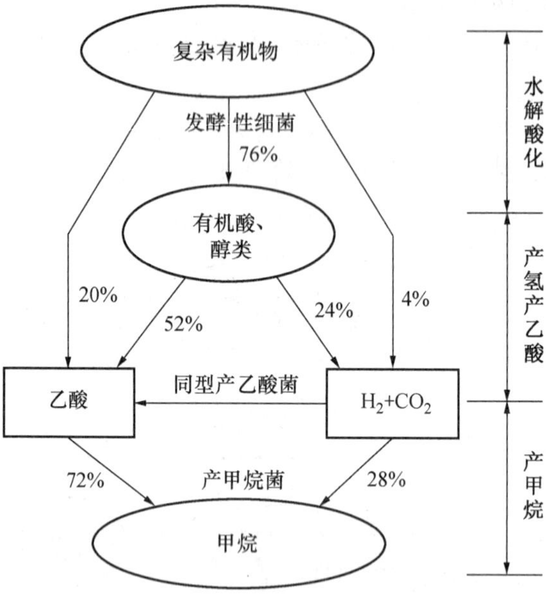

图 9-7 三阶段厌氧消化过程示意图

物质如甲酸、甲醇、甲基胺类以及 H_2、CO_2 等，两碳物质中只有乙酸，而不能利用其他含两碳或以上的脂肪酸和甲醇以外的醇类。长链脂肪酸和醇类就必须经过产氢产乙酸菌转化为乙酸、H_2、CO_2 等，才能被产甲烷菌利用。

第一阶段，水解酸化阶段。在该阶段，复杂的大分子、不溶性有机物在微生物胞外酶作用下水解成简单的可溶性小分子有机物，然后这些简单的有机物在产酸菌的作用下经过厌氧发酵和氧化转化成乙酸、丙酸、丁酸等挥发性有机酸和醇类、醛类等。

碳水化合物、脂肪和蛋白质的水解酸化过程如下：

$$\text{多糖}\xrightarrow[\text{胞外酶}]{\text{水解}}\text{单糖}\xrightarrow[\text{产酸细菌}]{\text{酸化}}\text{脂肪酸、醇类、}H_2\text{、}CO_2$$

$$\text{脂肪}\xrightarrow[\text{胞外酶}]{\text{水解}}\text{长链脂肪酸甘油}\xrightarrow[\text{产酸细菌}]{\text{酸化}}\text{短链脂肪酸丙酮酸、}CH_4\text{、}CO_2$$

$$\text{蛋白质}\xrightarrow[\text{胞外酶}]{\text{水解}}\text{氨基酸}\xrightarrow[\text{产酸细菌}]{\text{酸化}}\text{脂肪酸胺、}NH_3\text{、}CH_4\text{、}CO_2\text{、}H_2S$$

$$\downarrow$$

$$\longrightarrow\text{多肽}\longrightarrow\text{二肽}$$

第二阶段，产氢产乙酸阶段。在这一阶段，产氢产乙酸菌把除乙酸、甲酸、甲醇以外的第一阶段产生的中间产物，如丙酸、丁酸等脂肪酸和醇类等转化成乙酸、H_2 和 CO_2 等。

在水解阶段和产氢产乙酸阶段，因有机酸的形成与积累，pH 可下降到 6 以下。伴随着有机酸和含氮化合物的分解，消化液的酸性逐渐减弱，pH 可回升至 6.5～6.8。

第三阶段，产甲烷阶段。在该阶段，产甲烷细菌利用乙酸、乙酸盐、H_2 和 CO_2 产生 CH_4。此过程分别由生理类型不同的两种产甲烷细菌共同完成，其中一类把 H_2 和 CO_2 转化为甲烷，另一类则通过乙酸或乙酸盐的脱羧途径来产生甲烷。一般认为，在厌氧生物处理过程中约有 70% 的 CH_4 产自乙酸的分解，其余的则产自 H_2 和 CO。

实际上，在厌氧反应器的运行过程中，厌氧消化的三个阶段同时进行并保持一定程度的动态平衡。这一动态平衡一旦被外界因素如温度、pH、有机负荷(OLR)等所破坏,则产甲烷阶段往往出现停滞,其结果将导致低级脂肪酸的积累和厌氧消化进程的异常。

9.2.3　沼气发酵条件

沼气发酵过程是通过多种生理上不同的微生物类群联合作用来完成的。这些微生物要求适宜的生活条件,对温度、酸碱度、氧化还原电位及其他各种环境因素都有一定的要求。在工艺上满足微生物的这些生长繁殖条件,才能达到发酵快、产气量高的目的。

沼气发酵产气的好坏与发酵条件的控制密切相关。在发酵条件比较稳定的情况下产气旺盛,否则产气不好。实践证明,任何一个条件没有控制好都会引起整个系统运行失败,因此,控制好沼气发酵条件是维持正常发酵产气的关键。

(1)严格的厌氧环境　沼气发酵微生物包括产酸菌和产甲烷菌两大类,它们都是厌氧性细菌,尤其是产生甲烷的甲烷菌是严格厌氧菌,对氧特别敏感。它们不能在有氧的环境中生存,哪怕微量的氧存在,生命活动也会受到抑制,甚至死亡。因此,建造一个不漏水、不漏气的密闭沼气池(罐),是人工制取沼气的关键。沼气发酵的启动或新鲜原料入池时会带进一部分氧,但由于在密闭的沼气池内,好氧菌和兼性厌氧菌的作用,迅速消耗了溶解氧,创造了良好的厌氧条件。

厌氧程度用氧化还原电位来表示,氧化还原电位(Oxido-reduction Potential,ORP)可反映出厌氧体系中氧的浓度。产酸细菌对ORP的要求不太严格,可在－100 ～＋100 mV的兼性厌氧条件下生长繁殖。而产甲烷细菌对ORP的要求相对较苛刻,必须在－350 mV甚至更低的条件下才能正常生长繁殖。

(2)发酵温度　沼气发酵过程是一个复杂的生化反应过程,温度是影响沼气发酵的重要因素。一般认为,产甲烷菌适宜的温度范围为5～60℃,在35℃和53℃上下可以分别获得较高的消化效率。温度为40～45℃时,厌氧消化的效率较低。根据产甲烷菌适宜温度条件的不同,厌氧消化可分为常温消化(15～20℃)、中温消化(30～35℃)和高温消化(50～55℃)三种类型。无论是高温消化或是中温消化,其系统中允许的温度波动范围为:±(1.5～2.0)℃。当温度波动超过5℃时,系统即停止产气,并导致有机酸的大量积累而破坏了消化的进行。在中温消化时,由于其温度与人的体温接近,故对寄生虫卵和大肠菌的杀灭率低;而高温消化对它们的杀灭率可达到90%以上,出水能满足卫生要求。

(3)发酵原料　原料(有机物)是供给沼气发酵微生物进行正常生命活动所需的营养和能量,是不断生产沼气的物质基础。农业剩余物秸秆、杂草、树叶等,猪、牛、马、羊、鸡等家畜家禽的粪便,工农业生产的有机废水废物(如豆制品的废水、酒糟和糖渣等),还有水生植物都可以作为沼气发酵的原料。为了确切地表示固体或液体中有机物含量一般采用如下一些方法来测定原料的有机质含量。

①总固体(TS)和挥发性固体(VS)　原料中总固体、挥发性固体、水分和灰分之间的组成关系如下:

$$\text{原料}\begin{cases}\text{水分}\\ \text{总固体(TS)}\begin{cases}\text{灰分}\\ \text{挥发性固体(VS)}\end{cases}\end{cases}$$

总固体(TS)，又称干物质，是指发酵原料除去水分后剩下的物质。测定方法为：把样品放在105℃的烘干箱中烘干至恒重，此时物质的重量就是该样品的总固体重量。

挥发性固体(VS)，是指原料总固体中除去灰分以后剩下的物质。测定方法为：将原料总固体样品在550℃温度下灼烧，其减轻的重量就是该样品的挥发性固体量，余下的物质是样品的灰分，其重量是该样品灰分的重量。在沼气发酵中，沼气微生物只能利用原料中的挥发性固体(VS)，而灰分是不能被利用的。

②适宜的料液浓度　料液中干物质含量的百分比为料液浓度。对沼气池内发酵料液浓度要求，随季节的变化而不同。在夏季，发酵料液浓度可以低些，要求浓度在6%左右；冬季浓度应高一些，为8%左右。发酵料液的浓度太低或太高，对产生沼气都不利。因为浓度太低时，即含水量太多有机物相对减少，会降低沼气池单位容积中的沼气产量，不利于沼气池的充分利用；浓度太高时，即含水量太少，不利于沼气细菌的活动，发酵料液不易分解，使沼气发酵受到阻碍，产气慢而少。因此，一定要根据发酵料液含水量的不同，在进料时加入相应数量的水，使发酵料液的浓度适宜，以充分合理地利用发酵料液和获得比较稳定的产气率。配制发酵料液的浓度，要根据发酵原料的含水量（表9-4）和不同季节所要求的浓度，再加入一定量的水。

表9-4　不同发酵原料的含水量(田晓东，2002)　%

发酵原料	含水量	含干物质量	发酵原料	含水量	含干物质量
干麦秆	18.0	82.0	鲜马粪	78.0	22.0
干稻草	17.0	83.0	鲜猪粪	82.0	18.0
玉米秆	20.0	80.0	鲜人粪	80.0	20.0
杂草	76.0	24.0	鲜鸡粪	70.0	30.0
鲜牛粪	83.0	17.0	鲜人尿	99.6	0.4

当沼气池容积一定时，如果发酵原料加水量过多，发酵料液过稀，滞留期短，原料未经充分发酵就被排出，这不但影响产气，还浪费了发酵原料；如果加水量太少，发酵料液过浓，使有机酸聚积过多，发酵受阻，产气率降低。

③产气量、产气速度与产气率　一般认为，自然界的有机物质除矿物油和木质素外，都能被微生物发酵产生沼气，但不同有机物质的产气量是不同的，如表9-5所示。因为各种有机物质分解的难易程度不同，所以产气速度相差很大，如表9-6所示。

表9-5　不同原料的产气量(田晓东，2002)

原料种类	产沼气量/(m^3/t干物质)	甲烷含量/%	原料种类	产沼气量/(m^3/t干物质)	甲烷含量/%
牲畜厩肥	260～280	50～60	树叶	210～294	58
猪粪	561		废物污泥	640	50
马粪	200～300		酒厂废水	300～600	58
青草	630	70	碳水化合物	750	49
亚麻秆	359		脂类化合物	1 440	72
麦秆	432	59	蛋白质	980	50

表 9-6　不同原料的产气速率(田晓东,2002)

发酵原料	产气速度(占总气量的%)			
	0～5 d	16～45 d	46～75 d	75～135 d
牛粪	11	33.8	20.9	34.3
水葫芦	83	17		
水花生	23	45	32	
水浮莲	23	62	15	
猪粪	19.6	31.8	25.5	23.1
干青草	13	11	43	33
稻草	9	50	16	25
人粪	45	22	27.3	5.7

产气率分为原料产气率、料液产气率、池容产气率。原料产气率是指单位原料重量在整个发酵过程中的产气量。说明在一定的发酵条件下,原料被利用水平的高低。料液产气率是指单位体积的发酵料液每天产沼气的数量。料液中所含原料种类和质量(料液浓度)不同,产气率差异较大。料液产气率不能说明原料的利用水平的高低,也不能说明消化器容积被利用的水平,在大中型沼气工程中不宜被采用。

容积产气率是指厌氧消化器的单位容积每天生产沼气的多少,容积产气率说明厌氧消化器被利用水平高低,其表示单位为[$m^3/(m^3 \cdot d)$]。用原料产气率和池容产气率去评价两种原料或两个装置被利用水平时,还要考虑两者的发酵条件和生产状况,因为原料发酵好坏与接种物、发酵温度、发酵时间和料液浓度等因素有关。各种原料实际产气量与理论产气量之间有一定差异。猪粪、牛粪的实际产气量约占理论计算值的 70%,稻草仅占 44%左右。而从工程的角度,常把去除 1 kg COD(用重铬酸钾法测定原料中有机物含量的化学耗氧量)产甲烷 0.35 m^3 称为理论产甲烷量,而理论产气量则要取决于沼气中甲烷含量的多少,一般甲烷占沼气总体积的 50%～70%。

(4)pH　pH 对于沼气发酵极其重要,是甲烷化厌氧消化过程是否正常的标志之一。产酸细菌和产甲烷细菌适应的 pH 范围是不同的,与产甲烷细菌相比,产酸细菌对 pH 的变化不太敏感,其适宜的 pH 范围在 4.5～8.0。有的甚至可以在 pH 为 5.0 以下的环境中生长繁殖。而产甲烷细菌对 pH 变化的适应性很差,中温产甲烷细菌的最适 pH 为 6.8～7.2。pH 低于 6.3 或高于 7.8,甲烷生成过程减弱甚至停止产甲烷。因此,pH 对厌氧消化产甲烷过程的影响主要是对产甲烷菌细菌的限制。通常,厌氧发酵适宜的 pH 范围在 6.0～8.0,pH 过高或过低都会抑制厌氧微生物的生理活性,从而限制甲烷的产量。建议采用测定挥发酸来控制投料量,这样可以做到精确管理。

(5)原料营养比　厌氧微生物在生长繁殖过程中需按一定的比例摄取碳、氮、磷以及其他微量元素。工程上主要控制原料的碳、氮、磷的比例。其他营养元素不足的情况比较少见,不同的微生物在不同的环境条件下所需的碳、氮、磷比例不完全一致,大量的实验表明,在厌氧处理工艺中,碳∶氮∶磷的比例控制在(200～300)∶5∶1 为宜,其中碳以 COD 计算,氮、磷以元素含量计算。虽然厌氧微生物对 N、P 的需求相对较少,但由于许多厌氧微生物自身缺乏合成必要的维生素与氨基酸的能力,因而必须进行人为的投加,以提高其酶活力。为了保证厌氧细菌的增殖,有时需要在消化系统中额外补充某些专门的营养,如钾、钠、钙等金属盐是形成细胞或非细胞的金属配合物所必需的;镍、铝、钴、钼等微量元素可提高产甲烷菌酶系统的活性,增加产气量。

(6)接种物　在发酵运行之初,要加入厌氧菌作为接种物(亦称为菌种)。在条件具备时,宜采用生态环境一致的厌氧污泥作为接种物。当没有适宜的接种物时,需要进行菌种富集和培养,即选择活性较强的污泥或是人畜粪便等,添加适量(菌种量的5%~10%)有机废水或作物秸秆等,装入可密封的容器内,在适宜的条件下,重复操作扩大接种数量。

(7)有毒物质　在沼气发酵中,有毒物质的存在会对厌氧消化过程产生抑制和毒害作用。最常见的有毒物质如 S^{2-}、SO_4^{2-}、NH_3、NH_4^+、CN^-、Cl^-、有机氯化合物等。如当消化池 SO_4^{2-} 浓度过高,会使硫酸盐还原细菌过度增殖,其还原1份的 SO_4^{2-} 时用去8个 H^+,从而使得甲烷的生成减少了两份。当池中 NH_4^+ 浓度大于150 mg/L时,将出现氨中毒现象。在保证毒性有机物以较低的浓度以及缓慢的速度进入反应器的条件下,厌氧微生物可慢慢对其适应并最终将其降解。

(8)混合和搅拌　通过搅拌可使得各种物质相互混合,以利与微生物充分接触,使反应有效进行,还能均衡消化池中的pH,防止局部有机酸积累,也利于沼气的释放。搅拌方式通常有:机械搅拌、水力搅拌和沼气搅拌。

沼气发酵是沼气微生物群分解代谢有机物产生沼气的过程,沼气微生物像其他生物一样,对环境有个适应范围。上述各项是沼气微生物群系维持正常活动所必须的条件,只有满足这些条件要求,沼气发酵方能正常运行下去。

9.3 沼气工程技术

9.3.1 沼气工程的发展与现状

9.3.1.1 农村户用沼气发展和现状

中国是世界上最早发现和应用沼气的少数几个国家之一。早在19世纪80年代,中国广东省潮梅一带民间就开始了制取沼气的试验,到19世纪末出现了简陋的沼气池。1929年夏天,罗国瑞先生在广东省汕头市建立了中国第一个推广沼气的机构——汕头市国瑞瓦斯汽灯公司,在深圳、大埔、香港等地推广应用天然瓦斯技术,并于1936年建成了一个体积为125.172 m^3 的沼气池,标志着中国在沼气研究与建设方面取得了重要突破。

新中国成立后,中国沼气的发展历史大致可以概括为三个阶段。

第一阶段为初始发展阶段(20世纪90年代以前)。在这个阶段的较长时期,农村沼气建设起落较大,总体发展较慢。70年代前后,我国政府曾重视并大力推进沼气建设,掀起了沼气建设高潮,但由于当时技术不成熟,又没有专业施工队,农村沼气建设主要靠行政命令推动,多数沼气池质量问题突出,只能使用1~3年甚至更短的时间。例如,农村沼气池从1970年的6 000户快速发展到1980年的723万户,但却是边建设边报废,到了80年代中期,传统土法上马的沼气池基本上全部报废。仅1986年当年在新增35万口农村沼气池的同时却报废40万口,当年年底的保有量仅为453万户,比1980年还少了270万口。当时由于沼气技术不完备,建设经费缺乏,人们大多采用现场学习照葫芦画瓢的办法和因陋就简地大办沼气,由于当时施工技术、建池质量等得不到保障,许多沼气池在建成后不久就漏水漏气,新修建的沼气池与已建沼气池“一年好，二年少，三年了”的状况，使户用沼气池量大起大落，到 80 年代后期，大量沼气池基本上都由于各种原因而停用、报废，曾经给中国沼气技术的发展蒙上了阴影。

第二阶段为技术突破和工艺完善阶段(20 世纪 90 年代)。“八五”以来，经过多年的研究、开发、试点示范，各地认真汲取农村沼气建设的教训，加强科研攻关和试点示范，沼气建设技术获得重大突破。沼气建设从池型设计、建设施工到使用管理逐步成熟，发酵工艺和综合利用技术处于世界领先水平。同时，以沼气建设为纽带，将沼气技术与农业生产技术结合起来，形成了以南方“猪—沼—果”、“猪—沼—稻”、“猪—沼—菜”、“猪—沼—蔗”、“猪—沼—茶”、“猪—沼—花”等农业生态经济模式；北方寒带地区的沼气池、猪禽舍、厕所和日光温室组合的“四位一体”的能源生态模式；西北贫水地区以沼气池、果园、暖圈、蓄水窖和太阳能组合的“五配套”生态果园工程模式。以上经济模式实质是一种“资源—农产品—废弃物—再生资源”循环经济模式，也是一种能源生态模式。主要特点是以沼气建设为纽带，推动着农村经济、文化的发展，带动了农村的建设。技术和模式的突破为沼气建设稳步发展奠定了建设的基础。“八五”期间平均每年新增 36 万户，“九五”期间平均每年新增 75 万户。到 2000 年底全国已拥有农村户用沼气池 980 万户，其中，55%的沼气池开展了综合利用。

第三阶段为加快发展阶段(新世纪以来)，自 2000 年农业部提出以沼气为纽带的“生态家园富民计划”起，并在部分省区成功地实施了示范村建设以后，党中央、国务院加大了对农村沼气建设的投入力度，加快了农村沼气示范推广速度。2001—2006 年，中央累计投入 60 多亿元，直接建设农村户用沼气池 600 多万户，并引导各地自发建设农村沼气，已形成了年新增农村户用沼气 200 多万户的发展势头。截止到 2005 年底，全国已推广应用农村户用沼气池 1 807万户，年生产沼气 70 多亿 m^3。

现今农村户用沼气工程建设已经跳出了为农民缓解炊事用能的单一目标，发展成为发挥多种效能的农村发展基础设施建设，成为解决“三农”问题和推进农村全面小康建设的重大工程措施。农村户用沼气工程的建设联结了农村生产、生活和生态三个环节，涉及农业和农村经济发展、农产品质量安全、农村生活能源利用、农村公共环境卫生、农村生态建设、农村环境保护六大领域，这些效能对于农村建设全面小康社会的主要内容，即农民生活质量提高，生产条件得到改善、农村经济繁荣、农民生活富裕、农村生态环境良好、可持续发展能力增强都密切相关，因此农村沼气建设集经济、社会、生态三大效益于一体，在农村小康建设中具有重要的地位和作用。

9.3.1.2　大中型沼气工程的发展与现状

近几年来，随着能源和环境问题的日益突出，大中型沼气工程技术作为一种既可以处理废弃物，又能回收能源的工程技术，迅速发展。沼气工程的规模主要按发酵装置的容积大小和日产气量的多少来划分(表 9 - 7)。

表 9 - 7　沼气工程规模划分　　m^3

规模	单体容积	单体容积之和	日产气量
小型	<50	<50	<50
中型	50～500	50～1 000	50～1 000
大型	>500	>1 000	>1 000

大中型沼气工程，是指沼气发酵装置或其日产气量达到一定规模，即单体发酵容积大于 50 m^3，或多个单体发酵容积之和大于 50 m^3，或日产气量大于 50 m^3 的为中型沼气工程。如果单体发酵容积大于 500 m^3，或多个单体发酵容积之和大于 1 000 m^3，或日产气量大于 1 000 m^3 的，即为大型沼气工程。人们习惯把中型和大型沼气工程放到一起去评述，称之为大中型沼气工程。

1. 大中型沼气工程国内概况

同国外发达国家相比我国大中型沼气工程起步较晚，直到出现在 20 世纪 60 年代初期，才出现第一个大型沼气发酵装置——南阳酒精厂，为了处理酒精废醪液而建的。之后一些酒厂、酒精厂也先后建起了规模不等的发酵工程，但数量较少。20 世纪 90 年代后，随着"菜篮子工程"规模化养殖场的大量建设，同时食品加工业也飞速发展，产生了大量的粪便污水和食品工业废水，造成严重环境污染和有机资源的浪费，厌氧消化是处理这类有机废物的有效途径，因此，用于处理这类有机废物的沼气工程迅速发展。

据统计，至 1998 年，我国已有大中型沼气工程 748 处，年处理废弃物 1 990 万 t。到 2005 年底，已建养殖场沼气工程 3 500 处，年可处理畜禽粪便等废弃物 8 700 万 t。至 2010 年，国家支持新建大中型沼气工程 4 000 处左右(不包括地方政府支持和大型养殖场自主建设的项目)。同时，随着经济社会的不断发展，我国城市步伐加快，城市生活污水逐年增多，大中型城市污水处理厂也有相应的发展。

我国大中型沼气工程经历了由小到大(单罐上万立方米)，有少到多，有低效消化池到高效厌氧消化系统的发展历程。现在我国大中型沼气工程数量世界第一，正常运行的装置在原料利用、有机负荷、有机物去除率和容积产气率等方面也都达到国际水平，特别是在废物资源化综合利用、环境、生态、能源和经济效益结合的沼气综合技术系统方面，逐步创出符合中国国情的途径。

2. 大中型沼气工程国外概况

随着能源和环境问题的日益突出，沼气（厌氧消化 ）技术作为一种处理废弃物并能回收能源的环境工程技术，在世界上受到了越来越多的关注。欧洲国家不论在沼气工程技术、相关政策还是在沼气工程带来的经济、环境和能源效益等各方面 都走在了世界前列。

在 2006 年，欧盟生产了近 53.5Mtoe（百万吨石油当量 ）沼气，其中填埋气占 58.3%，分散农场沼气工程、市政固体废弃物处理沼气工程、集中式联合发酵沼气工程占 24.0%，市政和工业污泥厌氧消化沼气占 17.8%。欧盟各国沼气产量见表 9-8。

2005—2006 年间，欧盟沼气产量增长了 131.6%，主要得益于农场沼气工程沼气产量的增加。农业沼气工程增加 41.7%，垃圾填埋气只增加了 51.77%，污泥厌氧消化沼气只增加了 5.31%。

(1)英国　以前英国是欧洲生产与利用沼气最多的国家，处于欧洲沼气的领头羊位置，2006 年，这一位置被德国取代。但人均沼气产量在欧洲仍然是第一。沼气初级能源的增加主要是填埋气发电市场的增加。填埋气是绿色证书系统（可再生义务证书系统 Renewable Obligation Certificate System，ROCS)的受益者。绿色证书系统要求电力提供商每年增加可再生能源发电所占的份额，2005—2006 年度为 5.7%，2015 年将达到 15.4%。2004—2005 年度，沼气占可再生能源发电的 35.9%（填埋气占 33.6%，污水处理沼气占 2.3%)，相当于 3.9 TWh，2005—2006 年度将达到 4.3 TWh。

(2)德国　德国是农场沼气工程发展最好的国家，主要是因为激励系统刺激了农场沼气工程的快速增长。德国沼气产量的增加主要是由于农场小型沼气工程(热电联供)的大规模增加，在 2006 年，基本上每个月新建 50 座沼气工程，到 2006 年底，沼气工程的数量达到 3 500 座，总装机达 1 100 MW，2008 年到达 4 000 座(图 9-8)。德国沼气协会估计，到 2020 年，总装机将达到 9 500 MW。2005 年底，德国在沼气行业大约投资 6.50 亿欧元用于沼气工程建设，产生了 8 000 个工作岗位。在国内市场快速发展的基础上，德国沼气工业的出口也持续增长，2004 年达到 2 700 万欧元，约占行业总产值的 10%，在不久的将来，预计达到 30%。

表 9-8　2006 欧盟沼气产量(邓良伟，2007)　ktoe[1]

国　家	填埋气	污泥消化沼气[2]	其他沼气[2]	合　计
德国	573.2	369.8	980.2	1 923.2
英国	1 515.0	181.0		1 696.0
意大利	310.0	0.9	42.1	353.8
西班牙	251.6	56.8	25.8	334.3
法国	148.0	75.0	4.0	227.0
荷兰	38.8	50.8	29.4	119.0
奥地利	11.2	3.5	103.4	118.1
丹麦	14.2	23.5	56.5	94.2
波兰	27.5	65.8	0.5	93.8
比利时	50.6	25.0	7.8	83.3
芬兰	50.9	12.7	—	63.6
捷克	25.2	31.1	3.6	59.9
爱尔兰	25.4	4.8	4.5	34.7
瑞典	11.3	21.1	1	33.3
匈牙利	0.1	7.3	3.1	10.5
葡萄牙	—	—	9.2	9.2
卢森堡	—	—	8.9	8.9
斯洛文尼亚	6.9	1.1	0.4	8.4
爱沙尼亚	1.3	—	—	1.3
马耳他	0	0	0	0
欧盟	3 116.2	949.5	1 281.1	5 246.7

注：1. ktoe 为千吨石油当量，1 t 石油当量相当于 2 000 m^3 沼气；2. 市政和工业污泥沼气工程；3. 分散农场沼气工程，市政固体废弃物沼气工程，集中联合发酵沼气工程。

(3)瑞典　沼气主要有两个来源：污水处理厂(140 座，气产量 69.3 ktoe)，填埋场(60 座，沼气产量 35.8 ktoe)。供热和发电不是沼气的主要利用方式，瑞典的沼气利用选择作汽车燃料。在 2006 年底，瑞典建设了世界上最大的沼气工程，来自市政污水处理厂的沼气经净化后做汽车燃料，沼气产量 1 600 $m^3 \cdot h^{-1}$。另外，也将净化后的沼气注入天然气燃气网，每年相当于 180 万 m^3 天然气。

(4)奥地利　其沼气发展与德国类似，自从绿电法案颁布以来，农场沼气工程发展迅速，2001—2002 年期间，沼气工程数量翻倍。2003—2005 年间新建了 100 多座沼气工程，其中 15.5%的工程，发电装机小于 100 kW；72% 在 100～500 kW 之间；大于 500 kW 占 12.5%。

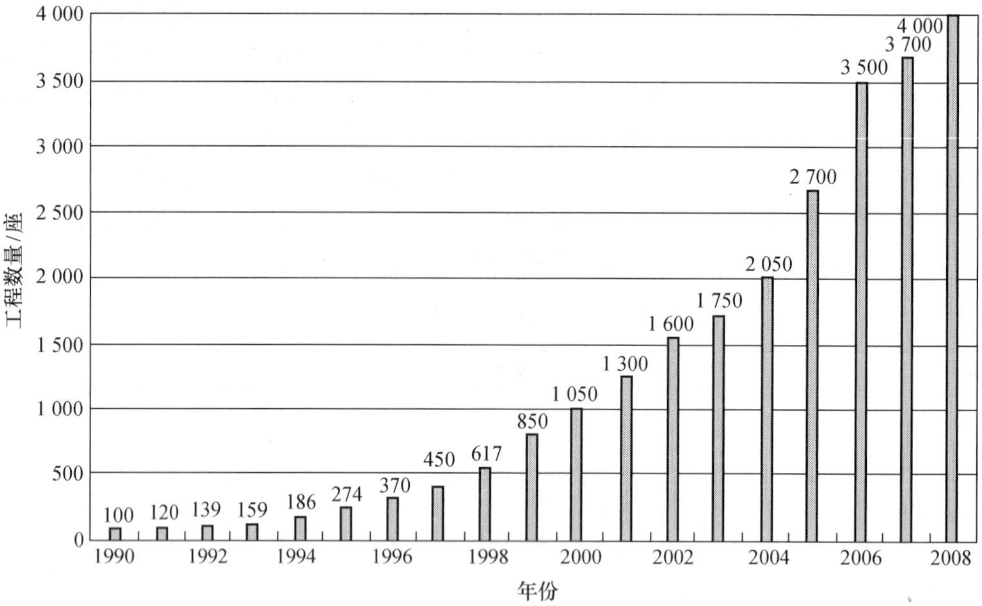

图 9-8 德国沼气工程 1990—2008 年数量

（来源：P. Weiland，2009）

大约 50 座新建沼气工程将在 2005 年运行，平均装机 500 kW。到 2006 年底，沼气工程数量达到了 350 座。

(5)西班牙　2005—2006 年间沼气产量增加了 17.4 ktoe，2006 年达到 334.3 ktoe，主要是填埋气增加，填埋气占总沼气的 75.3%，这些增加主要得益于沼气发电，2006 年沼气发电达到 674.9 GWh，热电联供成倍增加，从 36.7 GWh 增加到 84.4 GWh。

(6)法国　与北欧国家不同，法国较少采用能源植物和粪便生产沼气。法国沼气生产相对稳定，大部分沼气来自填埋气（140.8 ktoe），市政和工业废水（75 ktoe），其他沼气只有 4 ktoe。在法国，大约有 70 个市政污水处理沼气工程，126 个工业废水处理沼气工程，22 个废弃物存储中心，2 个市政垃圾沼气工程，7 个养殖场沼气工程。法国最新建成的沼汽化垃圾处理厂位于北部的加来市，于 2006 年 12 月 8 日正式投产。该工厂年处理垃圾量为 28 000 t，主要是经过挑选的可发酵生物垃圾和农业食品工业垃圾（油和油脂），这些垃圾来自该市区和周边 59 个村镇。垃圾沼汽化处理后产生的肥料将用于农业；产生的沼气将卖给法国电力（EDF），可发电 6 600 MWh/年还可产生热水形式的能源 4 900 MWh/年用于垃圾干燥；3 000 MWh/年的蒸汽，用于高压供热。

9.3.2 常见的沼气发酵工艺及装置

9.3.2.1 农村户用沼气池

1. 装置类型

沼气池是沼气发酵过程中的核心部分，原料就是在发酵罐中最终转化成沼气。

(1)水压式沼气池　我国农村得到了广泛的运用是水压式沼气池（图 9-9），它主要由发酵间、进料管和水压间三部分组成。其工作原理：当有沼气产生后，气体的增多，池内的气压随之增加，出料间液面和池内也面形成压力差，将发酵间内的料液压到出料间，致使内外压力平衡；当用户使用沼气时池内压力减少，池外出料间的内的液体便压回到池内，维持新的平衡。

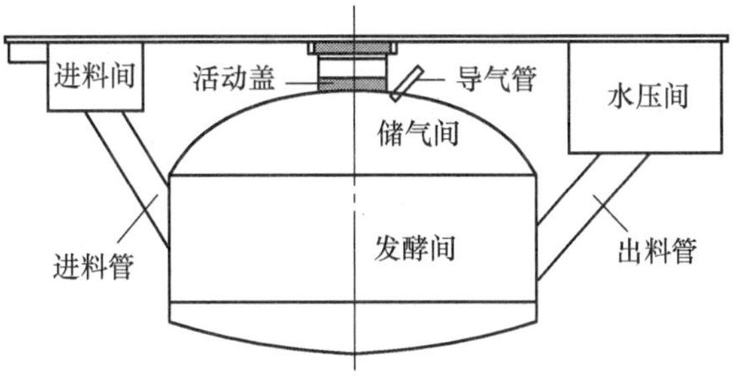

侧水压式沼气池

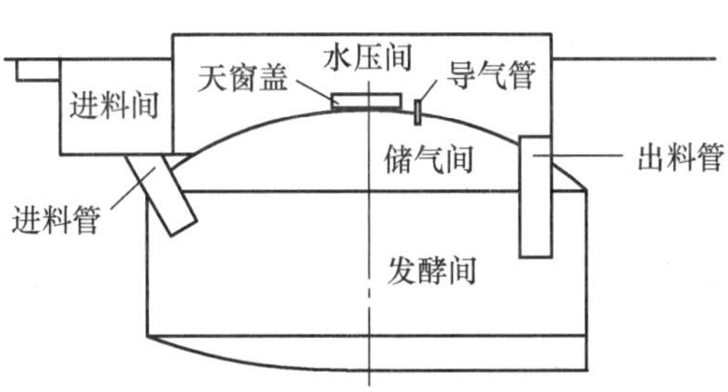

图 9-9　顶水压式沼气池

水压式沼气池一般采用混凝土建于地下，结构合理，受力能力强，施工简单方便，省工省料，造价较低，因此得到广泛的运用。但是由于该消化池没有搅拌装置，原料在池内容易形成沉淀，分层，因此产气效率不高，随着沼气池设计技术不断进步，很多反应池增加了搅拌装置。

(2)浮罩式沼气池　浮罩式沼气池是将发酵间产生的沼气用沉浮式气罩储存起来，一般有活动浮罩式沼气池和分离浮罩式沼气池两种(图 9-10)。

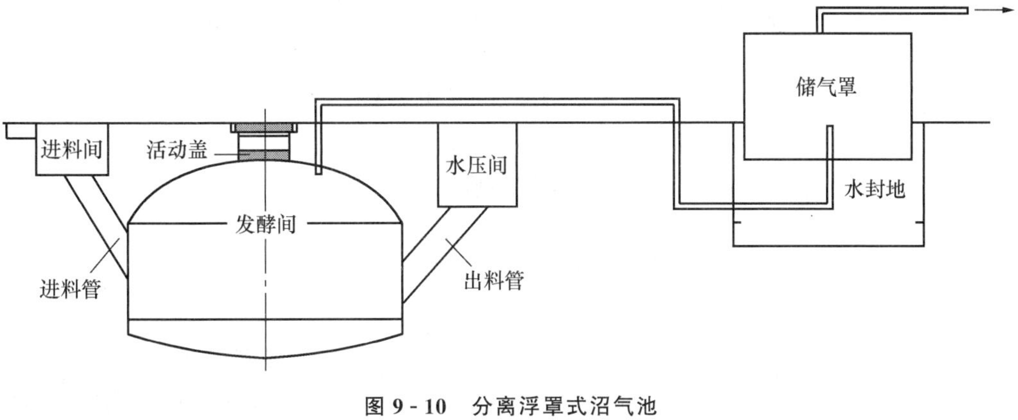

图 9-10　分离浮罩式沼气池

浮罩式沼气池由水封池和气罩两部分组成。当沼气向上压力大于气罩自重和配重时，气罩将沿水封池内壁的导向轨道上升，直到平衡为止；当用气时，气罩内压力下降，气罩也随之下沉。

浮罩式沼气池的特点：气罩内沼气压力比较稳定，压力大小取决于气罩内筒横截面积和气罩自重和配重，易适应沼气发酵工艺要求和燃烧器的性能；建池和出渣容易。但活动浮罩式沼气池保温性比较差。

(3)强旋流液搅拌沼气池　强旋流液搅拌沼气池(图 9-11)是针对静态发酵沼气池存在“微生物贫乏区”、“发酵盲区”和“料液短路”，池内原料分层严重，带来清渣出料困难、产气率低和管理不便等技术问题，研究开发的高效户用沼气池。

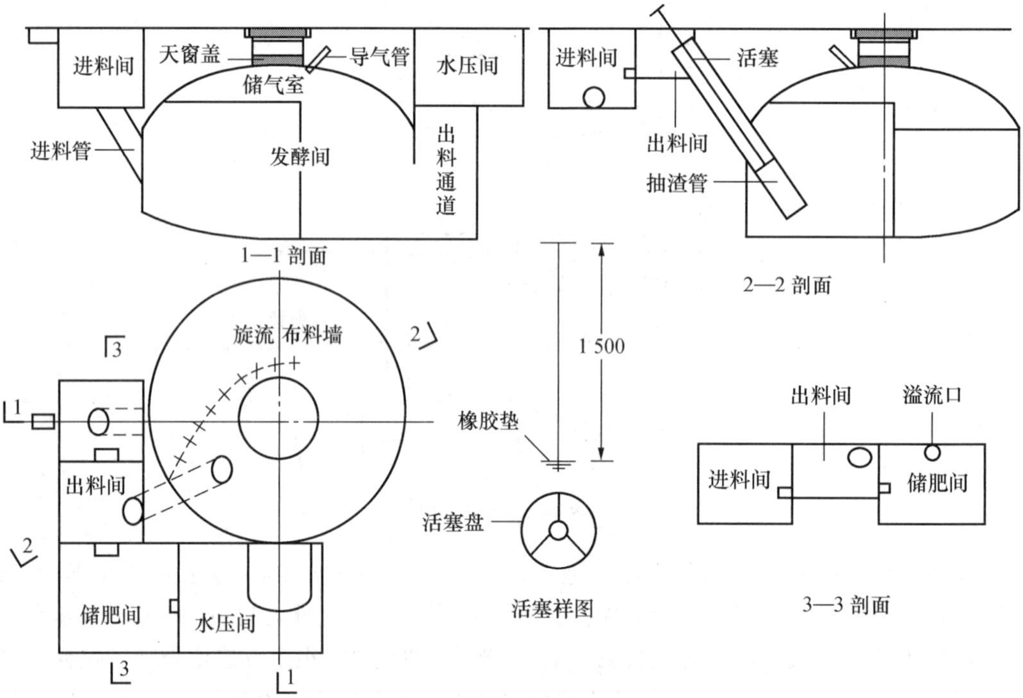

图 9-11　强旋流液搅拌沼气池

强旋流液搅拌沼气池将菌种强制回流、破壳与清渣、微生物富集增殖、消除发酵盲区和料液“短路”等新技术优化组装配套，解决了静态不连续发酵沼气装置存在的技术问题。

目前农村户用沼气池一般都是用混凝土现浇的，由于生产方式、施工工艺等因素制约，不可能生产出工厂化、标准化、商品化的沼气池。同时沼气池对于防渗漏要求较高，气压不稳，不利于产气，也给后续使用带来困难，为了解决这些弊端，人们在沼气池生产上做了很多的探索尝试，研制出铁罐式沼气池(图 9-12)，工程塑料沼气池和有机玻璃钢沼气池等工厂化沼气池。这些新类型沼气池运行管理方便，使用寿命长，效果好。

2. 发酵工艺类型

(1)半连续投料沼气池　这种方式是我国农村户用沼气池普遍采用的工艺，即在沼气池启动时一次性加入较多的发酵原料，正常产气后，定期不定量的添加新料和排除旧料，以维持稳定的产气率。该工艺只要原料是人畜粪便和秸秆，应控制启动浓度 TS%<10，接种物(正常产气的池底污泥)一般占料液的总量的 10%以上。

(2)批量投料沼气池　批量投料沼气池是中比较简单的沼气发酵形式，如工程塑料沼气池和有机玻璃钢沼气池。它的特点：将发酵原料一次性投入沼气池，当发酵周期结束后，取出

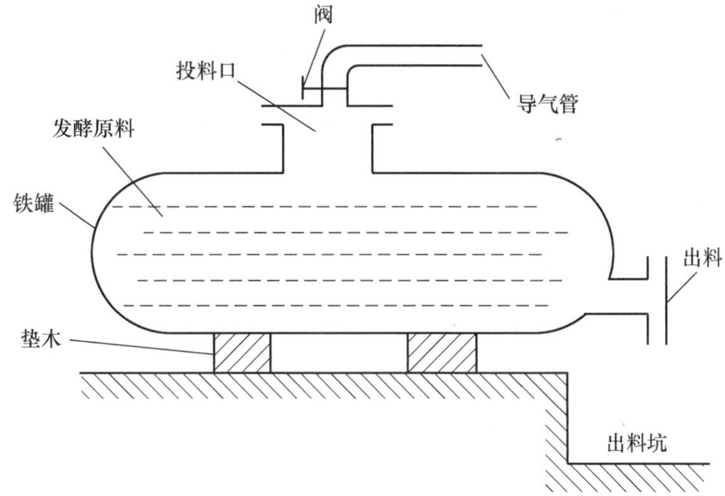

图 9-12　铁罐式沼气池

旧料。再投下一批新料，周而复始。一般沼气池内产气量初期上升很快，维持一段时间的产气高峰后，产气量逐渐下降，直到不产气，整个过程产气不均衡，但使用，管理简单方便。

该工艺主要原料是人畜粪便和秸秆，干物质浓度 TS%可以达到 18%，接种物（正常产气的池底污泥）一般占料液的总量的 30%以上。采用批量进料，原料的预处理、C/N、pH 等，要按照沼气发酵原理要求确定。向池内投料量占池容的 80%～85%。

（3）干发酵工艺　干发酵工艺属于批量投料沼气发酵工艺的类型。其主要的特点是池中的发酵原料的总含固量达到 20%～30%。优点省水，容积产气率高，可以减小沼气池的体积，方便进出料。图 9-12 是罐式沼气一般采用干发酵工艺。

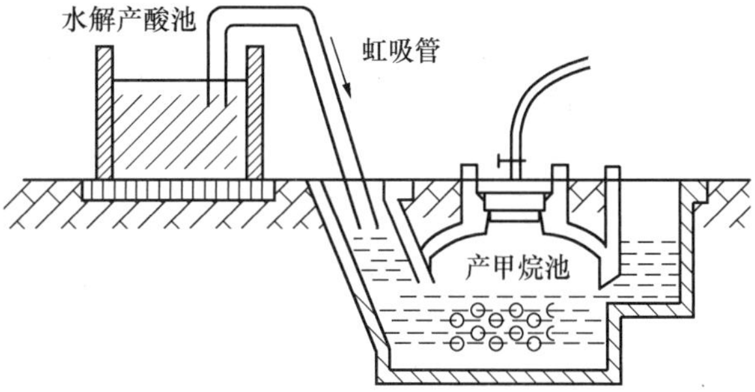

图 9-13　两相厌氧沼气池

（4）两相发酵工艺　两相厌氧发酵工艺将沼气发酵的水解产酸阶段和产甲烷阶段分别在两个池中进行（图 9-13）。第一个池子为水解酸化池，一般敞口池，产生的酸流进第二个池（产甲烷池）。第二个池以第一个池产生的酸为原料，产气迅速。优点是：①产甲烷池产气率高，甲烷含量高，可以缩小此池的建造容积，产酸池无需太好材料建造，从而降低整个设施的造价。②可以通过控制酸化量来，调节产气量。③实现了渣液的分离，便于出料。

9.3.2.2　大中型沼气工程

1. 装置类型

随着沼气工程的建设，厌氧生物反应器不断的更新换代，使反应器内的活性污泥随水一起洗出的缺点被克服，使反应器内滞留有足够量活性污泥，从而提高了反应器的有机负荷和产气率。

（1）全混式厌氧消化池　也称为高速消化池（图 9-14），是世界上使用最多、最广泛的消化

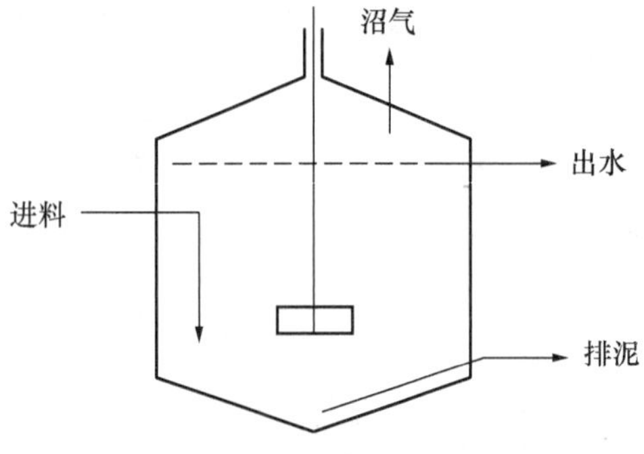

图 9-14 全混式厌氧消化池示意图

池。由于其在传统厌氧消化池的基础上使用了搅拌装置，使发酵原料与微生物充分接触并处于完全混合状态，整个消化池均处于活性区，产气效率明显高于传统消化池。

该发酵装置采用连续投料或半连续投料运转，运用于含有大量悬浮固体的有机废水和废物，如酒精废醪、畜禽粪便等。在反应器内，进入的原料由于搅拌作用混快与发酵器内的发酵液全部混合，使发酵底物浓度始终保持较低状态，其排料与发酵液浓度一致，使发酵微生物一起排出。该消化器是典型的 HRT、SRT、MRT 完全相等的消化器，为了使生长缓慢的产甲烷菌的增殖和冲出速度保持平衡，要求 HRT 较长，一般要 10～15 天或更长的时间。中温发酵时的负荷为 3～4 kg COD/(m^3 · d)，高温发酵时的负荷为 5～6 kg COD/(m^3 · d)。

(2)接触式厌氧工艺 1955 年，Schroepter 提出了厌氧接触法，主要是在参考好氧活性污泥法的基础上，在高速消化池之后增设二沉池和污泥回流系统，并将其应用于有机废水的处理，处理能力明显提高。

厌氧接触法工艺的最大的特点是污泥回流，由于增加了污泥回流，就使得消化池的 HRT 与 SRT 得以分离。与普通厌氧消化池相比，厌氧接触法的特点有：

①污泥浓度高，一般为 5～10 g VSS/L，抗冲击负荷能力强。

②有机容积负荷高，中温时，COD 负荷 1～6 kg COD/(m^3 · d)，去除率为 70%～80%。BOD 负荷 0.5～2.5 kg BOD/(m^3 · d)，去除率 80%～90%。

③出水水质较好。

④增加了沉淀池、污泥回流系统、真空脱气设备，流程较复杂。

⑤适合于处理悬浮物和有机物浓度均很高的废水。

在厌氧接触法工艺(图 9-15)中，最大的问题是污泥的沉淀，因为厌氧污泥上一般总是附着有小的气泡，且由于污泥在二沉池中还具有活性，还会继续产生沼气，有可能导致已下沉的污泥上浮。因此，必须采用有效的改进措施，主要有以下两种，即①真空脱气设备(真空度为 500 mm H_2O)；②增加热交换器，使污泥骤冷，暂时抑制厌氧污泥的活性。

(3)厌氧生物滤池(AF) 20 世纪 60 年代末，美国的 Young 和 McCarty 首先开发出厌氧生物滤池。1972 年以后，一批生产规模的厌氧生物滤池投入运行，它们所处理的废水的 COD 浓度范围较宽，在 300～85 000 mg/L 之间，处理效果良好，运行管理方便。与好氧生物滤池相似，厌氧生物滤池是装填有滤料的厌氧生物反应器(图 9-16)，填料浸没在水中，在滤料的表面形成了以生物膜形态生长的微生物群体，在滤料的空隙中则截留了大量悬浮生长的厌氧微生物，废水通过滤料层向上流动或向下流动时，废水中的有机物被截留、吸附及分解转化为甲烷和二氧化碳等。AF 采用了生物固定化的技术，使污泥在反应器内的停留时间(SRT)极大地延长。McCarty 发现，在保持同样处理效果时，SRT 的提高可以大大地缩短废水的水力停留时间(HRT)，从而减少反应器容积，或在相同的反应器容积时增加处理的水量。这种采用生物固定化技术把 SRT 和 HRT 分开的思想推动了新一代高速厌氧反应器的发展。

AF 内厌氧污泥的保留方式有两种，其一是 AF 内固定的填料表面形成生物膜；其二是在

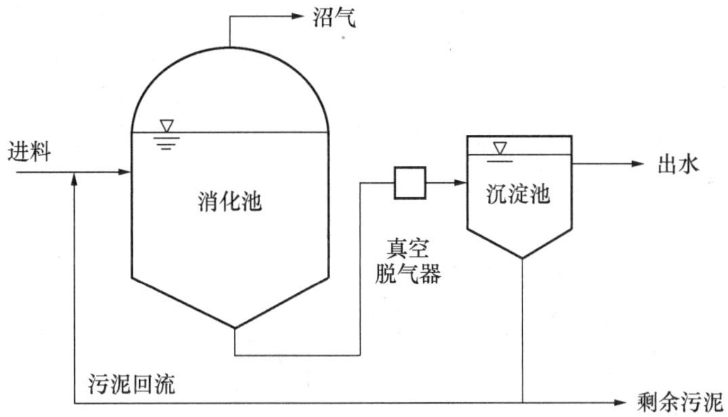

图 9-15 厌氧接触池示意图

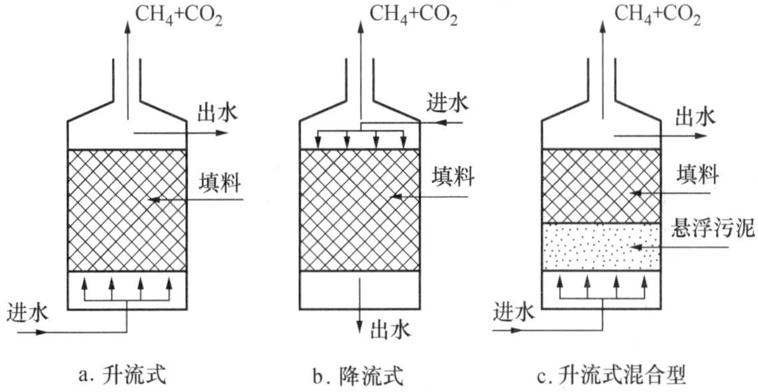

图 9-16 厌氧生物滤池示意图

填料之间细菌聚集呈絮体。高浓度厌氧污泥在反应器内的积累是 AF 具有高速反应性能的生物学基础，在一定的污泥比产甲烷活性下，厌氧反应器的负荷与污泥浓度成正比。同时，AF 内形成的厌氧污泥比厌氧接触工艺（ACP）的污泥密度大、沉淀性能好，因而其出水中的剩余污泥不存在分离困难的问题。由于 AF 内可自行保留有高浓度的污泥，也不需要污泥的回流。与好氧生物滤池一样，其生物固体浓度沿滤料层高度而有变化。在 AF 内，污泥的浓度可以达到 10～20 g VSS/L。因而，AF 具有较大的抗冲击负荷能力和较高的 COD 去除率。

与传统的厌氧生物处理工艺相比，厌氧滤池的突出优点是：生物固体浓度高，有机负荷高；SRT 长，可缩短 HRT，耐冲击负荷能力强；启动时间较短，停止运行后的再启动也较容易；无需回流污泥，运行管理方便；运行稳定性较好。而主要缺点是易堵塞，会给运行造成困难。

(4)上流式厌氧污泥床（UASB） 上流式厌氧污泥床（UASB）是荷兰学者 G. Lettinga 等人在 20 世纪 70 年代初开发的。UASB 将厌氧消化与固-气-液的三相分离集中在一起，结构紧凑（图 9-17）。整个 UASB 由底部进水区、池内反应区、气-液-固三相分离器、沼气罩、出水区五部分组成的。在反应区中，下部为颗粒污泥床，上部为悬浮污泥层。底部进水区的关键在于布水的均匀性。在反应区内沼气的上升对污泥床起到了一定的浮升和搅拌作用，污水穿过污泥区时与污泥得以充分的接触。三相分离器对保证系统出水质量、污泥回流和沼气释放均很重要。污泥床中污泥浓度很高：悬浮区中为 40～50 g/L，污泥床中为 70～100 g/L，装置运行后期将形成 0.5～4.0 mm 的颗粒污泥，颗粒污泥的存在有利于进一步提高污泥浓度和三相分离，耐冲击负荷能力很强。UASB 处理污水的水力停留时间为 4～24 h，接近于好氧生物法。而容积负荷率为 5～40 kg COD/(m^3 · d)，是好氧生物法的几倍到上百倍。但由于颗粒污泥的培养比较困难，尤其在实际工程中，环境因素的变化比较大，往往实际的处理能力与理论差别很大。

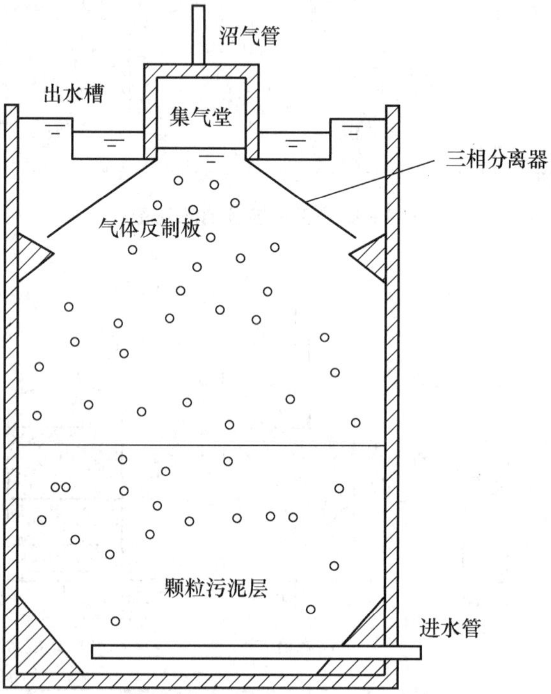

图 9-17 上流式厌氧污泥床示意图

UASB 的特点：

①污泥的颗粒化使反应器内的平均浓度 50 g VSS/L 以上，污泥龄一般为 30 d 以上。

②反应器的水力停留时间相应较短，反应器具有很高的容积负荷。

③不仅适合于处理高、中浓度的有机工业废水，也适合于处理低浓度的城市污水。

④UASB 反应器集生物反应和沉淀分离于一体，结构紧凑，构造简单，操作运行方便。

⑤UASB 处理系统不设机械搅拌设施，上升的水流和产生的沼气使污泥进行自身回流，因而动力消耗低。反应器内不需填装填料，节省了费用，构造简单，便于维护管理。

(5)内循环厌氧反应器(IC 反应器) IC 反应器可以看做是由两个 UASB 反应器串联而成的，由下面第一个 UASB 反应器产生的沼气作为提升的内动力，使升流管与回流管的混合液产生密度差，实现下部混合液的内循环，使废水获得强化预处理。上面的第二个 UASB 反应器对废水继续进行后处理，使出水达到预期的处理要求。其构造特点是具有很大的高径比，一般为 4～8，其高度可达 16～25 m。IC 反应器由 5 个基本部分组成(图 9-18)：混合区、污泥膨胀床区、内循环系统，精处理区和沉淀区。其中内循环系统是 IC 反应器工艺的核心构造，它由一级三相分离器、沼气提升管、气液分离器和泥水下降管组成。

与 UASB 反应器相比，在获得相同处理效率的条件下，IC 反应器具有更高的进水容积负荷率和污泥负荷率，IC 反应器的平均升流速度可达处理同类废水 UASB 反应器的 20 倍左右。在处理低浓度废水时，HRT 可缩短至 2.0～2.5 h，使反应器的容积更加小型化。

(6)膨胀颗粒污泥床(EGSB)　UASB 等反应器，在处理高浓度有机废水时，通常能取得较好的效果。但在处理低浓度有机废水时，由于进水 COD 浓度较低，产气量较低，而进水点的分布不可能很密，致使反应器的上升压较小，搅拌强度较小，污泥不能很好地趋于悬浮状态，泥水接触不良，污泥床区往往存在较大死区。因此，反应器的有效容积大为减小，使整体反应器处理效率不高。为了解决这一问题，Lettinga 等人提出了提高反应器的液体升流速度的办法，使颗粒污泥趋于膨胀状态，从而提高了废水与污泥之间接触的机会，加强了传质效果。这不仅使反应器容积使用效率大大提高，同时还可提高反应器的进水容积负荷率。这种把厌氧颗粒污泥膨胀起来的反应器称为膨胀颗粒污泥床(expanded granular sludge bed，EGSB)(图 9 - 19)。

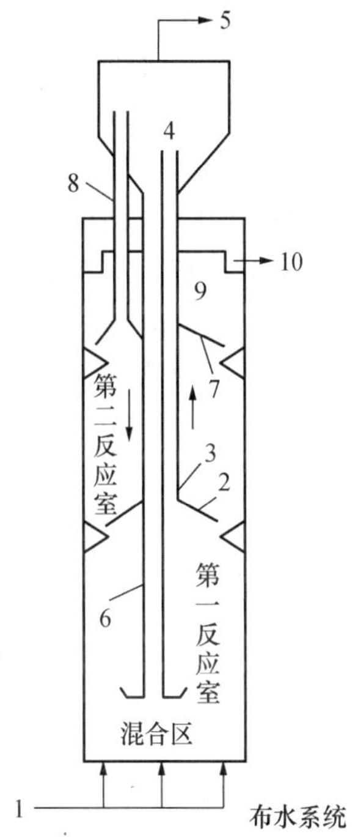

图 9 - 18　IC 反应器构造示意

1. 进水　2. 一级三相分离器　3. 沼气提升　4. 气液分离器　5. 沼气排出管　6. 回流管　7. 二级三相分离器　8. 集气管　9. 沉淀区　10. 出水管　11. 气封

EGSB 改善了废水中有机物与微生物之间的接触，强化了传质效果，提高了反应器的生化反应速度，从而大大提高了反应器的处理效能。EGSB 反应器是通过采用出水回流获得较高的表面液体升流速度。其典型特征是具有较大的高径比，而较大的高径比也是提高升流速度所需要的。为使颗粒污泥达到膨胀状态，

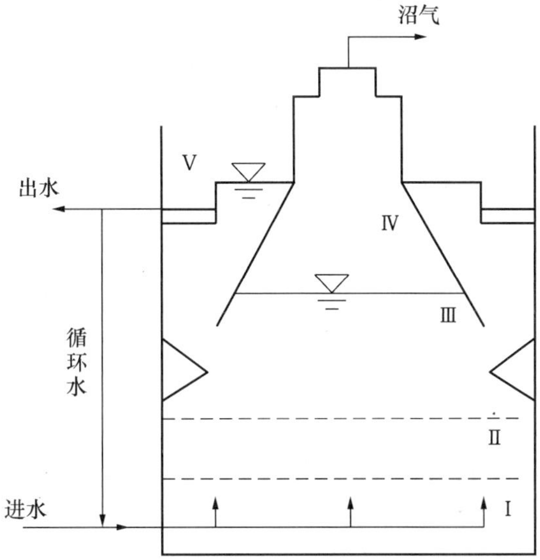

图 9 - 19　EGSB 反应器结构示意图

Ⅰ. 配水系统　Ⅱ. 反应区　Ⅲ. 三相分离器　Ⅳ. 沉淀区　Ⅴ. 出水系统

EGSB反应器液体的升流速度可达5～10 m/h，这比升流速度通常为1.0 m/h左右的UASB反应器要高得多。这也是EGSB反应器和UASB反应器最大的区别点。

(7)折流式厌氧反应器(ABR) ABR是Bachmann和McCarty等人与1982年前后提出的一种新型高效厌氧反应器。其构造是在反应器内设置竖向导流板，将反应器分隔成串联的几个反应室，每一个反应室都是一个相对独立的UASB系统，其中的污泥可以以颗粒化形式或以絮状形式存在。水流由导流板引导上下折流前进，逐个通过反应室内的污泥床层，进水中的底物与微生物充分接触而得以降解去除。

ABR作为一种新型高效厌氧处理工艺(图9-20)，结合了第二代厌氧反应器的优点，克服了某些不足之处，如避免了厌氧滤池所需的成本较高的填料和UASB所需的结构复杂的三相分离器，因而，ABR具有工艺简单、造价较低的优点。另外，ABR还具有生物截流能力强、运行管理方便、性能可靠等优点。因此，ABR在高浓度工业有机废水的治理中有很好的研究开发价值和推广应用前景。

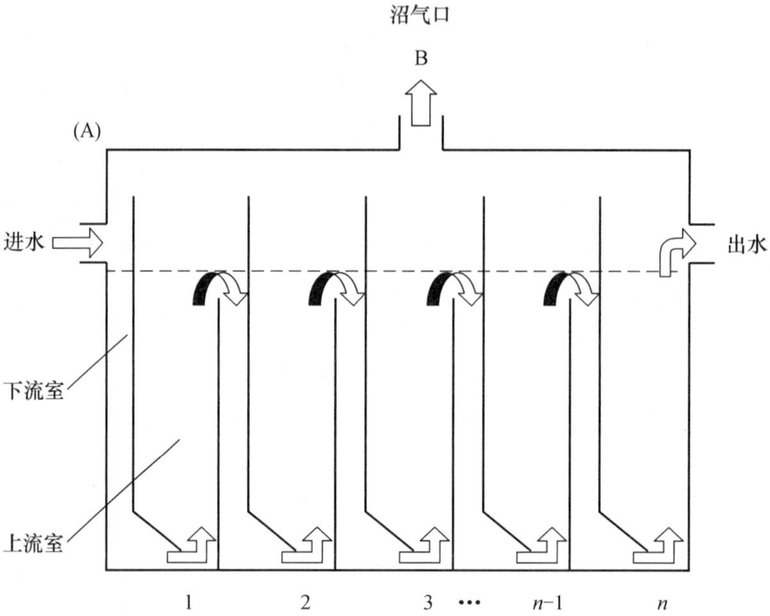

图9-20 折流式厌氧反应器示意图

(8)两相厌氧消化反应器 两相厌氧消化，有时也称为两步或两阶段厌氧消化(two-step anaerobic digestion)，于1971年Ghosh和Pohland首先提出，将沼气发酵过程的水解酸化阶段和产甲烷阶段分隔开。根据两个反应器中各自产物的特征，把第一个反应器称为产酸相(acidogenic phase)反应器，而第二个反应器则称为产甲烷相(methanogenic phase)反应器(图9-21)。两相厌氧消化系统更适宜于处理特殊工业废水，如含高浓度硫酸根和氯根的有机工业废水，如味精生产废液等。在两相厌氧消化的第一相的停留时间为0.4～1.0 d，容积负荷率为25～60 kg/(m^3·d)；第二阶段所采用的停留时间为1.5～4.0 d。消化池的容积产气量为1.0～1.3 m^3/(m^3·d)；每去除1 kg COD的产气量为0.9～1.1 m^3。

(9)固定床反应器 20世纪70年代末、80年代初，人工强化的固定化微生物引起了人们的注意，这一技术人为地将特定的微生物固定在载体表面或内部，菌体脱落少，又能利用那些

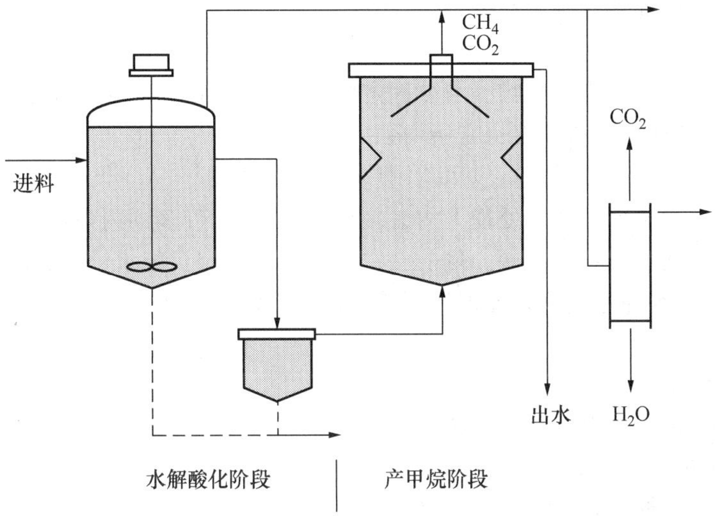

图 9-21　两相厌氧消化反应器示意图

具有高活性的、但不易形成沉降性能良好的絮体或生物膜的微生物，载体中微生物密度高。近 20 年来，固定化生物技术发展迅速，已取得阶段性成果，尤其是在美国和日本已有不少具有一定规模成功应用的工业实例，此项技术在处理生活污水和纺织、屠宰、造纸等废水及核污染中正得到广泛的应用。微生物固定载体的选择，是固定化微生物技术核心之一。

随着废水排放的污染日益增加和对水环境质量的要求越来越高，传统的生物处理工艺出水难以满足越来越严格的污水排放标准。各种新型、改良的高效废水生物处理技术应运而生。其中引人注目的是固定化生物膜技术。

与传统的废水生物处理工艺相比，生物膜固定床反应器的优点：

①能够在反应器内能形成稳定的生态体系，维持高的微生物浓度。微生物的浓度越高，处理时间越短，而所需的反应器的容积也越小，从而有利于较少基建和运行费用。

②容易实现固液分离。经过不溶性载体固定化后的微生物，微生物处理高度的密集状态，易于与水分离，有利于微生物的截流与重复利用，随废水而流失的微生物很少，有利于提高出水水质。

③投资低、剩余污泥量少、设备占地面积小、不产生二次污染。常规的活性污泥法靠自然沉降进行泥水分离，使分解能力较高的微生物因易成悬浮状而流失，负荷等因素的变化会造成污泥的膨胀从而使处理水质恶化。而载体固定化将微生物限定在一定的空间内，不存在污泥膨胀现象，使处理能力较强的微生物流失量大大降低，出水水质较好。

④固定床厌氧生物膜反应器是通过反应器中填料上所生长的生物膜来达到处理效果的，可同时培养和利用增殖速度缓慢的微生物，具有良好的硝化、反硝化作用。产甲烷菌属于增殖速度缓慢的微生物，达到较高的微生物浓度时需要很长的停留时间，因而常规方法一般通过循环将流出的菌体返回。但是，这种方法对增殖速度大的微生物而言在停留时间上存在不协调。当采用载体固定化微生物法时，微生物的流失远较其他方法为少，增殖速度缓慢的微生物可充分利用。

⑤可利用适合特殊废水处理的微生物。对于工业排放的特殊难降解化合物，可通过某些

专性优势菌进行降解处理。例如在进行硝化、脱氮和甲烷化的场合，即可利用高活性的专性微生物达到目的。

⑥降低毒性物质对生物的影响。与非固定的悬浮系统相比，具有较强的抵抗有毒物毒性冲击的能力，对不良环境的适应性也有所增强。

⑦处理效率高、运行管理简单、应用范围广、耐冲击性强。

厌氧固定生物膜技术在废水处理上的诸多优点，吸引了许多国内外研究者的目光，在废水处理领域的研究得到了长足的发展。目前已在处理难降解有机废水、金属废水、高浓度有机废水、印染废水以及废水的除氮脱磷处理等领域开展了广泛的应用与研究。

2. 发酵工艺类型

(1)进料方式不同

①连续发酵工艺　大中型沼气工程通常采用连续发酵工艺。连续发酵也是比较先进的工艺，是指将厌氧消化反应器加满原料正常产气后，每天分几次或不断投入预先准备的原料，同时排走相同体积的发酵料液，从而使厌氧发酵过程连续进行下去。该工艺要求有充足的物料保证，否则不能有效发挥发酵装置的负荷能力，不能使微生物逐渐完善和长期保存下来。它可以维持比较稳定的发酵条件和原料消化利用的速度。该工艺对厌氧反应装置要求较高，仅适用于大中型周期工程，如大型牧场或养殖厂畜禽粪便，工业废水和城市污水处理。

②批量发酵工艺　批量发酵工艺在前面农村户用沼气的发酵工艺中已经提到，其内容就不在赘述。近年来随着能源作物沼气工程兴起，该工艺得到一定发展。干物质浓度 TS%可以达到 18%，接种物(正常产气的池底污泥)一般占料液的总量的 30%以上。采用批量进料，原料的预处理、C/N、pH 等，要按照沼气发酵原理要求确定。向池内投料量占池容的 80%～85%。

(2)原料形态不同

①湿式发酵工艺：湿式发酵的固体含量在 15%以下。发酵物料呈流动液体，便于通过管道输送物料，产沼气最充分，物料发酵均匀，易实现连续进出料。目前湿式发酵工艺占主导地位。

②干式发酵原料总固体含量在 20%～40%，物料中不存在可流动的液体而呈固态。但用水量较少，对原料要求较低。但是发酵过程中所产沼气甲烷含量较低，有机物分解不均匀，难以实现连续进出料。干式发酵仅仅在进行小规模实验示范(图 9－22)。

(3)两相发酵工艺(Two-phase anaerobic digestion)　两相厌氧消化是一种新型的厌氧生物处理工艺。两相厌氧生物法的开发不是反应器结构或构造型式上的革新或构造，而是厌氧消化过程的工艺上创新。有机底物的厌氧降解，可以分为产酸和产甲烷两个阶段。由于在传统的单相厌氧反应器中维持发酵和产酸细菌与产甲烷细菌之间的平衡比较困难，把这两个阶段的反应分别在两个独立的反应器内进行，分别创造各自最佳的环境条件，培养两类不同的微生物，并有旺盛的生理功能活动，将这两个反应器串联起来，形成能够承受较高的负荷率的两相厌氧发酵系统。根据两个反应器中各自产物的特征，把第一个反应器称为产酸相(acidogenic phase)反应器，而第二个反应器则称为产甲烷相(methanogenic phase)反应器。

两相厌氧消化系统更适宜于处理特殊工业废水，如含高浓度硫酸根和氯根的有机工业废水，如味精生产废液等。同时对于含有机物较多、水解较快高含固废物处理有很好的效果，如蔬菜水果垃圾和餐厨垃圾。

图 9-22　干式发酵

(来源:Biogas-an introduction,FNR,2009)

(4)共发酵工艺(co-digestion)　共发酵就是将两种以上的原料混合在一起进行厌氧消化处理。共发酵能够增强厌氧处理效果,因为将不同原料的混合后,原料相互之间取长补短,避免不利因素的限制,有助于保证系统稳定,有助于沼气产出。目前共发酵工艺在处理工农业废物方面运用普遍。在德国,大约 94%的农场沼气工程是混合原料发酵,畜禽粪便占混合发酵原料的比例在 50%～80%,有机副产品、农产品和食品加工废弃物、能源作物以及作物秸秆是最常用补充发酵原料。共发酵能保证厌氧消化系统的稳定性,利于沼气的产出。如果只用能源植物或有机废弃物作为单一原料发酵,沼气工程的运行很困难,因为这些原料营养成分单一,同时缓冲能力低,容易使系统酸败。

9.4　讨论与展望

9.4.1　我国沼气生产中存在的问题

9.4.1.1　工艺类型多,效率普遍不高

我国在发展沼气工程的过程中,户用沼气方面取得较大成就,进入 21 世纪,中国农户沼气池数量飞速增长,2008 年已超过 3 000 万个,遥遥领先于印度的 240 万个。农户沼气有很多优点,特别适合中国农村居住分散、传统习惯影响深和生活水准尚低的国情,且以较少的投入(国家还有建池补贴),农民可获得实实在在的效益,特别是其生态和卫生效益十分突出,深受农民欢迎。但其局限性也显而易见,由于本身结构和工艺条件所限,农户沼气池运行管理比较复杂费时费力,同时存在着寿命短、故障多、低温下供气不稳和技术服务跟不上等缺点。2008 年,全国平均每个池每年产沼气 398 m^3,折算平均容积产气率仅为 0.11 $m^3/(m^3 \cdot d)$,

产气效率较低。

我国大中型沼气工程在过去的20多年中，主要是与大中型规模化养殖场配套，用以处理畜禽粪便污水，累计建造量已愈万座。2007年，全国大型养殖场总计近6.5万个。虽然近几年来累计兴建量达2.66万个（每年还在新建），但能保持正常运转的配套沼气工程不多。主要的原因：①在反应罐内不能形成比较固定的厌氧颗粒污泥；②物料的水解、酸化、产 H_2 和产 CH_4 等要求环境条件不同的过程混在一个反应罐内，互相牵制；③反应罐内物料基本无搅拌；④缺乏标准化的过程控制，操作凭经验；⑤物料干物质（TS）浓度过低；⑥运行温度一般低于中温发酵（37℃）的要求。导致产气效率低，运行不稳定。

9.4.1.2 产品利用率低，经济效益差

我国养殖场配套的大中型沼气工程从诞生之日到今天，一直是"环保主导"的思路，目标明确：就是要把养殖场的粪污废水，治理到符合环保部门规定的排放标准。为了实现治污和达标排放的目标，除了通过厌氧沼气发酵大幅度降解生化需氧量外，还须想方设法继续降低生化需氧量，在脱氮、磷上下大功夫。为此，在畜禽养殖场沼气工程的厌氧段之后，须附加一系列的设施，例如序批式好氧沟（SBR），曝气池，人工湿地等，但它们先天性造价过高、运行成本过高。同时现在的沼气工程对厌氧消化产品的应用重视程度不够，包括有机肥的生产、沼气利用等。沼气就地直接引入普通燃煤锅炉，不仅能效低，而且还需改造锅炉，综合经济效益很差。沼气工程迄今为止未摆脱"有环保效益而无经济效益"的困境，只投入，无产出。

9.4.2 新型沼气原料的挖掘及沼气的高质化应用

进入21世纪，随着经济的快速发展，人类面临两大问题：一是能源消耗增长带来的日益严重的环境问题；二是能源资源的匮乏导致的全球能源危机。因此，积极研究开发可再生的清洁替代能源成为全世界关注的焦点。

沼气发酵是指有机物质，在厌氧环境中，在一定的温度、湿度、酸碱度等条件下，通过种类繁多、数量庞大、功能不同的各类微生物的分解代谢最终形成以甲烷（CH_4）为主要成分的气体。甲烷可以作为燃料，其不仅热值高而且燃烧过程放出的温室气体量最低，所以以甲烷为主要成分的沼气生产既是消除环境中废物的清洁过程又是制取高质化能源的过程，可以实现环境保护与能源产出的双重效益。因此世界各国都在大力发展沼气产业，其中挖掘来源更广泛的、产量更大的、产气效率更高的、成本更低的厌氧发酵原料和开发更为先进的沼气高质化利用的技术和方式是沼气产业持续快速发展的关键条件。

9.4.2.1 新型沼气原料的挖掘

1. 沼气发酵的五大传统原料

沼气发酵的五大传统原料是工业有机废液、城镇生活污水、城市填埋垃圾、畜禽粪便和农、林收获/加工残余物。

2007年我国工业和城市污水每年排放量557亿t，所含COD（化学需氧量）接近2 000万t，沼气年产量110亿 m^3。畜禽粪便厂每年产粪便量30.87亿t（鲜重），COD含量7 000万t以上。

城市垃圾填埋量1.52亿t（2010年），可产填埋气（甲烷含量55%）约120亿 m^3。

全国畜禽粪便厂废水、工业有机废水和城市污水三项合计的COD年排放量超过1亿t，到2020年将增至2亿t。如果将其所有生物能都开发利用起来，预测每年至少可产生830亿 m^3 沼气（700亿 m^3 甲烷）；加上垃圾填埋气合计1 500亿 m^3 沼气，折合860亿 m^3 甲

烷，可替代 900 亿 m^3 天然气，比 2008 年我国天然气实际消费量还多近 200 亿 m^3，潜力巨大。

2. 新资源：专用能源作物

以能源生产为目的的沼气工程，要求沼气的高效化、规模化和高质化产出。就需要更充足、更易于发酵的原料。专用能源作物的开发、挖掘对于沼气工业化生产具有深远的意义。

欧盟最先开始利用专用能源作物来发酵沼气。主要用玉米，甜菜，甜高粱和牧草等(图 9－23)，这些作物大多与粮食、油料和饲料作物轮作外，还可以利用休闲的农地和草地，具有非常大的资源潜力。沼气专用能源作物对沼气总产量的贡献率已达到 15%左右。其中德国目前种植 200 万 hm^2 能源作物，其产沼气量占总数的 56.6%(图 9－24)。T. Amon 等人的研究表明，欧盟 25 国现有农作物耕地 9 300 万 hm^2。按照兼顾食物、饲料和生物能源生产的需要布置可持续的轮作体系，能源作物占总面积的 20%。其产甲烷率取中值[6 500 $Nm^3/(hm^2 \cdot$ 年)]，可年产甲烷 1 209 亿 Nm^3，相当于替代 1.04 亿 t 石油当量。而如果欧盟 25 国所有的农地都利用起来(意味着有相当部分的坡地种植能源牧草)，仍按 20%的比例种能源作物，产甲烷率为 4 000 $Nm^3/(hm^2 \cdot$ 年)。则可年产甲烷 3 720 亿 Nm^3，相当于替代 3.34 亿 t 石油当量，是 25 国全部交通运输石油年需求量的 96%。据 J. Nielsen 等的研究，欧盟 27 国比较现实的沼气潜力(指种植专用沼气能源作物只占耕地的 5%)相当于每年 734 亿 m^3 的天然气。其中，来自能源作物的占 1%，来自厩粪的为 28%。最大理论潜力(能源作物占耕地面积的 30%；平均单产生物量 30 t/hm^2)则为 4 600 亿 m^3/年，相当于欧盟 27 国一年全部天然气的消费量。

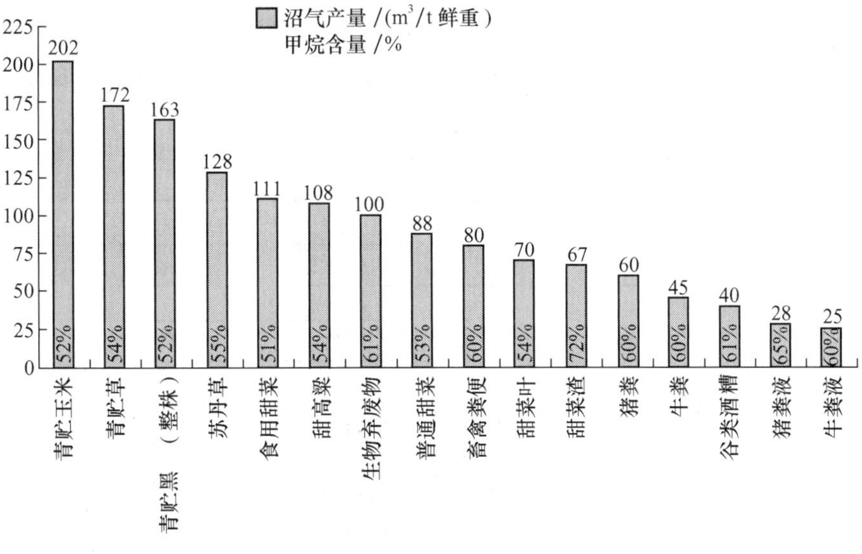

图 9－23　不同原料沼气产量和甲烷含量的比较

(来源：Handreichung Biogas，FNR，2006)

中国虽然人多地少，但“地少”主要是耕地少，而草地面积和林地面积却分别是耕地的 3 倍和 2 倍，其上生长的各种生物质都是广义的“能源作物”，特别是在亚热带分布广，温度高且雨量大，生物产量可观。包括降水量只有 400 mm 的半干旱地区，中国有上亿公顷的退耕还林/草地及退化草原，如果实施“营养体农业”(即着眼于收获最大可能的生物量而非谷物子粒)，则可充分利用充足的光照、雨热及多年生草、灌木耐旱力极强的特性，生产出大量可作为沼气原料的生物质，可为中国产业沼气提供优质稳定的原料。

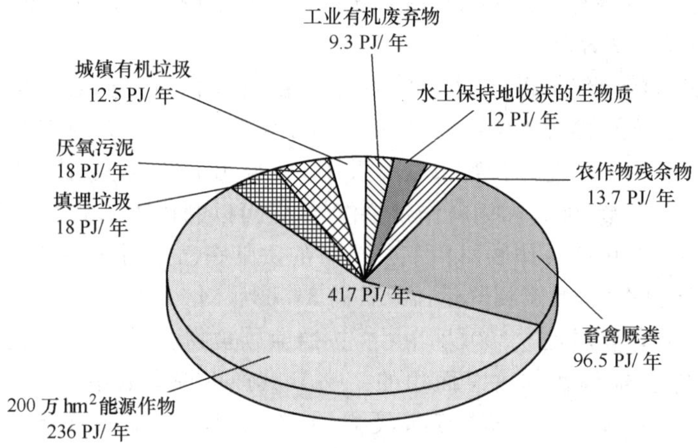

图 9-24 德国能源作物和 5 类传统的沼气资源

（来源：石元春，2011）

9.4.2.2 沼气高质化利用

在发展清洁能源和减少对天然气进口依赖的大背景下，欧盟国家在沼气的功能与利用上有以往的“环保-能源型”向“天然气代替型”的方向转变，车用燃料和供热发电（热电联产，CHP），规模化、商品化程度越来越高。甲烷作为燃料燃烧过程释放出的温室气体呈最低，而以甲烷为主要成分的沼气生产又是消除环境中污染物的清洁过程。因此制造与利用沼气是一个双向清洁过程，使沼气越来越得到人们的青睐，经过脱硫和净化的沼气可以通过很多的方式被利用（图 9-25）。

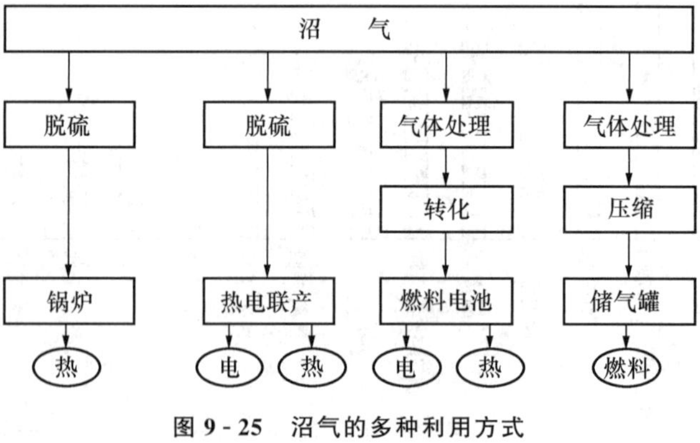

图 9-25 沼气的多种利用方式

（来源：Biogas-an introduction，FNR，2009）

1. 沼气压缩纯化车用燃料——瑞典与瑞士

把沼气净化、压缩后作为运输燃料替代天然气是人类在保护环境实现可持续发展方面又迈进的一步，瑞典和瑞士两国在此方面走在了世界前列。瑞典在沼气开发与利用方面独具特色，利用动物加工副产品、动物粪便、食物废弃物生产沼气，还专门培育了用于产沼气的麦类植物，产气率达 300 L/kg 底物，沼气中含甲烷 64%以上。瑞典能源植物生产沼气的示意图（图 9-26），能源植物用于生产沼气，除沼气被用做运输燃料外，所产生的沼肥又被用于种植。瑞典 Lund 大学开发了“二步法”秸秆类生物质制沼气技术，并已进行中间试验；还开发了低温高产沼气技术，可于 10℃条件下产气，产气率大于 200 L/kg 底物。

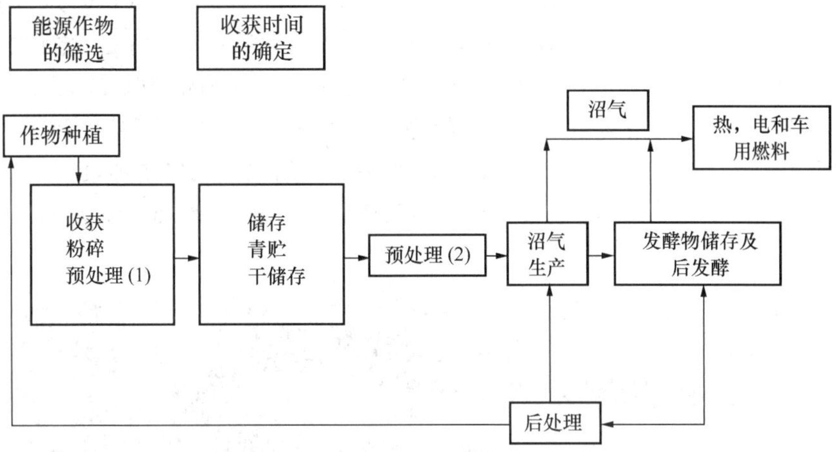

图 9-26 能源作物生产沼气的全过程

（来源：Jukka Rintala，2005）

因瑞典没有天然气资源，依赖进口天然气，1985 年瑞典与欧洲天然气管线连接，主管道压力为 80 bar。天然气管道系统的支路压力比较低，比自来水的管道压力还低，可以用塑料管路连接，所以供应不稳定，不能满足正常的天然气供给。从 2004 年开始，瑞典在哥德堡(Gothenborg)等城市把沼气与天然气管网支路连接，输送到用户。沼气厂的选址一般都建设在天然气管网旁，以便将沼气净化后输入天然气管网系统，用沼气替代天然气。斯德哥尔摩市居民使用的煤气就是厌氧消化处理有机废弃物后得到并净化后的沼气。

沼气通常采用水洗、分子筛或活性炭吸附、Selexol 吸收等物理方法，或化学法如碱溶液吸收等技术净化去除 CO_2 等杂质后，甲烷纯度达到 97%～98%，用化学法净化沼气得到的甲烷纯度最高，可达 99%。冲化后的甲烷再经压缩(CBG，Compressed biogas)就得到车用甲烷相当于 CNG(compressed natural gas，CNG)供甲烷汽车、拖拉机、火车使用，1 标准 m^3 的车用甲烷相当于 1.1 L 汽油。甲烷作为运输燃料最环保，与汽油、柴油、乙醇相比释放出的温室气体最低。作为燃料的车用甲烷通常采取如下三种途径被输送到加油(气)站：直接用管路输送，借助于天然气管道，用压力容器运送，以新罐更换气体用完的旧罐。车用甲烷有 A 和 B 两种标准如表 9-9 所示。

表 9-9 瑞典的车用甲烷标准(SS155438)

（来源：Margareta Persson，2006）

组　分	单位	标准 A	标准 B
甲烷，CH_4	体积－%	96～98	95～99
水	mg/Nm^3	＜32	＜32
氧，O_2	体积－%	＜1	＜1
总硫	mg/Nm^3	＜23	＜23

沼气汽车与天然气汽车一样，具有双燃料系统，一个汽油箱和一个甲烷箱（压力为 200 MPa），可以互换燃料。甲烷的临界压力为 45.36 mm，临界温度为－82.64℃，因此压缩甲

烷的密度较低，需要相对大油箱体积，这个问题已被很好地解决，车体的集成设计使其占据车内的有效体积很小。1 箱甲烷气可使汽车行驶 250～400 km。1996 年 VOVOL 生产出第 1 辆 VOVOLl - 850 型双燃料（甲烷、汽油）汽车，现在市场上已有多种款型的 Ly 烷 - 汽油汽车。一般双燃料汽车比普通汽车贵 10%～20%，因石油价格上涨和政府的鼓励政策，以及人们环保意识的提高，双燃料汽车的销售呈显著上升趋势。沼气现在悄悄取代天然气而成为运输燃料，到 2005 年底，瑞典全国有 5 000 多辆沼气汽车，加油（气）站逐年成倍增加，已达 70 余座，还有 1 列斯德哥尔摩至海滨的火车（图 9 - 27）使用沼气燃料。目前，全球有 410 万辆压缩天然气汽车，8 300 座加油（气）站（图 9 - 27）。

图 9 - 27　沼气火车（左图），沼气加气站（右图）

（来源：Margareta Persson，2007）

当然 LNG（Liquified Natural Gas）技术也已经成熟，但是液化天然气需要深冷装置，投资和处理成本都比较高，并且处理量较小时不经济：而一般沼气源自畜禽养殖场、污水处理的规模大小不一，所以采用 CNG 技术在技术、经济上都有优势。

2. 沼气发电——德国

德国是农场沼气工程发展最好的国家，主要是因为激励系统刺激了农场沼气工程的快速增长。德国沼气产量的增加主要是由于农场型沼气工程（热电联供）的大规模增加。在热电联产厂沼气被用来生产电和热，主要是通过沼气发动机驱动发电机产出电，蒸汽和排除的废气的余热被用于为反应器加热，甚至为当地的民居单位供热。沼气发电热效率 33%～37%，发电余热回收率 40%～45%，总热效率达到 80% 左右。目前在德国，200 kW 以下的机组主要是双燃料机组，需要 8%～15%的柴油机燃料用于气体点火，发电效率为 33%～37%。

在 2007 年，基本上每个月新建 50 座沼气工程，2008 年底，沼气工程的数量达到 4 000 座，总装机达 1 400 MW 图（9 - 28）。德国沼气协会估计，到 2020 年，总装机将达到 9 500 MW。2005 年底，德国在沼气行业大约投资 6.50 亿欧元用于沼气工程建设，产生了 8 000 个工作岗位。在国内市场快速发展的基础上，德国沼气工业的出口也持续增长，2004 年达到 2 700 万欧元，约占行业总产值的 10% ，在不久的将来，预计达到 30%。

目前石油和天然气价格的波动，沼气替代天然气变得更有吸引力，因此，越来越多的欧盟国家开始制取沼气提纯压缩成为车用天然气，当然沼气发电仍然是合理的选择。北欧国家，对

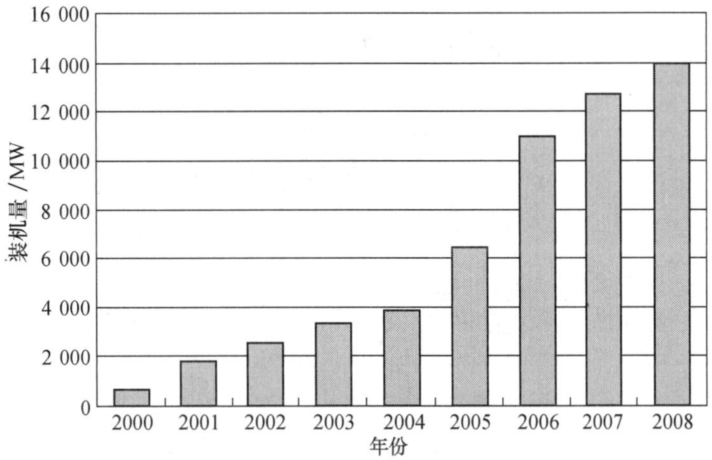

图 9-28　历年来德国沼气发电的装机量

（来源：P. Weiland，2009）

于沼气是否应该提纯后用于并网或做汽车燃料仍然存在争论。

3. 中国高质化利用沼气的尝试

虽然我国沼气工程的数量居世界各国之首，沼气产量也最多，但是我们沼气利用方式比较低效原始，一般都是直接燃烧利用。随着能源危机不断深化，石油、天然气价格不断上涨，目前我国部分沼气工程在沼气高质化利用方面也有初步尝试，并取得长足的发展。

(1)沼气发电工程　北京德清源养鸡场，是亚洲最大的养鸡场，每天 2.6 亿只鸡产 1.5 亿鸡蛋，大约产 220 t 鸡粪和 170 t 的废水。这些废物 2007 年之前没有商业价值。自从 2007 年 11 月份建立北京德清源鸡粪沼气发电工程(图 9-29)，工程建设将鸡粪被转化成热和电，带来可观的环境效益、社会效益和经济效益。

将沼气转化成电以后，这些电能 10% 用于工厂的运行，其他并入当地电网，每天发电 25 000 kW・h。足够满足一个 3 000 户居民的城镇。现在，从国家电网购电价格每度电 0.65 元，沼气发电的成本每度电 0.19 元，这样算每年有 800 万元利润。另外，发电机组产生大量热蒸汽，被用来保持厌氧发酵罐的温度，蔬菜大棚的温度以及办公楼取暖，这部分直接减少每年能源的消耗 270 万元。

同时，山东民和牧业公司及蒙牛集团内蒙古澳亚牧场，引进欧洲国家现代沼气技术和设备，先后建立 3 MW 和 1 MW 热电联产的沼气发电工程。

(2)生物天然气　早在 2006 年，中国农业大学生物质工程中心程序教授，在长期的有机废水处理的实践中提出“产业沼气”概念。所谓产业沼气是指用工业化模式规模化生产及纯化沼气(甲烷含量>97%) 如天然气和液化气一样有管道或气罐输送和装运，并形成产业沼气的完整产业链条。这是一种生产方式、品质和运作方式完全不同于农户沼气的一种工业化、商品化的沼气。

2010 年广西南宁安宁淀粉厂建设国内首个沼气纯化制备生物燃气的示范工程，以木薯淀粉和酒精废水为原料，通过厌氧发酵处理后，将所产的沼气经过纯化处理为生物天然气，产品达到二类天然气标准 GB 17820 的要求，可以供应居民、工业及车用压缩天然气。示范规模：日处理 3 000 m^3 废水，产沼气 1 万 m^3；产净化生物天然气 6 000 m^3。2011 年 3 月 5 日项目试

图 9-29 北京德清源鸡粪沼气发电工程

（来源，http://www.bjyq.gov.cn/ztbd）

产以来，每天 2 万 m^3 沼气经过纯化，制备为 1.2 万 m^3 车用生物燃气，供应市场。目前，广西南宁市已有近 80 辆出租车改装使用沼气纯化生物燃气（图 9-30）。车辆尾气检测报告显示：使用沼气纯化生物燃气的车辆与使用燃油的车辆相比，一氧化碳排放量减少 20%，二氧化碳排放量减少 99%，环境效益突出，同时每立方米废水实现 5 元产值，也创造了良好的经济效益。

图 9-30 南宁出租车使用生物燃气(左图) 正在加生物燃气的出租车(右图)

（来源，http://www.autohome.com.cn）

本工程将高浓度有机废水通过高效的厌氧发酵技术和工艺，大规模化、快速化生产沼气，再将所产生的沼气规模化地高效生产并纯化，生产出了高附加值的能源产品——生物天然气。实现了环境治理和能源产出的“双赢”，为今后工业废弃物治理及资源化利用开辟了全新治理经营的模式。

我国沼气工程要摆脱长期以来“小打小闹”、“土”的形象，改变投入大、产出小的“公益性事业”性质，走出“只有环境效益，没有经济效益”的尴尬局面。其出路就在于沼气高质化产品的开发与利用，充分利用畜禽粪便、有机废弃物等多种生物质原料，积极研发和利用符合国情的沼气能源作物，从而规模化、高效化的生产高质量的清洁的可再生的“生物天然气”，“电”和“热”等能源商品。这一切的关键都在于指导思想和技术路线的根本改变，促进沼气工程向“能源－环保产业”的转型，并解决一系列与产业沼气配套的技术和政策问题。

参考文献

[1] Mitsuyoshi Ueda, Akihiko Kondo. Frontier of Eco-Bioenegy-Constraction of Sustainable Sosocity System Orentted Zero Emission. By CMC, 2005. 9: 21 - 119.

[2] 马耀光，马伯林. 废水的农业资源化利用. 北京：化学工业出版社，2002.

[3] 姚向君，田宜水. 生物质能资源清洁转化利用技术. 北京：化学工业出版社，2005.

[4] 袁振宏，吴创之，马隆龙，等. 生物质能利用原理与技术. 北京：化学工业出版社，2005.

[5] 冯永忠，杨世奇. 双重背景下发展沼气产业的机理与挑战. 中国沼气，2005(3)：32 - 33.

[6] 程备久，卢向阳，蒋立科，等. 生物质能学. 北京：化学工业出版社，2008.

[7] 石元春，决胜生物质. 北京：中国农业大学出版社，2011.

[8] 程序，朱万斌，等. 中国“产业沼气”的开发及其应用前景. 农业工程学报，2010(5)：1 - 6.

[9] 程序，朱万斌. 产业沼气——我国可再生能源家族中的“奇兵”. 中外能源，2011(1)：37 - 42.

[10] 田晓东，强健，等. 大中型沼气工程技术讲座(一). 可再生能源，2002(5)35 - 39.

[11] 田晓东，强健，等. 大中型沼气工程技术讲座(三). 可再生能源，2003(1)44 - 47.

[12] 邓良伟，陈子爱. 欧洲沼气工程发展现状. 中国沼气，2007(5)23 - 30.

[13] Margareta PERSSON. Biogas Upgrading to Vehicle Fuel Standardsand Grid Injection. IEA bioenergy 2006.

[14] Jukka Rintala, Jukka Rintala, Annimari Lehtomäki. Biogas from Energy Crops—Preliminary Results of Biomass Storage and Preliminary Results of Biomass Storage and Pre Pre-treatment under Northern Conditions. 2005.

[15] P. Weiland. Biogas in Germany, 2009.

[16] Biogas-an introduction FNR，2009.

[17] Margareta Persson Biogas upgrading and utilization as vehicle fuel. European Biogas Workshop The Future of Biogas in Europe Ⅲ, 2007 - 06 - 14.

第 10 章　生物质制氢

1870 年，凡尔纳在科幻小说《神秘岛》中写道："我相信总有一天可以用水来做燃料，组成水的氢和氧可以单独地或者合在一起使用。这将为热和光提供无限的来源，所提供的光和热的强度是煤炭所无法达到的。所以我相信，一旦煤矿枯竭了，我们将会使用水来供热和取暖。水将是未来的煤炭。"而在 80 年后，1949 年 Gest 就发现了深红红螺菌以有机质为供体可以光合产氢；1969 年 Levis 提出了生物法制氢的想法。20 世纪 70 年代的能源危机引起了人们对生物制氢的关注，并开始进行研究。到了 20 世纪 90 年代，人们更加清醒地认识到可持续发展的重大意义，加大了对生物制氢的投入。氢气作为一种可再生的清洁能源和重要的化工原料，其用途和需求量随着社会的发展正在迅速增加，利用生物技术制取廉价的氢气是世界上许多国家正在大力研究的课题。

10.1　基本理论

10.1.1　氢能的特点

氢位于元素周期表之首，它的原子序数为 1，在常温常压下为气态，在超低温高压下又可成为液态。作为能源，氢有以下特点：

(1)所有元素中，氢重量最轻。在标准状态下，它的密度为 0.089 9 g/L；在 −252.7℃时，可成为液体，若将压力增大到数百个大气压，液氢就可变为固态氢。

(2)所有气体中，氢气的导热性最好，比大多数气体的导热系数高出 10 倍，因此在能源工业中氢是极好的传热载体。

(3)氢是自然界存在最普遍的元素，据估计它构成了宇宙质量的 75%，存储量大。除空气中含有氢气外，它主要以化合物的形态贮存于水中，而水是地球上最广泛的物质。据推算，如把海水中的氢全部提取出来，它所产生的总热量比地球上所有化石燃料放出的热量还大 9 000 倍。

(4)氢的发热值高，除核燃料外氢的发热值是所有化石燃料、化工燃料和生物燃料中最高的，为 142 351 kJ/kg，是汽油发热值的 3 倍。

(5)氢燃烧性能好，点燃快，与空气混合时有广泛的可燃范围，3%～97%范围内均可燃，而且燃点高、燃烧速度快。

(6)氢本身无毒，与其他燃料相比，氢燃烧时最清洁，除生成水和少量氮化氢外，不会产生诸如一氧化碳、二氧化碳、碳氢化合物、铅化物和粉尘颗粒等对环境有害的污染物质，少量的氮化氢经过适当处理也不会污染环境。

(7)氢循环使用性好，燃烧反应生成的水可用来制备氢，循环使用。

(8)氢能利用形式多，既可以通过燃烧产生热能，在热力发动机中产生机械功，又可以作为能源材料用于燃料电池，或转换成固态氢用做结构材料。用氢代替煤和石油，不需对现有的技术装备作重大的改造，现在的内燃机稍加改装即可使用。

(9)氢可以以气态、液态或固态的金属氢化物出现，能适应储运及各种应用环境的不同要求。

(10)氢可以减轻燃料自重，可以增加运载工具的有效载荷，从而降低运输成本，从全程效益考虑，社会总效益优于其他能源。

(11)氢取代化石燃料能最大限度地减弱温室效应。

10.1.2 生物制氢发展历程

生物制氢的现象在100多年前已被发现，当时科学家们发现在微生物的作用下通过乙酸钙的发酵可以从水中制取氢气。1931年，Stephenson等人首次报道了在细菌中有氢酶的存在后，Nakamura在1937年观察到光合细菌在黑暗条件下的放氢现象；1939年和1942年，Gafforn及其合作者发现了一种已在地球上存在30亿年之久的蓝绿色海藻——栅藻(*Scenedesmus obliquus*)，它既能在厌氧的条件下吸收氢气固定CO_2，也能在一定条件下通过光合作用产生出氢气；1949年，Gest和Kamen报道了深红红螺菌在光照条件下的产氢现象和固氮作用；Spruit在1958年证实了藻类可以直接通过光解过程产氢，而不需要借助于CO_2的固定过程。

生物制氢的想法最先是由Lewis于1966年提出的，其研究与开发主要是围绕绿藻、蓝细菌和光合细菌的光解产氢及发酵产氢两大类群展开的。Benemann在1974年观察到柱孢鱼腥藻(*Anabaena cylindrica*)可光解水产生H_2和O_2。1979年，Lamma发现钝顶螺旋藻(*Soirulina platensis*)具有放氢的特性。Miyake等1984年筛选到的产氢紫色非硫光合细菌，平均产氢速率为18.4 μL/(h·mg)(细胞干重)。

20世纪70年代以来，随着人们对能源危机的认识和环境保护意识的增强，生物制氢技术逐渐受到了人们的重视，尤其是90年代因化石能源大量消耗引起的严重环境污染和温室效应使氢能再次备受关注，越来越多的科学家投身于氢能的研究当中。许多能源科学家认为，氢能在21世纪将成为世界能源舞台上一种举足轻重的二次能源。

目前，生物制氢作为新型的制氢方法被提上日程，美国、日本、德国等起步较早，世界许多国家都投入了大量的人力、物力对生物制氢技术进行开发研究。美国和日本政府分别支持开展了较为长期的研究计划，预计于21世纪中期可实现生物制氢技术的实际商业化应用。而国内的研究起步较晚，起始于20世纪90年代，但进展迅速，我国也有不少学者在氢气的生物方法制取方面取得了重要的研究结果，主要集中在厌氧生物制氢和光合生物制氢两大方面。哈尔滨工业大学在厌氧生物制氢技术领域的研究，取得了一系列重要成果，曾被评为“2003年中国十大科技新闻”，使中国的生物制氢技术在世界氢能前沿性领域占有了一席之地。中科院广州能源所、中科院过程工程研究所、中科院青岛生物能源与工程研究所、华东理工大学和郑州大学等研究机构和高校在生物制氢领域的理论研究和技术攻关取得了一些重要进展和突破。

10.1.3 产氢微生物及产氢机理

10.1.3.1 产氢微生物的生物学特性

能够产氢的微生物很多，按照产氢机制可以分成两类：光合产氢微生物和发酵产氢微生物。具体又可分为真核藻类、蓝细菌、光合细菌和厌氧发酵细菌。

1. 光合产氢微生物

光合产氢微生物可以利用光能产生氢气，包括一些藻类和光合细菌。藻类主要是绿藻，有关光合细菌产氢的研究主要集中于红假单胞菌属(*Rhodopseudomonas*)、红螺菌属(*Rhodospririllum*)、红微菌属(*Rhodomicrobium*)、着色菌属(*Chromatium*)、荚硫菌属(*Thiopasa*)、外硫红螺菌属(*Ectothiorhodospira*)和绿菌属(*Chlorobium*)等 7 个属的 20 余个菌株，其中研究和报道最多的是红假单胞菌属。

2. 发酵产氢微生物

发酵产氢微生物可以在发酵过程中分解有机物产生氢气，主要是兼性厌氧和专性厌氧的产氢发酵细菌，包括丁酸梭状芽孢杆菌(*Clostridium butyricum*)、拜氏梭状芽孢杆菌(*Clostridium beijerinckii*)、脱硫弧菌(*Desulfovibrio*)、大肠埃希氏杆菌(*Escherichia coli*)、产气肠杆菌(*Eenterobacter aerogenes*)、褐球固氮菌(*Azolobacter chroococcum*)、柠檬酸细菌(*Citrobacter*)、鱼腥蓝细菌(*Anabaena*)、产水菌(*Aquifex*)和醋微菌(*Acetomicrobium*)等 12 个属的 30 余个菌株，其中研究比较多的是梭菌属、脱硫弧菌属和肠杆菌属。不同种类的微生物对同一有机底物的产氢能力不同，通常严格厌氧菌高于兼性厌氧菌。在代谢过程中能产生氢的严格厌氧菌，依靠发酵过程而生长，在厌氧条件下分解复杂的有机化合物，发酵产生还原糖、醇和有机酸的同时产生 H_2。

10.1.3.2 产氢途径

1. 光合产氢途径

绿藻中存在氢酶(hydrogenase)，在一定条件下可以利用光能产生氢气，化学方程式为：$2H_2O \longrightarrow 2H_2 + O_2$。整个途径包括水裂解和释氧的光系统Ⅱ(PS Ⅱ)与生成还原剂用来还原 CO_2 的光系统Ⅰ(PS Ⅰ)。在光合系统的第二个阶段(PS Ⅱ)，氧化侧从水中获得电子并产生氧气，经过一系列光驱动下的生化反应，电子的能量得到升级，最终到达第一阶段(PS Ⅰ)的还原侧并传递给氢酶，由氢酶传递给氢离子从而产生氢气。在这两个系统中，两个光子(每一系统一个光子)用来从水中转移一个电子生成 H_2(图 10-1)。

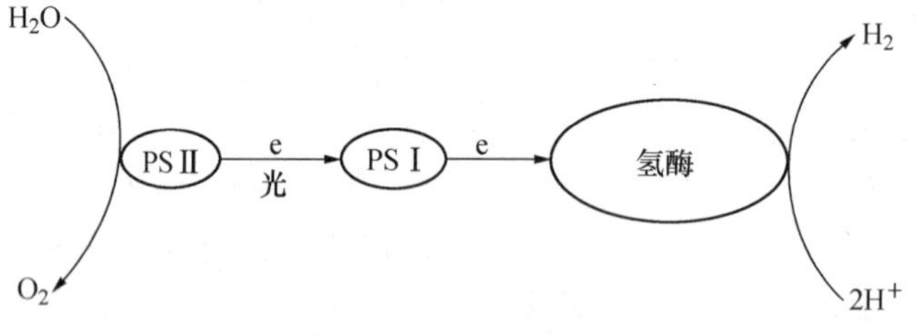

图 10-1 光合产氢途径

(来源：CNKI 社科概念知识元库)

光合细菌含有光合色素——细菌叶绿素，可以在厌氧、光照条件下生长，另外光合细菌也能在厌氧、暗条件下利用发酵产生的有机酸和光能，通过 TCA 循环克服正向自由能反应生成氢气。通常以 H_2S 为电子供体，通过光合色素系统和电子传递系统，将电子传递给氢酶，催化氢气的生成。光合色素系统和电子传递系统存在于特定的光合结构中，如蓝细菌的类囊体、红螺菌的单位膜，不同光合细菌的光合结构也不相同。虽然光合细菌在暗条件下也能生长，但是产氢量远不如光照条件下高，这可能与吸氢有关。

2. 发酵产氢途径

发酵产氢过程实际上是生物氧化的一种方式，由一系列的酶、辅酶和电子传递中间体共同参与完成。微生物发酵产氢的途径有两种：一种是丙酮酸脱羧产氢，在丙酮酸脱羧形成乙酰的过程中，脱下的氢经铁氧还蛋白的传递作用形成氢分子；另一种是辅酶Ⅰ（$NADH/NAD^+$）的氧化与还原平衡调节产氢。

（1）丙酮酸脱羧产氢　发酵产氢细菌的直接产氢过程均发生于丙酮酸脱羧作用中，可分为两种方式：梭状芽孢杆菌型和肠道杆菌型。第一种是丙酮酸首先在丙酮酸脱氢酶的作用下脱羧，形成硫胺素焦磷酸（TPP）-酶（E）的复合物，将电子转移给还原态的铁氧还蛋白（Fdred），然后在氢酶的作用下被重新氧化成氧化态的铁氧还蛋白（Fdox），产生分子氢（图 10-2）；第二种是通过甲酸裂解的途径产氢，丙酮酸脱羧后形成的甲酸以及厌氧环境中 CO_2 和 H^+ 生成的甲酸，通过铁氧还蛋白和氢酶作用分解为 CO_2 和 H_2（图 10-3）。

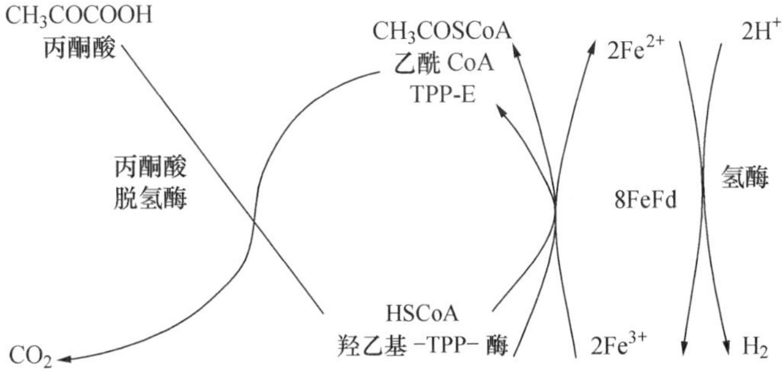

图 10-2　丙酮酸脱羧作用中产 H_2 过程（梭状芽孢杆菌型）

（来源：汤桂兰等，2008）

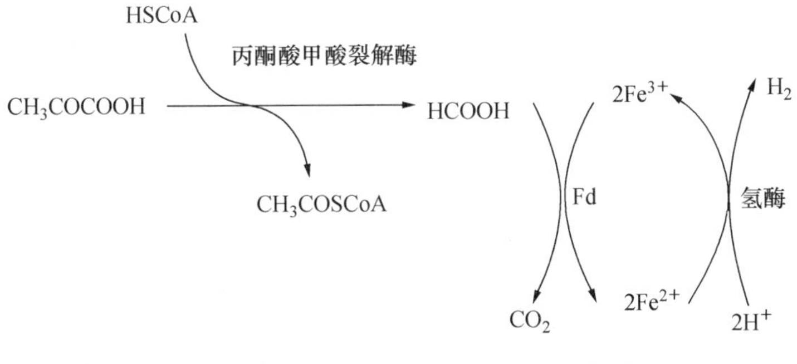

图 10-3　甲酸裂解产 H_2 过程（肠道杆菌型）

（来源：汤桂兰等，2008）

（2）辅酶Ⅰ的氧化与还原平衡调节产氢　在碳水化合物发酵过程中，经 EMP 途径产生的还原型辅酶Ⅰ（$NADH+H^+$）可以通过与丙酸、丁酸、乙醇和乳酸等发酵过程相耦联而氧化为氧化型辅酶Ⅰ（NAD^+），从而保证代谢过程中的 $NADH+H^+/NAD^+$ 的平衡，这样就产生了丙酸型、丁酸型和乙醇型等多种发酵类型。为了避免 $NADH+H^+$ 的积累而保证代谢的正常进行，发酵细菌可以通过释放 H_2 的方式将过量的 NADH 和 H^+ 氧化，其反应式为：

$$NADH+H^+ \longrightarrow NAD^+ + H_2,\quad \Delta G^{\ominus}=-21.84\ \text{kJ/mol}$$

虽然在标准状况下 $NADH+H^+$ 转化为 H_2 的过程不能自发进行，但在 NADH - 铁氧还蛋白和铁氧还蛋白氢酶作用下，该反应是能够进行的。

可溶性碳水化合物（如葡萄糖、蔗糖、乳糖和淀粉等）的发酵以丁酸型发酵为主，这是一种经典的发酵产氢方式，发酵产生的末端产物主要为丁酸、乙酸、H_2、CO_2 和少量的丙酸。丁酸型发酵途径主要是在梭状芽孢杆菌属（*Clostridium*）作用下进行的，如丁酸梭状芽孢杆菌（*C. butyricum*）和酪丁酸梭状芽孢杆菌（*C. tyrobutyricum*）等，其反应过程如下：

$$5C_6H_{12}O_6+12H_2O+2NAD^++16ADP+16Pi \longrightarrow 4CH_3(CH_2)_2COO^-+2CH_3COO^-+10HCO_3^-+2NADH+8H^++10H_2+16ATP$$

含氮有机化合物的酸性发酵，难降解碳水化合物（如纤维素）的厌氧发酵常表现为丙酸型发酵途径，其反应过程为：

$$C_6H_{12}O_6+H_2O+3ADP \longrightarrow CH_3CH_2COO^-+2CH_3COO^-+HCO_3^-+8H^++H_2+3ATP$$

在经典的乙醇发酵途径中，碳水化合物由酵母菌经过 EMP、HMP 或 ED 途径生成丙酮酸，丙酮酸再经由乙醛最终变为乙醇。这一发酵过程中，最终产物是乙醇和 CO_2，而无氢气。任南琪等发现了产氢的乙醇型发酵途径。

10.1.3.3 其他产氢机理——产氢产乙酸细菌的产氢作用

产氢产乙酸细菌能将产酸发酵第一阶段产生的丙酸、丁酸、戊酸、乳酸和乙醇等进一步转化为乙酸，同时释放分子氢。这群细菌可能是严格厌氧菌或是兼性厌氧菌，目前只有少数被分离出来，以下是几个例子。

S′菌株可将乙醇转化为乙酸和分子氢，其反应式为：

$$CH_3CH_2OH+H_2O \longrightarrow CH_3COOH+2H_2 \qquad \Delta G^{\ominus}=+19.2\ kJ/mol$$

沃尔夫互营单胞菌（*Syntrophomonas wolfei*）能通过 β - 氧化分解丁酸为乙醇和氢：

$$CH_3CH_2CH_2COOH+2H_2O \longrightarrow 2CH_3CH_2OH+2H_2 \qquad \Delta G^{\ominus}=+48.1\ kJ/mol$$

专性厌氧的沃林互营杆菌（*Syntrophobacter wolinii*）在氧化分解丙酸时，能形成乙酸、H_2 和 CO_2：

$$CH_3CH_2COOH+2H_2O \longrightarrow 2CH_3COOH+3H_2+CO_2 \qquad \Delta G^{\ominus}=+76.1\ kJ/mol$$

从反应的自由能变化可知，在相同条件下，以上各反应进行的难易程度是不同的。当氢分压小于 15 199 Pa（0.15 atm）时，乙醇即能自动进行产氢产乙酸反应，而丁酸必须在氢分压 202.65 Pa（2×10^{-3} atm）以下时才能进行产氢产乙酸反应，丙酸则要求更低的氢分压（9.12 Pa，9×10^{-5}atm）。在厌氧消化系统中，降低氢分压的工作必须依靠甲烷细菌来完成。由此可见，通过甲烷细菌利用分子态氢以降低氢分压，对产氢产乙酸细菌的生化反应起着非常重要的调控作用。在产酸反应器中，产氢产乙酸细菌的存在数量会受到水力停留时间（HRT）影响，在 HRT 较小时（如 HRT$<$5 h），大分子的水解酸化可能有足够的反应时间，而对于后续的产氢产乙酸过程则是一个限制性因素。

10.2 主要的生物质制氢技术及其发展现状

根据转化利用方式不同，可将生物质制氢分为生物（微生物）制氢和热化学转化制氢两类。

目前生物制氢主要包括微藻和蓝细菌光合制氢、厌氧细菌在黑暗条件下分解有机物的厌氧制氢以及光合微生物在光照条件下分解有机物的光合制氢等多种方法。现主要介绍光合制氢技术和发酵制氢技术的相关研究。热化学转化法包括生物质快速热解间接制氢、生物质催化汽化制氢、生物质超临界转换制氢和等离子体热解汽化制氢等。生物制氢技术与传统的化学方法相比，具有清洁、节能和不消耗矿物资源等突出优点，因其来源于微生物自身的新陈代谢，产氢反应在常温、常压和接近中性的温和条件下即可进行，而且可利用工农业废弃物和各种工业污水为制氢原料，既实现了废弃物资源化，又成本低廉，因此生物制氢技术被认为是一种发展前景广阔的环境友好型制氢新方法。

10.2.1 生物(微生物)制氢

10.2.1.1 光合制氢技术

1. 原料特点

光合微生物制氢是指利用光合细菌或微藻将太阳能转化为氢能。光合细菌和藻类制氢都需要在一定光照条件下，由菌种和藻类分解底物产生氢气。光合细菌作为光合制氢的理想菌种，其优点包括：①容易培养并且可以多种有机废弃物为产氢原料，具有较高的理论转化率；②可利用的太阳光谱范围较宽，比蓝细菌和绿藻的吸收光谱范围更广泛，具有较高的光能转化率潜力；③产氢需要克服的自由能较小，乙酸光合细菌产氢的自由能只有+8.5 kJ/mol；④终产物中氢气组成可达95%以上；⑤产氢过程中不产生氧气，是一种最具发展潜力的生物制氢方法。

2. 工艺技术

目前对光合制氢工艺技术的研究包括优势高产菌种的培养、细胞固定化、光转化效率的提高和光合反应器的研发四个方面。

(1)产氢菌种的培养　菌株的筛选和改造是提高光合细菌产氢效率的基础。高效产氢菌株筛选主要有两个目标：高的氢气转化率和更宽的底物利用范围。除了传统的微生物筛选方法，现代生物信息学的手段也被用来获取产氢菌株。除此之外，对高产活性菌株的选育和改造也是提高光合细菌产氢效率的有效手段。氢酶对光合细菌产氢的影响主要体现在氢酶对氢的回收上，会使光合细菌的产氢效率下降，因此研究人员一直致力于选育无氢酶活性或氢酶活性降低的菌株。同时，通过遗传或诱变手段获得光合系统改进的突变株，对于提高产氢效率、简化光合生物反应器的设计、实现规模化光合产氢也具有重要意义。

(2)固定化技术的应用　细胞固定化为微生物提供一种相对稳定的生长环境，防止渗透压对细胞的危害，同时也有利于生物催化剂的连续使用，简化了培养液与生物催化剂的分离步骤，同时对抑制效应也有一定的缓解。光合细菌常用的固定化材料有海藻酸钠、琼脂、聚乙烯醇(PVA)和多孔玻璃等。与海藻酸盐、聚丙烯酰胺相比，琼脂无毒、成本低、化学性质稳定、固定化过程简单，但物理强度差、易破裂、基质光通透性较差；多孔玻璃透光性好、机械强度高，但吸附细菌能力较差；固定化颗粒与基质接触的障碍以及基质浓度的不均一性，是利用固定化材料光合放氢需解决的问题。

(3)光合生物反应器的研发　光合细菌制氢过程中光能是不可缺少的，所以与太阳光能转化特性相配的高效光合生物反应器的开发是十分必要的。光合生物反应器是光合细菌产氢实用化的关键设备，主要由光源、循环装置、反应装置、控温系统、培养介质与二氧化碳供给系统、气体分离与收集装置等组成。因此，为了高效接受和透过光，已开发了多种形状的反应器。根据光供给形态可以大致分为管形、平板形、圆柱形、袋形、内部照射型、光入扩散型等。从理论上讲，平板式光合生物反应器的光化学转换效率最高，其次是管道式光合生物反应器，圆柱状光合生物反应器转换效率最低。

(4)光转化效率的提高 提高光合生物的光转化效率是光合生物制氢用于工业化生产的必要前提。因为光合生物的光合反应分为两种类型，即光反应(与光直接有关的反应)和暗反应(在暗中进行的反应)，对于有两个光合作用系统的高等植物、蓝细菌和绿藻，暗反应速度是指电子在两个光合系统中传递的速度。其中，光反应占少数，其余大部分是暗反应，光反应的速度比暗反应快得多，在强光下，光反应进行得很快，暗反应往往跟不上，由于完整的光合反应是光反应和暗反应串联在一起共同完成的，暗反应完不成，光合作用就无法进行。提高光转化效率的方法概括起来有三种：①高速搅拌；②分散光合生物反应器表面的光；③培育叶绿素含量少的菌种，从而减少光子的过多吸收和浪费。

10.2.1.2 发酵制氢技术

1. *原料特点*

一般来说，适合于生物发酵产氢的基质应具备以下几项特点：①碳水化合物的含量高；②资源丰富且廉价；③具有较高的能量转化效率等。目前，生物发酵产氢的研究中所利用的基质广泛，主要包括：①含有单糖、二糖、多糖等的有机废水，如糖蜜废水、蔗糖生产废水、酿酒废水以及淀粉生产废水等；②固体废弃物，包括城市垃圾、粪便、林业废弃物、农业废弃物等的生物质原料。

2. *工艺技术*

现有的发酵制氢工艺以木质纤维素类和高浓度有机废水这两种典型的发酵制氢原料的工艺技术研究居多，介绍如下。

(1)木质纤维素类发酵制氢技术 木质纤维素生物质是一种潜在的低成本原料，如农作物秸秆和木屑等，通常含有38%～50%的纤维素、20%～35%的半纤维素和15%～25%的木质素，其中纤维素和半纤维素可转化为发酵性糖用于氢气生产。但由于木质纤维素结构复杂，利用木质纤维素中纤维素和半纤维素生产氢气时需要一些额外的工序，如预处理、脱毒处理和生产水解酶类等。图10-4是以木质纤维素为原料制氢的主体工艺流程。

该流程中的几个关键点在于原料预处理、水解液发酵产氢和纤维素生物转化发酵产氢这三个重要环节。

①预处理环节 木质纤维素结构复杂，需要对原料进行预处理，以去除部分或全部木质素，溶解半纤维素，或破坏纤维素的晶体结构，从而减小聚合度，增加孔隙度和表面积等，以促进酶与底物相互接触并反应，提高酶解速率和糖得率。理想的预处理方法应满足以下要求：有利于酶水解过程的糖化；避免碳水化合物的降解或损失；避免生成对后续水解或发酵有害的副产物；经济可行。

预处理方法归纳起来包括物理法、物理化学法、化学法和生物法。机械粉碎是常用的物理预处理方法，处理后得到的粉料具有较高的容积密度，有利于增加酶反应的底物浓度，提高酶的作用效率。粉碎处理的方法中，以球磨尤其是振荡球磨的效率更高，高温下研磨比在常温下研磨的效果更好。

物理化学方法有蒸汽爆破法、CO_2爆破法和氨纤维爆破法。木质纤维素原料在高压水蒸

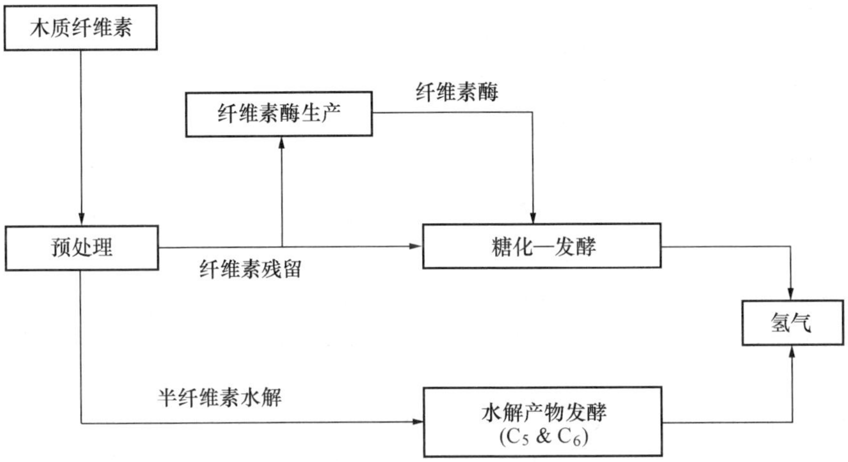

图 10-4　木质纤维素原料生物转化氢气的主要工艺流程

(来源:王爱杰等,2010)

气或氨水中经过短时间加热后,快速地释放压力至大气压,此过程使纤维素结构严重膨化破坏,从而促进后续的酶水解过程。氨纤维爆破法是蒸汽爆破法与碱处理法的结合,即将木质纤维素原料在高温和高压下用液氨处理,然后突然减压使原料爆破。

化学法常采用酸、碱、次氯酸钠、臭氧等试剂进行预处理,其中以碱和稀酸预处理研究较多。碱预处理是利用木质素能够溶解于碱性溶液的特点,使用较多的碱有 NaOH、KOH、$Ca(OH)_2$ 和氨等。碱预处理相对于酸法成本较低、操作安全,但仍需废水和残余物的回收处理工序。稀酸预处理通常采用 0.5%~2% 的 H_2SO_4,在 110~220℃下处理一定时间,纤维素转化成可进一步发酵的单糖,有利于资源的充分利用。但木质素依然保留在固体残渣中,对后续酶水解步骤会有一定的不良影响。

生物法是利用分解木质素的微生物降解木质素,从而提高纤维素和半纤维素的酶解糖化率。但是因为目前存在的微生物种类较少,木质素分解酶类的酶活低、作用周期长等关键技术问题,发展较慢。

②水解液发酵产氢环节　利用木质纤维素水解物发酵产氢研究中主要有 2 个关键点:首先,如何解除木质纤维素预处理水解过程中产生的抑制物质对发酵的抑制作用;其次,木质纤维素水解产物是包括戊糖(木糖、阿拉伯糖)和己糖(葡萄糖、甘露糖、半乳糖)多种糖的混合物。

木质纤维素原料在高温高压和催化剂预处理(水解)过程中会形成多种发酵抑制物质,如糠醛、羟甲基糠醛、乙酸、酚类化合物等。由于这些抑制物质对微生物的生长代谢有抑制作用,从而使水解液中糖发酵生成氢气受到严重限制。目前,关于木质纤维素水解液抑制成分的脱除方法有活性炭吸附、负压蒸发、加碱、离子交换、微生物降解和酶解法。其中,效果较好的是离子交换法,但该方法成本高,不宜在大规模生产中使用。碱法是指用碱将 pH 调到 10 然后再调到发酵所需 pH,这是目前对水解液抑制成分脱除使用最多的一种有效方法,但该方法产生大量沉淀,使水解糖液中的糖损失较大,操作复杂,因此实际应用有一定难度。负压蒸发可去除挥发性抑制剂,但该方法在大规模生产中应用受到限制。活性炭吸附是一种廉价、有效的方法,所以对活性炭吸附脱除抑制成分作了较多研究,包括 pH、温度、接触时间和活性炭浓度对脱除抑制成分的影响等。微生物或酶法降解抑制性物质，目前仍在研究阶段。

木质纤维素水解产物中富含戊糖(木糖、阿拉伯糖)和已糖(葡萄糖、甘露糖、半乳糖)等混合糖。其中已糖较容易被微生物利用，目前关于能够利用已糖发酵产氢的微生物已有很多报道，且已获得了一些产氢能力较高的菌株。相比之下，水解液中的戊糖较难被微生物利用。如果仅将水解液中的已糖部分进行较高程度的利用，产生的氢气相对于木质纤维素原料的利用率也不超过 40%，只有将水解液中戊糖、已糖全部转化成氢气，才能获得较高的经济效益。据有关资料报道，若能充分利用水解液中的戊糖成分，发酵法生产燃料的生产成本可直接下降25%左右。因此，如果找到能同时利用戊糖和已糖产氢的微生物，则可大大提高水解液的利用效率，降低成本。近年来，研究者们陆续开展了一些关于戊糖发酵产氢及同步发酵戊糖已糖混合糖产氢的相关研究。

③纤维素生物转化发酵产氢环节　木质纤维素底物进行不同程度预处理产生大量以戊糖或已糖为主要成分的水解液的同时，还会有较多以纤维素为主要成分的固型物。利用微生物降解纤维素材料并将其转化为氢气是十分重要而有效的途径。纤维素产氢的过程一般需要遵循以下原则：一是有效降低生产过程中的能源需求；二是进程简捷；三是产氢率较高；四是原料价格低廉。先后有学者提出纤维素生物转化的工艺过程，包括分步水解发酵(separate hydrolysis and fermentation，SHF)、同步糖化发酵 (simultaneous saccharification and fermentation，SSF)、同步糖化共发酵(simultaneous saccharification and co-fermentation，SSCF)和联合生物加工工艺(consolidated bioprocessing，CBP)等工艺方案。以上各种方法分别在酶的产生与提供、纤维素水解、水解物发酵过程等方面存在一定的差异，这些差异也将导致纤维素产氢的效率有所不同。

(2)有机废水制氢技术　有机废水发酵法生物制氢工业化生产技术，是针对分布式生物质，即极高浓度有机废水成功开发的，以生产氢气为主的分布式能源生产技术，在处理废水的同时达到制取氢气的目的(图 10 - 5)。

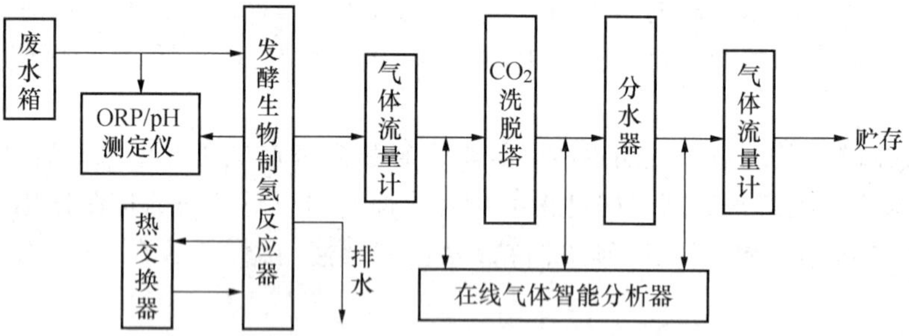

图 10 - 5　有机废水发酵法生物制氢工艺流程图

(来源：李建政等，2002)

任南琪等自主研发的有机废水发酵法生物制氢工业化生产技术是一种高效生物制氢反应设备，适合于工业化生产工艺，并已建设和运行了有机废水发酵法生物制氢技术生产性示范工程。制氢设备的单台容积可达 100 m^3，在进水 COD 浓度为 8 000 mg/L 左右、反应时间为 6～8 h 的条件下，其产氢能力可达 285 m^3/d；通过生物强化技术的处理，可使单台反应设备的产氢能力提高 14.6%，达到 347 m^3/d，即反应器的产氢率可达 5.26 m^3/m^3。该技术在研发过程中主要突破了以下几方面的技术难点：①确定工业化生产高效产氢反应设备的结构形式及其放大准则；②在工业化生产中，发酵生物制氢反应系统快速启动的对策和乙醇型混合菌群的驯化；③可以直接指导工业化生产的成熟工艺及其技术参数的确定；④高效工程菌的扩大培养和接种技术。该项技术利用驯化细菌的产酸发酵作用，开创了利用非固定化的混合菌种进行生物制氢的新途径，在国际上首次实现中试规模的连续流持续产氢，并形成了工业化生物制氢系统工艺。该工艺具有运行稳定可靠、产氢能力大等优点，单台设备制氢规模可达 500～1 000 m^3/d，氢气纯度大于 99.5%，生产成本低于目前广泛采用的水电解法。

10.2.2　热化学转化法

10.2.2.1　生物质快速热解间接制氢

生物质热裂解制氢是对生物质进行间接加热，使其分解为可燃气体和烃类(焦油)，然后对热解产物进行第二次催化裂解，使烃类物质继续裂解以增加气体中的氢含量，再经过变换反应将一氧化碳也转变为氢气，然后进行气体分离(表 10-1)，通过控制不同的裂解温度、物料的停留时间以及热解气氛来达到制取氢气的目的。碳水化合物和木质素的裂解经历了一系列的脱水、脱聚反应，在热解过程中会生成多种低聚物和低分子质量的反应中间体。在反应动力学方面，传热与传质速率和扩散与反应速率相互竞争。因此，反应中间体可以生成焦炭，或在限制进一步裂解的条件下生成低分子质量的产物，这些产物可以从焦炭中以挥发分的形式分离出来，通过完善反应器构造、粒径、流体力学和传热速率等因素，可以提高这些挥发分的产率。由于热解过程中不加或只含有少量的空气，避免了氮气对气体的稀释，降低了气体分离的难度和设备成本。

表 10-1　几种废弃物热解制氢时的产物组成

(来源：冯剑，舒新前，2007)　　%

实验样品	产物组成(质量分数)			气体组成中氢气的含量(体积分数)
	热解焦	水+生物油	气体	
核桃壳	25.08	42.31	32.61	63.35
花生壳	28.69	40.48	30.83	56.32
瓜子壳	23.48	42.55	33.97	53.97
玉米秆	26	49	25	36.91
稻草	34	42	24	34.76
锯末	22.06	46.39	31.55	52.03

10.2.2.2　生物质催化汽化制氢

生物质催化汽化制氢是加入水蒸气的部分氧化反应，类似于煤炭汽化的水煤气反应，得到含氢和较多一氧化碳的水煤气，然后进行变换反应使一氧化碳转变，最后分离氢气。由于生物质汽化产生较多焦油，研究者在汽化器后采用催化裂解的方法以降低焦油并提高燃气中氧含量，催化剂为镍基催化剂或较为便宜的白云石、石灰石等。汽化过程可采用空气或富氧空气与水蒸气一起作为汽化剂，产品气主要是氢、一氧化碳和少量二氧化碳。汽化介质不同，燃料气组成及焦油含量也不同。使用空气时由于氮的加入，使汽化后燃气体积增大，增加了氢气分离的难度，使用富氧空气时需增加富氧空气制取设备。

广州能源研究所研究出了一套生物质汽化制氢新工艺，它的创新点在于把生物质汽化、焦油催化裂解、水蒸气重整变换连成一体化制氢(图 10-6)。该方法根据生物质汽化、焦油裂解和水蒸气变换反应所具有的不同特点、反应气氛及催化剂种类,分别将它们控制在流化床的不同区域,实现资源-能源-环境的一体化利用。与普通生物质制氢工艺比较,不可凝气体及氢气产率都有大幅度的提高,每千克生物质产氢量达到 90 g 以上,不可凝气体再经过固定床转化后氢气产量可进一步提高至 100 g 以上。该方法具有工艺简单和设备简单、能量转化率高、原料适应性强等特点。但是使用空气作汽化剂时会增加氢气的提纯难度,使用富氧空气作汽化剂时又会增加设备成本,用水蒸气则有利于富氢气体的产生。

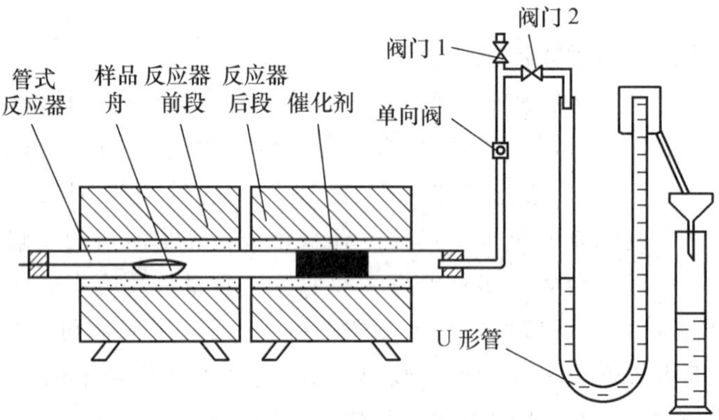

图 10-6 生物质催化汽化装置图

(来源:吕鹏梅等,2006)

10.2.2.3 生物质超临界转换制氢

生物质超临界转换制氢以生物质和水为原料,按一定比例混合后,在近超临界条件下完成反应,得到氢含量较高的气体。由于超临界水基本可以溶解大部分的有机成分和气体,反应后只剩下极少量的残碳,几乎可达到 100%的汽化率,进行气体的分离后,产物中氢气的含量可达到 50%~60%,是一种新型、高效的制氢技术。胥凯等对生物质在超临界水环境下汽化制氢过程提出简化的两相流物理化学模型,并利用该模型进行数值模拟,着重讨论了温度和颗粒半径对生成气体摩尔百分比、汽化率的影响。结果表明:颗粒的半径主要影响生物质颗粒汽化分解的速率,而温度主要影响颗粒汽化产物进一步生成氢气的过程。颗粒越小,汽化分解的速率越快。温度的影响主要集中在气相反应上,使得 CO 进一步转化为 H_2。

10.2.2.4 等离子体热解汽化制氢

等离子体热解汽化制氢是利用等离子产生的极光束、闪光管、微波等离子和电弧等离子等通过电场电弧能将生物质热解,合成气中主要成分是 H_2 和 CO,且不含焦油。在等离子体汽化中,可通过水蒸气,调节 H_2 和 CO 的比例,但该过程能耗很高,因而等离子体制氢的成本较高。李慧青等讨论了利用等离子体从各种含氢原料中制氢所表现出的特异性能。当使用天然气为原料大规模制氢时,等离子体法的高能量密度可以极大地减少催化剂的使用和缩小生产空间;当用其他碳氢化合物为原料制氢时,等离子体法可以提高系统的灵活性、多变性,尤其在车载制氢上,等离子体发生源的多样性和等离子体转换器充裕的设计空间可为降低能耗提供保障。

10.3 生物制氢存在的问题及展望

为了实施可持续发展战略,寻求能源合理利用的新途径,开发并转而启用其他新能源,已成为人类迫切需要解决的难题。氢气具有清洁、高效和可再生等突出特点,生物制氢技术的发展和产业化进程备受世人关注。从世界范围来看,生物制氢技术真正进入产业化生产,进而作为有效的能源替代产品尚存在一些问题,还需要做大量的工作。

10.3.1 生物制氢存在的问题

(1)如何筛选产氢率相对高的菌株、设计合理的产氢工艺来提高产氢效率 无论是纯种还是混菌培养,提高关键菌株产氢效率都是最重要的工作。条件优化手段已经不能满足这一要求,需要运用分子生物学的手段对菌种进行改造,以达到高效产氢的目的。概括起来,菌种改造可以涉及如下几个方面:①运用代谢工程手段等现代生物技术对产氢细菌进行改造的研究目前在生物制氢领域还没有展开,是很值得深入研究的方向。②对产氢过程关键酶——氢酶的改造,如同源、异源表达氢酶以强化产氢过程。除此之外,由于产氢细菌内的氢酶种类繁多,基因敲除的方法也是一个可行策略。通过蛋白质工程手段对氢酶进行强化,包括增加其活性、耐氧性也都是可行策略。

(2)高效制氢过程的开发 近年来对于高效制氢过程、反应器设计进行了很多卓有成效的工作,但是对于其中的科学机理尚没有细致研究,仅依靠 pH、水力停留时间、接种来实现过程的控制。今后一个重要的研究方向是打开制氢过程黑箱,研究不同菌间的相互作用关系,实现对过程的有效、智能控制。核心问题是不同细菌、不同菌群之间的代谢迁移机制。现代分子生物学的发展为研究这一问题提供了可能,目前已采用 PCR-DGGE 方法分析产氢污泥中的细菌分布,采用荧光原位杂交技术、荧光示踪技术分析菌群分布也将推动对这一问题的解析。目前的代谢网络构建往往只集中在单一细菌中,如何研究和有效利用菌群的代谢网络也将是一个重要的科学问题。除此之外,产氢反应器的放大也是一个重要问题。目前采用载体固定化策略的高效产氢反应器最大体积仅为 3 L,积极推动这类反应器在产业化规模的研究,将是未来一段时间制氢反应器的重要研究课题。

(3)发酵细菌产氢的稳定性和连续性 利用发酵型细菌产氢虽然在我国取得了长足的进步,但是产氢的稳定性和连续性问题一直是困扰产氢工业化的一个很大障碍。科学家们正试图通过菌种固定化、酶固定化技术来解决,特别是在产氢酶的固定化技术的突破,必将加速产氢的工业化进程。

(4)混合细菌发酵产氢过程中彼此之间的抑制、发酵末端产物对细菌的反馈抑制等 有机废水存在许多适合光合生物与发酵型细菌共同利用的底物,理论上可以实现在处理废水的同时利用光合细菌和发酵细菌共同制取氢气,来提高产氢的效率。但是,实际操作过程中发现,混合细菌发酵产氢过程中彼此之间的抑制、发酵末端产物对细菌的反馈抑制等现象的存在使得效果不明显甚至出现产氢效率偏低的问题。相信随着废水处理技术和现代微生物技术的进一步发展,这些问题将会得到解决。

10.3.2 生物制氢技术展望

由于能源危机和生态环境的恶化，清洁能源——氢气的利用已成为未来能源利用的发展趋势，利用廉价的原料进行氢气生产势在必行。从可持续发展来看，以木质纤维素类物质、高浓度有机废水作为原材料进行产氢将会是制氢工业一个非常具有潜力的发展方向。虽然人们对纤维素的水解糖化技术和厌氧发酵技术已经研究了不短的时间，但直到今天我们也没有找到一种高效的酶或微生物来利用这一巨大的天然可再生资源，获取目的产物的成本仍然较高。很多研究人员致力于基因工程技术和生物信息学，以期改进关键酶活性和微生物能力，且从自然界中筛选出了一些较好的功能微生物，还需进行大量的工作。

就科学研究现状比较而言，对藻类及光合细菌的研究要远多于对发酵产氢细菌的研究。生物技术欲达到工业化生产水平尚需多年的努力。欲使生物产氢技术尽快达到工业化生产水平，未来的研究应注重以下四个方面。

(1)应充分重视对发酵产氢微生物的研究。从实现工业化生产的可能性来看，发酵微生物比光合生物具有更大的优越性，而目前的研究主要倾向于光合生物产氢。

(2)为了降低运行及管理费用，利用能自固定的、产氢能力较高的厌氧活性污泥混合菌种，并寻求菌种培养容易、启动快的方法，将是未来的主攻方向之一。

(3)利用高浓度有机废水制取氢气，并注重耐酸菌种的选育。探讨包括有机废水在内的不同有机质生物制氢的可行性及其控制对策，意义是重大的。再者，由于有机废水发酵制氢过程中，将有大量有机挥发酸相伴而生，导致生物介质的 pH 降低，选育和使用耐酸的发酵产氢菌种，可节约甚至完全节省因 pH 调节对碱的大量需求，从而使制氢成本降低。

(4)研制可以达到工业化生产规模的生物制氢反应设备。现有国外研究成果均为试管内或三角瓶中进行的实验室试验，这些成果转化为工业化生产尚有许多工程实际问题需要解决。

从国内外生物制氢技术的研究现状看，虽然利用微生物产氢目前尚处于研究探索或小规模试产阶段，距离大规模工业化生产尚有不小距离，但是，有关这方面的研究进展，展现了利用微生物生产清洁燃料氢气的广阔前景。在探索利用微生物生产氢气的道路上，需要不断寻找产氢能力高的各种微生物，深入研究微生物产氢的原理和条件，完成天然菌种的人工驯化，在此基础上，设计出相应的大规模生产装置系统，达到高产、稳产、低成本三项指标，推进生物制氢工业化革命的到来。

参考文献

[1] 杨金花. 简述生物制氢技术存在的问题及发展前景. 科技探索，2010，363：81.
[2] 王爱杰，曹广丽，徐诚蛟，等. 木质纤维素生物转化产氢技术现状及发展趋势. 生物工程学报，2010，26(7)：931 - 941.
[3] 孙学习，李涛，任保增. 玉米秸秆生物产氢菌的分离培养及鉴定研究. 现代化工，2009，29：312 - 314.
[4] 周明，许庆利，蓝平，等. 生物质制氢研究进展. 吉林化工学院学报，2009，26(4)：35 - 39.
[5] 刘飞，方柏山. 微生物产氢机理的研究进展. 工业微生物，2009，37(3)：58 - 62.
[6] 汤桂兰，孙振均，李玉英. 微生物发酵法生物制氢与产氢微生物的研究进展. 农业工程学

报,2007,23(12):285-289.
[7] 冯剑,舒新前.生物质废弃物制氢技术研究.环境与可持续发展,2007,4:24-27.
[8] 丁福臣,易玉峰.制氢储氢技术.北京:化学工业出版社,2006.
[9] 吕鹏梅,袁振宏,马隆龙,等.生物质废弃物催化裂解制备富氢燃气实验研究.环境污染治理技术与设备,2006,9(7):35-40.
[10] 袁振宏,吴创之,马隆龙,等.生物质能利用原理与技术.北京:化学工业出版社,2005.
[11] 李建政,汪群慧.废物资源化与生物能源.北京:化学工业出版社,2004.
[12] 王勇,任南琪,孙寓姣,等.乙醇型发酵与丁酸型发酵产氢机理及能力分析.太阳能学报,2002,23(3):366-373.
[13] 李建政,任南琪,林明,等.有机废水发酵法生物制氢中试研究.太阳能学报,2002,23(2):2.

第 11 章　木质纤维素的生物分解及其转化技术

11.1　概述

木质纤维素是地球陆生生态系统中最为丰富的可再生资源，全球每年产量估计为 1×10^{10} Mt，其含有六碳糖及多种五碳糖，因而，木质纤维素被视为非常有前景的生物质资源。本章将介绍木质纤维素资源的特性、研究现状及利用前景。

11.1.1　木质纤维素的结构特点

木质纤维素主要来源于植物细胞壁，其主要构成成分为纤维素（38%～50%）（图 11-1）、

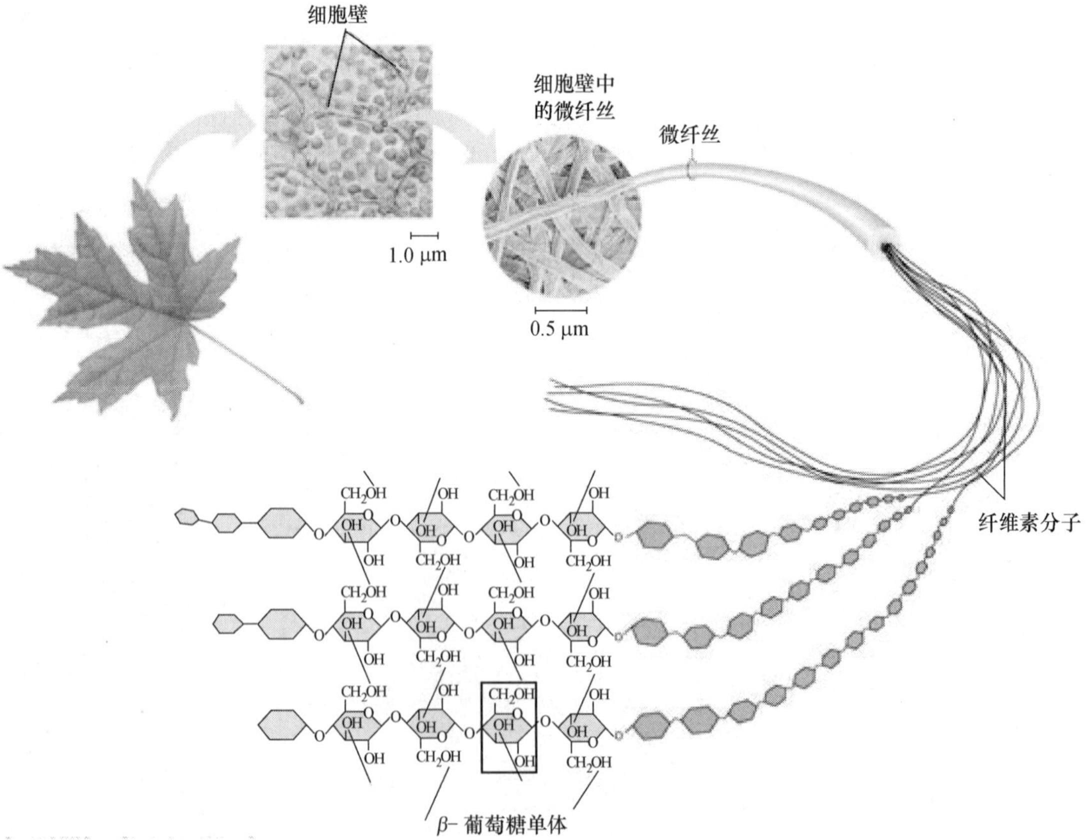

图 11-1　纤维素的结构

（来源：http://porpax.bio.miami.edu/～cmallery/150/chemistry/organic.htm）

半纤维素(17%～32%)和木质素(15%～30%)。这三种成分相互紧密结合,结构致密,故而被称为木质纤维素(lignocellulose),其总质量约占植物体总质量的 80%以上。

1. 纤维素

纤维素是由 *D* - 葡萄糖残基以 β - 1,4 - 糖苷键相连而成的线性聚合物。纤维素的结构亚单位是纤维二糖,相邻和相近葡萄糖残基的分子间和分子内形成了氢键网络,分子间的氢键主要是协助保持纤维素链的刚性结构,单个的纤维素链通过氢键和范德华力以平行取向彼此黏结,形成微纤丝。微纤丝相互聚集形成纤丝,纤丝再进一步螺旋缠绕形成更高级的结构(图 11 - 1)。

目前普遍被人们接受的纤维素超分子结构理论是二相体系理论,即纤维素是由结晶区与非结晶区交错连接形成的二相体系,其中还存在相当多的空隙。在结晶区内,纤维素分子的排列具有规则性;在非结晶区内,纤维素分子排列是不规则的,结合得较为松弛;结晶区与结晶区之间有非结晶区,结晶区与非结晶区间没有明显的界限。

纤维素具有多形性,具体表现在纤维素的大小、形状、结晶度及在微纤丝中晶体结构和非晶体结构的比例。迄今为止,已发现固态下纤维素存在着五种结晶变体,即天然纤维素(纤维素Ⅰ)、人造纤维素Ⅱ、Ⅲ、Ⅳ和纤维素Ⅹ,这五种结晶变体各有不同的晶胞结构,并可由 X 射线衍射、红外光谱、Raman 光谱等方法加以鉴别。

2. 半纤维素

半纤维素来源广泛,是自然界中含量仅次于纤维素的可再生资源,大量存在于植物细胞壁中。半纤维素不是一种均一的聚糖,而是由几种不同类型的单糖构成的异质多聚体,组成半纤维素的结构单元(糖基)主要有:*D* - 木糖基、*D* - 甘露糖基、*D* - 葡萄糖基、*D* - 半乳糖基、*L* - 阿拉伯糖基、4 - O - 甲基 - *D* - 葡萄糖醛酸基、*D* - 半乳糖醛酸基和 *D* - 葡萄糖醛酸基等(图 11 - 2),还有少量的 *L* - 岩藻糖基以及各种带有氧甲基、乙酰基的中性糖基。这些结构单元在构成半纤

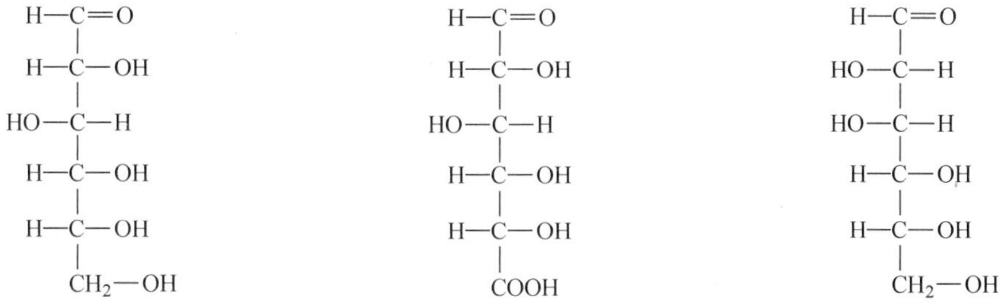

D - 葡萄糖　　*D* - 葡萄糖醛酸　　*D* - 甘露糖

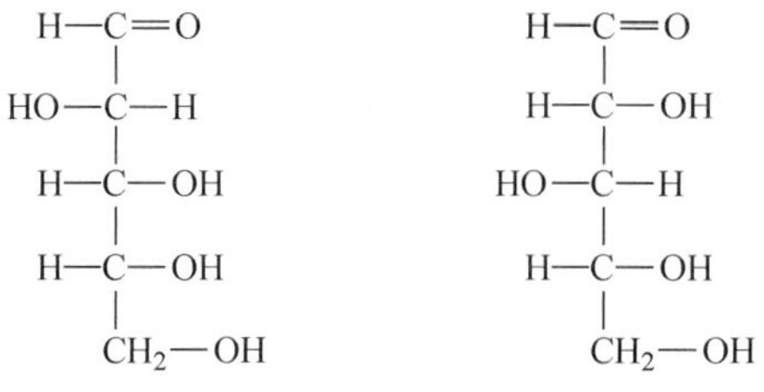

D - 阿拉伯糖　　*D* - 木糖

图 11 - 2　半纤维素的主要构成单元

(来源:http://www.rpl.edu)

维素时，若是由一种结构单元构成一种均一的聚糖，成为同聚糖；而一般情况下是由 2～4 种结构单元构成的不均一的聚糖，聚合度（简称 DP，指多聚物中所含单体数）较低，一般不超过 200，常见是 80～120。

3. 木质素

木质素是由四种醇单体（对香豆醇、松柏醇、5 - 羟基松柏醇、芥子醇）形成的一种复杂酚类聚合物（图 11 - 3）。木质素是构成植物细胞壁的成分之一，在植物组织中具有增强植物体的机械强度、利于输导组织的水分运输和抵抗不良外界环境侵袭的作用。木质素的组成与性质比较复杂，并具有极强的活性，不能被动物所消化，在土壤中能转化成腐殖质。从化学观点来看，木质素是由高度取代的苯基丙烷单元随机聚合而成的高分子，它与纤维素、半纤维素一起，形成植物骨架的主要成分，在数量上仅次于半纤维素。

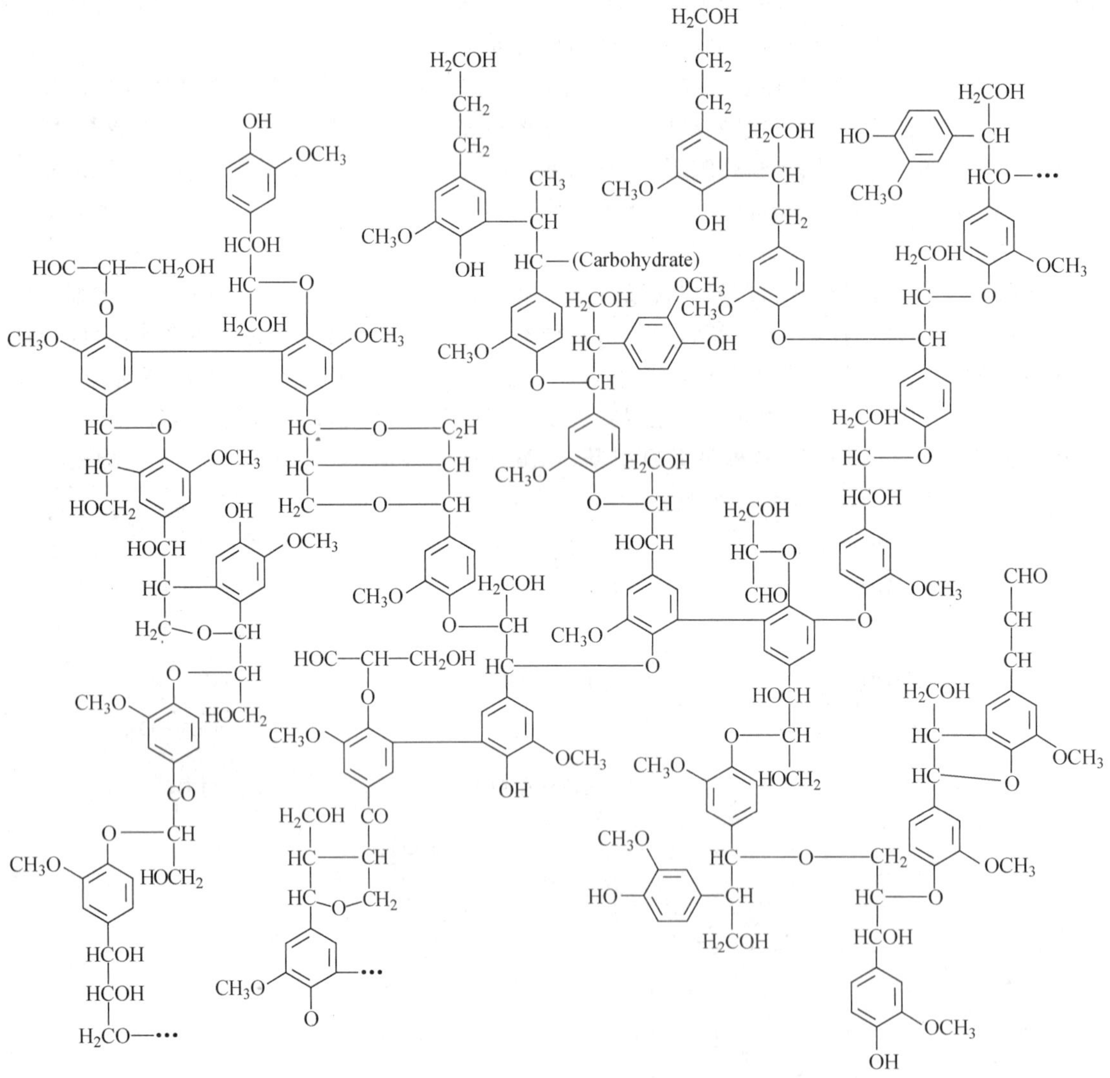

图 11 - 3　木质素可能的结构

（来源：Glazer，Nikaido，1995）

11.1.2　木质纤维素资源的生物转化

我们所了解的自然界，很多天然的有机物质分解转化过程中，微生物都承担了不可或缺的重要角色。木质纤维素资源作为自然界重要的光合产物之一，其分解和转化都与微生物密切相关。在认识和开发自然界微生物资源的基础上逐渐发展而来的木质纤维素生物转化技术，具有能源消耗低，环境污染小，培养条件温和等良好的特性，是木质纤维素资源转化中很有前景的技术之一。然而，天然木质纤维素结构致密，性质稳定，导致微生物难以快速分解，成为限制天然纤维素资源快速生物转化技术的主要瓶颈。

目前木质纤维素资源的生物转化技术领域的研究主要集中在 3 方面：一是具有纤维素分解能力的微生物资源的开发及利用（本书主要介绍具有纤维素分解能力的细菌、真菌，而对天然木质纤维素材料的生物分解有贡献的原生动物涉猎较少）；二是具有纤维素分解活性的酶的资源开发及利用研究；三是具有快速分解天然木质纤维素材料活性的纤维素分解菌复合系相关特性研究及应用。本章将围绕这三方面向读者展现木质纤维素生物转化技术的基本原理及发展现状。

11.2　分解木质纤维素的微生物

11.2.1　木质纤维素分解菌株的特点

具有木质纤维素分解能力的微生物广泛存在于自然环境和工程环境中。通常说的木质纤维素分解菌株是指具有木质纤维素分解能力的菌株，其种类繁多，覆盖细菌、真菌众多种属。环境中的木质纤维素分解菌株是工业纤维素酶获取的重要生物源，因此，优良菌种资源的开发和纤维素分解菌株的改造成为纤维素分解菌相关领域的重要研究内容。

11.2.1.1　木质纤维素分解细菌的种类

到目前为止，已发现的具有纤维素分解能力的细菌就多达 5 个纲，10 个目。Schwarz 等对纤维素分解细菌进行了比较详细的总结和归类（表 11 - 1）。在众多的纤维素分解细菌之中，*Clostridium* 属的菌种所占比例最为突出，具有 17 个种，而 *Clostridium thermocellum* 菌种是较早分离的，并具有良好纤维素分解能力的菌株之一。

真菌往往在好氧常温（或中温）条件下具有较强的纤维素分解能力。表 11 - 2 列举了部分具有纤维素分解能力的真菌，其中木霉是研究比较多的具有较高分解活性的真菌之一。除此之外，放线菌也是纤维素分解家族中很重要的一类。放线菌繁殖速度通常比较慢，而且分解纤维素的能力不如真菌，但在不利的逆境下，比真菌具有更强耐受能力，如耐高温和酸碱，所以在高温堆肥体系中放线菌在分解木质纤维素方面的作用是真菌所不及的。

自然界能够分解半纤维素的微生物同样广泛存在，在海洋、陆地的各种环境中以及在反刍动物瘤胃、蜗牛、甲壳动物、陆地植物组织和各种无脊椎动物中都有存在。目前，报道产木聚糖酶的微生物多从木霉、曲霉、青霉、链霉菌等真菌及芽孢杆菌中分离得到。此外，很多能够分解纤维素的菌株同时具有分解半纤维素的能力，如 *Clostridium thermocellum*、*Clostridium stercorarium*、*Clostridium cellulovorans*、*Clostridium josui*、*Clostridium papyrosolvens*、*Clostridium acetobutylicum*；还有报道称拟杆菌属中的 *Bacteroides succinogenes*、*Bacteroides ruminicola*、*Bacteroides ovatus* 等也具有木聚糖酶活性。

表 11-1　降解纤维素的细菌

（来源：Schwarz 研究小组，http://www.wzw.tum.de/mbiotec/cellmo.htm）

属	种	参考文献
Caldocellulosiruptor	*saccharolyticus*	Rainey et al, 1994
Caldocellulosiruptor	*lactoaceticus*	Mladenovska et al, 1995
Caldocellulosiruptor	*kristjanssonii*	Bredholt et al, 1999
Anaerocellum	*thermophilum*	Svetlichnyi et al, 1990
Butyrivibrio	*fibrisolvens*	Berger et al, 1990
Ruminococcus	*flavefaciens*	Aurilia et al, 2000
Ruminococcus	*succinogenes*	Fields et al, 2000
Ruminococcus	*albus*	Ohara et al, 2000
Eubacterium	*cellulolyticum*	Anderson & Blair, 1996
Clostridium	*chartatabidum*	Kelly et al, 1987
Clostridium	*cellulovorans*	Shoseyov et al, 1992; Tamaru et al, 2000
Clostridium	*herbivorans*	Varel et al, 1995
Clostridium	*cellulosi*	Yanling et al, 1991
Clostridium	*cellobioparum*	Lamed et al, 1987
Clostridium	*papyrosolvens*	Pohlschröder et al, 1994
Clostridium	*josui*	Kakiuchi et al, 1998
Clostridium	*cellulolyticum*	Pagés et al, 1997; Belaich et al, 1997
Clostridium	*aldrichii*	Yang et al, 1990
Clostridium	*stercorarium*	Schwarz et al, 1995

属	种	参考文献
Clostridium	*thermocellum*	Lamed et al, 1991
Clostridium	*cellulofermentans*	Yanling et al, 1991
Clostridium	*celerescens*	Palop et al, 1989
Clostridium	*thermopapyrolyticum*	Mendez et al, 1991
Clostridium	*thermocopriae*	Jin & Toda, 1989
Clostridium	sp. C7	Cavedon et al, 1990
Bacteroides	sp. P-1	Ponpium et al, 2000
Bacteroides	*cellulosolvens*	Lamed et al, 1991
Acetivibrio	*cellulolyticus*	Ding et al, 1999
Acetivibrio	*cellulosolvens*	Khan et al, 1984
Thermoactinomyces	sp. YX	Hägerdahl et al, 1979
Caldibacillus	*cellulovorans*	Sunna et al, 2000
Bacillus	*circulans*	Kim, 1995
Acidothermus	*cellulolyticus*	Eppard et al, 1996; Maréchal et al, 2000
Cellulomonas	*biazotea*	Lednicka et al, 2000
Cellulomonas	*cartae*	Thayer et al, 1984
Cellulomonas	*cellasea*	Lednicka et al, 2000
Cellulomonas	*cellulans*	Lednicka et al, 2000
Cellulomonas	*fimi*	Lednicka et al, 2000
Cellulomonas	*flavigena*	Lednicka et al, 2000

续表 11 - 1

属	种	参考文献	属	种	参考文献
Cellulomonas	*gelida*	Thayer et al, 1984	*Thermobifida* (*Thermomonospora*)	*fusca*	Wilson,1992; Kukolya, 个人交流,2003
Cellulomonas	*iranensis*	Elberson et al, 2000	*Thermobifida*	*cellulolytica*	Kukolya et al, 2002
Cellulomonas	*persica*	Elberson et al, 2000	*Thermomonospora*	*curvata*	Coughlan & Mayer, 1992
Cellulomonas	*uda*	Thayer et al, 1984	*Microbispora*	*bispora*	Wilson, 1992
Curtobacterium	*falcumfaciens*	Lednicka et al, 2000	*Fibrobacter*	*succinogenes*	Schellhorn & Forsberg, 1984
Micromonospora	*melonosporea*	Wilson, 1992	*Sporocytophaga*	*myxococcoides*	Coughlan & Mayer, 1992
Actinoplanes	*aurantiaca*	Coughlan & Mayer, 1992	*Cytophaga*	sp.	Mullings et al, 1984
Streptomyces	*reticuli*	Schrempf & Walter, 1996	*Flavobacterium*	*johnsoniae*	Lednicka et al, 2000
Streptomyces	*alboguseolus*	van Zyl, 1985	*Achromobacter*	*piechaudii*	Lednicka et al, 2000
Streptomyces	*aureofaciens*	El - Din et al, 2000	*Xanthomonas*	sp.	Mullings et al, 1984
Streptomyces	*cellulolyticus*	Li, 1997	*Cellvibrio*	*vulgaris*, *fulvus*	Blackall et al, 1985
Streptomyces	*flavogriseus*	MacKenzie et al, 1984	*Cellvibrio*	*gilvus*	Coughlan & Mayer, 1992
Streptomyces	*lividans*	Kluepfel et al, 1986	*Cellvibrio*	*mixtus*	Lednicka et al, 2000
Streptomyces	*nitrosporeus*	van Zyl, 1985	*Pseudomonas*	*fluorescens* (*cellulosa*)	Dees et al, 1995
Streptomyces	*olivochromogenes*	Coughlan & Mayer, 1992	*Pseudomonas*	*mendocina*	Lednicka et al, 2000
Streptomyces	*rochei*	Perito et al, 1994	*Myxobacter*	sp. AL - 1	Avitia et al, 2000; Pedraza-Reyes,个人交流
Streptomyces	*thermovulgaris*	Coughlan & Mayer, 1992			
Streptomyces	*viridosporus*	Coughlan & Mayer, 1992			
Thermobifida	*alba*	Kukolya, 个人交流			

表 11-2 降解纤维素的真菌

（来源：郭鹏，2010）

真菌	分解物质	真菌	分解物质
Aspergillus niger	纤维素	Brown-rot	纤维素、半纤维素
Aspergillus oryzae	纤维素	Soft-rot	纤维素、木质素
Trichoderma viride	木质素、纤维素	*Trametes sanguinea*	纤维素
Trichoderma lignorum	木质素、纤维素	*Poria* sp.	纤维素
Trichoderma koningii	木质素	*Polyporus versicolor*	纤维素
Penicillum iriensis	木质素、纤维素	*Irpex lacteus*	纤维素
Penicillum funiculosun	木质素、纤维素	*Chaetomium thermophile*	木质素、纤维素
Penicillum variabile	木质素、纤维素	*Fusarium solani*	纤维素
White-rot	纤维素、木质素	*Saccharothnix mutabilis*	纤维素

自然界中分解转化木质纤维素资源的微生物远非这些，只是我们目前的手段和技术方法等还不能完全分离到这些微生物。相信随着现代科学技术的不断发展，以及人类认识能力的增强，将会有更多的木质纤维素分解微生物资源被发现和利用，它们将会为人类生物质资源的转化与利用做出巨大贡献。

11.2.1.2 木质纤维素分解菌株的生长环境

纤维素分解菌生长环境广泛。湖底沉积物、土壤、堆肥、动物肠道、厌氧反应器等各种自然环境和工程环境中都有木质纤维素分解菌株的存在。纤维素分解菌株的生长温度广泛，Chin 等在 1999 年报道，从水稻土壤中富集的菌群在 15℃具有纤维素分解能力，一些嗜热纤维素分解菌株可生在 60℃或更高温度。表 11-3 中列出了木质纤维素分解菌株常见的分离环境。

11.2.1.3 纤维素分解菌株的细胞形态

木质纤维素分解菌株在分解底物的过程中，菌体细胞以及菌体和底物之间的状态如何？这一问题随着显微技术的发展，微观的影像逐渐展示在人们面前。图 11-4 为扫描电子显微镜(SEM)记录的纤维素分解菌株在分解纤维素过程中的形态。这些工作有利于帮助人们理解微生物与木质纤维素的关系、探索微生物分解纤维素的机理。

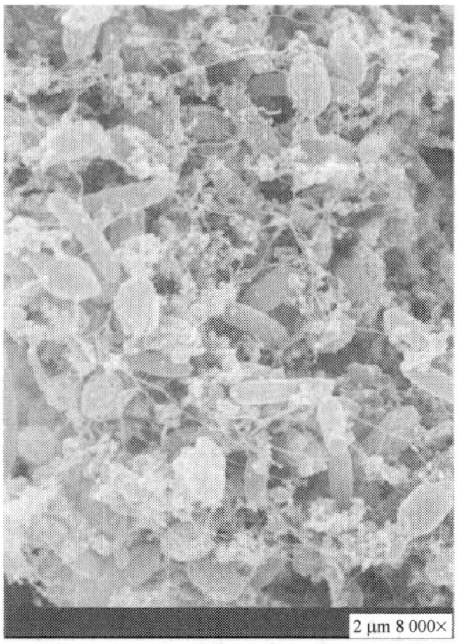

图 11-4 细菌 *Brevibacillus* sp. JXL 分解纤维素残余物的扫描电镜照片

（来源：Liang Yanna 等，2009）

Liang Yanna 等的工作向我们展示了纤维素分解菌株在不同底物基质生长过程中，菌株形态的变化。Liang 等首先从猪粪等废弃物中分离到了一株嗜热纤维素分解菌株 *Brevibacillus* sp. JXL，该菌株能够在纤维素基质底物中于 57℃条件下生长，产生胞外酶，粗酶液最佳温度为 70℃，pH 6～8 范围内具有活性。*Brevibacillus* sp. JXL 能够利用广泛的碳源底物，包括纤维素、羧甲基纤维素(CMC)、纤维二糖、木聚糖、木糖和葡萄糖。该菌株在底物基质中含有纤维二糖和葡萄糖时具有高效的滤纸纤维素酶活性。扫描电子显微镜观测结果显示，该菌株在无糖培养基中，细胞表面相对平滑，但在含有纤维二糖和葡萄糖基质的培养液中，细胞表面呈现高密度的突起等胞外结构，此结构与细菌分解纤维素酶——多酶复合体(cellulosome)结构相似(图 11-5)。

表 11-3　常见菌种/基因组发现的环境

(来源：Yutaka，Environmental Technology，2010，31：889-903)

细菌		真菌	
属及典型种	生长环境	属及典型种	生长环境
1　好氧		1　好氧	
1.1　嗜冷/耐冷		1.1　嗜冷/耐冷	
Pseudoaltermonas haloplanktis	南极大陆	*Cadophora malorum*	南极木
1.2　常温		1.2　常温	
Bacillus pumilis	腐烂生物质	*Aspergillus niger*	土壤，腐烂木材
Brevibacterium linens	堆肥	*Agaricus bisporus*	蘑菇堆肥
Cellulomonas iranensis	森林腐殖质土壤	*Phanerochaete chrysosporium*	堆肥
Cellulomonas uda	甘蔗园	*Pycnoporus cinnabarinus*	土壤
Cellvibrio gilvus	牛粪便	*Rhizopus stolonifer*	土壤
1.3　嗜热		1.3　嗜热	
Acidothermus cellulolyticus	温泉	*Chaetomium thermophilum*	土壤
Caldibacillus cellovorans	堆肥	*Corynascus thermophilus*	蘑菇堆肥
Cellulomonas flavigenad	树叶垃圾	*Humicola grisea*	土壤，堆肥
Thermobifida fusca	堆肥	*Paecilomyces thermophila*	土壤，堆肥
Thielavia terrestris	土壤		
2　厌氧		2　厌氧	
2.1　嗜冷/耐冷		2.1　嗜冷/耐冷	
Clostridium sp. PXYL1	牛粪	无	
2.2　常温		2.2　常温	
Acetivibrio cellulolyticus	污泥	*Anaeromyces mucronatus* 543	瘤胃
Butyrivibrio fibrisolvens	牛粪	*Cyllamyces aberensis*	瘤胃
Clostridium aldrichii	木材分解	*Orpinomyces joyonii*	瘤胃
Clostridium cellobioparum	土壤	*Piromyces equi*	瘤胃
Clostridium cellulolyticum	腐烂草	*Piromyces* sp. strain E2	瘤胃
2.3　嗜热		2.3　嗜热	
Clostridium thermocellum	堆肥，土壤	无	
Spirochaeta thermophila	温泉		

Blair 的实验也获得了类似的结果。1999 年，Blair 将 *Clostridium cellulovorans* 培养于葡萄糖、纤维二糖、羧甲基纤维素(CMC)中时，细胞表面平滑，而将菌体培养于纤维素基质培养液中，菌体细胞表面产生大量的突起(图 11-6)。但这种突起并不是始终存在的，在纤维素

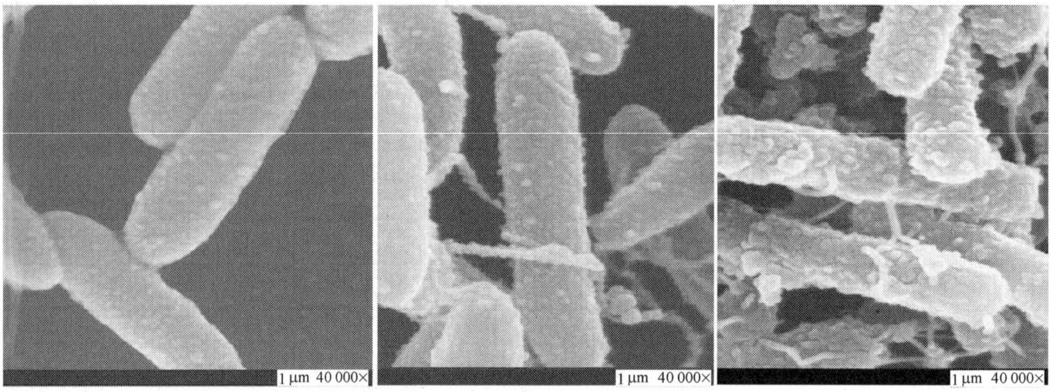

无糖培养液　　纤维二糖培养液　　葡萄糖培养液

图 11-5 *Brevibacillus* sp. JXL 培养于不同底物培养液中的菌体细胞表面形态

（来源：Liang Yanna 等，2009）

基质中培养 4 h，细胞表面生有大量突起，而此时向培养液中加入可溶性的底物如葡萄糖、纤维二糖等，培养 2 h，菌体细胞表面的突起就会消失，并且这种状况即使再转接入纤维素培养基中也不能够恢复。

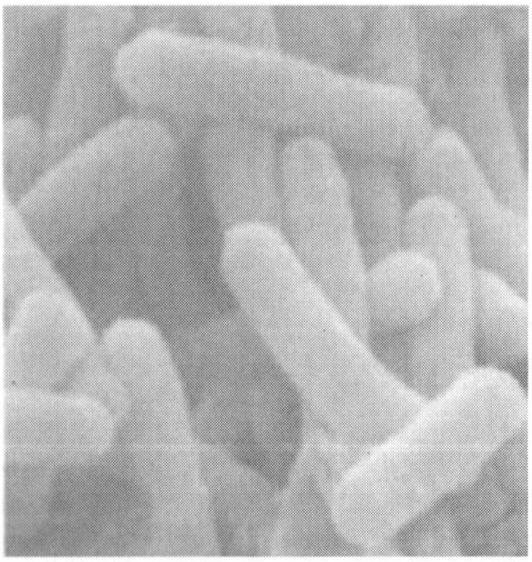

C. cellulovorans 生长在纤维二糖碳源基质中

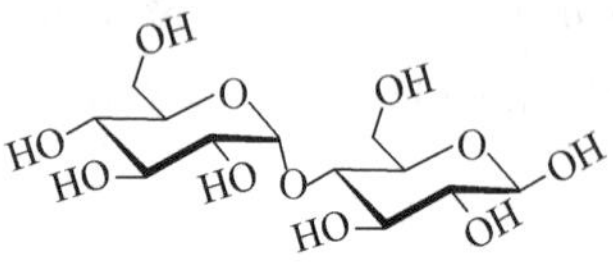

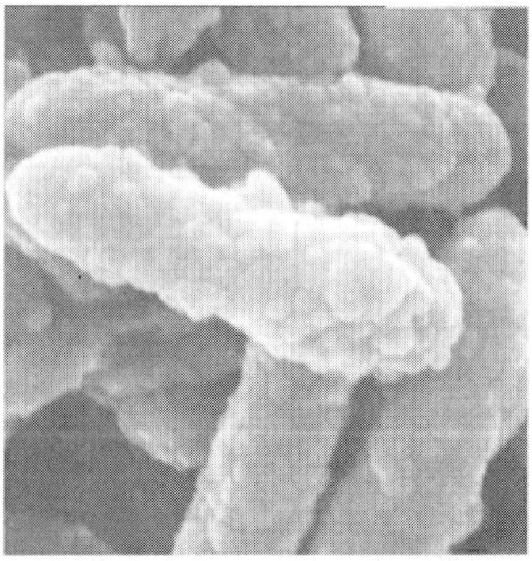

C. cellulovorans 生长在纤维素碳源基质中

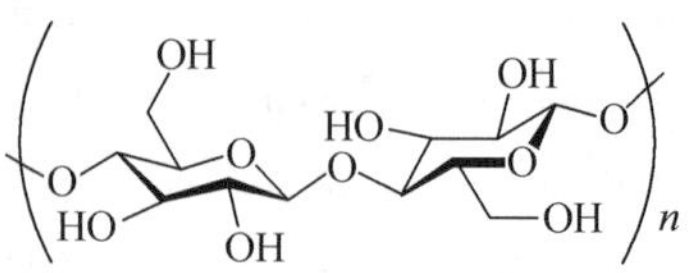

图 11-6 *Clostridium cellulovorans* 分别培养于纤维二糖、纤维素培养基质中的细胞形态

（来源：Blair，1999）

11.2.2　纯培养微生物分解纤维素的研究进展

纤维素分解菌自从被人们发现以来，直到今日仍然被不断的探索和研究。通常，科研人员在各种纤维素分解环境中获得纤维素分解菌培养物，然后利用好氧、厌氧等纯培养技术分离具有纤维素分解活性的单菌菌株。

Kato 等从纤维素分解菌群 MC1 中分离获得了纤维素分解菌株 *Clostridium straminisolvens* CSK1，该菌株严格厌氧，适宜培养于 50～60℃ 的纤维素培养液 DSM122 中，可分解滤纸 60%，水稻秸秆 45%。2000 年，Tomonori Ishigaki 从环境中分离到一株能够分解醋酸纤维素的菌株 *Bacillus* sp. S2055，该菌为革兰氏阳性细菌，厌氧生长，10 d 醋酸纤维素减重达 10%。Hatsumi Shiratori 在 2006 年从甲烷反应器内分离到一株厌氧嗜热纤维素分解菌株 *Clostridium* sp. EBR45，最适生长温度为 55℃，3 d 可分解滤纸，最高滤纸纤维素分解率为 79%。

近几年我国在发现、分离纤维素分解菌方面也取得了长足的进步。史玉英等(1996)从畜粪中获得了两个纤维素分解能力较强的混合菌 M1 和 M2，M1 和 M2 由木霉和芽孢杆菌组成，它们属于中温菌，具有一定的纤维素分解能力。由韩如旸等(2000，2002)先以不溶性的纤维素粉为基质，利用 Hungate 厌氧技术分离到一株高活性的嗜热厌氧纤维素分解细菌，初步鉴定为 *Clostridium* 属。吕福英等(2000)运用 Hungate 厌氧技术，从牛粪中得到了高温厌氧直接转化纤维素为乙醇的高纯度富集物，其中数量上占绝对优势的是梭状芽孢杆菌(*Clostridium* sp.)，生成乙醇的最适温度为 55～60℃，可以直接转化稻草和麦秆产生乙醇。Todd 2002 年于马塞诸萨州近水库的森林土壤中发现梭菌(*Clostridium phytofermentans*)，它是一种能够降解纤维素生成乙醇的厌氧细菌。Anderson 发现了分别来自于森林土壤和小麦秸秆中的镰刀菌，能够矿化木质纤维素，但受 C/N 的影响。

11.2.3　纯培养微生物分解纤维素的应用及存在问题

在日常的生产中很少直接利用纯培养的单菌进行木质纤维素的分解转化，其原因主要有以下几方面：①生长周期长、转化率低。目前人们所获得的纤维素分解菌株中，虽然部分菌株对滤纸纤维素具有较好的分解能力，但在实际应用中，众多菌株对天然木质纤维素物质如秸秆、木材等的分解转化效率很低，难以形成规模化生产。一些具有良好纤维素分解活性的菌株，特别是细菌，多为严格厌氧生长，对生长环境要求苛刻，培养成本提高。②转化产物复杂。即使利用纯培养的微生物降解木质纤维素，获得的产物仍然比较复杂，很难获得纤维素分解的初级产物——糖类。虽然一些纤维素分解菌株能够将纤维素直接转化为乙醇等能源物质，但产率较低。

对木质纤维素物质的转化利用，无论是能源利用还是工业原料利用，人们最希望获得的是将大量的木质纤维素转化为糖类，然后就可利用现代的工程技术，充分利用所获得的原料。相比于这一点，纤维素分解单菌的应用价值远远小于纤维素分解菌产生的纤维素水解酶的价值。因此，目前无论是纤维素分解菌株资源的开发，还是对纤维素分解菌株的工程改造，或者菌株性质研究，都期待能够加强纤维素分解菌株的产纤维素酶的能力，并提高纤维素酶的转化效率。可以说，人们对纤维素分解菌株的利用，看重的是其产纤维素酶的能力。

11.3 木质纤维素的酶解转化技术

11.3.1 木质纤维素的前处理技术

木质纤维素是自然界中相对稳定的物质之一，其半纤维素、木质素的网状结构和纤维素的结晶度等对木质纤维素酶解均会产生很大的影响。在工业生产中，通常对木质纤维素材料进行前处理，目的主要是破坏木质纤维素的致密结构，分离木质素、纤维素、半纤维素，以便进行下游工业生产。一般来讲，前处理须尽量满足以下几个条件：提高酶水解的结合率；避免碳水化合物的降解和损失；避免产生对水解及发酵过程起抑制作用的副产物；性价比高。前处理方法主要有物理法、化学法、物理-化学法和生物法。

11.3.1.1 物理法

依靠物理方法，通过改变原料的物理结构，增加纤维素与酶接触的表面积，提高酶的转化效率。常用的物理方法有机械粉碎、高能辐射、微波处理和高温分解等。

1. 机械粉碎

机械粉碎主要利用球磨、振动磨、辊筒等对纤维素原料进行粉碎处理。原料的成分未变，但半纤维素、纤维素和木质素的聚合度降低，纤维素的结晶结构被破坏。粉碎处理可提高反应性能和水解糖化率，有利于酶解过程中纤维素酶或半纤维素酶发挥作用。

机械粉碎工艺虽然简单易行，但存在能耗较高，对粉碎材料具有选择性等缺陷。

2. 高能辐射

高能辐射方法利用 γ 射线、电子辐射等高能射线，破坏木质纤维素物质的聚合度以及纤维素的结晶结构。辐射法处理木质纤维素存在成本高、规模小等限制因素。

3. 微波处理

微波法利用超声波破坏木质纤维素结构，虽然对一些纤维物料处理也能明显改善纤维素的酶水解性能，但这种方法目前还停留在实验室阶段。

4. 高温分解

纤维质原料在300℃高温下，纤维素会迅速分解，产生气体产物和焦状残渣，而在较低的温度下，纤维素分解较慢且产生挥发性较弱的物质。用强酸水解（0.5 mol/L 的 H_2SO_4，97℃，2.5 h）、高温处理后的残渣可将80%～85%的纤维素转化为还原糖，其中50%以上是葡萄糖。在高温分解过程中，当有氧气存在时可提高其分解效率。

物理法处理木质纤维素材料显著的优点是对环境污染较小，过程简单，然而物理法处理需要较高的能量和动力，因此会增加生产成本。

11.3.1.2 化学法

化学法是使用酸、碱、有机溶剂等化学药品处理木质纤维素的一种方法。该法主要是利用半纤维素、纤维素、木质素分别溶于酸碱的特性，使木质纤维素的部分成分溶解，从而破坏木质纤维素的结构。

1. 酸处理

H_2SO_4和 HCl 等浓酸均可用于处理木质纤维素原料，但由于其存在腐蚀性，要求反应器具有抗腐蚀能力。同时，为使生产过程具有经济可行性，处理后的浓酸必须进行回收。通常是将纤维素原料用质量分数 1%左右的酸液在 106～110℃的高温下进行几个小时的处理。稀酸处理效率较高，处理后半纤维素水解成单糖，木质素含量不变，纤维素的平均聚合度下降，反应能力增强。半纤维素的水解使得原料变得多孔，有利于增大纤维素与纤维素酶的接触面积，但由于包裹纤维素的主要聚合物木质素在酸处理过程中未能有效脱除，使得基质结构仍然较为紧密。

虽然稀酸预处理可以有效提高纤维素的水解特性，但其成本一般比物理 - 化学预处理方法高，而且在基质用于下一步的酶解或发酵之前需要对酸进行中和处理。

2. 碱处理

一些碱也可以用于木质纤维素的预处理。碱处理的机制是通过碱的作用来削弱纤维素和半纤维素之间的氢键及皂化半纤维素和木质素之间的酯键。碱处理过后的木质纤维素更具多孔性，因此，碱处理后的基质更适于生物转化。NaOH 有较强的脱木质素和降低结晶度的作用，用稀 NaOH 溶液对木质纤维素进行处理，可使原料得到润胀，从而增加其内部表面积，降低聚合度和结晶度，同时可将木质素与碳水化合物分离。

碱处理木质纤维素，同样在进入下一步工艺中需要中和产物，在实际生产中，涉及中和、回收等问题，应用比较少。

3. 氨处理

氨处理是将木质纤维素材料在质量分数 10%左右的氨溶液中浸泡 24～48 h 以脱除原料中大部分木质素的方法。氨处理条件温和，所需设备简单，而且可以除去纤维素原料中所含的对发酵不利的乙酰基，但是半纤维素在氨浓度较高时会有部分损失。

4. 其他化学方法

（1）有机溶剂法　有机溶剂或者有机溶剂与无机酸催化剂（HCl 或 H_2SO_4）的混合溶液可破坏木质纤维素原料内部的木质素和半纤维素之间的连接键。常用的有机溶剂有甲醇、乙醇、丙酮、乙烯乙二醇和三乙烯醇等。

（2）臭氧分解　臭氧可降解木质素和半纤维素。经过臭氧分解预处理，木质素的质量分数可从 29%降至 8%。臭氧分解的优点是：有效去除木质素；不产生有毒物质；可在室温和常压下进行。但由于降解过程中需要大量的臭氧，处理成本较高。

化学法处理木质纤维素，具有速度快、效果好的特点。但化学法处理中引入的化学试剂，在处理后需进行中和，以便进行下一步工艺操作。同时从环境安全的角度考虑，富含化学药品的废弃液必须进行净化处理，这也提高了生产成本。

11.3.1.3　物理 - 化学法

1. 蒸汽爆破法

蒸汽爆破法是由 Mason 发展起来的一种预处理纤维素并转化为酒精的非常有效的方法。它是将原料和水或水蒸气等在高温、高压下处理一定时间后，立即降至常温、常压，通过压力的瞬间变化，深入木质纤维素中的水以气流的方式从封闭的孔隙中释放出来，使纤维发生一定的机械断裂。同时高温、高压加剧纤维素内部氢键的破坏，纤维素内的有序结构发生变化，增加了纤维素的吸水能力。传统的蒸汽爆破是通过控制处理的温度、保持时间及纤维素粒度来达到改变纤维素物理化学性质的目的。

蒸汽爆破处理存在如下缺点：处理温度高，蒸汽消耗量大，设备要求高，处理过程还会使物料产生一部分对微生物有抑制作用的物质等。

2. 氨爆破处理

氨爆破处理(AFEX)可在较低的温度(20～80℃)和压力(110～512 MPa)下对木质纤维素材料进行爆破。在爆破过程中,氨能与纤维素上的部分羟基形成细胞—$OHNH_3$ 形式的络合物,从而使纤维素发生膨胀、碎裂。氨处理不会产生对微生物有抑制作用的物质,且木质素去除后,大部分半纤维素和纤维素保留下来得以充分利用。

与蒸汽爆破相比,氨处理对设备的要求和所需的能耗大为降低。但氨的有效回收是氨爆破必须要妥善解决的问题。

3. 湿氧化法

湿氧化法是在加温、加压条件下水和氧气共同参加的反应。湿氧化法通常加入一定比例的 Na_2CO_3,可引起纤维素膨胀,形成了碱化纤维素,但能保持原来的骨架。同时 Na_2CO_3 的加入可缓和纤维素的膨胀效应,防止纤维素破坏,使木质素和半纤维素溶解于碱液中。湿氧化法获得的纤维素纯度较高,糠醛等副产物少。

11.3.1.4 生物法

生物处理方法能耗低、操作简单、不污染环境,适宜农业纤维素原料的饲料化处理。但其缺点是处理周期长,处理效率不高。生物处理是利用能够分解半纤维素或木质素的微生物除去木质纤维素的部分成分,破坏木质纤维素的结构。降解木质素的微生物通常有 *Pharerochacte*, *Chrysosprium*, *Coriolus versicolor* 等白腐菌,依靠这些菌产生的木质素分解酶系对物料中的木质素进行分解。

11.3.2 纤维素酶解研究进展

11.3.2.1 纤维素酶的概念及分类

在自然界中,纤维素能被多种真菌、细菌等微生物所降解,微生物通常利用酶来完成对纤维素的分解。纤维素酶最早于 1904 年,在蜗牛消化液中被发现。至今,人类对其的研究已有 100 多年的历史。

纤维素酶是一组可以水解纤维素的酶的总称,属于糖苷水解酶家族。Gilkes 等根据活性催化区氨基酸序列把纤维素酶和木聚糖酶分成 9 个族。族 A,B,F,H 包括了来自真菌和细菌的酶,族 E 包括来自细菌和植物来源的酶,族 C 只含来自真菌的酶, 族 D,G 只含来自细菌的酶。在族 B,C,F 中都包括不同底物特异性的纤维素酶和木聚糖酶, 而热纤梭菌产生的纤维素酶组分则被划分在 4 个不同的族中。

通常所说的纤维素酶主要含有 3 种组分:

(1)内切葡聚糖酶　来自真菌简称 EG,来自细菌简称 Len,又称为 C1 酶。内切酶沿纤维素链长度方向,作用于链内部的非结晶区打开纤维素链,快速降低底物的聚合度。

(2)外切葡聚糖酶　来自真菌简称 CBH,来自细菌简称 Cex,又称为 Cx 酶,包括 1,4-β-*D*-葡聚糖-葡萄糖苷水解酶(EC 3.2.1.74)和 1,4-β-*D*-葡聚糖-纤维二糖水解酶(Cx 酶或 CBH,EC 3.2.1.91),外切酶作用于纤维素晶体部分,作用于线性的纤维素分子末端,主要产生纤维二糖。

(3)β-葡萄糖苷酶(CB 或 GE, EC 3.2.1.21)　β-葡萄糖苷酶水解纤维二糖和低分子质量的纤维糊精生成葡萄糖,以此防止纤维二糖的积累,解除其对外切酶的抑制作用。

11.3.2.2　真菌纤维素酶的特性

Wood 等在 1972 年分离鉴定了 C1 酶，认为 C1 酶是一种水解酶，它不易作用于羧甲基纤维素，而能作用于结晶纤维素、磷酸膨胀纤维素等，主要产物是纤维二糖，并证明 C1 酶是一种 β-1,4-葡聚糖-纤维二糖水解酶。

Tilbeurgh 在 1986 年用木瓜蛋白酶有限酶切 *Trichoderma reesei* 的 CBH Ⅰ 酶，得到了具有独立活性的两个片段：一个是只能水解可溶性纤维素、微弱吸附但不能够水解不溶性纤维素的相对分子质量为 56 000 的大片段，其具有水解催化功能，被称为催化域(catalytic domain，CD)；另一个为能够吸附于纤维素的表面，没有水解活力的相对分子质量 10 000 的小片段，被称为纤维素结合(吸附)区(cellulose binding domain，CBD)(图 11-7)。结合区在纤维素酶中位于氨基端或羧基端，它通过一段高度糖基化的链接桥与催化区相连。

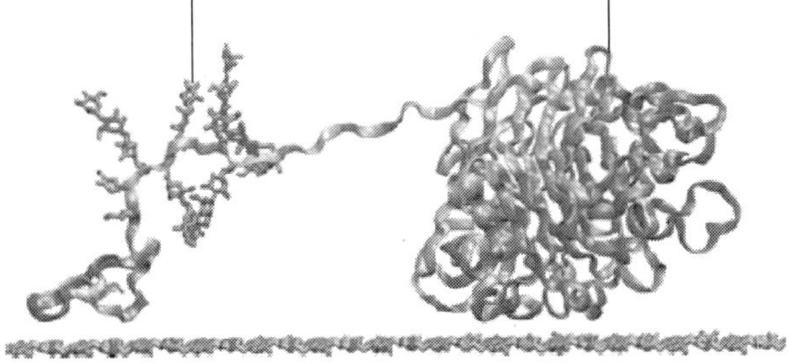

图 11-7　真菌 *Trichoderma reesei* 的纤维二糖水解酶Ⅰ(cellobiohydrolase Ⅰ)的结晶结构图

(来源：Zhong，Cellulose，15(2)：261-273)

CBD 的作用就是将酶分子链接到纤维素上，它不具有水解纤维素的活力，但具有疏解纤维素结晶的作用；CD 的功能是催化水解纤维素。

1990 年，Sinnott 发现纤维素酶具有与溶菌酶相似的作用机制。学者们采用定点突变技术和酶专一性抑制剂做了大量研究，证明 Glu 位于细菌、真菌的内切酶、外切酶、葡萄糖苷酶的活性位点。内外切纤维素酶催化结构域的细微结构是有差异的，由此而造成了底物的专一性不同。当纤维素酶与底物作用时，CBH Ⅰ 的活性部位呈桶状，只能允许单根纤维素分子链进入；EG Ⅰ 活性部位为一开放的裂隙，可使酶分子“骑”在纤维素表面上，进行随机性内切，水解出纤维素寡糖(高培基，2003)。

纤维素酶的组分中存在着多种同功酶，目前发现的纤维素酶的分类见表 11-4。

11.3.2.3　纤维素的酶降解原理

1. 纤维素酶的协同作用机制

天然纤维素水解成葡萄糖的过程中，必须依靠 3 种纤维素酶的协同作用才能完成。协同作用指微生物降解纤维素是由内切酶、外切酶和葡萄糖苷酶之间和内部的密切配合，进行纤维素的分解。1954 年 Gilligan 和 Reese 首先发现纤维素复合酶对纤维素的水解程度大于单组分酶；Mandels 和 Li 也证明了内切葡聚糖酶和外切葡聚糖酶的协同作用能够影响抗性更大的底物。此后这种纤维素内切、外切酶之间的协同作用在许多菌中被发现(图 11-8)。

表 11-4 纤维素酶族属分类

（来源：刘洁丽，王靖，2008）

家族		催化中心	包含酶类
FN	GHF		
A	5	Glu	EGⅡ，EGⅢ
B	6	Asp	CBHⅡ
C	7	Glu	EGⅠ，CBHⅠ，真菌纤维素酶为主
D	8	Asp	细菌内切酶为主
E	9	Asp	真菌 EGⅠ，细菌内切酶
H	12	Glu	EGⅢ
I	26	Glu	EC 3.2.1.78
J	44	ND	细菌内切酶为主
K	45	Asp	EGⅤ
L	48	Glu	细菌内切、外切酶为主
	51	Glu	细菌内切酶为主
	61	ND	EGⅣ
	74	Asp	内切酶、微晶纤维素酶
	1	Glu	BGⅡ
	3	Asp	BGⅠ

注：ND 表示未测定。

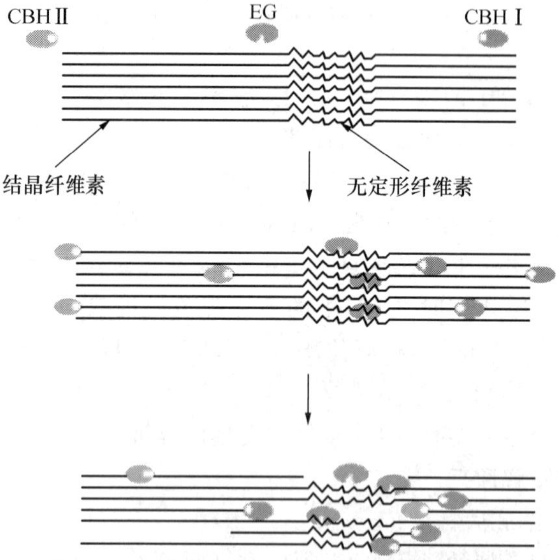

图 11-8 真菌纤维素酶分解纤维素图

（来源：http://www.mps.lu.se/people/tjerneld/enzymatic_conversion_of_cellulose/）

虽然纤维素酶协同降解是目前多数学者所接受的机制，然而在内切酶与外切酶作用于纤维素的次序方面一直存在争议。一种观点认为 EG 先从纤维素分子内部随机分解纤维素分子的 β-1，4-糖苷键，产生非还原性末端后，CBH 结合上去，从非还原性末端水解产生纤维二糖，纤维二糖再被 β - 葡萄糖苷酶(CB)降解成葡萄糖(图 11 - 9A)。

另一种观点以 Enari 等人为代表，认为首先是由外切型葡聚糖酶(CBHⅠ和 CBHⅡ)水解不溶性纤维素，生成可溶性的纤维糊精和纤维二糖，然后由内切型葡聚糖酶(EGⅠ和 EGⅡ)作用于纤维糊精，生成纤维二糖，再由 CB 组分将纤维二糖分解成 2 个葡萄糖(图 11 - 9B)。

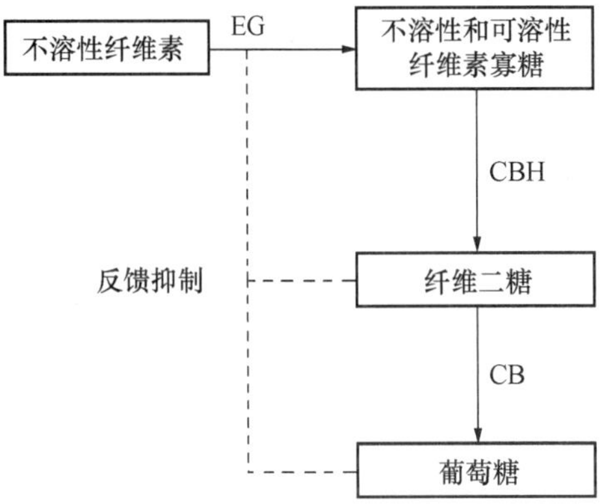

图 11 - 9A　真菌酶协同作用模型Ⅰ

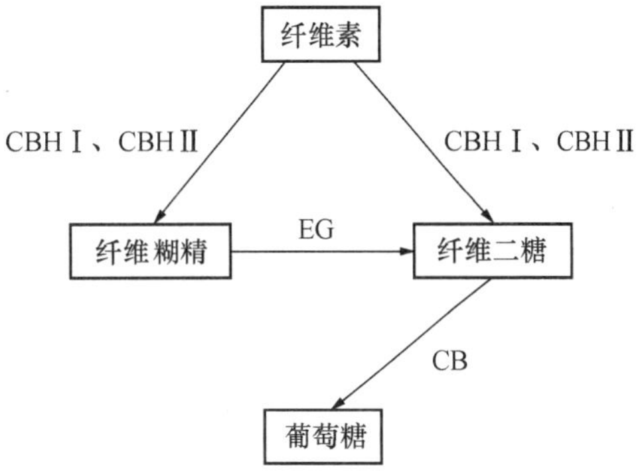

图 11 - 9B　真菌酶协同作用模型Ⅱ

Moloney 还认为纤维素酶的协同作用一般与酶解底物的结晶度成正比，并且不同菌源的内切酶和外切酶之间也具有协同性。

人们在研究纤维素分解的过程时发现：纤维素酶降解纤维素的最初阶段有纤维素脱纤化和分散化的现象，这种作用是沿着纤维素的经度轴方向分层形成更薄细的亚纤维引起的。1988 年 Rabinvich 等的研究结果表明：EG 与 CBH 都能够引起纤维素的分散化和脱纤化，这种机械的分散由吸附于纤维素上的酶产生，纤维素的结晶结构被打乱导致变性，使纤维素酶能够深入纤维素分子界面间，从而使纤维素孔壁、腔壁和微裂隙壁的压力增大，水分子的介入使纤维素分子之间的氢键破坏，产生了部分可溶的微结晶。后来进一步的研究发现，纤维素的内切酶和外切酶所具有的 CBD 结构具有非水解性地破坏纤维结构，形成短纤维的功能。

2. 纤维素酶水解的产物抑制

纤维分解菌类只有生长在纤维性基质上时才能大量合成纤维素酶。槐糖、龙胆二糖、山梨糖等二糖，是纤维素酶合成的诱导物。纤维二糖在较低浓度下(＜10 mmol/L)可诱导外切纤维素酶的合成，在较高的浓度下(＞20 mmol/L)对纤维素酶的合成产生阻遏作用，纤维二糖这种诱导阻遏效应转换的临界浓度因菌种而变。而葡萄糖对纤维素酶的合成仅有阻遏作用。放线菌 *Streptomyces reticuli* 菌丝膜上有特异性吸附纤维二糖的脂蛋白，可以直接吸收纤维二糖进入细胞。纤维二糖在丝状真菌中主要由 β - 葡萄糖苷酶水解为葡萄糖。

3. 纤维素的氧化性降解

纤维素酶解的限速步骤是结晶纤维素分子难以进入纤维素酶的活性位点，纤维素结晶区结构的破坏是天然纤维素降解的关键。纤维素降解中存在结晶区破坏的非水解作用因子，预示着氧化作用机制的存在。

氧化性降解机制是在研究褐腐菌降解木材时发现的，褐腐菌可在木质素很少被降解的情况下彻底降解木材，形成纤维素和半纤维素。研究发现，褐腐菌降解木材的前期，只造成纤维素聚合度大幅度降低。褐腐菌的纤维素酶系不完整，缺少外切葡聚糖酶，当其降解木材时，远离植物细胞壁的结构层先被降解，而紧贴菌丝的结构层却保持完整。褐腐菌在初期降解木材的方式与 Fenton 试剂即 Fe^{2+} - H_2O_2 作用于纤维素的方式相似。Fenton 试剂能够产生的 HO·，具有极强的纤维素降解能力，并引起纤维素聚合度下降。由此推测纤维素分解中存在氧化性降解机制。

4. 纤维二糖脱氢酶途径

Eriksson 发现纤维素的生物降解有氧化酶的参与，随后纤维二糖脱氢酶(CDH)在白腐菌、褐腐菌、软腐菌中都有发现。CDH 可以氧化纤维二糖形成纤维二糖内酯，解除纤维二糖对纤维素酶的反馈抑制。Renganathan 发现 CDH 可以强烈地吸附在纤维素上，且吸附的酶仍可以氧化纤维二糖。Kremer 等发现以铁氰化合物为电子受体时，CDH 可以直接氧化纤维素；Bao 等证实 CDH 的加入可以提高绿色木霉的纤维素酶降解纤维素的速度。

5. 真菌的纤维素降解模式

纤维素的酶解是纤维素聚合物分子链的解聚过程以及糖苷键的水解过程。前者为纤维素酶分子对纤维素表面的吸附，致使分子链间氢键断裂和基原纤维的分离，纤维素的结构改变。后一过程水解基原纤维的糖苷键，使其断裂，形成可溶性糖类，对解链也有协同促进的作用。在天然生态条件下，真菌产生的一类短肽化合物，可通过引发 Fenton 反应，形成羟基自由基，可首先对次生壁纤维进行非酶催化的氧化性降解，促进纤维素酶降解的进行。

11.3.2.4 细菌纤维素酶的特性

细菌纤维素酶不同于真菌纤维素酶。人们在研究中发现，多数具有纤维素分解能力的细菌胞外都会形成一个多酶复合体系(cellulosome)。多酶复合体利用多个不同类型的整合蛋白将内切葡聚糖酶、外切葡聚糖酶、β-葡萄糖苷酶、甚至木聚糖酶等半纤维素水解酶类整合到一起，链接在细胞表面。多酶复合体被认为是目前发现的最为高效的纤维素类物质的水解体系。研究表明，不同成分酶之间由于空间接近的协同作用，促进了木质纤维素物质的分解。多酶复合体最早发现于 *Clostridium thermocellum*，目前人们已经在多种菌株中发现这种酶体系的基因，并利用克隆的方法获得了多酶复合体的部分糖苷水解酶类(图 11-10)。

图 11-11 所示为 *Ruminococcus flavefaciens* 17 的 cellulosome 结构。图 11-11 显示，各种纤维素酶(包括纤维素酶和木聚糖酶)结合到码头黏合蛋白(dockerin-cohesin)ScaX 上，多个 ScaX 通过结构蛋白连接在一起，通过 ScaA 连接到 ScaB 的码头黏合蛋白上，并最终连接到细胞表面。最末端的纤维素酶对底物作用，进行酶解反应。

11.3.3 纤维素的酶解、糖化技术现状

目前，用于生产纤维素酶的微生物大多属于真菌。研究得较多的有木霉属(*Trichoderma*)、曲霉属(*Aspergillus*)、青霉属(*Penicillium*)等。其中木霉、青霉产生的纤维素酶活力往往最高，酶组分最全，因而应用也最广泛。曲霉和根霉产生的主要是内切型纤维素酶。一般从自然界筛选分离的野生型菌株产酶能力比较低。

瑞氏木霉(*Trichoderma reesei*)能大量合成外切葡聚糖纤维二糖水解酶和内切葡聚糖酶。但是 CB(β-葡萄糖苷酶)活力低，而黑曲霉(*Aspergillus niger*)的 CB 活力高。艾高灿等研究了 *T. reesei* 和 *A. niger* 之间基因组遗传表达的相容性，他将 *A. niger* 的 CB 基因克隆到

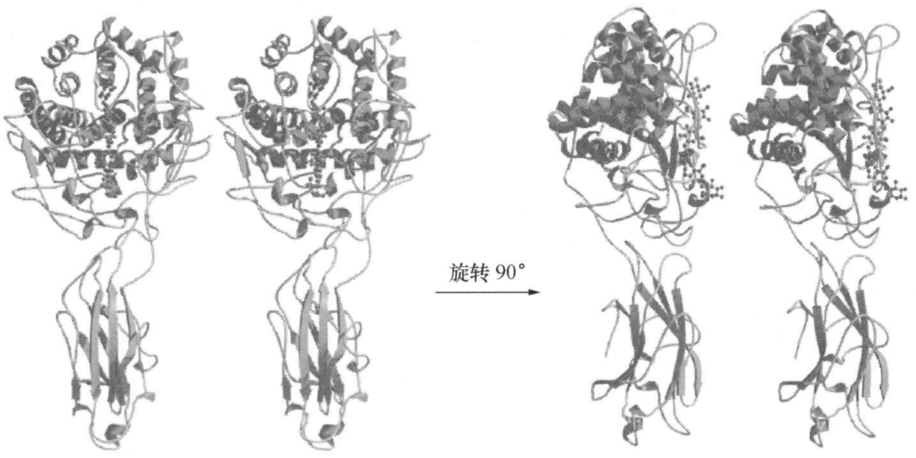

图 11 - 10　*Clostridium thermocellum* 的多酶复合体 cellulosome 的构成酶之一，内切葡聚糖酶（endoglucanase）Cel9G 的晶体结构（上面头部为催化区域 CD，下部桶状结构部分为底物接合区域 CBD）

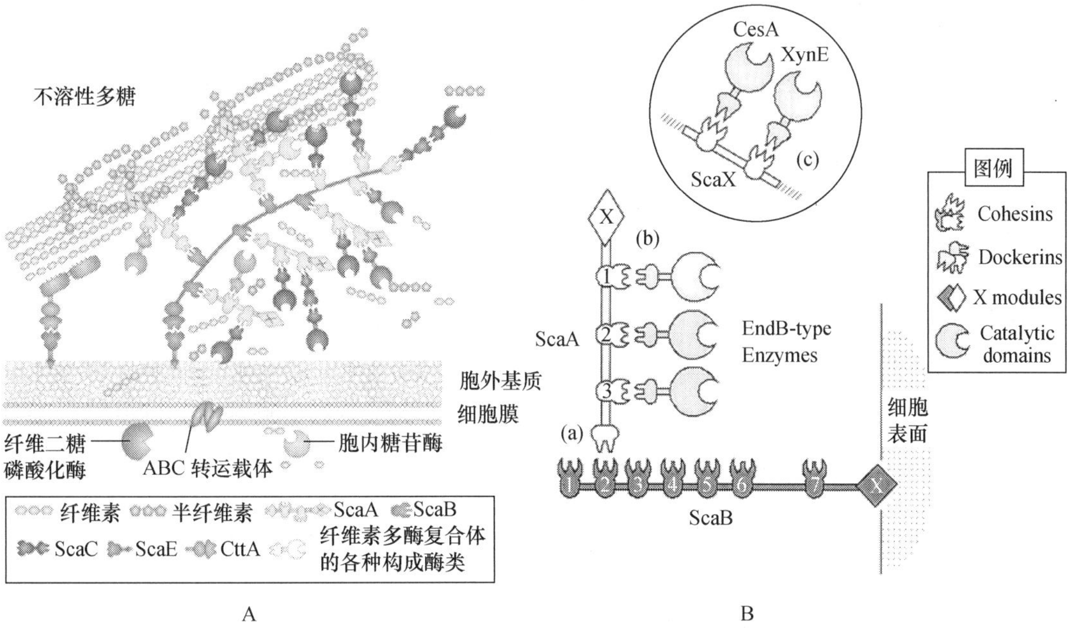

图 11 - 11　*Ruminococcus flavefaciens* 17 的 cellulosome 的结构图

（来源：A，Harry，2008；B，Rincon，2003）

T. reesei 的基因组中，发现可以提高 β - 葡萄糖苷酶的活力，并能大幅度地提高纤维素底物水解速度。Yasuya 等将 3 种纤维素分解酶[瑞氏木霉（*Trichoderma reesei*）内切葡聚糖酶Ⅱ、纤维二糖水解酶Ⅱ、针尾曲霉（*Aspergillus aculeatus*）β - 葡萄糖苷酶Ⅰ]整合到一种酵母菌株中，这种整合可使无定形纤维素直接转化为乙醇，并具有较高的转化效率。

方诩等报道斜卧青霉变异菌株的最高滤纸酶活达到了 18.9 FPU/mL，最高纤维素酶生产速率达到了 160.0 FPU/(h · L)。通过使用同步糖化发酵和补料分批技术，已经成功地使产纤维素乙醇的斜卧青霉纤维素酶用酶量降低到 6.4 FPU/g 纤维素底物，优于前述国外报道的先进水平。乙醇浓度、得率和纤维素转化率分别达到了 57.6 g/L、25.0%和 76.8%。

Liang Yanna(2009)发现了一株纤维素分解菌株——*Brevibacillus* sp. JXL，其滤纸纤维素酶活可达 0.02 U/mL。Li Yanhong 等 2006 年报道，从软体动物胃汁中分离到一株具有纤维素分解能力的菌株 *Bacillus* sp. AC-1，可生长于以羧甲基纤维素钠(CMC-Na)为碳源的培养液中，粗酶液的 CMC 酶活性为 0.23 U/mg，提纯后酶活性可达 35 U/mg。吕育财等 2011 年报道，从纤维素分解菌群中分离到一株纤维素分解菌 *Clostridium thermocellum* CTL-6，具有较强的纤维素分解能力，CMC 酶活为 0.324 U/mL。

黎海彬等以褐色高温单胞菌(*Thermomonospora fusca*)为出发菌株，通过 60 s 和 80 s 的紫外线交替诱变孢子悬液，采用透明圈法初筛和摇瓶培养复筛的方法，获得了一株高产纤维素酶的突变株 PE-211。与原始菌株相比，该突变株的产酶活力提高了 1 倍多。徐昶从霉变的玉米芯中筛选到一株高产纤维素酶的菌株，经 18S rRNA 基因序列分析和菌株形态特性分析，确定该菌株为灰绿曲霉，在最适条件下菌株培养 72 h 后，羧甲基纤维素酶(CMCase)活力高达 6 812 U/g，滤纸酶活力(FPA)达 172 U/g。利用该菌株对蔗渣进行分解，其糖化率达 36.4%。

Massayuki 等以肠溶衣聚合物为载体固定化纤维素酶，可保留酶活力 60%以上，回收率可达 100%，并且对微晶纤维素的水解率明显高于游离酶；Yevgeny 等研究了固定酶在疏水接枝聚合物的表面，该聚合物稳定酶和传递生物相溶性，并使该蛋白具有自然酶的催化区域，短疏水接枝聚合物聚乙二醇能用来保护生物相溶性，同时也能防止疏水表面的固定化酶的变性。固定化酶的好处在于具有较好的稳定性，而且便于连续操作。固定化酶还可以重复使用和回收，因此可以大大降低成本。可以预见固定化纤维素酶技术在以后对实际生产将产生十分重要的意义。

11.3.4 酶的混合增效及混合酶的应用

Kim 2008 年报道，从一株细菌 *Bacillus subtilis* 的胞外蛋白分离到一种具有纤维素分解活性的蛋白 BsEXLX1，此蛋白的基因通过大肠杆菌表达后，与纤维素酶共同分解纤维素，能够形成良好的协同效应，纤维素酶对滤纸的分解率可比 2 种蛋白分别培养提高 240%。

2010 年 Sarah 等报道，将来源于 *Thermobifida fusca* 的木聚糖酶 Xyn11，通过结构蛋白与来源于同一菌株的纤维素酶 Cel5 整合，作为一个酶复合体。新获得的酶复合体其纤维素分解活性显著提高，是野生型活性的 1.5 倍。

可见自然界中不仅微生物间存在协同效应，当多酶进行混合时同样存在协同效应，并且已证明很多多酶混合体系显著提高了整体的分解功能，已在商品纤维素酶中应用。

11.4 微生物复合系及纤维素快速分解

目前，人们已开发出多种针对木质纤维素物质能源转化的技术，其主要技术途径是对木质纤维素物质进行糖化，然后利用生物方法将糖化产物转化为能源物质或化工原料。在糖化过程中，主要以物理、化学的方法为主。然而，这两种糖化技术都存在难以克服的缺陷，即耗能高，存在环境污染危险，后续的回收净化过程增加了额外成本。生物转化虽然同样具有转化慢，效率低的特点，并且目前发展并不成熟，很多工艺无法在生产中正常运行，但在环境友好性强、成本低的优势下，促使各国学者都在积极探索提高生物转化效率的方法和菌种资源。

秸秆是主要农作物产品，是地球上存在的丰富的光能载体之一，其主要成分为纤维素、半纤维素、木质素，是生物质能源转化的主要原料之一。我国秸秆产量丰富，每年生产的秸秆总量达(6～7)×10^8 t。

在秸秆的生物分解研究领域，目前已发现利用菌群可获得相对较好的快速分解效果。2002 年，崔宗均等利用限制性培养技术以堆肥为菌源构建了一组具有高效分解天然稻秆的稳定菌系 MC1，发现基于自然微生态关系构建的天然木质纤维素分解菌系不仅对稻秆具有高效的分解能力，而且菌群结构和分解功能在长期继代培养、干燥、冰冻保存条件下仍保持稳定。该复合菌系的高效分解能力已受到领域内各国学者的重视，并在木质纤维素原料的分解酸化、甲烷发酵等领域显现出很大的应用前景。

11.4.1　纤维素分解微生物复合系及纤维素快速分解

11.4.1.1　多菌协作促进秸秆快速分解的原理

纤维素分解菌复合系通常由多种不同种属的微生物构成，其内既有纤维素分解菌株也有非纤维素分解菌株。纤维素分解菌株分解木质纤维素的能力和菌群间的协同作用决定复合系对秸秆纤维素的分解能力。非纤维素分解菌株的存在，不仅能够向一些纤维素分解菌株提供良好的生长环境，如严格厌氧环境等，而且在菌株代谢的作用下，能够消除纤维素分解菌株的生长抑制物质，或者产生促进纤维素分解菌株分解纤维素能力或生物量的物质。此外，纤维素分解菌复合系内构成菌株的多样性，使复合系能够保持良好的菌群结构稳定性，在外界环境的冲击下，如其他杂菌的侵入，菌群仍能够保持纤维素分解能力。对于菌群内部微生物菌株间的关系，Kato 等从构成菌株生物量及代谢产物角度，研究了纤维素分解菌复合系高效分解纤维素类物质的机理，发现共生菌株间存在着基于底物或代谢产物的相互促进与抑制作用，最终形成一个稳定的平衡体系，发挥纤维素分解功能。

11.4.1.2　MC1 的构建及纤维素快速分解

MC1 是秸秆纤维素分解菌复合系的典型代表。MC1 的构建过程为，以处于高温发酵期的堆肥样品为菌源，用 PCS 培养基，在 50℃下长期定向驯化培养，驯化过程中始终以高温作为限制培养条件，以纤维素分解作为筛选指标，保留高分解力培养体系，淘汰弱分解力培养物，经过多世代的培养而获得菌系结构稳定、纤维素分解能力强的培养物。

稳定的纤维素分解菌复合系 MC1 具有高效的水稻秸秆分解能力，培养 9 d 即可水解大部分水稻秸秆，经过 12 d 的分解，水稻秸秆分解 81％，秸秆中纤维素成分被完全分解，半纤维素分解 97％，木质素减少 51％(图 11 - 12)。这种分解能力在人工培养体系中的实现，给秸秆等木质纤维素资源的生物分解利用带来了可能性。

MC1 是多菌共生的菌群，水稻秸秆中的木质纤维素在经由菌群中的纤维素分解菌分解后，其产物再经其他菌株的代谢转化，最终产物多以有机酸为主，因此 MC1 分解水稻秸秆后可检测到甲醇、乙醇、甲酸、乙酸、丁酸、乳酸、乙酸乙酯等产物，其中很多代谢产物都是重要的化工原料和能源物质。

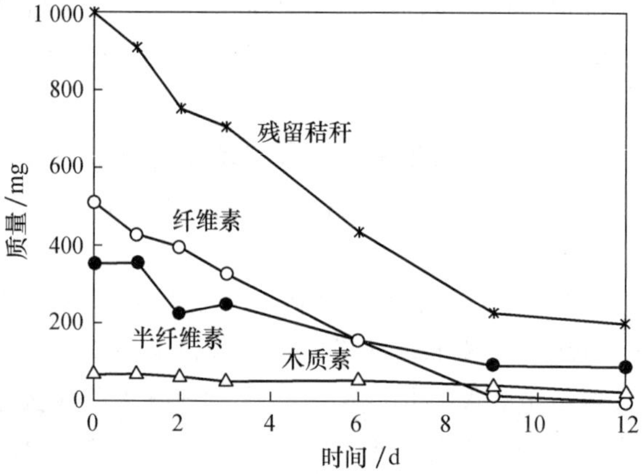

图 11-12 MC1 分解水稻秸秆及木质纤维成分的变化

11.4.2 纤维素分解菌复合系的应用及存在的问题

利用“外淘汰”法，目前已构建多组纤维素分解菌复合系，嗜热纤维素分解菌群如 Lv zhiwei 富集的 EMSD13，Saranyou Wongwilaiwalin 获得的 MC3F，常温纤维素分解菌群如郭鹏筛选的 XDC-2 等，虽然不同的菌群在分解能力以及对秸秆中纤维素和半纤维素的分解能力等方面存在差别，但所有菌群都表现出相对于单一菌的快速分解木质纤维素材料的现象。菌群快速分解秸秆木质纤维素的功能越来越受到重视，并已经应用于相关的生产领域。

11.4.2.1 秸秆分解、糖化

秸秆是含有丰富木质纤维素的资源，纤维素分解菌复合系在最初富集时就以分解秸秆为目的。目前所发表的主要菌群的秸秆木质纤维素分解能力如图 11-13 所示。各菌群对秸秆的分解率都在 50%以上，这种分解已经是单菌所无法达到的。可见，纤维素分解菌复合系对秸秆的分解具有良好的效果，在秸秆废弃物资源处理中具有广阔的应用前景。

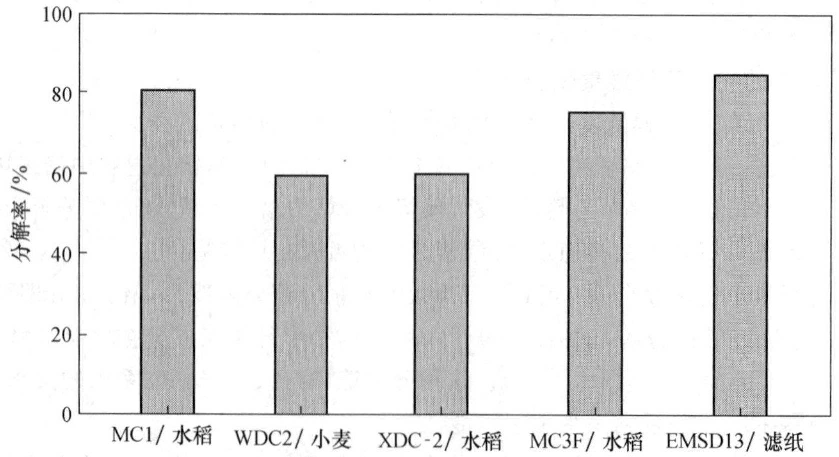

图 11-13 各种纤维素分解菌复合系分解秸秆(纤维素)的分解率

然而，目前人们对秸秆生物质能源转化的研究中，目标方向是生物燃料，希望秸秆木质纤维素通过生物转化获得糖，然后发酵为乙醇、丁醇等物质。这是纤维素分解菌复合系还没有突

破的瓶颈。但菌群高效分解秸秆，转化为各种有机酸，通过科研人员的不断探索，对有机酸的分离提取，或直接将秸秆酸化进行甲烷发酵都是秸秆能源转化的途径。

11.4.2.2　快速堆肥化

堆肥化过程的实质是生物质资源（或有机废弃物）在适当的条件下（碳氮比、含水量）经过微生物的分解转化，形成稳定物质的过程。这一过程和微生物密切相关。目前的堆肥原料中相当一部分是富含木质纤维素的物质（如秸秆、树叶、草类）。这些富含木质纤维素的物质需要在堆肥过程中尽可能的分解，最终形成稳定的物质。由此，纤维素分解菌群的快速分解木质纤维素的优势，在堆肥中得以应用，并能够加快堆肥化进程，促进堆肥腐熟。目前很多纤维素分解菌复合系都已开发出堆肥的生物菌剂，在堆肥生产中得到应用。表 11-5 为纤维素分解菌复合系 WSC-6 接种于堆肥发酵中，对堆肥中木质纤维素成分变化的影响。结果显示，接种菌剂能够有效促进堆肥中木质纤维素物质的分解。

表 11-5　纤维素分解菌复合系 WSC-6 对堆肥中木质纤维素含量变化的影响

（来源：王伟东，2005）　kg

项目	半纤维素		纤维素		木质素	
	接菌	不接菌	接菌	不接菌	接菌	不接菌
0 d	31.23	31.07	48.33	48.09	21.36	21.23
35 d	16.16	17.38	30.34	30.08	18.4	20.57
63 d	12.63	13.9	25.4	26.67	17.07	17.71
减重	18.6	17.17	22.93	21.42	4.29	3.52
减重率/%	59.6	55.3	47.5	44.5	20	16.6

11.4.2.3　含纤维素原料的分解、酸化

目前纤维素类物质在进行甲烷发酵过程中，可以采用两段发酵。即原料在进行甲烷发酵前，先进行酸化处理，可提高甲烷发酵进程。在很多的甲烷发酵反应器的微生物菌群中，也发现了众多纤维素分解菌的存在，因此甲烷发酵过程通常伴随着纤维素的分解过程。纤维素分解菌复合系快速分解酸化秸秆的特性，尤其适合于纤维素类物质的产甲烷工程。

王伟东等用复合菌系 BYND-8 在稻秆甲烷发酵前进行酸化处理（图 11-14）。发现，在发

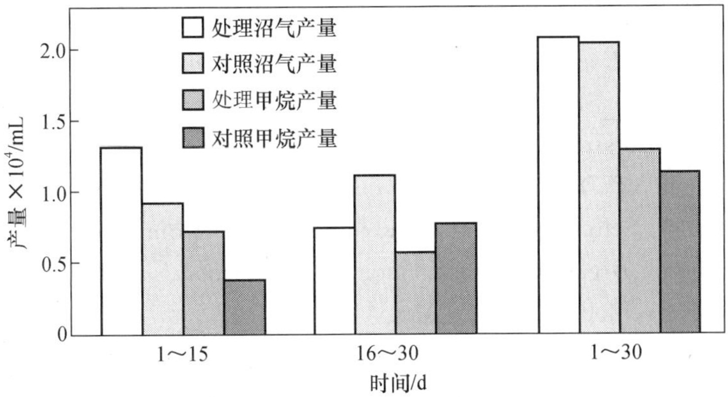

图 11-14　纤维素分解菌复合系的分解处理对秸秆产沼气量的影响

（来源：王伟东，2011）

酵的前 15 d 内，处理组的甲烷产量为 7 248 mL，对照组的甲烷产量 3 711 mL，处理组的甲烷产量比对照组提高了 95.3%，而在发酵的 16～30 d 内，处理组的甲烷产量为 5 592 mL，对照组的甲烷产量为 7 697 mL，对照组的甲烷产量比处理组提高了 37.6%，但从整个发酵过程来看，即在 30 d 内，处理组的甲烷产量比对照组的甲烷产量提高了 12.6%（图 11 - 14）。

11.5 展望

木质纤维素物质是自然界作为广泛可再生的有机能源载体，迫于石化资源枯竭以及环境危机的日益严重等问题，生物质资源必将成为人类生存的主要能源之一。生物质资源的生物转化以其独特的环境友好性优势，是生物质能源转化的重要发展方向。虽然目前的技术还存在很多瓶颈，但随着科学研究的不断深入，相信会逐渐突破。纤维素分解菌复合系的开发，有效地提高了秸秆等木质纤维素资源的分解转化效率。虽然未获得人们的理想产物——糖类，但其各种有机酸产物同样是重要的工业原料，伴随着下游提取工艺的日渐成熟，将会成为秸秆生物能源转化的重要途径。同样，很多需要木质纤维素快速分解，而对分解产物要求不专一的领域，如秸秆酸化产甲烷等领域，将首先实现纤维素分解菌复合系的广泛应用，而利用"外淘汰"法获得稳定功能菌系的方法，在饲草保鲜、难降解物污染的修复、石油开采等领域同样有重要的应用前景。

参考文献

[1] Alvira P, Tomás - Pejó E, Ballesteros M, et al. Pretreatment technologies for an efficient bioethanol production process based on enzymatic hydrolysis: a review. *Bioresource Technology*, 2010, 101: 4851 - 4861.

[2] Zhang P, Himmel Y H, Mielenz J R. Outlook for cellulase improvement: screening and selection strategies. *Biotechnology Advances*, 2006, 24: 452 - 481.

[3] Demain A L, Newcomb M, Wu J H. Cellulase, clostridia, and ethanol. *Microbiology and Molecular Biology Reviews*, 2005, 69: 124 - 154.

[4] Balat M. Production of bioethanol from lignocellulosic materials via the biochemical pathway: a review. *Energy Conversion and Management*, 2011, 52(2):858 - 875.

[5] Chin K J, Lukow T, Stubner S, et al. Structure and function of the methanogenic archaeal community in stable cellulose-degrading enrichment cultures at two different temperatures (15 and 30℃). *FEMS Microbiology Ecology*, 1999,30(4): 313 - 326.

[6] Liang Y, Yesuf J, Schmitt S, et al. Study of cellulases from a newly isolated thermophilic and cellulolytic *Brevibacillus* sp. strain JXL. *Journal of Industrial Microbiology and Biotechnology*, 2009, 36:961 - 970.

[7] Blair B G, Anderson K L. Regulation of cellulose-inducible structures of *Clostridium cellulovorans*. *Canadian Journal of Microbiology*, 1999, 45(3):242 - 249.

[8] Ishigaki T, Sugano W, Ike M, et al. Enzymatic degradation of cellulose acetate plastic by novel degrading bacterium *Bacillus* sp. S2055. *Journal of Bioscience and Bioengi-

neering, 2000,90(4): 400 - 405.

[9] Flint H J, Bayer E A, Marco T, et al. Polysaccharide utilization by gut bacteria: potential for new insights from genomic analysis. *Nature Reviews Microbiology*, 2008, 6: 121 - 131.

[10] Rincon M T, Ding S Y, McCrae S I, et al. Novel organization and divergent dockerin specificities in the cellulosome system of *Ruminococcus flavefaciens*. *Journal of Bacteriology*, 2003, 185(3): 703 - 713.

[11] Kim E S, Lee H J, Bang W G, et al. Functional characterization of a bacterial expansion from *Bacillus subtilis* for enhanced enzymatic hydrolysis of cellulose. *Biotechnology and Bioengineering*, 2008, 102(5):1342 - 1353.

[12] Tamaru Y, Miyake H, Kuroda K, et al. Comparative genomics of the mesophilic cellulosome-producing *Clostridium cellulovorans* and its application to biofuel production via consolidated bioprocessing. *Environmental Technology*, 2010, 31:889 - 903.

[13] Wood T M. Properties of cellulolytic enzyme systems. *Biochemical Society Transactions*, 1985, 13:407 - 410.

[14] Zhong L, Matthews J F, Crowley M F, et al. Interactions of the complete cellobiohydrolase I from *Trichoderma reesei* with microcrystalline cellulose Iβ. *Cellulose*, 15(2): 261 - 273.

[15] Morais S, Barak Y, Caspi J, et al. Contribution of a xylan-binding module to the degradation of a complex cellulosic substrate by Designer Cellulosomes. *Applied and Environmental Microbiology*, 2010, 76(12): 3787 - 3796.

[16] Mandelman D, Belaich A, Belaich J P, et al. X - Ray crystal structure of the multidomain endoglucanase Ce19G from *Clostridium cellulolycicum* complexed with natural and sythetic cello-oligosaccharides. *Journal of Bacteriology*, 2003, 185(14):4127 - 4135.

[17] 曲音波. 纤维素乙醇产业化. 化学进展, 2007, 19(8):1098 - 1108.

[18] 赵志刚, 程可可, 张建安, 等. 木质纤维素可再生生物质资源预处理技术的研究进展. 现代化工, 2006, 26(2): 39 - 42.

[19] 王伟东. 木质纤维素快速分解菌复合系及有机肥微好氧新工艺. 北京:中国农业大学,2005.

[20] 阎伯旭,齐飞,张颖舒,等. 纤维素酶分子结构和功能研究进展. 生物化学与生物物理进展, 1999, 26(3):233 - 237.

[21] 李宪臻,黄云战,徐德贵,等. 天然纤维素的微生物降解机理研究进展. 食品与发酵工业, 1996,2:74 - 78.

[22] 高培基. 纤维素酶降解机制及纤维素酶分子结构与功能研究进展. 自然科学进展,2003, 13(1):21 - 29.

[23] 崔宗均,李美丹,朴哲,等. 一组高效稳定纤维素分解菌复合系 MC1 的筛选及功能. 环境科学,2002,23(3):36 - 39.

[24] 刘洁丽, 王靖. 生物产纤维素酶研究进展. 化学与生物工程,2008, 25(12):9 - 12.

[25] 郭鹏. 复合菌系的高效分解功能及其产高木聚糖酶系的特性研究. 北京:中国农业大学,2005.

[26] 高丽娟.乳酸菌复合系 SFC-2 的筛选及其秸秆发酵过程中的协同作用机理. 北京:中国农业大学,2007.

[27] 吕育财. 小麦秸秆分解菌特异组合的组成多样性及分解机理. 北京:中国农业大学,2009.

[28] 王伟东,宋亚彬,王彦杰,等. 复合菌系 BYND-8 的种群组成及其对沼气产量的影响. 环境科学,2011,32(1):253-258.

生物基产品转化及废弃物资源化篇

第 12 章　生物基产品转化技术

初看图 12 - 1,不知你有何感觉。繁琐复杂?乱七八糟?我们应该兴奋!长期以来,我们一直围绕着"烃经济"过活,而依赖于生物质资源的"现代糖经济"能否真正引领我们走向循环经济,至少,此图给了我们对此应抱有信心的依据,所以,值得兴奋。

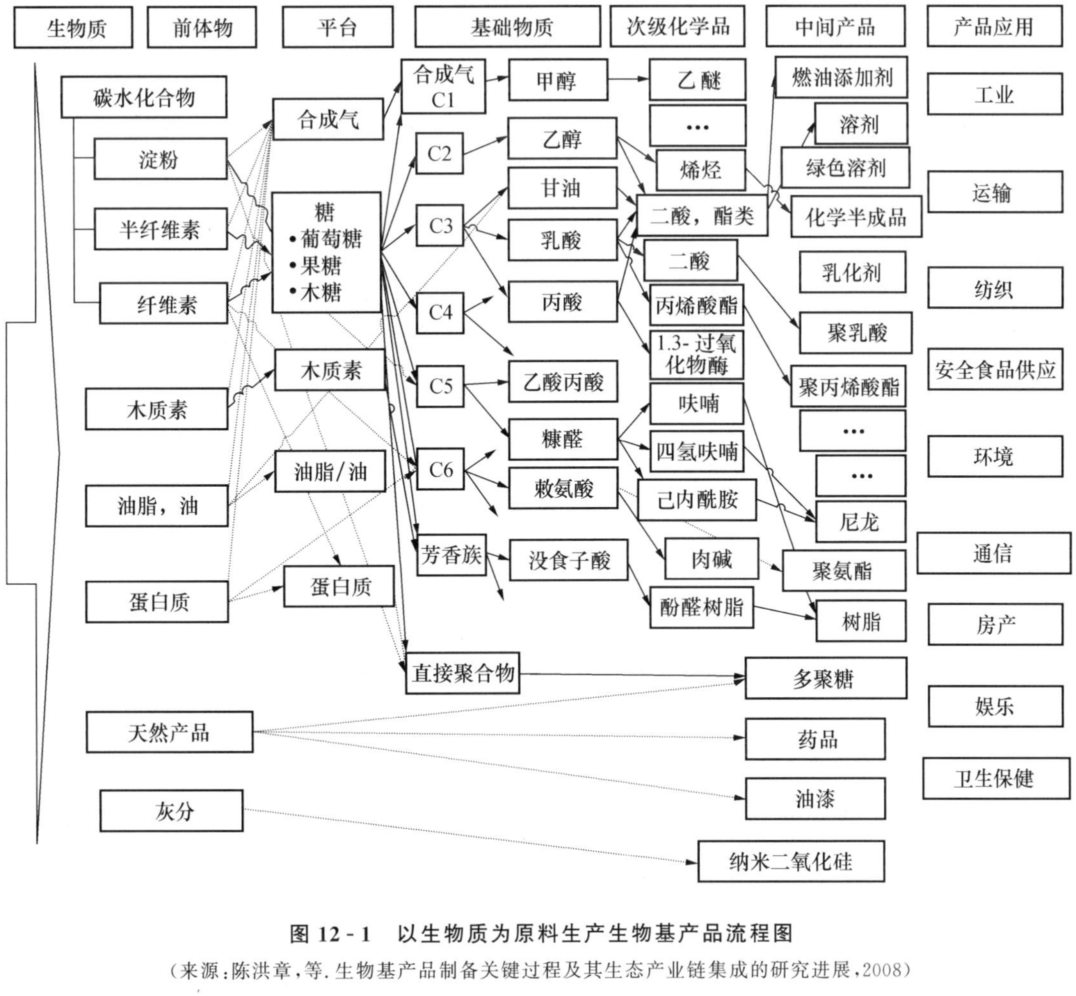

图 12 - 1　以生物质为原料生产生物基产品流程图

(来源:陈洪章,等.生物基产品制备关键过程及其生态产业链集成的研究进展,2008)

与通过石油炼制生产石油基产品类似,1982 年,学术界首次提出了生物炼制的概念,生物炼制是指通过生物化学、热化学和分子生物学的技术平台将生物质转化为生物能源及生物基化工产品的炼制技术和装备体系,而在炼制的终端即是生物基产品(bio-based products)。炼制一般是将生物质水解成糖后进入到几个不同含碳水平的转化平台:有含一个碳(C1)的生物气甲烷和甲醇等,有 C2 平台上的乙醇、醋酸、乙烯、乙二醇等,有 C3 平台上的乳酸、丙烯酸、丙二醇等，有C4平台上的丁二酸、富马酸、丁二醇等，有C5平台上的衣康酸、木糖醇等和C6平台上的柠檬酸、山梨醇等。转化的生物基产品有乙醇、生物柴油、沼气等生物质能源，有生物塑料、尼龙工程塑料等生物质材料，有乙烯、乙醇、丙烯酸、丙烯酰胺、1,3-丙二醇、1,4-丁二醇、琥珀酸等百余种重要化学品。

常见的生物基产品可分为三类：商用化学品、特殊化学品及原材料。这些产品有些是直接从纤维素、淀粉、脂肪、蛋白质、木质素以及萜烯等主要生物质化合物直接衍生而来的，其余产品则是这些生物质化合物通过化学、物理及生物加工过程制得的，如乙醇就是由生物质中的碳水化合物发酵制得的。

生物基商用化学品如乙醇、乙醛、有机酸等，其中含氧生物基商用化学品拥有凌驾于石油基衍生的含氧化学品之上的巨大优势，从化学角度来说向石油中引入氧的工艺相当困难，而生物质天生就含有氧，因此，生物基衍生的含氧化学品更接近要求，并能作为一种新资源来替代石油基化学品。

生物基特殊化学品包括酶、香料香精、生物杀虫剂、增稠剂、植物生长促进剂、维生素、抗氧化剂等，目前，仅仅洗涤剂用酶的市场就接近5亿美元(美国)，从长期的工业生产经验来推测，其他产品也会有类似情况。

而生物基原材料因其品种繁多而代表着一个巨大的市场，随着科技的进步，该类原料在未来必然能够很好地完成减轻木材所承担的国民经济建设责任的使命。

由图12-1可以看出，生物基产品多种多样，用途广泛。本章主要就建筑、家具等材料的开发以及聚乳酸、木糖醇的转化作简要讨论。

12.1 建筑、家具、再生器具的材料开发

近些年，国民经济建设领域和人民群众基本生活对木材的需求量不断上升，这使得树木成材缓慢与社会大量需求成为矛盾。大量试验表明，农作物秸秆(主要指麦秸和稻草)是理想的木材原料替代品。周定国等认为以农作物秸秆等含丰富木质纤维素的生物质为原料，通过特殊加工工艺，发展各种新材料(如建筑材料、家具材料、包装材料等)，形成一个新型的农作物秸秆材料工业，对于满足社会对以木材为原料的产品需求、合理解决我国农作物秸秆的利用问题等，具有重要的现实意义。

12.1.1 农作物秸秆材料工业的发展可能性

12.1.1.1 秸秆贮量

全国大部分省份均种植小麦和水稻，麦秸和稻草属一年生农作物的副产物，全国贮量极为丰富。据估算，我国每年产出秸秆近7亿t，相当于5亿t标煤。

12.1.1.2 秸秆特性

麦秸纤维平均长度为1.32 mm，宽度为12.9 μm，稻草纤维平均长度为0.92 mm，宽度为8.1 μm，与山杨纤维形态相似；麦秸纤维含量为62.1%，稻草纤维含量为46%，均低于木材的纤维含量；麦秸灰分含量为6.04%，稻草灰分含量为15.5%，比木材高得多；此外，麦秸和稻草的溶液抽提物含量也比木材高。从总体上讲，农作物秸秆具备用作材料工业原料的一些基本特性，其存在的不足，可通过工艺手段加以弥补。

12.1.2　加工方法

根据农作物秸秆的特点，一般可用三种加工方式：

(1)破碎重组法　将秸秆加工成碎料状或束状，通过胶粘剂将其重组(挤压、平压或模压)成各种板材。

(2)单元重组法　将秸秆加工成一定长度的杆状单元，施加通过胶粘剂将其重组成各种板材。

(3)整株重组法　将秸秆直接送入挤压机，通过高温挤压，借助秸秆本身的胶结作用(木质素在高温下软化)重组成建筑材料，也可以施加胶粘剂后，按一定的规则组坯，再加热平压成各种材料。

12.1.3　农作物秸秆材料的加工利用途径

12.1.3.1　秸秆板材料

秸秆板是以麦秸和稻草为原料，模拟木质刨花板和中密度纤维板生产工艺制成的性能介于刨花板和中密度板之间的一种人造板材。然而，秸秆的特性使得生产中遇到秸秆原料的胶结问题：一是由于秸秆表面含有硅质(稻草中硅含量高)，常用的脲醛树脂胶和酚醛树脂胶难于使其胶合，故需采用异氰酸酯胶黏剂，但由此会带来粘板问题，一般可用添加内脱膜剂、采用外脱膜剂、板坯上下表面覆上隔离纸等方法解决；二是为了防止热压时粘板并获得有木材感觉的外观，科研者采用芯层用秸秆碎料、表层用木碎料或木纤维的制作方法，另外，将木材和秸秆两种碎料按一定比例混合，还可制成性能理想的木草复合板。

秸秆板既可以直接使用，也可以通过油漆、贴单板或贴三聚氰胺浸渍纸等方式进行表面装饰；秸秆板材可用于家具制造、室内装修和包装，经过特殊处理的秸秆板材也可用做地板材料。

(1)斯强板(straw board)　斯强板，又称稻草板，是以植物秸(如稻草或麦秆等)作原料，不添加黏结剂，不需要切割粉碎，直接在成型机内加热挤压的方式形成密实的板坯后，再在表面上一层各种材质的“护面纸”而制成板材。它属于“自胶型”人造板，因为稻草或表 H 的纤维成分中多聚戊糖含量一般在 25%左右，在外加一定用催化剂、受热作用下，多聚戊糖水解为糠醛，再通过双键的聚合反应，成具有胶合作用的呋喃系树脂，所以不需要添加任何形胶粘剂便可构成自胶型的斯强板(即稻草板)。

由于它的这种结构和成型特点，决定了它的生态优势：其主要原料稻草、麦秆是取之不尽的半年或一年可再生的资源；它在生产制造过程中不会对环境产生污染物；本身不含有有害物质，而且当它完成使用目的后被拆除时，仍可还原其本来面目，即稻草或麦秆。因此，斯强板是一种真正的生态建材。

我国的稻草板工业至今已发展近 20 年，发展的速度在各类轻质建筑板材中较慢，但是，它在利用可再生资源、实现人类可持续发展方针这一重要的命题方面却有着无可比拟的优越性；它也有多方面良好的建筑功能，包括隔热阻燃的能力。因此，未来我们应该大力开拓稻草板工业的发展空间。

(2)玉米板　生产玉米板选用的胶粘剂为异氰酸脂，采用喷胶法，最佳热压工艺为：热压温度 175℃，热压压力 315 MPa，加压时间为 310 min。生产的玉米秸秆刨花板按照 GB/T 4897—1992 刨花板国家标准检验所得的物理与力学性能如表 12-1 所示。玉米秸秆刨花板的物理、力学性能达到了标准规定 A 类优等品的指标。

表 12-1 玉米秸秆刨花板的物理力学性能

检验项目	密度/(g/cm)	含水率/%	静曲强度/MPa	内结合强度/MPa	吸水厚度膨胀率/%	垂直板面握螺钉力/N	游离甲醛释放量/(mg/100 g)
本文	0.72	9.0	平均 18.4 最小 16.4	平均 0.5 最小 0.46	平均 3.1 最大 4.5	1.549	2.0
GB/T 4897—1992	0.50～0.85	5.0～11.0	平均≥16.0 最小≥12.8	平均≥0.40 最小≥0.32	平均≤8.0 最大≤9.6	≥1 100	≤30

12.1.3.2 秸秆建筑材料

秸秆建筑材料是指以农作物秸秆为原料，通过重组方法制成的多种结构形式的墙体材料。重组工艺主要有三种：挤压、平压及模压。

挤压法的技术原理为，在高温挤压作用下，使秸秆塑化、压缩，得到一定厚度和密度的实心或空心墙体材料。该方法的特点是不需添加胶粘剂，但材料的幅面受到一定限制。

平压法的技术原理为，将收割后晒干的秸秆加工成 5～8 cm 的秆状单元直接施加胶粘剂，铺装成板坯，在平压机上热压，得到轻质秸秆材料，再借助化学或机械结合方式在其表面覆上面板（石膏板、水泥板、胶合板、石膏刨花板或水泥刨花板等），便得到轻质秸秆墙体材料。经平压得到的建筑板材用作框架房屋的内墙或外墙，其特点是充分利用秸秆中空保温隔热的特性，墙体幅面可以根据房屋尺寸而定，有助于墙体的工厂化预制和现场拼装。此外，也可借助发泡材料将金属板或塑料板粘接在轻质秸秆材料表面，制成"三明治"复合墙板用于临时建筑，该类复合墙板价格低廉。

模压法的技术原理为，将秸秆加工成碎料，混合胶粘剂和其他无机材料，根据不同建筑结构的要求，模压成建筑构件，再组装成墙体。该类材料具有阻燃、防潮、隔音、不易变形和强度高等优点。

12.1.3.3 秸秆包装材料

秸秆包装材料主要包括包装板材和包装垫枕两大类，二者可单独使用，也可组装成包装托架或包装箱使用。包装板材含各种厚度规格，其特性及制造方法与秸秆板材相似；包装垫枕截面为 80 mm×80 mm，其制造原理为：将收割后晒干的稻草加工成一定长度的稻草束，添加专用胶粘剂后，铺装成板坯，预压后，热压成厚度为 80 mm 的板块，再切割成 80 mm 宽的垫枕条。制造过程中需要注意一下问题：为提高垫枕的强度和弹性，可以在铺装时在板坯中放置木条或竹条；为达到防霉、防腐和防潮的目的，拌胶时可加入防霉剂、防腐剂和防水剂；由于稻草堆积密度低，铺装后的板坯厚度很大，为缩短传热时间和提高生产效率，需要采用带喷蒸功能的热压机。

显然，秸秆包装材料是用纯农作物秸秆制造的包装材料，在使用丢弃后可以较快地分解，绿色环保。

12.1.3.4 秸秆模压器具

秸秆模压制品是指以农作物秸秆为原料，用一步模压成型法直接制成的产品，如桌面、凳面、托盘、家具构件及建筑构件等。其生产工艺过程与木材刨花或纤维模压制品相似：将麦秸或稻草用专用设备加工成一定粒度的碎料，经干燥后施加专用胶粘剂，填入专用模具中，热压成最终产品。秸秆模压需要解决三个问题：碎料加工问题、脱模问题和产品结构稳定性问题。

目前，秸秆模压制品面临着一个重大的发展机遇，即国家正逐步禁止使用不可降解的塑料餐盒，以消灭白色污染。以农作物秸秆为原料，用干法模压制造一次性餐盒，如能成功，将会获得巨大的经济效益、社会效益和环境效益。

12.2　可降解塑料的转化——聚乳酸

乳酸为一元酸，按其旋光性分为 *L* - 乳酸（左旋）、*D* - 乳酸（右旋）及 *DL* - 乳酸（外消旋）。乳酸的生产方法有发酵法和化学合成法，目前主要采用发酵法，发酵用微生物主要两类：一类是根霉（真菌），另一类是乳酸菌及部分芽孢杆菌（细菌），根霉多是生产 *D* - 乳酸和 *DL* - 乳酸，而细菌则多生产 *L* - 乳酸。

人和动物体内只有代谢 *L* - 乳酸的酶，若摄入 *D* - 乳酸或 *DL* - 乳酸，会引起疲劳、代谢紊乱甚至酸中毒。因此，*L* - 乳酸将在食品工业中逐步取代 *D* - 乳酸和 *DL* - 乳酸。

聚 *L* - 乳酸的突出特点是具有生物降解性，其在人体内可降解成 *L* - 乳酸，而在自然界中，可在微生物作用下，最终变成 CO_2 和水，对环保有重要意义。因此广泛用于生产生物降解塑料、绿色包装材料（如购物袋、保鲜膜、餐盒等）、农用薄膜、手术缝合线等。

12.2.1　生物质的乳酸发酵

12.2.1.1　乳酸菌特征及其分布

乳酸菌（LAB，*Lactic acid bacteria*）是一类能从可发酵碳水化合物（主要指葡萄糖）产生大量乳酸的细菌的统称。它们具有一些基本特征：细胞为革兰氏阳性；细胞形态呈球状或杆状；过氧化氢酶为阴性；消耗的葡萄糖 50%以上产生乳酸；不形成芽孢；不运动或极少运动；分解蛋白质，但不产生腐败产物；脂肪分解能力较弱。

乳酸菌绝大多数都是厌氧菌或兼性厌氧菌，生长繁殖于厌氧或微好氧、矿物质和有机营养物丰富的微酸性环境中。污水、发酵生产（如青贮饲料、果酒啤酒、泡菜、酱油、酸奶、干酪）培养物、动物消化道等乳酸菌含量较高。

12.2.1.2　乳酸菌的发酵特性

乳酸菌为化能异养型微生物，代谢活动需要单糖，来获取生命代谢需要的养分及能量。乳酸菌的发酵作用依据代谢途径和产物的差异，划分为同型乳酸发酵和异型乳酸发酵两种类型。同型乳酸发酵是指葡萄糖经糖酵解途径几乎变成 100%的乳酸，即

$$\text{葡萄糖}\xrightarrow{\text{糖酵解途径}}2\,\text{乳酸}$$

异型乳酸发酵是指葡萄糖的分解完全依赖磷酸戊糖途径，最终转变为乳酸和其他产物，根据产物不同，又有两种类型：

（1）将葡萄糖转变为乳酸、乙醇和 CO_2。

$$\text{葡萄糖}\xrightarrow{\text{磷酸戊糖途径}}\text{乳酸}+\text{乙醇}+CO_2$$

（2）将葡萄糖转变成乳酸和乙酸。

$$2\,\text{葡萄糖}\xrightarrow{\text{磷酸戊糖途径}}2\,\text{乳酸}+3\,\text{乙酸}$$

另外，乳酸菌也能够引起苹果酸-乳酸发酵，苹果酸-乳酸发酵是在酒精发酵结束以后，在乳酸菌的作用下，将 *L*-苹果酸(二元酸)转化为 *L*-乳酸和 CO_2 的过程。

12.2.2 聚乳酸的转化机理与工艺

12.2.2.1 聚乳酸介绍

聚乳酸(PLA)是目前研究应用相对较多的一种具有生物降解性、相溶性和可吸收性的高分子聚合物，属于脂肪族聚酯化合物，它是由乳酸作为单体制备得到的。由于乳酸具有旋光性，PLA 也有左旋 PLA(L-PLA)、右旋 PLA(D-PLA)和外消旋 PLA(D,L-PLA)三种不同的旋光异构聚合体，其中最常用的是左旋异构聚合体 L-PLA。各种异构 PLA 合成方法相同，均以乳酸或其衍生物乳酸酯为原料。在 PLA 的几种旋光性结构中，L-PLA 及 D-PLA 是半结晶高分子，机械强度较好；D,L-PLA 是非结晶高分子，降解快，强度耐久性差。其中 L-PLA 由于降解产物是左旋乳酸，能被人体完全代谢，无毒、无组织反应。由于不同的聚乳酸的分子构象，对最终产品的性能产生影响，所以在聚乳酸形成时，控制不同分子构象的相对比例，就可得到不同性能的聚合体。

12.2.2.2 PLA 的合成方法及原理

PLA 的合成大致可分为间接合成二步法、直接合成一步法两种，其中直接合成法又分为溶液聚合法、熔融聚合法、固相聚合法和共聚改性法等多种方法。

1. 间接合成二步法

间接合成法是最早实现工业化的方法，该法以乳酸或乳酸酯为原料，经二聚合成丙交酯，丙交酯开环聚合两步制得 PLA，反应式如下：

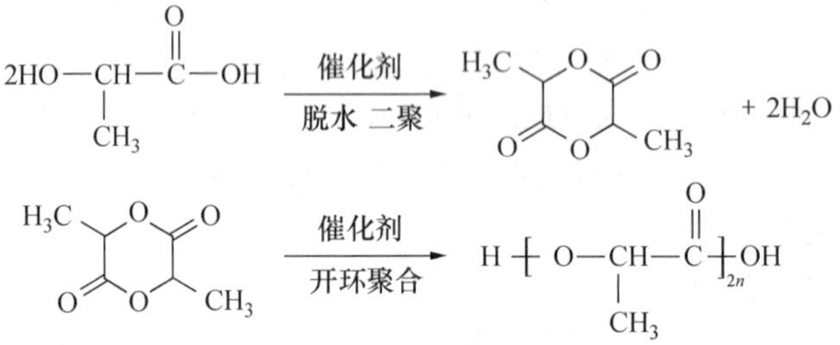

反应所用的催化剂有多种，如表 12-2 所示。

表 12-2 间接合成二步法催化剂类型及举例

催化剂类型	主要代表
质子酸型	羧酸、对甲苯磺酸、$FeSO_3H$、CF_3OMe 等
卤化物型	$AlCl_3$、$ZnCl_2$、BBr_3、$FeCl_3$、$ZnBr_2$ 等
阴离子型	醇钠、醇钾、丁基锂等
有机铝化合物型	金属铝与不同配位体形成的配位化合物，如 $Al(Oi\text{-}Pr)_3$、$Et_2Al(Oi\text{-}Pr)$等
锡盐类	氯化亚锡、氧化锡、四氯化锡、辛酸亚锡等
稀土类	—

间接合成二步法工艺成熟，易于控制，可获得相对分子量上百万的，但反应的中间体丙交酯必须使用有机溶剂反复结晶提纯、干燥，使得流程长、操作复杂、生产成本高。

2. 直接合成法

为了克服间接合成法的缺点，人们开始探索 PLA 的一步直接合成法，只是早期的研究所得聚合物的分子量较低，直到 20 世纪 90 年代才有了突破。以乳酸为原料的直接聚合反应式如下：

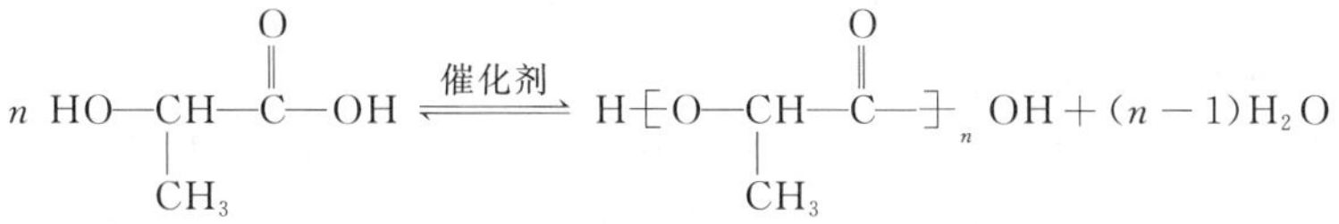

该反应是一个可逆缩聚反应，一般说来，聚合物的分子量随反应时间延长而增加，反应速度较慢。为了提高反应速度，制得高相对分子量的聚合物，需要使用催化剂和控制反应温度，并不间断的迅速除去反应生成的水，以利反应向右进行。以此为初衷，出现了不同的直接合成法，较成熟的有溶液聚合法、熔融聚合法、固相聚合法和共聚改性法等，下面分别介绍这几种方法：

（1）溶液聚合法　该方法的原理是使用不参与反应、能溶解聚合物、能与水形成共沸的有机溶剂，在溶液状态下进行共沸回流聚合。反应生成的水，随共沸物不断排除，而且反应体系的水分含量控制越低所得聚合物的分子量越高。溶液反应的特点是反应温度始终处于体系的共沸点下，易于控制，可避免由于温升和局部过热而带来的聚合物降解，但因其使用有机溶剂，操作和设备较为复杂，特别是当使用高沸点或有异味的溶剂时，会给聚合物的纯化带来困难，至今未见工业化的实例。

（2）熔融聚合法　该方法是以乳酸为原料，直接加热进行缩聚反应。反应过程中反应体系始终处于熔融状态，生成的低沸物水等依靠真空排除。聚合物分子量的大小取决于反应时间、反应温度和系统的绝对压力。反应时间越长、反应温度越高，绝压越小，则分子量越高。但反应温度过高，会导致聚合物降解，甚至炭化。一般情况下，熔融聚合反应的速度较慢，分子量较低。可使用催化剂加速反应降低反应温度。因此，研究重点集中在催化剂的选择和反应条件的控制上。熔融聚合法不使用溶剂，设备和操作均较简单，成本较低，技术日趋成熟，是今后研究的热点。

（3）固相聚合法　固相聚合是近年来出现的新聚合方法，与熔融聚合中反应体系处于熔融状态不同，固相聚合的反应温度低于预聚物的熔点而高于其玻璃化转变温度，反应体系呈固相状态。由于反应温度低，可明显降低因热作用引起的聚合物降解等副反应的产生，此法可在较短的时间内有效提高聚合物相对分子质量。

（4）共聚改性法　PLA 的特性之一即是具有良好的生物降解性，随着 PLA 应用范围的不断扩大，具体用途需要其具有不同的降解速度。而对聚合物的降解研究表明，其降解速度除与环境因素有关外，主要其本身的化学、物理结构有关。因此，为了扩大 PLA 的应用范围，研究乳酸与其他单体的共聚改性，就成了非常重要的课题。PLA 的共聚改性就是通过调节乳酸与其他共聚单体的比例来改变聚合物的化学物理结构，实现降解速度的可控性。常用的聚合单体有聚乙二醇（PEG）、聚乙交酯（PGA）及 ε - 已内酯（PCL）等。程蓉等就 PLA 的改性技术及改性后的应用进展作了详细论述，指出 PLA 可以通过共聚、交联及表面处理等化学手段改变其分子结构和表面性质，也可通过共混、增塑及纤维复合等物理手段赋与 PLA 新的性能，以适应不同领域的需要。可见，改性技术的发展，丰富了 PLA 的产品种类，拓宽了 PLA 的应用范围。

12.2.2.3 PLA 应用进展

由于 PLA 具有优异的化学物理性能，尤其是生物完全降解性、相溶性和吸收性等特殊性能，使其在与不能生物降解的通用塑料的应用竞争上占有明显优势。除在医学等领域继续深入发展外，已开始向替代通用塑料的领域拓展，形势乐观。

1. PLA 在生物医学上的新进展

PLA 在生物医学领域的应用包括 PLA 及其共聚物作为药物载体、骨科固定及组织修复材料、外科缝合线及生理卫生材料。尤其是 PLA 作为药物载体使用，可以实现药物在病灶部位的靶向控制释放，从而避免了毒性药物（如肿瘤药物）对病灶以外的其他部位造成危害，并能有效减少药物用量，提高药效。例如，由丙交酯（乳酸二聚得到）和已交酯（羟基乙酸二聚得到）共聚制得的共聚物 PLGA，具有良好的生物相容性和生物降解性，其降解产物能通过人体正常代谢排出体外，无任何毒副作用，且廉价易得。因此，PLGA 药物载体的微粒制备工艺，已成为药物载体研究的热点课题，受到国内外的广泛注意。

2. PLA 作为纤维材料的应用进展

PLA 属于脂肪族的线性高分子的热塑性聚合物，可以用成熟的溶液纺丝、熔融纺丝等工艺制成纤维，且以熔融纺丝工艺更为成熟，目前已进入商业化生产阶段。PLA 纤维（以 L-PLA 为例）的物理性能介于涤纶和锦纶之间，强度和伸长率与二者相差不大，但吸湿性和回潮性优于涤纶，且染色性良好。从穿着性和洗涤性看，PLA 纤维介于天然纤维和合成纤维之间，既具有棉、毛、涤的舒适感，又具有合成纤维易护理、挺括等特殊性能，因此 PLA 比 PEG 更适合做服装。制成的织物挺括、滑爽、抗皱、悬垂性好，具有丝绸光泽和舒适感。

3. PLA 作为通用塑料使用的进展

PLA 具有完全生物降解性、强度高等特点，可用多种方法塑性加工成型，在因此被认为是最有希望替代传统塑料的理想材料之一，这种完全绿色的 PLA 在未来有可能大规模替代以矿物资源为原料的通用塑料，这对于改善环境、节约矿物资源、实现塑料行业的可持续发展，都具有重大的现实意义和深远的历史意义。

12.3 木糖醇的转化

随着人们生活水平的日益提高，人们越来越注重饮食对自身健康水平的影响，消费趋势逐渐向具有合理营养和保健功能的功能性食品转变。木糖醇即是功能性食品之一，由于其具有独特的生理功能——可以作为糖尿病、肥胖病、儿童龋齿、老年性缺钙、心脑血管病等病人的良好食疗添加剂，故木糖醇已被广泛应用于食品生产中，无糖食品越来越受到消费者的欢迎。

12.3.1 木糖醇简介

木糖醇（$C_5H_{10}O_5$，亦戊五醇）为五碳糖醇，广泛存在于各种果蔬中，但含量较少，而玉米芯、稻壳及甘蔗渣等富含半纤维素的植物原料是其良好来源。木糖醇可由木糖经还原加氢制得，具有如下一般性质：白色结晶或结晶性粉末，味甜，极易溶于水，微溶于乙醇和甲醇，熔点

92～96℃，沸点216℃，热值16.72 kJ/g。溶于水吸热，所以固体形式在口中会产生愉快的清凉感。木糖醇甜度和吸湿性与蔗糖相似，入口后被人体吸收无副作用，国内外市场的需求量日益增大，附加值高。

木糖醇是以农业废弃物（主要指半纤维素含量高的农业废弃物，如玉米芯、棉籽壳等）为生产原料，采用高新技术生产的实用价值很高的化工产品。我国是农业大国，因此生产木糖醇的原料极为丰富，仅玉米的年产量就达7 000万t，可获玉米芯1 000万t左右，这些玉米芯若全部用于生产木糖醇，就可生产100万t，具有很高的开发价值。

木糖醇是广泛应用于化工、医药、食品等工的重要化工原料。可制取表面活性剂、乳化剂、破乳剂、醇酸树脂及涂料，并可代替甘油应用于造纸日用品及国防工业，又是医药工业制造各种药物的原料。由于木糖醇在体内的代谢与胰岛素无关，故适用于糖尿病患者食品的生产。近年来，市场对木糖醇的需求日趋旺盛，因此，发展木糖醇产业，前景极为乐观。

12.3.2 木糖醇的一般特性

12.3.2.1 木糖醇的物化特性

木糖醇能够作为食糖替代品，是因其具有的独特物理化学性能。

(1)清凉感。前已述及，因其溶水吸热，木糖醇放到嘴里有清凉感，这是因为木糖醇比蔗糖的溶解热几乎大10倍，即木糖醇溶解时，吸收大量的热。所以在各类食品中，加入木糖醇结晶后，吃起来会感到清凉，可以增强薄荷、留兰香等食品的风味。

(2)不产生美拉德反应。木糖醇在食品加工过程比较稳定，不会和氨基酸发生美拉德反应，这对某些需保持浅色的食品，有特别的意义。（注：食品中羰基化合物（还原糖类）和氨基化合物（蛋白质或氨基酸）间经复杂的反应历程，最终生成棕色甚至黑色的大分子物质类黑精或称拟黑素的反应称为美拉德反应。）

(3)吸湿性。木糖醇在不同的相对湿度下有不同的吸湿性。因此特性，木糖醇不适于制取脆、干的食品，而用来制作一些较软的点心时，木糖醇却能比蔗糖使食品保留更长时间的柔软性。

(4)不易发酵，是微生物不良培养基。木糖醇不能被细菌发酵利用，因此能有效抑制细菌的生长。木糖醇的这一特性使得食品能延长其保存期。

12.3.2.2 木糖醇的功能特性

木糖醇是所有食用糖醇中，生理活性最好的品种，因此它在预防龋齿、不增加血糖值、作为糖尿病人食品方面，显示了比山梨醇、麦芽糖醇、甘露醇等的优越性。

(1)可作为糖尿病人的甜味剂、营养补充剂和辅助治疗剂。木糖醇作为一种功能性甜味剂，能够参与人体内糖类代谢，基本不受胰岛素的影响，使用后血糖值不会上升，适合于糖尿病人食用的营养性食糖替代品。另外，木糖醇还有轻微降低血糖值的效果，所以也把木糖醇视为糖尿病人的辅助治疗剂。

(2)可预防龋齿。木糖醇是微生物的不良培养基，不会被口腔内细菌发酵利用，因此可保持口腔酸度，防止龋齿。链球菌是造成蛀牙的主要原因，它生长在牙齿的牙垢中，这种细菌可将食品中的糖和碳水化合物发酵产生乳酸，进而腐蚀牙齿珐琅质，形成牙洞。然而，因链球菌无法利用木糖醇，它在吸收木糖醇后，会因代谢受阻而造成抑制，数量与活力双双下降，减少牙垢、蛀牙与牙洞的发生，达到防止龋齿效果。

(3)可改善肝功能。木糖醇可促进肝糖原的合成,减缓血浆中脂肪酸的产生,使血液中乳酸、丙酮酸、葡萄糖下降,胰岛素上升,对肝炎和肝硬化病人有很好的疗效。

(4)抗酮体作用。人体糖代谢异常时,脂肪不能完全氧化,使血液中的酮体积累,引起酸和中枢神经系统中毒,致使昏迷、死亡。据报道,木糖醇对消酮作用效果显著。

(5)具润肺、预防呼吸道感染的作用。人的肺黏膜和呼吸道表面都覆盖着薄薄的一层黏液,它们是人体抵御空气中有害微生物与病毒侵犯体内的一道天然屏障。若"屏障"盐度增加,来自空气的有害微生物就会"趁虚而入",引起肺部感染。而木糖醇能够尽快恢复"屏障"盐度的正常水平,有利于患者恢复预防肺部感染的能力。

(6)对双歧杆菌的增殖作用。木糖醇具有增加人体内双歧杆菌作用,能够增强肠道内有益菌活力,提高人体免疫力。

12.3.3 木糖醇的生产

木糖醇生产主要有直接萃取、化学合成和生物转化三种方法。天然果蔬中木糖醇含量低,因此直接萃取成本昂贵;目前,商品木糖醇生产主要采用化学加氢法,该法技术成熟,但因工艺复杂、耗能高、收率低(木糖转化率为50%~60%)、环境污染等因素限制了木糖醇的工业化生产;而通过微生物发酵含半纤维素含量高的原料生产木糖醇,因其条件温和、成本较低而备受关注。本子目主要就生物发酵法生产木糖醇展开讨论。图12-2完整表明了发酵生产木糖醇的工艺流程。

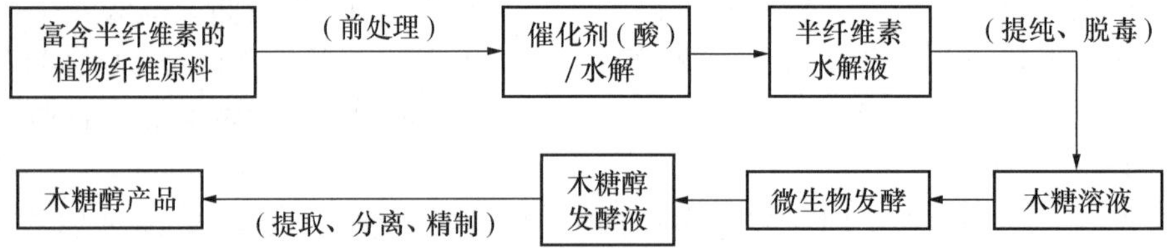

图12-2 微生物发酵植物纤维原料生产木糖醇工艺流程

(来源:龚霄,等.发酵法生产木糖醇研究进展[J].2008,(3):45)

12.3.3.1 发酵法生产木糖醇的微生物菌种

能利用木糖的微生物种类不多,在细菌、霉菌和酵母中均有发现,但在前二者中发现的种属,其将木糖转化为木糖醇的产量很低,而酵母转化木糖生产木糖醇的性能较为优越,也是研究最多的。

12.3.3.2 半纤维素原料的前处理

采用发酵法神采木糖醇前需对半纤维素原料进行前处理,目的有二:其一是通过前处理和酸水解降低纤维晶体分子聚合度,改变分子空间构型,使其易于进行酶促反应;其二是通过脱毒去除有害物质,提高水解液发酵性能。

前处理技术主要包括粉碎、水洗、蒸汽爆破以及氨处理。粉碎主要是原料颗粒变小,水洗能使灰分去除,此处理对发酵效果影响不大;蒸汽爆破处理的强度须适当,条件过于温和,作用不明显,过于激烈,又会导致半纤维素分解严重,并产生抑制微生物生长的副产物;而经10%的氨水处理,如若条件温和,半纤维素损失也不大,但能提高原料水解效率,并可除去92%的木质素和所有乙酸,能显著提高水解液发酵性能。

半纤维素水解过程的酸催化剂以盐酸活性最好，但因其腐蚀性和挥发性大，故多采用硫酸。除此之外，还与酸度、温度、时间、固液比等因素有关：酸度增加会加速水解反应，同时促进非糖杂质生成；温度过低起不到加速作用，太高又会促进木糖分解，并产生过多有害副产物；水解时间越长，则原料水解越彻底，但副产物量也会越大；固液比越高水解越完全，糖得率越大，过高造成酸消耗增大，而固液比太低，糖得率小，导致浓缩成本增加增大。

另外，水解过程中会产生对微生物有毒的物质，需要有针对性的进行处理：采用石灰乳或碳酸钙可去除水解液中单宁、重金属离子和硫酸根离子，还有部分乙酸和小分子酚；采用活性碳除可脱色外，还可吸附某些酸溶性木质素衍生物和大部分乙酸；采用汽提和真空浓缩技术在提高水解液糖浓度同时，可去除糠醛、乙酸及挥发性有毒成分，提高水解液发酵性能。由于毒害成分复杂，寻求多种方法复合使用将是不错的选择。

12.3.3.3　发酵法生产木糖醇的影响因素

(1)通气量　氧气是酵母菌转化木糖过程中的重要因素，氧容量不仅影响木糖醇产量，且对副产物形成和菌体本身生长均有重要影响。发酵工业要有效生产木糖醇需考虑两个问题：其一是菌体细胞快速积累，这要求维持较高水平的氧容量；其二是木糖醇需要在厌氧或微氧条件下形成，以降低菌体呼吸率。针对这两个考虑，有学者提出两段发酵法：第一阶段通入较大空气量，最大限度促进菌体生长；第二阶段则限制空气量的进入促使木糖醇的积累。

(2)初始木糖浓度　发酵液中木糖浓度会显著影响酵母生长和木糖醇产量。低初始木糖浓度时，由于一部分用作碳源供细胞生长，从而减少用于转化木糖；而酵母菌属耐高渗微生物，它能在较高浓度木糖溶液中正常生长，因此，提高木糖浓度，可增加木糖消耗量，最终使木糖醇累积量增加。同样的，木糖醇的高转化率得来不是依赖无限制的提高木糖浓度的，浓度太高，则会产生反馈抑制作用。另外，高浓度木糖会促进木糖醇发酵活动，可能是在严格限氧生长条件下，浓度木糖可诱导产生高密度细胞，而不单单是由于底物本身增加的原因。

(3)初始细胞浓度　在一定条件下，较高的初始细胞浓度有利于木糖醇产生。另外，通常情况下，菌龄只影响木糖醇产生速率和发酵时间，而不影响其最终产量。

(4)氮源　氮源种类对木糖醇产量和产率均有影响。酵母粉是最佳有机氮源，其能提供丰富维生素、氨基酸和生物素等必须因子；铵盐是最佳无机氮源，有报道称，使用无机氮源的产醇量不比使用有机氮源低，这位利用廉价的无机氮源进行大规模木糖醇生产提供依据。此外，木糖醇作为次生代谢产物，其形成、积累与菌体生长在某种程度上呈反相关，即氮源浓度不可太高，否则只利于酵母生长而不利于木糖醇积累。当然，也要考虑碳氮比，往往高碳氮比更有利于木糖醇的形成。

(5)温度和 pH　酵母菌转化木糖生成木糖醇的最适温度为 28～30℃，较小范围温度变化不会对木糖醇生成速率造成明显影响。如对于多数非热敏型酵母菌，在 30～37℃ 范围内随温度升高，木糖醇产量会随之升高，但超过 37℃ 时，其产量会明显下降。

发酵液 pH 值对酵母菌菌体代谢及产物形成具有重要影响。通常，酵母菌最适 pH 值为 4～6，但不同种属也有差别，即使同一种属菌株生产木糖醇最适 pH 和生长最适 pH 也不尽相同。

(6)其他单糖　不同单糖对木糖转化有不同影响。通常可利用木糖的酵母也能选择性发酵某些单糖，如葡萄糖、果糖、甘露糖、半乳糖、纤维二糖、阿拉伯糖和树胶醛糖等，研究发现，后几种糖在发酵过程中对木糖没有明显抑制作用。但当发酵液中存在葡萄糖、果糖或甘露糖时，往往出现"二次生长"现象,即酵母先利用葡萄糖、果糖或甘露糖这些速效碳源,然后才能利用木糖,从而延缓木糖转化。

(7)金属离子　钾、钙、镁、铜、锰、钴等都是酵母菌生长过程中的必需金属元素,可激活木糖还原酶及其辅酶活性或直接参与生物合成反应,同样的,金属离子浓度不宜过大,否则起到反作用。

(8)发酵方式　发酵工业通常采用分批发酵、连续发酵和分批补料发酵三种方式。目前,木糖醇生产研究较多是分批发酵和分批补料发酵。分批发酵特点是,允许初始木糖浓度高、产物浓度高(易于分离),但产率相对较低。对于多数微生物而言,尽管连续发酵被认为是最高效、最高产生产技术,但由于该过程要求发酵液低稀释率,在实际生产中很难满足。在补料分批发酵整个过程中,木糖浓度始终可维持最佳水平,既有利于木糖转化又不会对酵母产生抑制作用,同时高密度细胞提高体积产率。

12.3.4 木糖醇的应用

12.3.4.1 木糖醇在食品中的应用

如木糖醇口香糖、低能量硬糖、木糖醇软糖、无糖蛋糕、无糖月饼、降血糖饼干、无糖大豆纤维饼干。

12.3.4.2 木糖醇在医药行业中的应用

(1)木糖醇注射液　木糖醇注射液为糖尿病人的营养用药,具有补充热量和体液,改善糖代谢,消除酮血症的作用,是糖尿病人患者代用品。由于木糖醇的独特疗效及特点,不仅为糖尿病人专用,而且被广泛用于临床,是继葡萄糖、氯化钠注射液之后的新一代营养型载体输液剂。

(2)木糖醇口服液　木糖醇口服液为营养剂类非处方药药品,在体内可不依赖胰岛素,直接透过细胞膜,在细胞内代谢,产生热量。可作为糖尿病患者的代用糖。

(3)木糖醇药片　利用木糖醇制作的药片,具有改善代谢和消除酮血症作用,还可用于预防龋齿以及糖尿病患者糖的代用品等。

除以上应用之外,木糖醇还广泛应用于护肤品、化妆品、减肥茶以及牙膏等行业。

参考文献

[1] 郑宏奎,王树林. 发展农业剩余物人造板工业是解决木材供需矛盾的有效途径. 林产工业,1998,25(3):15-17.
[2] 周定国. 面向 21 世纪的农作物秸秆材料工业. 南京林业大学学报,24(5).
[3] 张冬梅. 麦秸特性与麦秸刨花板制板工艺的研究. 林业科技(哈尔滨),1998(4):45-47.
[4] Schmidt, Co Gmb H. Neue brandschutzplatte auf Strohbasis. HK,1998,33(7/8):43.
[5] 滕云天. 麦秸刨花板生产技术. 林业科技开发,1999(4),36-37.
[6] 南京林业大学人造板研究室. 中密度麦秸板的生产性试验研究. 林业科技开发,1999(3):28-29.
[7] Bill Keil. Itps all a matter of straw. Wood Based Panels International,1998,18(2):48-49.
[8] 张威振. 稻草板,让墙材更" 绿色". 中国建材,2004(12).

[9] Wayne Wasylciw. 农作物秸秆人造板：性能、问题与脲醛树脂胶合技术. 人造板通讯，2001，11.
[10] 杨一飞，汪锦星. 真正的生态（绿色）建筑材料——斯强板. 林产工业，1999，26（5）：20-22.
[11] 吴德茂. 稻草板——一种值得重视的生态建材. 建筑人造板，1998，（4）：3-7.
[12] 贺东亮，李久长. 乳杆菌产 L-乳酸发酵条件的研究. 农产品加工·学刊，2005，9（8）.
[13] 张红. 乳酸菌的发酵性质和生物学功能. 生物学通报，1999，34（12）.
[14] 陈育如，黎明，沛霖. 酸发酵动力学研究进展. 生物技术通讯，2002，13（3）.
[15] 王华，张春晖，李华. 酸菌在葡萄酒酿造中的应用. 北京农业大学学报，1996，24（6）.
[16] 潘海燕，徐岩，赵光鳌. 苹果酸乳酸发酵的研究进展. 食品与发酵工业，29（11）.
[17] 王海珍，王加启，黄庆生. 乳酸菌类微生物制剂的作用机理及其应用. 养殖与饲料，2005，（3）.
[18] 李雪刚，等. 聚乳酸的合成及其应用. 河北化工，2005（5）.
[19] 赵耀明，张军，麦杭珍. 直接缩聚法合成聚乳酸的研究. 合成纤维，2001，30（3）：3-5.
[20] 秦志忠，秦传香，曹雪琴. 聚乳酸的直接合成研究（Ⅱ）. 合成技术及应用，2003，18（3）：1-2.
[21] 王征，王婷，赵学明. 直接缩合法合成聚乳酸. 天津大学学报，2000，33（1）：48-50.
[22] 任杰，王秦峰，张乃文. 熔融缩聚法制备聚乳酸. 塑料工业，2005，32（5）：1-4.
[23] 石淑先，夏宇正，郭祖鹏，等. 聚 R,D,L-乳酸的合成及表征. 弹性体，2002，12（6）：10-13.
[24] 冷波，全学军. 聚乳酸研究的现状及发展方向. 重庆工学院学报，2003，17（2）：10-15.
[25] 汪朝阳，赵耀明. 扩链法合成聚乳酸类生物降解材料. 合成化学，2003，11（2）：106-110.
[26] 宇恒星，王朝生，黄南薰，等. 聚乳酸的聚合方法. 化工新型材料，2002，30（3）：12-18.
[27] 周鸿顺，等. 淀粉化工新进展. 化工进展，1995（7）.
[28] 郭梦麟. 蛋白质木材胶粘剂. 林产工业，2005，32（5）.
[29] 丁占来，等. 玉米秸秆制作建筑装饰复合板的研究. 石家庄铁道学院学报，2004，17（3）.
[30] 王庆昭，郑宗宝，刘子鹤，等. 生物炼制工业过程及产品. 化学进展. 2007，19，（7/8）：1198-1204.
[31] Bruce E Dale. "绿化"化学工业——生物基工业产品的研究与开发优势. 杨铁刚，唐辉，李宝才，译. 腐殖酸，2005（5）：39-42.
[32] 陈洪章，王岚. 生物基产品制备关键过程及其生态产业链集成的研究进展——生物基产品过程工程的提出. 过程工程学报，2008，8（4）：676-681.
[33] 刘伟雄. 乳酸和聚乳酸的最新进展. 食品与发酵工业，2000，27，（3）：61-65.
[34] 邢玉清，吴贵国，邢军. 化学合成全降解塑料——聚乳酸. 工程塑料应用. 2002，30，（12）：57-58.
[35] 于同珍，张峥，常源亮. 聚乳酸的合成技术及应用进展. 山东化工，2005，（34）：25-28.
[36] 张凤清，张丽君，周长民. 木糖醇的特性及应用. 当代化工，2008，37，（1）：92-95.
[37] 贺东海，赵光辉，聂圣才，等. 木糖醇的功能特性及应. 用河北化工，2006，（1）：27，45.
[38] 龚霄，贺稚非，陈盼，等. 发酵法生产木糖醇研究进展. 粮食与油脂，2008，（3）：44-48.

第 13 章　固体废弃物处理与堆肥化技术

13.1　固体废弃物的概念与特征

固体废弃物是被人们废弃了的固态“无用”之物，来源于人类社会生产和生活过程的排泄物和废弃物。它是自然及人类生产活动不可忽视的问题，与人类的生存和发展有着不可分割的内在联系。因此，固体废弃物处理与利用问题也就成为现代社会发展的一个不可避免的客观事实与实践活动。

13.1.1　固体废弃物的概念

固体废弃物是指在生产建设、日常生活和其他活动中产生，在一定时间和地点无法利用而被丢弃的污染环境的固体、半固体废弃物质。

固体废弃物一词中“废弃”具有鲜明的时间和空间特征。从时间而言，它仅仅相对于目前的科学技术和经济条件下人类无法有效利用的资源。随着科学技术的发展，昨日的废弃物势必又将成为明日的资源。从空间角度而言，废弃物仅仅相对于某一过程或某一方面没有使用价值。而并非在一切过程或一切方面都没有使用价值，某一过程的废弃物，有可能是另一过程的原料。例如，粉煤灰制砖，用煤矸石发电，用高炉渣生产水泥，从电镀污泥中回收重(贵)金属等。另外，由于各种产品本身具有一定使用寿命，超过了寿命期限，也会成为废弃物。所以，固体废弃物又有“放错地方的资源”之称。

13.1.2　固体废弃物的特征

固体废弃物主要有五大特征：

(1)成分的多样性和复杂性。现代的固体废弃物，其成分复杂，种类繁多，从单一物质到聚合物质，从边角废料到设备配件，从无机到有机，从金属到非金属，从无味到有味，从有毒到无毒，从低熔点到高熔点等。因此，人们对固体废弃物的处理和利用不是一件轻而易举的事情。

(2)环境与资源的双重价值。人类对固体废弃物的处理和利用不仅关系着人类赖以生存的生态环境的净化问题，还与保证人类可持续发展的资源、能源等战略问题密切相关。

(3)有用与无用的大集合。固体废弃物，总的来说是人类废弃之物。但是废弃物这一概念具有明显的时间与空间的特征。废弃或不废弃是相对于人们的观念意识和利用能力而言的。某些单位或个人所产生的废弃物是以他的生产能力和消费水平来说的，而对其他单位或个人来看，就不一定是废弃物了。因此，任何团体废弃物都存在废而不废的问题，这就是说，固体废弃物本身就具有一定的资源价值。正如美国一位垃圾展览馆馆员阿诺尔德所说，“变废为宝的关键在于如何看待废弃物和财富，许多可用的东西只是由于我们扔掉才使它们变成了废物和垃圾”。

(4)生产性废弃物的减少,消费性废弃物的增加。随着科学技术的发展,社会生产力水平的提高,人们在社会生产过程中所产生的废弃物在减少。主要表现在废次品的减少和材料利用率的提高。另一方面,随着社会生产力的发展,人们消费水平的提高,人们对消费品形式多样化的需求增强,消费周期的缩短必然会带来消费废品的大量产生。特别是大量高技术消费废品的日益剧增,给固体废弃物的处理和利用带来技术上的复杂性和难度。

(5)彼此依赖,相互循环。随着固体废弃物对自然环境及人类生存压力的增加,人们对环境和资源意识的增强,人类不能不进一步反思自己的思维方法和技术过程的不当行为,从而把产品的生产和消费看做是构想、设计、制造、消费及再生的大循环过程。应该认识到我们所设计和制造的产品最终仍要回到生产系统。因此,在设计时不能把它们看成是最终产品而必须认识到这些产品将被再生和循环利用。正如马克思所说的:几乎所有消费品本身,都可以作为消费的废料重新加入生产过程。因此。随着人类社会生产力的发展,人类社会活动的生产过程与再生资源的处理与利用过程的明显界限在逐渐缩小,并将越来越成为彼此依赖和相互补充的经济技术关系。由此看来,美国的《资源保护和回用法》将废弃物定义为资源的一种,是有深远意义的。

13.2　固体废弃物的来源与分类

固体废物分类方法有多种,按其化学组成可分为有机废弃物和无机废弃物;按其危害性可分为一般性固体废弃物和危险性固体废弃物;按其形态可分为固态废弃物(粉状、粒状、块状)和半固态(污泥)废弃物;按其来源的不同可分为矿业废弃物、工业废弃物、城市垃圾、农业废弃物和放射性废弃物等。《中华人民共和国固体废物污染环境法》(1995 年公布)将固体废弃物分为城市生活垃圾、工业固体废物和危险废物 3 类。本书第二章中从资源角度,介绍了农业废弃物、林业废弃物、加工废弃物及生活废弃物,在此不再重复,本章主要列举造成严重环境污染的或对生活环境有负荷的固体废弃物。

13.2.1　工业固体废弃物

工业固体废弃物按行业可分为以下几类:

(1)冶金工业固体废弃物　主要包括各种金属冶炼或加工过程中所产生的废弃物,如高炉渣、钢渣、铁合金渣、铜渣、锌渣、铬渣、汞渣、尘泥及其他有色金属渣等。

(2)能源工业固体废弃物　主要包括燃煤电站产生的粉煤灰、炉渣、烟道灰,采煤及洗煤过程中产生的煤矸石、煤灰等。

(3)石油化学工业固体废弃物　主要包括石油及加工中产生的油泥、焦油页岩渣、废催化剂、废有机溶剂等;化学工业生产过程中产生的硫铁矿渣、酸渣、碱渣、电石渣、磷石膏等;医药与农药工业生产过程中产生的废农药、废药品等医药废弃物等。

(4)矿业固体废弃物　主要包括采矿废石和尾矿。废石是指在各种金属、非金属矿山开采过程中从主矿上剥离下来的各种围岩;尾矿是指选矿过程中提取精矿以后剩下的尾矿。

(5)轻工业固体废弃物　主要包括食品工业、造纸印刷工业、纺织印染工业、皮革工业等工业加工过程中产生的污泥、动物残物、食品废物、下脚料、酸碱废物等。

(6)其他工业固体废弃物　主要包括机械工业加工过程中产生的金属碎屑、电镀污泥、建筑废料及其他工业加工过程中产生的废渣等。

13.2.2 城市固体废弃物

城市固体废弃物又称城市生活垃圾，它是指城市居民日常生活中或为城市日常生活提供服务的活动中产生的固体废弃物。城市垃圾主要来自城市居民家庭、城市商业、餐饮业、旅馆业、服务业、市政环卫、交通运输、文教卫生和行政事业单位、工业企业单位以及给排水处理污泥等。根据城市垃圾产生和收集来源不同，通常可分为：

(1)食品垃圾　亦称厨房垃圾，是城市居民排出垃圾主要成分。

(2)普通垃圾　亦称零散垃圾，是指废纸类、废旧塑料、碎玻璃、陶瓷、罐头盒、废木材、废旧布、炉灰等。

上述两项统称为家庭垃圾，是城市垃圾中可回收利用的主要对象。

(3)庭院垃圾　包括清扫杂物、树叶、树枝、残余植物等。

(4)清扫垃圾　包括城市道路广场、公园、桥梁、露天场所、公用绿地等由环卫系统清扫的垃圾。

(5)商业垃圾　指城市商业、各种商业性服务网点和专业性经营场所如菜市场、饮食店、超市等所产生的垃圾。

(6)建筑垃圾　指城市旧有的建筑物、构筑物进行维修和新建的施工现场产生的垃圾。

(7)危险垃圾　包括医院传染病房、放射性治疗系统、核试验室以及危险物品化验室等场所排出的各种废物。

(8)其他垃圾　是指上属以外场所排出的垃圾的统称。

13.2.3 危险废弃物

《中华人民共和国固体废物污染环境防治法》规定："危险废物是指列入国家危险废物名录或者根据国家规定的危险废物鉴别标准和鉴别方法认定的具有危险情性的废物。"危险废物的特性通常包括急性毒性、易燃性、反应性、腐蚀性、浸出毒性和疾病传染性。根据这些特性各国都制定了自己的鉴别标准和危险废物名录。

13.3 固体废弃物对环境的危害

固体废弃物露天存放或处置不当，会直接或间接污染环境。一些有害成分或化学物质还可通过环境介质—大气、土壤、地表或地下水体等直接或间接传入人体，传染疾病，给人类造成潜在的、近期的和长期的危害。

固体废物还可分为有毒和无毒的两大类。有毒有害固体废物是指具有毒性、易燃性、腐蚀性、反应性、放射性和传染性的固体、半固体废物。固体废物在没有处理、利用之前存在污染环境的潜在危害。主要表现在以下四个方面：

13.3.1 污染大气

固体废物对大气的污染表现为三个方面：

(1)废物的细粒被风吹起，增加了大气中的粉尘含量，加重了大气的尘污染。

(2)生产过程中由于除尘效率低，使大量粉尘直接从排气筒排放到大气环境中，污染大气。

(3)堆放的固体废物中的有害成分由于挥发及化学反应等，产生有毒气体，导致大气的污染。

13.3.2　污染水体

固体废弃物对水体的污染表现为：

(1)大量固体废物排放到江河湖海会造成淤积，从而阻塞河道、侵蚀农田、危害水利工程。有毒有害固体废物进入水体，会使一定的水域成为生物死区。

(2)在与水(雨水、地表水)接触中，废物中的有毒有害成分被浸滤出来。从而使水体发生酸性、碱性、富营养化、矿化、悬浮物增加，甚至毒化等变化，危害生物和人体健康。

13.3.3　污染土壤

固体废物露天堆存，不但占用大量土地，而且其含有的有毒有害成分也会渗入到土壤之中，使土壤碱化、酸化、毒化，破坏土壤中微生物的生存条件，影响动植物生长发育。许多有毒有害成分还会经过动植物进入人的食物链，危害人体健康。一般来说，堆存一万吨废物就要占地一亩，而受污染的土壤面积往往比堆存面积大 1～2 倍。

13.3.4　影响环境卫生

广泛传染疾病垃圾粪便长期弃往郊外，不作无害化处理，简单地作为堆肥使用，可以使土壤碱度提高，使土质受到破坏；还可以使重金属在土壤中富集。被植物吸收进入食物链，还能传播大量的病源体，引起疾病。图 13 - 1 为固体废弃物进入环境与其中化学物质危害人类、传染疾病的途径。

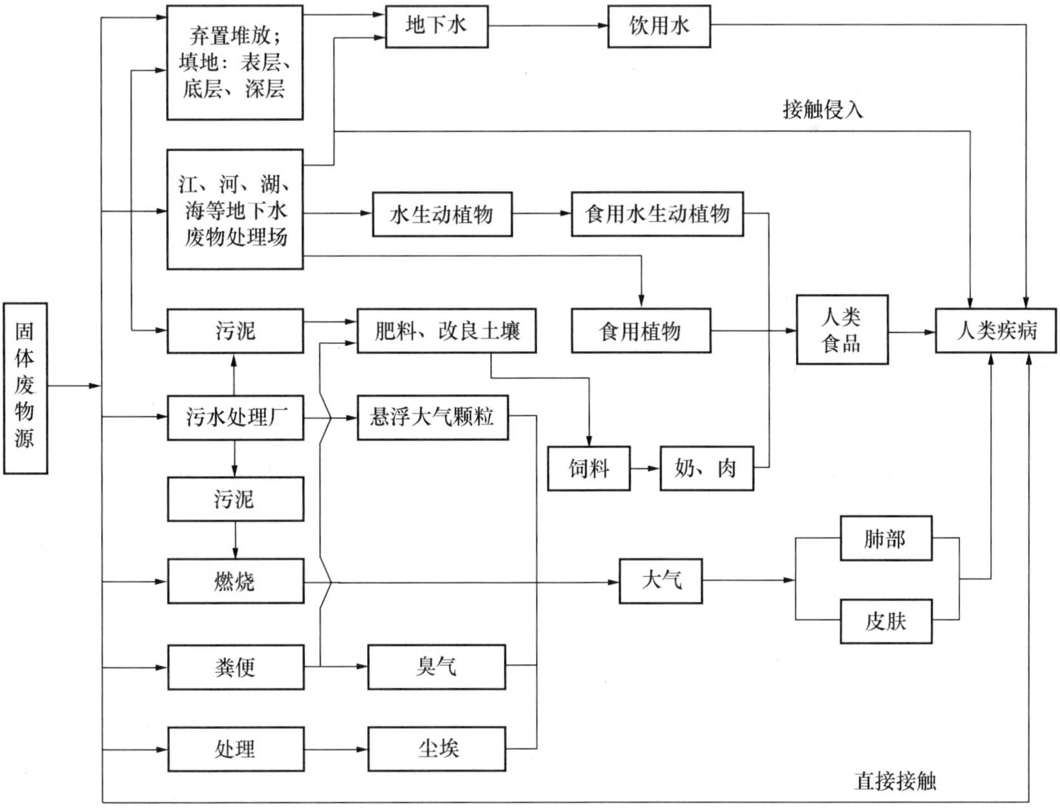

图 13 - 1　固体废弃物危害人体健康的途径(王绍文，2003)

13.4 我国固体废弃物处理与利用概况

13.4.1 我国工业废弃物资源化管理现状

我国工业废弃物资源化管理水平一般用工业废弃物综合利用率表示。该指标意味着废弃物的减量化、资源化与可利用能力。目前存在如下问题：

(1)地区差异大。我国工业废弃物综合利用率有明显地区性，东部经济发达地区以及北京、上海、天津的工业废弃物综合利用率远高于中、西部经济较为欠发达地区。

(2)行业发展不平衡。食品饮料和烟草业、纺织业、印刷业、医药制造业、橡胶制造业、水泥制造业和非金属矿业制造业的综合利用率均在80%以上，而工业废弃物排放量占总量53.8%的采矿业，其综合利用率仅为19.0%。

(3)各品种利用情况差异大。

13.4.2 我国城市废弃物资源化管理现状

我国废弃物资源化管理和技术还很落后。首先多数城市的生活废弃物尚未实行分类收集。实践证明分类收集方式有利于废弃物的回收和资源化，是城市生活废弃物资源化管理的基础工作。

其次在我国城市生活废弃物资源化管理还处于起步阶段。全国城市生活废弃物资源化设施严重不足，大部分废弃物以简单填坑、填充洼地、掩埋、投入江河湖海、露天焚烧等方式处理。同时，废弃物资源化技术尚不完善，现有的废弃物资源化设施建造标准低、缺乏污染控制措施，远不能保证废弃物资源化后的安全，使集中起来的废弃物成为即时和潜在的长期环境污染源。

近年来，我国已经对城市生活废弃物的资源化给予足够的重视，但由于废弃物发生量有增无减，处理经费投入的增长却相对滞后，缺少成套的技术设施和足够数量的高质量技术人才，致使城市生活废弃物资源化成为我国废弃物管理中的重要课题，必将对我国经济的可持续发展起到重要影响作用。

13.4.3 国内外处理固体废弃物的各种技术与工艺

固体废弃物处理的目标为无害化、减量化、资源化。目前，国内外处理固体废弃物的技术与工艺以焚烧法、填埋法、堆肥法为主。本书以资源化的角度将重点介绍堆肥化的原理与技术。

13.4.3.1 焚烧法

垃圾焚烧技术在西方发达国家已经有将近130多年的历史，并且在目前仍被认为是有效、经济的垃圾处理技术之一。焚烧法的目的是尽可能焚毁废物，使被焚烧的物质无害化和最大限度地减量化，并尽量减少新的污染物质产生。

焚烧处理的优点是减量效果好，处理彻底，污染小。但是，它的前期投入费用极为昂贵，建设一个日处理垃圾1 000 t的焚烧炉及附属热能回收设备，需要5～8亿元人民币。且运行费用高，如果处理不当非常容易造成严重二次污染。焚烧余热可以发电采暖，但总体收益不高。

图13-2为垃圾热解焚烧处理的工艺流程图，固体废弃物垃圾运输到垃圾焚烧厂，经过渗滤去水，进入焚烧炉进行焚烧。部分焚烧的能量可以转化为电能。而焚烧的烟尘经过净化除

尘，排放到大气中。

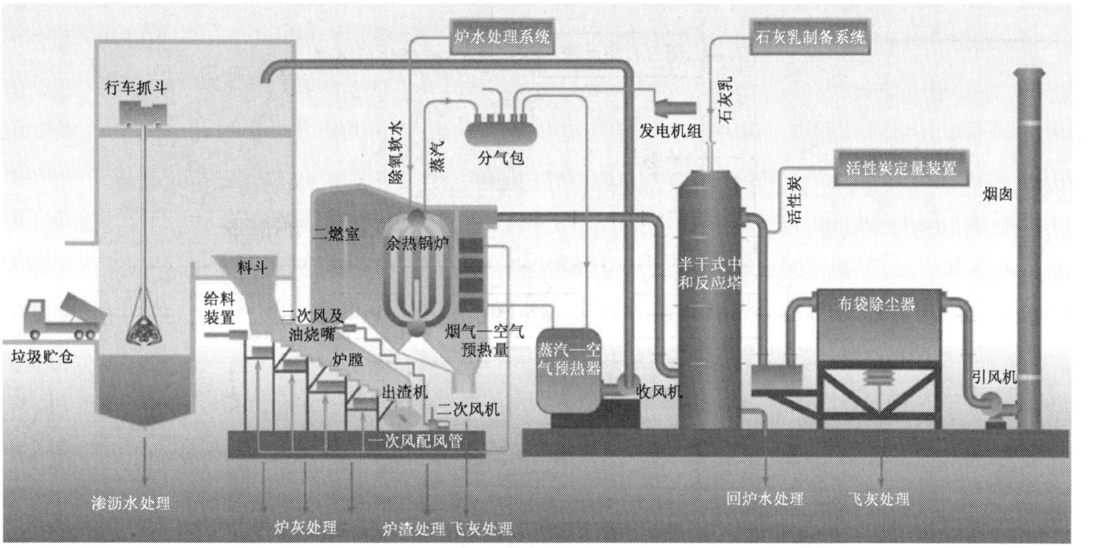

图 13-2　热解焚烧法生活垃圾处理系统工艺流程图

（来源：天工网 http://info.tgnet.cn/Info/Images/2008/03/30/2138882763_916068.jpg）

13.4.3.2　填埋法

垃圾填埋处理是用不影响生活环境的保护方法，将废弃物适当贮存，同时利用自然界的微生物代谢功能将其稳定化、无害化的一种处理方式。一般是在土地处置场内，按照工程技术规范和卫生要求处置固体废弃物，经过填充、推平、压实、覆盖和再压实、直至封场等操作过程，使废弃物得到最终处置，将废弃物对环境的危害降至最低。该法对垃圾具有储存功能、净化功能、隔水功能以及处理处置功能。

垃圾填埋处理目前存在的主要问题：首先是造价高，日处理 1 000 t 垃圾填埋场需投资 5 000 万元，配套运转站投资约 1.0 亿元，总投资 1.5 亿元；其次是占用土地量大，并因其可产生可燃气体，时有爆炸起火危险，故有地下“生物炸弹”之称。

此外，填埋法会产生大量的垃圾渗滤液，而垃圾渗滤液又极难处理。因此，欧美各国已经强调垃圾填埋只能是最终处置的手段，而且只能是无机物垃圾。有机物含量大于 5%的垃圾不能进入填埋场。

垃圾填埋处理场的工程利用流程如图 13-3 所示，生活垃圾经过填埋处理，可获取沼气及部分资源的再利用。

13.4.3.3　堆肥法

堆肥法是利用堆肥化处理有机废弃物的过程。堆肥化是一种受控制的生物降解和转化过程，即将各种能够被微生物分解的有机废弃物堆积起来，在微生物的作用下，使有机废弃物中复杂的有机物质降解为细胞可利用的小分子物质，释放热量，并使有机物矿质化、腐质化和无害化而变成腐熟肥料的过程。根据堆肥原料的不同，堆肥产品可以用于农业生产、园林绿化、土壤改良等，是有机固体废弃物资源化利用的有效技术途径之一。

13.4.3.4　固体废弃物的综合处理方式

国外在固体废弃物的综合处理与资源回收利用方面起步很早，如焚烧与填埋相结合，堆肥

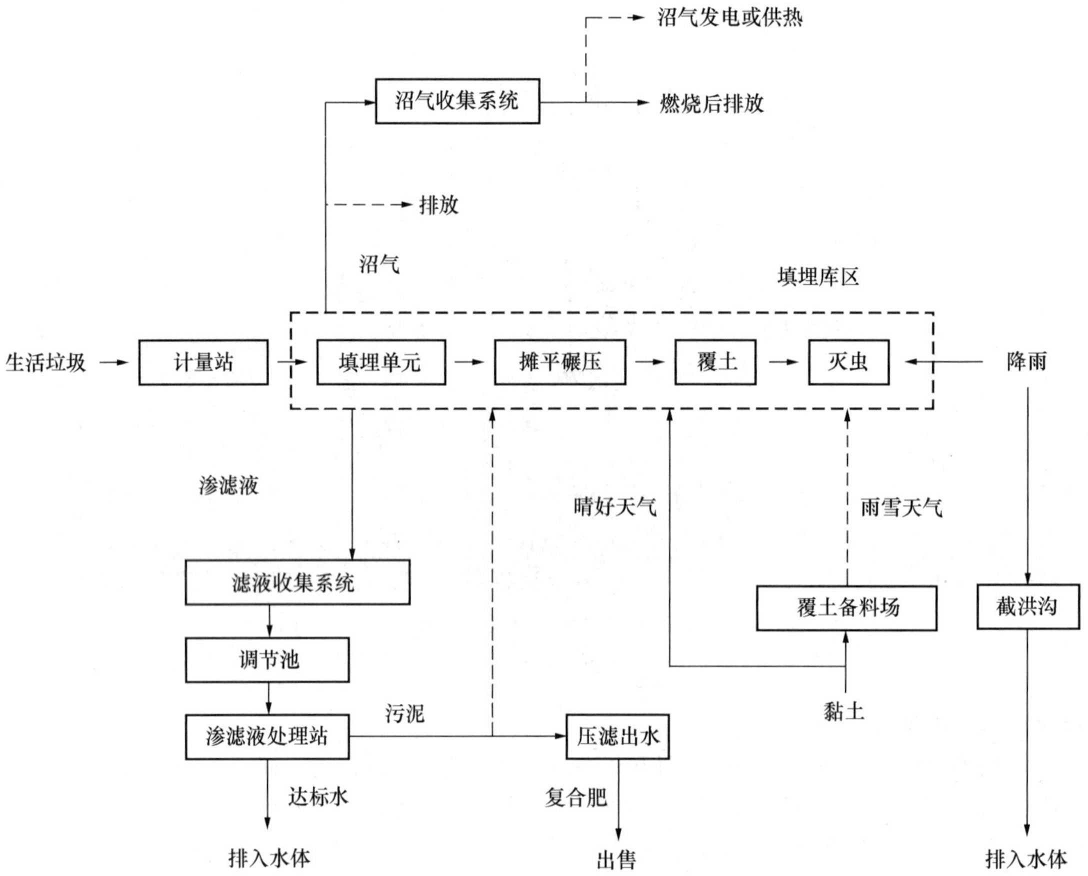

图 13-3 垃圾填埋处理场垃圾处理流程图

(来源:http://www.cn-hw.net/html/26/201011/19941.html)

与填埋相结合,堆肥与焚烧、填埋相结合等(图 13-4),这些方法在国外都早有先例。在资源回收方面,国外有各种垃圾分选和回收技术、设备,可将金属、玻璃、塑料、纸板等回收利用;也可将有机垃圾生产肥料,产生气体燃料、液体燃料和化学物质;还可利用填埋气体进行发电,用焚烧热能发电和产生热能。

固体废弃物综合处理为堆肥、焚烧和填埋三者有机结合、综合为一体的方法,可以使垃圾得到合理处理和利用,做到资源充分回收。从我国的垃圾组分看出,有机物占 60%~70%,而一般有机物的含水量可达到 70%。这种垃圾用于焚烧必须先烘干部分水分,同时耗费大量的能量,给焚烧造成麻烦。若用于填埋必将产生大量高浓度的垃圾渗滤液,处理十分困难。而综合处理则首先将 60%~70%的有机物用于生产堆肥,这样不仅可避免高水分含量给焚烧带来的麻烦,也可避免渗滤液造成严重的二次污染,同时还可促进城乡生态循环,获得良好的经济效益。然后将垃圾中剩余的可燃有机物进行焚烧处理,这些垃圾占垃圾总量的 20%~30%,其特点是含水量低、热值高、容易燃烧,采用焚烧处理十分方便。若采用汽化发电技术,则可解决整个垃圾综合处理厂所需的全部电能。至于生活垃圾经分选后剩余的无机垃圾可用于建筑材料或进行卫生填埋。

- 固体废弃物处理方式
  - 填埋技术
    - 传统堆置法
    - 卫生填埋法
    - 垃圾堆山法
    - 圈海造地法
  - 堆肥及复合肥技术
    - 厌氧堆肥法
    - 简易耗氧堆肥法
    - 机械堆肥法
    - 生物复合肥法
  - 焚烧技术
    - 简易焚烧技术
    - 整体焚烧技术
  - 热处理
    - 热化法
    - 热解法
  - 其他方法
    - 垃圾燃料
    - 垃圾投海法
    - 垃圾养殖蚯蚓
    - 甲烷发酵法
    - 垃圾作筑路材料
    - 垃圾制砖等

图 13 - 4　国内外处理固体废弃物的方式

13.5　堆肥化工艺及发展现状

堆肥化是在人工控制下，将要堆腐的有机物料与填充料按一定的比例混合，在合适的水分和通气条件下，使微生物繁殖并分解有机物，从而产生高温，杀灭其中的病原菌及杂草种子，使有机物趋于稳定化而形成肥料。在堆肥化过程中，有机物由不稳定转化为稳定的腐殖质物质，而把堆肥化的产物称为堆肥。

堆肥化虽然是在 20 世纪才发展起来的科学技术，但在几个世纪的历史过程中，农民们一直将这种办法用于制造土壤有机肥料，如将人粪尿、不能食用的烂菜叶子、动物粪便、废物垃圾等经堆肥化变成肥料。其方式是将待堆制的有机材料堆成垛，然后在自然条件下分解直到达到一种“稳定”的程度。其产品中可以为土壤提供大量腐殖质物质和以有机态存在的营养物质如氮、磷和钾等。

在堆肥化过程中，伴随着有机物分解和腐熟物质的形成，堆肥的材料在体积和重量上也在发生明显的变化。通常由于碳素等挥发性成分分解转化，重量上减少 1/2 左右，体积也减少 1/2 左右。

堆肥化过程是地球表面生态过程中的一部分，并在不断地发挥着重要的作用，如可使地表面残留的枯枝落叶、杂草、树皮和其他半固体的有机物分解，再进一步参与到物质和能量的循环中去。

13.5.1　堆肥化工艺

现代的堆肥化过程是从原始的堆肥方式发展而来的。依据不同的角度，堆肥化的工艺类型分类如下：

1. 按微生物对氧的需求划分

(1)好氧堆肥　依靠专性和兼性好氧微生物的作用使有机物得以降解的生化过程。好氧堆肥具有对有机物分解速度快、降解彻底、堆肥周期短的特点。一般一次发酵在 4～12 d,二次发酵在 10～30 d 便可完成。好氧堆肥温度高,可以灭活病原体、虫卵和垃圾中的植物种子,使废弃物达到无害化周期缩短。因此,目前采用的堆肥工艺一般均为好氧堆肥,但由于好氧堆肥必须维持一定的氧浓度,运转费用较高。

(2)厌氧堆肥　依赖专性和兼性厌氧微生物的作用降解有机物的过程。厌氧堆肥的特点是工艺简单。通过堆肥自然发酵分解有机物,不必由外界提供能量,因而运转费用低。若处理得当,厌氧发酵所产生的甲烷还可以利用。但是,厌氧堆肥具有周期长(一般需 3～6 个月)、易产生恶臭、且占地面积大等缺点,因此,厌氧堆肥不适合大面积推广应用。

2. 按温度的要求范围划分

(1)中温堆肥　一般系指中温好氧堆肥,所需温度为 15～45℃。由于温度不高,不能有效地杀灭病原菌,因此,目前中温堆肥较少采用。

(2)高温堆肥　好氧堆肥所产生的高温一般在 50～65℃,极限可达 80～90℃,能有效地杀灭病菌。高温堆肥已为各国公认,采用较多。高温堆肥最适宜的温度为 50～60℃。

3. 按堆肥化过程中物料运动形式划分

(1)静态堆肥　把收集的新鲜有机废物批次堆制,堆肥物一旦堆积以后,不再添加新的有机废物和翻倒,待其在微生物生化反应完成之后,成为腐殖土后运出。此法适合于小规模的有机固体废弃物堆肥处理。

(2)动态(连续或间歇式)堆肥　采用连续或间歇进、出料的动态机械堆肥装置,具有堆肥周期短、物料混合均匀、供氧均匀充足、机械化程度高、便于大规模机械化连续操作运行等特点。因此,动态堆肥适用于大中城市固体有机废物的处理。但是,动态堆肥要求高度机械化,并需要复杂的设计、施工技术和高度熟练的操作人员,并且动态堆肥一次性投资和运转成本较高。目前,动态堆肥工艺在发达国家已得到普遍的应用。

4. 按堆肥化堆制方式划分

(1)露天式堆肥　即露天堆积,物料在开放的场地上堆成条垛进行发酵。通过自然通风、翻堆或强制通风方式,以供给有机物降解所需的氧气。这种堆肥所需设备简单,成本投资较低。其缺点是发酵周期长,占地面积大。受气候的影响大,有恶臭,易招致蚊蝇、老鼠的滋生。这种堆肥适合在农村或偏远的郊区应用,而不合适城市。

(2)装置式堆肥　也称为封闭式堆肥或密闭型堆肥,是将堆肥物密闭在堆肥发酵设备中,如发酵塔、发酵仓等,通过风机强制通风,提供氧源,或不通风厌氧堆肥。装置式堆肥的机械化程度高,堆肥时间短,占地面积小,环境条件好,堆肥质量可控可调等。因此适用于大规模工业化生产。

5. 按发酵历程划分

(1)一次发酵　在好氧堆肥化过程中,有机物料的分解经历两个过程,分别称为一次发酵和二次发酵。好氧堆肥的中温与高温两个阶段的微生物代谢过程称为一次发酵或主发酵。它是指从发酵初期开始,经中外高温然后到达温度开始下降的整个过程,一般需 10～12 d,以高温阶段持续时间较长。

(2)二次发酵　经过一次发酵后，堆肥物料中的大部分易降解的有机物质已经被微生物降解了，但还有一部分易降解和大量难降解的有机物存在，堆肥没有达到腐熟，需将其送到后发酵仓进行二次发酵，也称后发酵，使其腐熟。在此阶段温度持续下降，当温度稳定在30℃左右时即达到腐熟，腐熟的时间根据不同的原料长短不一，一般需20～30 d。

此外，根据堆肥过程中所采用的机械设备的复杂程度，有简易堆肥和机械堆肥之分。

以上为堆肥工艺的基本类型，仅按其中某一种分类方式难以全面地描述实际采用的堆肥工艺。因此，常采用多种分类方式同时并用的形式描述堆肥工艺，如高温好氧静态堆肥、高温好氧连续式动态堆肥、高温好氧间歇式动态堆肥等。国外有一种较为直观简便的分类方法，亦为国内研究人员所接受，即按照堆肥化技术的复杂程度，将堆肥化系统分为条垛式堆肥化系统、静态曝气堆肥化系统、反应器系统(或发酵仓系统)等。

6. 按堆肥化程度的复杂程度划分

(1)静态曝气堆肥化工艺　此工艺方法是把堆肥原料堆制成不同的体积大小，堆肥过程中不进行物料翻堆，利用通气管道进行人工鼓风通气的一种堆肥方式。此工艺通风曝气系统是关键，包括鼓风机和通气管路。此工艺的优点是：温度及通风可以较好地控制；堆肥产品稳定，能较有效地杀灭病原菌和杂草种子；堆腐的时间相对较短；占地少等。缺点是在大量通气条件下，氮的损失较大；通气耗能大。

(2)条形堆肥化工艺　将堆肥物料以条垛状堆制，垛的断面可以是梯形、不规则四边形或三角形，通过定期的人工或机械翻堆来调控堆体通气、水分和温度等状况。为了解决渗漏问题，垛应在水泥或沥青地面进行，更好的办法是用水泥建成槽状。翻堆的目的是调节堆体的温度和通气，所以翻堆频率主要根据堆体的温度和通气状况而定，一般堆肥前期微生物活动旺盛，翻堆频率高，堆肥后期频率可以减少。此工艺的优点是：所需设备简单，投资成本较低；翻堆加快水分损失，堆肥易干燥；堆腐时间相对较长，堆肥产品稳定性好。缺点是：条形堆工艺占地面积大；相对于其他工艺，需要频繁的监测，才能保持足够的通气量和温度；翻堆造成臭味散失和氮的损失；受气候条件影响较大。

(3)发酵仓式堆肥化工艺　此工艺是使物料在部分或全部密闭的容器内，控制通气和水分条件，使物料进行生物转化和分解。发酵仓式工艺与其他两个工艺根本的区别是在一个或几个容器内进行，是高度的机械化和自动化。整个工艺包括通风、温度控制、水分控制、无害化控制和堆肥的腐熟几个方面。发酵仓式工艺的优点是：堆肥设备占地面积小；能够很好地控制发酵过程的水、气和温度；堆肥过程不受气候条件的影响；能够对废物进行统一的搜集处理，防止了环境的二次污染，同时解决了臭味问题；发酵过程的热量可以回收利用。工艺的缺点是：设备投资高，运行费用和维修费用高；堆肥周期短，产品存在潜在的不稳定性，几天的堆腐不足以达到腐熟，后熟期长。

上述三种工艺各有优缺点，在选择时，主要根据具体情况而定。一般在资金不太充足但场地不受限制的地方，可以采用静态曝气和条形堆工艺，因为成本低且技术要求相对较低。同时，固体废物处理的产物堆肥本身就是一个低附加值产品，如果大量投资，收益会很小甚至亏损，这样不利于固体废物处理事业的发展。在经济发达的地区，在资金不是限制因素的条件下，可以采用发酵仓式工艺，对环境大有益处。

13.5.2 影响堆肥发酵过程的因素

13.5.2.1 堆肥原料的物理特性

堆肥材料的物理特性包括含水量、孔隙度、颗粒大小和分布、气流阻力及原料的光学特性等。这些特征从通风效率到堆肥与土壤反应等多方面影响加工过程和最终产品。物理特性在堆肥生产过程中的每个阶段扮演重要角色，在管理和终产品的利用上也同样如此。从各种原料的混合、过程监测和维持及到最后产品的包装和销售，如孔隙度、容重和热导性等参数都决定了对于适宜的堆肥环境和系统的机械要求。

原料的含水量。含水量主要通过改变氧的分布扩散、水势和水的活性及微生物的生长速率影响堆肥原料中有机物的生物分解的动力学，是一个关键的因素。水分管理要求两个功能方面的平衡，即促进微生物的活性和保障充分的氧的供应。水是有机物分解过程所必须的，在固体底物堆制中，水分胁迫是影响微生物活性最常见的限制因素。水分过多，会增加水膜厚度，堵塞颗粒之间的小孔隙，限制氧的传递运输，由于氧不足，使有机物分解速率下降，厌氧条件下气体的释放增加。含水量同样限制微生物的活性，使堆肥过程延缓。一般适宜的含水量在50%～65%，超过这个范围，生物分解活性都会降低。在堆肥过程中基质的结构和含水量是在动态变化的分解过程使颗粒减小，增加了基质的密度，导致总孔隙度下降。尽管每克挥发性固体分解可产生0.5～0.6 g代谢水，但在堆制过程中产生的热和气流蒸发要比产生的多，因此趋势是物料干燥。在堆肥过程中，加水有时可以阻止过早腐熟干燥和不完全稳定。

堆肥原料的孔隙度同样影响堆肥过程。Veeken等利用被动通气堆肥系统在一个2 m^3 的容器内进行了堆肥的模拟试验，设置堆垛的密度为1 100 kg/m^3，700 kg/m^3，560 kg/m^3，当堆垛的密度为1 100 kg/m^3 时，由于堆体的孔隙度小以至于不能进行自然对流，好氧分解失败，厌氧条件导致甲烷和气态化合物的挥发；在密度为560 kg/m^3 时，与堆体孔隙度过高，自然对流速度很快，从而堆体温度较低，阻碍了病原菌和杂草种子的消除；最好的结果在700 kg/m^3 时，此时好氧分解和干燥充分，温度也足以高到杀灭病原菌和杂草种子。

13.5.2.2 通气

堆肥过程是微生物、酶和氧的行为，保持通气条件是非常重要的，通气的主要目的是为好氧微生物提供氧，同时蒸发过多的水分、热及气体。通风可以分为以下几种方式：自然通风（翻堆）、强制通风、翻堆与强制通风相结合和被动通风。被动通风是指因热气上升引起的“烟囱效应”使空气通过堆体的方式，应用此通风方式的堆肥系统称为被动通风条垛系统。条垛系统堆肥翻堆的频率或通气量主要根据具体情况而定，一般采用温度作为是否翻堆或通气的标志。通气受堆肥工艺、原料的物理特性及堆体温度等多方面因素的影响。

不同的通风方式对堆肥过程有不同的影响，Fernands等采用自然通风（翻堆）、被动通风和强制通风对猪粪堆肥研究表明，在被动通风和强制通风下，堆温下降快，但它们能更有效地向堆体供氧；而自然通风方式下，堆体中心温度大于55℃时间较长；同其他通风方式相比，强制通风易于操作和控制，且是为堆料提供氧气的最有效方法，然而它对通风管附近的堆料有明显的冷却效应，魏源送等采用不同的通风方式对污泥进行堆肥也得出相似的结论。Finstein等研究结果也表明，在强制通风静态垛堆肥系统中，鼓风使堆体中心的温度和表面的温度差异极大。王岩等采用不同的通气量、通气温度及翻搅次数对家畜粪尿进行堆肥，表明通气量、通气温度及搅翻次数对堆体的温度、CO_2 产生量和堆体温度的损失密切相关。所有的研究结果都表明了通气对堆肥的重要性。但不同的文献所报道的通气量范围很大，这主要由于堆肥原料不同和采取的工艺不同等造成的。

13.5.2.3　含氧量

一般认为堆体中的含氧量保持在5%～15%比较适宜。氧含量低于5%会导致厌氧发酵；氧含量高于15%则会使堆体冷却，导致病原菌大量存活。一般地，堆肥前期、中期对氧地需求量大，因为此时堆肥原料中容易利用地养分含量高，微生物代谢旺盛，所以，前中期应特别注意氧的供应。堆体所需的含氧量与堆肥化采取的工艺有关。

13.5.2.4　温度

环境温度影响堆肥的进程，当周围环境温度较高时，利于中温微生物的快速繁殖，堆肥进入高温期的时间短，反之亦然，而且季节温度变化影响堆肥过程中的微生物群体结构、纤维素酶活及 pH 值。堆肥温度大于 55℃时卫生处理效果最好，45～55℃时生物分解效率最高，35～40℃时微生物具有最大的多样性，温度大于 60℃时，实验室堆肥系统的微生物多样性显著减少。温度影响微生物的活性，Alfreider 等利用 16Sr DNA 分析的方法研究了一个强制通风垛有机物堆肥过程中的微生物群落动态变化，认为在堆肥开始阶段温度为 41℃时，可以检测到肠细菌和乳杆菌成分；在温度 50～70℃波动的高温阶段，数量不同的 G+C 值低的革兰氏阳性细菌占据了优势；在后熟开始阶段，温度下降到低于 50℃，随着属于拟杆菌数—嗜纤维菌—变形菌序列成分的增加，微生物区系发生了变化。温度是堆肥过程中控制微生物活性的主要的生化参数。

13.5.2.5　C/N 比

堆肥原料中的碳氮源是微生物生长的营养，所以，堆肥原料的 C/N 比影响原料中微生物的活性，进而影响堆肥进程。微生物生长繁殖适宜的 C/N 比在(25～35)∶1，原料的 C/N 比大于 35∶1，说明原料中的碳多而氮少，微生物生长繁殖受到氮不足的抑制，从而延长了堆肥的时间；当原料中的 C/N 比小于 25∶1 时，氮多而碳少，原料中的氮不能被微生物固定，会造成氮的损失，而且会产生臭味。Leth 等(2001)研究了在密闭和开放的两个秸秆堆肥系统中添加不同氮源对堆肥过程的影响，发现添加氮源可以延长堆肥的高温期。Sadaka 等(2003)研究了通气和 C/N 对于埃及生活垃圾堆肥的影响后也认为，控制通风和调节碳氮比可以促进堆肥进程。所以，一般堆肥原料的 C/N 比调在(25～35)∶1，成熟堆肥的 C/N 比在 20 以下甚至更低。

13.5.2.6　pH 值

在堆肥化过程中 pH 是一个重要的因素。一般地，pH 在 3～12 都可以进行堆肥。在堆肥初期堆体的 pH 值低时，有时会严重地限制堆肥反应的进行。在垃圾腐熟时，pH 控制在 8 左右，可以显著提高堆肥初期反应地速度，可以避免由于堆肥反应延缓所造成的臭味问题，但当 pH 在 5 以下时，葡萄糖和蛋白质的分解停止。

13.5.2.7　调理剂

堆肥中加入调理剂的目的是促进堆肥过程，根据调理剂的性质可以分为两类：一类为含有大量特定的微生物类群的接种剂，是为了增加堆肥化过程中特定的微生物的数量，充分发挥这些特定微生物类群的特殊的功能；另一类为蓬松剂或者填充料，主要是调节堆料的物理特征，如调节含水量、容重、孔隙度等。调理剂对于堆肥化进程、腐熟度及产品质量都有影响。

在对污泥进行堆肥时，因为污泥本身颗粒小、通气性差，且在脱水过程中加入了絮凝剂，使其极易板结，所以在处理过程中需要加入填充料改善其通气性。李艳霞、陈同斌等研究了不同配比的填充料和通气状况对污泥堆肥起始升温的影响后指出，填充料含量高的配比升温速度明显比填充料含量低的配比快，高填充料配比的堆体(填充料占堆料的 1/3～1/2)在升温的起始阶段可以不进行氧气的供给，低的填充料配比和加入回流污泥的配比(填充料占堆料的 1/9～1/4)，由于堆体的孔隙小，则必须进行通气量的调节。通过对不同种类的填充料对污泥堆肥影响的研究表明，用麦壳、木片、稻草和玉米芯作为填充料与污泥进行好氧堆肥，都可以使堆肥过程正常进行，堆制出合格的堆肥；采用木片和玉米芯为调理剂的污泥堆肥比采用麦壳和稻草为调理剂的污泥堆肥有机质分解快，水分去除更多。

13.5.2.8 营养调节剂

(1)“起爆”剂。堆肥过程中有机物质的降解是微生物活动的结果，微生物繁殖的快慢决定着堆制时间的长短，而微生物繁殖的快慢又受营养物质丰缺的制约，有效营养丰富，微生物繁殖速度就快，反之则慢。因而，根据微生物的营养机理，选用微生物易利用的有机物质如糖、蛋白质以及适合有益微生物营养要求的化学药品，按一定比例配制而成的营养调节剂，可以增加堆肥开始时微生物的活性，起到“起爆”效果。

(2)添加尿素化肥调节 N/P_2O_5 和 N/K_2O。通过添加尿素调节堆肥原料的 N/P_2O_5 和 N/K_2O 可以达到调节堆肥产品的 N/P_2O_5 和 N/K_2O 目的。一般来说，不同作物类型对 N/P_2O_5 和 N/K_2O 的要求和比例不同，如在一定目标产量条件下，番茄吸收主要营养成分的 N/P_2O_5 和 N/K_2O 分别为 2.15 和 0.737，黄瓜分别为 1.40 和 0.583，而果树(苹果)分别为 2.22 和 0.556。

(3)重金属钝化剂。污泥土地利用是当今国际上非常重视的污泥处置方式，防止重金属污染和危害一直是污泥施用中最重要的问题。因此，在污泥施入土壤前必须进行预处理，目前最常用的方法是进行污泥堆肥。国内有人根据固体废弃物的堆肥化原理及重金属的不同形态与生物有效性的关系，结合土壤重金属的污染治理方法，研究了在堆肥中添加粉煤灰、磷矿粉、草炭、沸石对重金属形态及重金属的生物有效性的影响。结果表明，对污泥中交换态重金属以粉煤灰、磷矿粉的钝化效果最好。粉煤灰使污泥与稻草联合堆肥中交换态 Cu，Zn，Mn 分别减少 2.34％，7.8％，20.79％；磷矿粉使污泥与稻草联合堆肥中交换态 Cu，Zn，Mn 分别减少 2.21％，8.29％，10.36％。

13.5.3 接菌剂对堆肥过程的影响

虽然堆肥原料中含有大量的微生物，但仅依靠堆肥原料中微生物的作用达到高温期的时间有时相对较长，尤其在气温较低的季节。使用接菌剂是为了增加开始时堆肥原料中的微生物群体种类和数量、缩短堆肥达到高温期的时间、增强微生物的分解活性和加速有机物的分解。近年在国际上微生物接种剂的研究和使用发展迅速，种类繁多。然而，对于堆肥接菌剂的应用的认识存在分歧。

一种观点不赞同使用接菌剂，这种观点认为接种微生物对加快堆肥进程或提高堆肥产品的质量没有明显作用。因为堆肥原料中本身含有大量的微生物种类和数量，而且微生物的繁殖速度非常快，只要环境条件适宜，就会在较短的时间内快速繁殖起来而达到较大的数量。堆肥化过程中微生物群体的数量和种类，取决于堆肥中可利用的有机物质和环境条件，每一阶段的优势微生物种群，都是和该阶段的特定的有机物质及温度条件相对应。但是，有大量研究结果表明向堆肥中添加接菌剂产生良好的效果。向堆肥中接种接菌剂，可以增加堆肥中微生物的数量、延长堆肥高温持续时间、加快堆肥中有机物的分解、缩短堆肥进程，从而提高堆肥的质量。

关于堆肥化过程中接菌剂效果问题，两种相反观点产生分歧的根本原因可能在于试验材料、方法及条件的差异，而接种剂中的微生物能否与土著微生物竞争而定殖，从而占优势是关键。个别有效菌虽然在单独培养时有一定的分解活性，但其对天然结构有机物的分解能力有限，与自然界接触时容易被土著菌抑制，发挥不到期望的作用；自然发酵物容易见到一定的效果，但因为它们的生物学背景不明，其中的微生物是自发的组合，所以无法定向控制发酵过程，效果不稳定，效率不高。有机废弃物分解腐熟的过程是复杂的微生物代谢过程，要促进其分解速度，需要创建特定分解微生物种群。只要一类微生物种群占据主导地位，其他微生物就难以竞争。如将酒精发酵残渣、酸化的生活垃圾等转为正常的堆肥化发酵需要较长的时间，其主要原因是已占据优势的酵母、乳酸菌等影响堆肥化发酵，因此使有益的分解微生物群在初期占据优势极其重要。而要使有益的分解微生物占据优势，关系到有无足够的微生物来源和适合它们繁殖的环境。必须有足够的有益微生物来源和适合它们繁殖的环境结合，才能创建特定的有益分解微生物种群，促进快速分解。当已有适合有益分解微生物繁殖的条件，而缺乏有益微生物来源时，提供有益的微生物来源会取得显著的效果；而已有足够的有益微生物来源时，环境条件的控制显得更加重要。因此，在使用接菌剂时，必须创建适合它的生存和快速繁殖的环境条件，片面地强调某一种措施都会得不到预期的效果。

13.5.4　有机固体废弃物堆肥腐熟度的评价

堆肥的腐熟程度影响堆肥产品的使用。所有未经处理的有机废物或未腐熟的堆肥都会提高土壤中微生物的活性，在一段时间内造成潜在的氧缺乏和间接毒性，亦会产生臭味。因此，堆肥在使用前，评价其腐熟度是重要的环节之一。主要评价方法如下：

13.5.4.1　表观分析法

将堆肥的某些表观特征归纳为腐熟度标准，如堆肥后期温度自然降低；不再吸引蚊蝇；不会有令人讨厌的臭味；由于真菌的生长堆肥出现白色或灰白色；堆肥产品呈现疏松的团粒结构。但这些表观指标只是经验的定性总结，难以进行定量分析。

温度　温度的变化反映了堆肥过程中微生物活性的变化，这种变化与堆肥中可被氧化分解有机质的含量呈正相关。无论何种物料的堆肥，其温度通常在开始的 3～5 d 从环境温度迅速上升至 60～70℃的高温。并在这一水平持续一段时间后逐渐下降。当其趋近于环境温度时，表明有机质的分解接近完全，堆肥可被认为已达稳定。

颜色及气味　成熟堆肥的颜色呈褐色或黑色，并带有湿润的泥土气味。堆肥的泥土气味是由土臭味素和 2-甲基异冰片两种物质引起，它们是真菌和放线菌的副产物。当堆肥中存在这些物质时，表明堆肥已达稳定。

13.5.4.2　化学分析法

通过分析堆肥产品的某些化学指标来判断堆肥的腐熟度。

挥发性固体(有机质或全碳)含量　堆肥过程是利用微生物分解和转化原料中的不稳定有机质。挥发性固体代表着堆肥中可被微生物利用的总能量，影响着堆肥过程的温度变化。在适宜的条件下，当挥发性固体含量高时(堆肥初期)，微生物有大量可以利用的能源，使堆体温度上升，随挥发性固体含量的减少，堆体温度降低。但是，不同原料的挥发性固体含量及性质显著不同，使得这一参数及指标的使用难以具有普遍意义。

pH 值　许多研究者提出，pH 值可以作为评价堆肥腐熟程度的一个指标。堆肥原料在发酵初期，pH 值为弱酸到中性，一般为 6.5～7.5。腐熟的堆肥一般呈弱碱性，pH 值在 8～9。但是 pH 值亦受堆肥原料和条件的影响。

易降解有机质　在堆肥过程中，最易降解的有机质可能被微生物用做能源而最终消失，所以一些研究者认为它们是最有用的参数。如淀粉和可溶性糖的消失、堆肥释放的二氧化碳降低到一定的值或者消失时，可以认为堆肥已达腐熟。

水溶性含氮化合物　堆肥过程中，由于水溶性 NH_4^+-N 部分转化为 NH_4^+ 而挥发减少。另外，通过硝化作用，一部分 NH_4^+-N 又转化为 NO_3^--N。因此，NH_4^+-N 的减少及 NO_3^--N 的增加，也是堆肥腐熟度评价的常用指标。因不同物料的 NH_4^+-N 和 NO_3^--N 的含量存在差异，因此可利用 NH_4^+-N/NO_3^--N 作为评价堆肥腐熟度的指标。加拿大政府有关堆肥标准的规定，则当 NO_3^--N/NH_4^+-N 的值大于 2 或 NH_4^+-N/NO_3^--N 的值小于 0.5 时，可认为堆肥已达腐熟。

碳氮比(C/N)　固相 C/N 比是最常用的堆肥腐熟度评价方法之一。堆肥起始的 C/N 值在 25～30 为堆肥的最佳条件，有利于微生物的正常生长繁殖和有机物的快速降解。随着堆肥的进行，当 C/N 比减少到 20 以下时，堆肥达到腐熟。

此外，判断堆肥腐熟的化学指标还有腐殖化参数、阳离子代换量与总有机碳之比、腐殖化程度等，在此不再一一叙述。

13.5.4.3　波谱分析法

利用是^{13}C 核磁共振法和红外光谱法从物质结构的角度认识堆肥过程和腐熟度。主要研究堆肥过程中可降解成分的降解速率；病源菌在堆肥产品中再生长的可能性；植物病虫害的生物控制；植物的生长响应等。

13.5.4.4　植物生长分析法

一般认为，堆肥的腐熟水平与其使用时的正效应相关，因此堆肥的腐熟度可由植物生长的生物量表示。植物在未腐熟的堆肥中生长受到抑制，在腐熟的堆肥中生长得到促进，据此形成了生物分析法。例如，用水堇种子发芽率、水堇苗的生长、太阳花及黑麦草生长过程中的物理及生物学参数去评价堆肥的腐熟度。

研究人员一直试图通过研究堆肥化过程中的某些参数来寻求有机质在堆肥过程中的内在变化规律，以准确判定堆肥的性质和腐熟度。但研究者们普遍认为，仅用某个单一参数很难确定堆肥的化学及生物学的稳定性，需要由几个参数共同来确定才能较为客观的反应堆肥的性质。

13.6　展望

就目前我国有机固体废弃物生物处理产业的现状和所面临的问题，应着重以下几个方面开展研究：

1. *有机固体废弃物堆肥发酵的基础理论研究*

目前的堆肥理论产生于 20 世纪 80 年代以前，随着研究手段、研究方法、研究思路的变革，以及堆肥方式、工艺的变化，迫切需要重新进行深入的堆肥基础理论研究，用来指导堆肥实践，基础理论研究更具有现实意义。

2. 堆肥化过程氮速损失的机理和防治技术

堆肥化过程的氮素损失量巨大，损失最多可以超过总氮的 50%。因此，研究氮素损失的机理，进而研制出氮素损失防治技术，对于畜禽粪便生产生物有机肥来说，可以提高产品的养分含量，减轻氮素损失造成的环境污染，减少化肥的用量，一举多得。

3. 堆肥过程中碳素和氮速转化规律及其对大气和环境的影响

随着温室气体排放量的增加，温室气体排放对全球环境变化的作用日益突出和显著。堆肥化过程伴随着二氧化碳和氮氧化物、甲烷等气体的排放，也是自然界物质循环的必然环节。研究堆肥化过程中氮素和碳素的循环机理和转化规律，研究其中的温室气体排放对于环境变化的作用；利用基础研究成果，通过技术手段减少温室气体排，具有现实和长远的意义。

4. 生物处理除臭微生物资源开发与除臭技术

随着经济和社会的发展，人们对于环境和空气质量的要求将越来越高。有机固体废弃物生物处理的同时，产生大量的具有强烈刺激性的气体，污染环境。生物除臭是新的国际研究的热点，开发适合不同地区特点的、高效价廉的生物除臭微生物资源及其与之相适应的生物除臭技术，具有实际意义。

5. 堆肥腐熟度指标的研究

衡量堆肥生物处理指标的腐熟度指标，一直是堆肥领域研究的难点，目前为止没有很好的解决。从原料分类、工艺类型的多个新的角度，研究确定适应范围广、切实可行的堆肥腐熟度指标，将是有机固体废弃物生物处理研究领域的一大突破。

6. 建立产、学、研联合模式和产业联盟

探讨建立产、学、研、企、养联合模式，高校和科研院所为企业提供技术，养殖户为肥厂提供畜禽粪便，避免原料的随意要价和粪便长期堆置造成的环境污染。解决有机肥料因原料价格高而导致的有机肥料价格高的问题。建立生物有机肥产业联盟，制定近期及中长期发展规划，促进产业发展。

参考文献

[1] 李国学. 固体废弃物处理与资源化. 北京：中国环境科学出版社，2005.

[2] 王绍文，梁富智，王纪曾. 固体废弃物资源化技术与应用. 北京：冶金工业出版社，2003.

[3] 李健，张峥嵘，黄少斌，等. 固体废物堆肥化研究进展. 广东化工，2008，177(35)：93 - 106.

[4] 黄国锋，钟流举，张振钿，等. 有机固体废弃物堆肥的物质变化及腐熟度评价. 应用生态学报，2003，14(5)：813 - 818.

[5] 李艳霞，王敏健，王菊思. 有机固体废弃物堆肥的腐熟度参数及指标. 环境科学，20(2)：98 - 103.

[6] 赵磊. 国外几种主要固体废物综合处理技术综述. 环卫科技网，http://www.cn-hw.net/html/sort054/201010/19454.html.

第14章　农业废弃物的饲料转化

粮食作为常规饲料的供需缺口越来越大，过度地依赖粮食来用作饲料已不能满足畜牧业发展的需要，拓宽饲料资源是相当重要的课题。农业废弃物种类繁多、数量巨大，含有丰富的蛋白及营养，将其加工用作饲料适合我国国情。农业废弃物按其成分主要分为蛋白质类和纤维素类，因此本章按原料成分来主要介绍蛋白饲料的加工技术以及秸秆类纤维素原料的加工技术。

14.1　蛋白饲料加工方式与技术

14.1.1　蛋白饲料的原料来源

根据国家饲料工业办公室的估算，按照我国人民膳食结构与养殖业的发展规划要求，2010年及2020年所需的蛋白质饲料有很大缺口，2010年需要量达到0.6亿t，而供给量仅有0.22亿t，缺口量达0.38亿t，预计到2020年缺口量将达到0.48亿t。具体数据如表14-1所示。

表14-1　我国蛋白饲料资源供需预测　亿t

项目	2010年	2020年
需要量	0.6	0.72
供给量	0.22	0.24
缺口	0.38	0.48

（资料来源：国家饲料工业办公室《1996—2020年中国饲料工业发展战略研究》）

因此，粮食作为常规饲料的供需缺口越来越大，过度地依赖粮食来用作饲料已不能满足畜牧业发展的需要。从营养角度来看，部分非常规饲料有较高的营养价值，可补充家畜所需的蛋白质、矿物质、微量元素等。同时，用非常规饲料来代替部分常规饲料，又可降低饲料成本，获得可观的经济价值。

14.1.1.1　糟渣、废液类饲料

糟渣主要包括酒糟、酱油糟、醋糟、玉米淀粉工业下脚料、粉丝尾水、果渣、柠檬酸滤渣、糖蜜、甜菜渣、甘蔗渣、菌糠等；废液主要指味精、造纸、淀粉工业、酒精、柠檬酸废液等。菌糠、粉浆蛋白、全价干酒糟、啤酒酵母等可作为蛋白质饲料；酒糟、酱油糟、甜菜渣、饴糖糟、柠檬酸渣、某些药渣、废糖蜜等可作能量饲料；纤维含量高的甜菜粕、果渣、甘蔗渣、柠檬酸渣等可作为反刍动物的饲料。而糖蜜可发酵生产赖氨酸，造纸废渣、味精废液、淀粉渣等渣液可用来生产单细胞蛋白。我国几种工业（酿造、食品等）的废糟渣、废液及可开发出的饲料量见表14-2和表14-3。

1. 啤酒糟粕

啤酒糟粕是将啤酒糟经脱水、干燥、粉碎后所得的产品。其蛋白质含量高达22%～29%，有丰富的氨基酸和残糖，是饲料工业理想的蛋白质资源。表14-4所示为啤酒糟干粉与其他常用饲料工业原料的养分比较。从中可见，啤酒糟干粉作为一种饲料原料其综合营养价值在小麦麸、米糠饼之上。作为一种蛋白质含量较高的原料，啤酒糟在现今饲料原料的市场上，有着相当的经济价值。

表 14-2　中国几种工业糟渣(湿)及其生产饲料产品量(干)

(来源:饶思红,2001)　　万 t

工业部门	产品年产量	沼渣量(湿)	折合饲料干物质	备　注
淀粉工业	200	380	76	湿渣以含水 80%计
酿酒业	600	1 584	600	湿渣以含水 64%计
啤酒业	2 400	432	86	湿渣以含水 80%计
酒精业	300	4 200	294	湿渣以含水 93%计
调味品酿造业	310	207	51.8	湿渣以含水 75%计
水果加工业	1 340	536	107.2	湿渣以含水 80%计
合　计		7 339	1 215	

表 14-3　几种工业废液排除量及其可生产的饲料产品

(来源:饶思红,2001)　　万 t

废液(水)种类	主要成分含量	产量	可生产单细胞蛋白量
亚硫酸纸浆废液	固形物 6%～12%,其中糖类 20%	300	1.5～2.0
淀粉废液	固形物 1.7%,主要为蛋白质和糖类	13 500	90～120
酒糟废液(醪水)	固形物 15%,总糖 2.1%,总氮 0.23%	1 500	18～25
柠檬酸废液	固形物 4%,总糖 1%	200	6
味精废液	总糖 1%～2%,总氮 0.50%	200	3
合计		15 700	120～160

表 14-4　啤酒糟粕与其他常用饲料工业原料的养分比较

(来源:高路,2004)　　%

物料名称	水分	粗蛋白	粗纤维	粗脂肪	灰分	无氮浸出物
啤酒糟粕	8.0	25.2	16.1	6.9	3.8	40.0
玉米	11.6	8.6	2.0	3.5	1.4	72.9
小麦麸	11.4	14.4	9.2	3.7	5.1	56.2
大麦	11.2	10.8	4.7	2.0	3.2	68.1

2. 果渣

果渣是果品加工后的废渣,其主要成分为水分、果胶、蛋白质、脂肪、粗纤维等,鲜果渣的含水量在 70%左右,其中蛋白质含量较低,粗纤维含量较高,黏度较大,不适宜于牲畜大量饲喂。大量研究表明,果渣含有丰富的粗蛋白质、氨基酸、矿物质微量元素和维生素。因此,果渣用作畜禽饲料其营养价值较高。葡萄、沙棘、越橘等果渣粗蛋白质高于或接近黄玉米、燕麦,大麦、米糠和麸皮等常用谷物饲料、矿物质钙的含量也高于或接近上述谷物饲料。在这些果渣中,现在被开发利用最广泛的是苹果渣。几种常见果渣的营养成分见表 14-5 和表 14-6。可见,这些果渣作为蛋白质饲料和添加剂预混料的补充料是完全可以的。

表 14-5 几种水果果渣的营养成分

（来源：曹日亮，2003 年）

营养物质	葡萄糖粉	柑橘渣粉	沙棘渣粉	营养物质	葡萄糖粉	柑橘渣粉	沙棘渣粉
消化能/(MJ/kg)	9.70	9.92	15.25	精氨酸/%	0.74	0.27	1.45
代谢能/(MJ/kg)	7.12	6.28	12.16	赖氨酸/%	0.55	0.22	0.81
粗蛋白质/%	13.00	6.70	16.67	蛋氨酸/%	0.20	0.10	0.38
粗脂肪/%	7.90	3.70	14.52	Ca/%	0.61	1.84	1.10
灰分/%	10.30	6.60	4.69	维生素 B_2/(mg/kg)	2.50	2.50	1.30

表 14-6 苹果渣的营养成分和营养价值

（来源：国外家畜饲养与营养资料选编）

营养物质	鲜渣	干渣	青贮	营养物质	鲜渣	干渣	青贮
干物质/(%)	20.20	89.20	21.40	粗脂肪/%	1.20	4.80	1.30
消化能/(MJ/kg)	2.81	14.42	2.94	灰分/%	0.80	2.30	1.10
代谢能/(MJ/kg)	2.31	9.37	2.39	Ca/%	0.02	0.11	0.02
粗蛋白质/%	1.10	4.40	1.70				

14.1.1.2 农作物秸秆、秕壳

我国每年的秸秆与秕壳产量十分巨大。这类饲料主要包括水稻秸秆和秕壳、小麦秸秆和秕壳、玉米秸秆和玉米芯、高粱秸秆和秕壳、谷子秸秆和秕壳、大豆秸秆和荚壳、薯干、薯秧、花生蔓等。目前这类资源主要通过物理加工、化学及微生物发酵处理方式，可分解其中的粗纤维为单糖或低聚糖供动物利用，而且可改善适口性，提高蛋白质含量。

14.1.1.3 非常规植物饼粕类

非常规植物饼粕类主要有芝麻饼、花生饼、向日葵饼、胡麻子饼、油茶饼、菜子饼、橡胶子饼、油棕饼、椰子饼等。对于花生饼、芝麻饼、向日葵饼以及橡胶仁饼等不含毒素的饼粕，可直接作为蛋白质饲料；而油茶子、茶子饼粕等因含有毒素需经水解、膨化、酸碱处理、发酵等方法脱毒后再利用。

1. 大豆饼(粕)

大豆饼(粕)是大豆取油后的副产品。通常将用压榨法取油后的副产品称为大豆饼(soybeanmeal-expeller)；将用浸提法或经预压后再浸提取油后的副产品称为大豆粕(soybeanmeal-solvent)。大豆饼粕是饼粕类饲料中最富营养的一种饲料，蛋白质含量达 42%～46%，且营养价值颇高，是赖氨酸、色氨酸、甘氨酸和胆碱的良好来源，氨基酸组成接近动物饲料。在中国大豆总产量中有 60%供食用，一般大豆的出饼粕率为 88%。

2. 棉子饼粕

棉子饼以棉子为原料经脱壳、去绒或部分脱壳、再取油后的副产品。棉子饼粕蛋白含量亦是较高，一般为 35%左右。其蛋白质的氨基酸组成，主要取决于加工条件，特别是赖氨酸含量与加工条件密切相关。棉子粕由于含有毒素——游离棉酚，因此过量饲喂会引起中毒，猪和家禽对此毒素尤为敏感。我国是世界第一产棉大国，年产棉子饼 300 万 t，目前利用率只有 30%左右，大部分按习惯投入大田作肥料。国内外学者对棉子粕的脱毒作了大量研究，探索出种种

脱毒方法:如硫酸亚铁去毒法、水煮法、氧化剂脱毒法、添加 CCDG 法、溶剂浸出法、微生物发酵脱毒法等。棉子粕以其成本低廉著称,尤其是近年来内地油厂纷纷增加了棉子粕脱毒设备,大大降低了棉子粕毒性成分,使其在饲料中的应用更为广泛,市场前景广阔。

3. 菜子饼粕

菜子饼粕也是一种高蛋白饲料,其粗蛋白含量一般在 35%。可分为白菜型菜子饼和芥菜型菜子饼。菜子饼中含有硫葡萄苷,经芥子酶水解后可产生异硫氰酸盐和噁唑烷硫酮等有害物质。大量和长时间饲喂会引起中毒。菜子饼粕有辛辣味,适口性差,故不宜大量饲喂。我国鱼粉、豆粕等蛋白质资源短缺,但菜子饼资源丰富,年产 400 万 t,价格低廉,可是由于其含有硫代葡萄苷等有毒物质,历来仅作肥料。但随着饲料研究工作者的不断努力,解决了菜子饼不能直接饲用的难题,使我国年产 400 万 t 的菜子饼能大量安全地替代豆粕用作畜禽饲料,降低饲料成本 50%以上。

4. 花生饼粕

花生饼粕分去壳花生饼粕与不去壳花生饼粕。花生饼粕中含有大量胆碱、维生素 B_1、泛酸和尼克酸,但缺乏钙、钠和氯;花生饼粕不耐贮存,特别在高温、潮湿条件下,极易变质。易于被黄曲霉污染而产生大量黄曲霉素,黄曲霉素的毒性很强,可导致畜禽严重中毒。

5. 玉米蛋白粉

玉米蛋白粉是生产玉米淀粉和玉米油的副产品,含粗蛋白 40%~60%。具有良好的着色作用,富含蛋氨酸、胱氨酸和亮氨酸,但赖氨酸和色氨酸贫乏。我国是世界第二大玉米生产国,产量占世界总产量的 20%左右。利用先进的高新技术改进传统的加工工艺,开发、生产优质的高附加值的功能性玉米深加工产品,是一种有广阔发展前景的利用玉米资源的有效途径,可以有效缓解蛋白质资源不足的现状。

14.1.1.4　动物性下脚料饲料

动物性下脚料饲料主要指屠宰厂下脚料、皮革工业下脚料、水产品加工厂下脚料、昆虫等动物性饲料资源,这些资源可依其组成分为动物蛋白质资源和动物矿物质资源两类。前者主要包括血粉、猪毛水解粉、蹄壳、制革下脚料、羽毛粉、肉骨粉、蚕蛹、蚯蚓等;后者包括骨粉和蛋壳粉两种。该类饲料中蛋白质营养价值高,还含有丰富的氨基酸、钙、磷和 B 族维生素等。

但据专家们的研究证实,疯牛病最早起源于将羊的内脏制成牛饲料,实际上羊是这种病最早的发病体。致病原是一种大量存在于动物性饲料中的大分子蛋白质,而机械化集约化大型饲养场的出现,使肉骨粉、鱼粉、动物内脏等动物蛋白饲料在畜牧业养殖业中的大量的无节制地使用,这种大分子蛋白质也进入了人类的食物链,更加扩大了疯牛病的发病范围和传播速度。其次,动物性饲料的滥用,使动物原体携带的致病菌无法检测和控制,还会引发人类许多前所未闻的疾病,并不仅仅是疯牛病。动物性蛋白饲料的滥用,还有导致家畜家禽肉质恶化,营养成分降低的诸多弊端。特别是近几年全世界有 100 多个国家正面临疯牛病大暴发的危险,不但在韩国、泰国发现了疯牛病人,而且又陆续出现了疯猪病、疯羊病、疯鱼病的报道。

2000 年 12 月 6 日,欧盟基本通过了欧共体内全面禁止使用动物肉骨粉作饲料添加剂的决议;从 2001 年 1 月 1 日起,我国已禁止从欧盟国家进口包括肉骨粉、血浆粉、动物下脚料以及用这些原料加工制作的各类饲料。法国也早已在全国范围内全面禁止使用含有动物蛋白成分的饲料喂养所有的牲畜、家禽以及水产品。在我国,动物性废弃物作为一种蛋白原料广泛应用于饲料加工业,虽然本文对其加工技术也做了介绍,但由于将其饲料化存在太多的安全隐患，笔者认为其应用于饲料加工业不值得提倡。

14.1.1.5 林业副产物

林业副产物主要包括树叶、树子、嫩枝和木材加工下脚料，且采摘的槐树叶、榆树叶、松树针等蛋白质含量一般占干物质的25%～29%，是很好的蛋白质补充料；同时，还含有大量的维生素和生物激素。树叶可直接饲喂畜禽，而嫩枝、木材加工下脚料可通过青贮、发酵、糖化、膨化、水解等处理方式加以利用。

14.1.1.6 粪便再生饲料资源

粪便再生饲料资源一般指畜禽排出的粪便中仍含有一定的营养物质，经过适当的处理调制成新的饲料，主要包括鸡、猪、牛粪等。鸡粪中不仅蛋白质含量高，氨基酸组成较完善，而且含有B族维生素、矿物质等，但又是有害物的潜在来源，包括病原微生物（细菌、病毒、寄生虫）、化学物质（如真菌毒素）、杀虫药、有毒金属、药物和激素等。因此，带有潜在病原菌的畜禽粪便需要经过适当处理后再用作饲料。常用的加工处理方法有热喷、发酵、干燥等。

14.1.1.7 矿物质饲料

矿物质饲料指能提供多种矿物元素，促进动物体新陈代谢，且无毒害的天然矿物。常用的有天然沸石、麦饭石、膨润土、泥炭等。它们可以作为矿物质添加剂来饲喂畜禽。

14.1.2 蛋白饲料加工方式与技术

14.1.2.1 糟渣类生物质资源的加工技术

目前，我国的糟渣资源大多是通过饲料化处理进行利用，主要的加工技术有如下两种：

1. 直接脱水干燥法

直接脱水干燥法是将糟渣直接经脱水、干燥、粉碎、制粒等工序生产成配合饲料原料。为改善某种糟渣营养成分的欠缺，有时添加其他成分原料或几种糟渣搭配。该方法的特点是工艺简单，设备投资少，并可根据规模，糟渣含水率、糟渣物理形态等选择合适的加工设备。

2. 发酵法

发酵法是将糟渣先经部分脱水，加入部分无机盐（或几种糟渣配伍），接入放线菌、曲霉和酵母菌等进行多菌种发酵，再经干燥、粉碎加工成配合饲料的原料。发酵法能够充分利用糟渣中的固形物并将其转化为菌体蛋白，提高饲料的营养价值，改善糟渣饲料的生产，现已在我国得到推广使用。

发酵法生产糟渣饲料具体的工艺流程见图14-1。

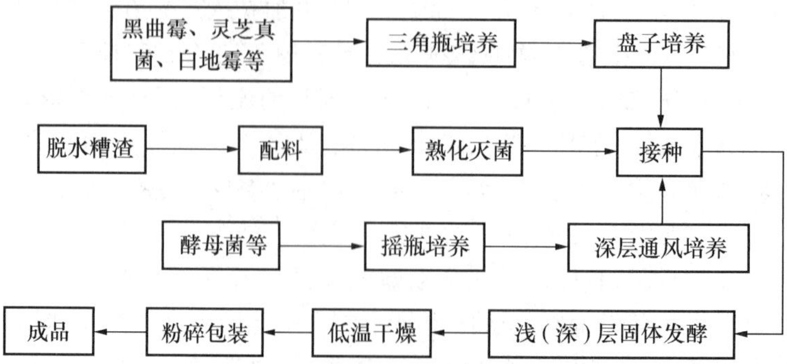

图14-1 发酵法生产糟渣饲料具体的工艺流程（张日俊，2009）

14.1.2.2　动物蛋白质下脚料饲料的加工技术

动物性蛋白质下脚料的利用方式很多，但常用的有以下几种：

1. 发酵法

发酵法是将动物下脚料——猪胃内容物、废水沉淀物、血粉、肉骨粉、羽毛、蚕蛹等为原料，加入菌种经发酵后，再干燥粉碎即得成品，工艺流程可概括为原料→消毒→加菌→发酵→干燥→粉碎→包装→成品。

2. 酶化法

酶化法是用生物酶对动物下脚料进行酶处理的一种加工方法。利用该法生产出来的动物性蛋白饲料中游离氨基酸的含量高，畜禽必需氨基酸组成完善，易被动物吸收利用；且该加工方法具有设备简单、投资少、技术要求不高的特点。

3. 热喷法

用热喷技术加工的饲料可直接饲喂或配成配合饲料饲喂。热喷角蛋白类（羽毛、毛发、蹄角）可制成角蛋白、热喷血粉等，经热喷技术处理过的动物性下脚料，可杀死微生物，并保全蛋白质的生物学价值。

4. 膨化法（干法挤压）

干法挤压是靠原料在挤压螺杆推压下与挤压腔内壁及阻力环等产生强烈摩擦而获得热能和高压，经挤压的产品通过挤压腔进入大气时，由于外界压力与骤降温度而膨胀，成为膨化蛋白饲料。

14.1.2.3　动物血发酵蛋白饲料

血粉作为一种蛋白来源，可用于生产牲畜的全价配合饲料。开发利用动物血的生产工艺主要分三类：

（1）把鲜血直接蒸发或喷雾干燥成血粉，简称干燥血粉。

（2）鲜血经蛋白酶水解后，干燥成粉，简称酶解血粉。

（3）鲜血经过添加辅料与微生物发酵后，干燥成粉，简称发酵血粉。

直接干燥的血粉，其蛋白质吸收利用率低，味道腥，适口性差。畜血经过发酵可以克服这些缺点。目前生产发酵血粉所使用的菌种，属一种好气性真菌，多数为米曲霉，一般从屠宰厂霉变活血中分离。发酵后的血粉蛋白饲料不再有血腥味，却有一股酒香味，适口性好，畜禽爱吃。而且发酵血粉饲料与原料相比，维生素、促生长因子以及游离氨基酸总量都增加了，其中各种营养物质的含量更全面更平衡了，可溶性蛋白质和水溶性物质的百分含量也都有增加，确实是一种优质的蛋白质饲料。

14.1.2.4　液体鱼蛋白饲料

液体鱼蛋白饲料是利用水产品加工废弃物或低值鱼，经绞碎后，加入一定量的酸，或加入微生物发酵后，通过鱼体自身酶产生自溶作用，使其液化成浆状制品。

发酵方式有自然乳酸菌发酵和添加乳酸菌发酵两种。由于乳酸菌的生长繁殖需要糖类物质，而糖蜜是廉价又容易为微生物所吸收利用，其添加量为10%～30%。如果没有糖蜜可以用15%～25%的玉米粉、小麦粉、木薯粉，或12.5%的木薯粉加12%的木瓜粉等代替。

液体鱼蛋白饲料营养丰富，可与鱼粉媲美。而且它的蛋白质多以氨基酸和多肽的形式存在，更有利于动物消化吸收，加之赖氨酸、蛋氨酸的含量高于鱼粉，因此比鱼粉的饲喂效果更好。

14.1.2.5 复合蛋白饲料生产工艺

本工艺将原单一生产动物蛋白饲料和菜子饼粕脱毒两工艺融汇在一起，其工艺流程见图14-2。

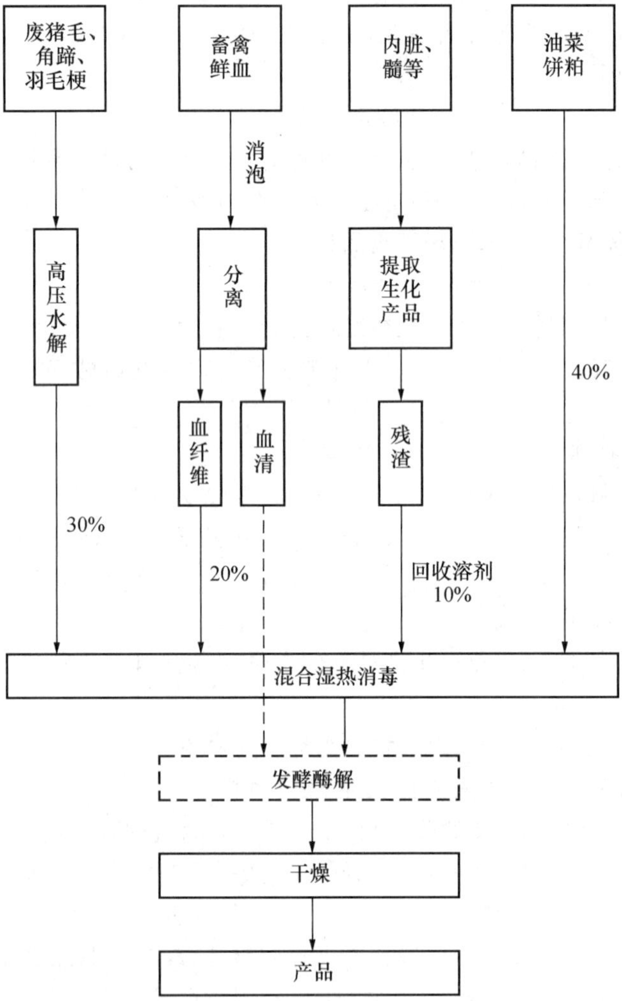

图 14-2 复合蛋白饲料生产工艺

（来源：余伯良.发酵饲料生产与应用新技术，1999）

此种复合蛋白饲料，经过一年以上生产表明，其产品粗蛋白含量均在60%以上，硫葡萄糖苷含量低于0.45 mg/g，经饲养验证，增产效果接近鱼粉。

14.1.2.6 发酵复合蛋白饲料的生产

发酵复合蛋白饲料的生产的工艺流程见图14-3。

利用畜禽屠宰废弃物和菜子饼粕生产复合蛋白饲料，使动物蛋白与植物蛋白有机结合，不但使蛋白质含量提高，氨基酸组分齐全，达到平衡互补，而且解决了单纯动物角蛋白水解后难干燥，以及饼粕脱毒能耗高等技术难题，其经济效益和社会效益都很好。

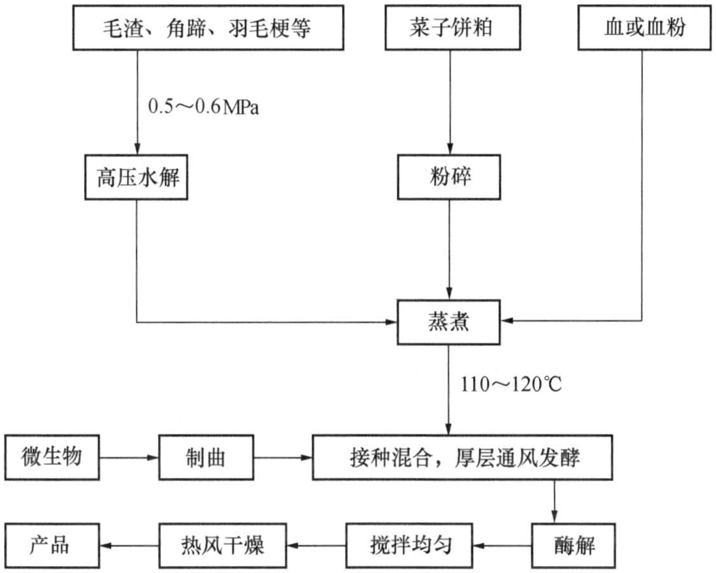

图 14-3　发酵复合蛋白饲料的生产工艺流程

（来源：余伯良. 发酵饲料生产与应用新技术. 1999.

14.2　农作物秸秆饲料化

在农业生物质能资源中，农作物秸秆是一种最主要的资源。我国是农作物秸秆生产大国，每年可生产 7 亿多吨，按照可利用系数 85%计算，可用秸秆接近 6 亿 t，其中水稻、小麦和玉米占总产量的 84.3%左右。随着我国政府对农业可持续发展政策的实施，农作物秸秆的产量每年以 2.33%的平均增长率增长。

农作物秸秆的利用大致分为三类用途：一是工业原料，主要用于造纸，约占总量的 2.3%；二是牲畜饲料，主要是作草食动物饲料，约占总量的 24.0%；三是直接燃料或生物质能源，占 31.5%。其余秸秆被闲置浪费或就地焚烧。因此，提高秸秆加工工艺，提高秸秆的适口性和消化率具有现实意义。

14.2.1　秸秆的构成及其营养特性

秸秆，通常是指农作物子实收货后的植株，其有机物总量很高，一般都在 80%以上。因此，秸秆的总能并不低，大抵和玉米、淀粉的总能相当，但其有机物中主要成分为粗纤维，所以秸秆质地粗硬，适口性差，不易消化，食入量低，再加上农作物收获后在田间曝晒、雨淋及贮存不当等因素的影响，秸秆的品质差异很大，但总的来说，其营养价值低，平均只有 0.2～0.3 个饲料单位。

14.2.1.1　秸秆的构成

秸秆由大量的有机物、水及少量的矿物质构成。有机物主要为碳水化合物，还有少量的粗蛋白和粗脂肪。碳水化合物由纤维性物质和可溶性糖类构成。纤维性物质包括半纤维素、纤维素和木质素等，统称为粗纤维；可溶性糖类用无氮浸出物表示。秸秆中的矿物质是由硅酸盐及其他少量矿物质微量元素组成。秸秆成熟后，含维生素很少。秸秆饲料的构成简单表示见图 14 - 4。

- 秸秆饲料
  - 水分
  - 干物质
    - 有机物
      - 粗蛋白
      - 维生素(极少)
      - 无氮物质
        - 碳水化合物
          - 粗纤维
          - 无氮浸出物
        - 粗脂肪(醚浸出物)
    - 矿物质(粗灰分)

图 14 - 4　秸秆饲料的构成示意图

14.2.1.2　秸秆的营养价值

秸秆的营养价值主要取决于粗纤维的消化率，按其营养作用主要分为半纤维素、纤维素和木质素三部分。

半纤维素是戊糖和己糖的混合物，其主要成分是聚戊糖。通常不溶于热水，而溶于稀酸。它与纤维素、木质素一起构成细胞壁。随着作物成熟度的提高，半纤维素含量逐渐降低。在家畜的消化道中，只有共生的微生物分泌的酶才能水解半纤维素，分解的尾产物是乙酸、丙酸、丁酸等低级挥发性脂肪酸。反刍动物对半纤维素的消化率一般为 60%～80%。但不同植物来源及生长阶段的消化率不同。

纤维素分子是由许多葡萄糖分子经 β - 1,4 糖苷键结合而成的，分子量大于半纤维素，不溶于稀酸。在高温、高压和酸煮条件下，可水解成葡萄糖。瘤胃微生物可以分泌水解酶，将其分解成乙酸、丙酸、丁酸等挥发性脂肪酸，被家畜吸收利用。纤维素是分布最广的多糖，是细胞壁的主要成分，在作物秸秆中含量达 40%～50%。纤维素在反刍家畜及草食类单胃家畜日粮中占有相当大的比例。

木质素是生物学上不能利用的酚酸多聚体混合物。实际上它不属于碳水化合物，对家畜没有营养意义，常与半纤维素、纤维素嵌合在一起，不易分离，故将其看成粗纤维的组成成分。木质素不仅影响微生物对纤维素和半纤维素的消化，而且也影响消化道中酶对其他有机物的作用，使饲料中有机物消化率下降。饲料中木质素每增加 1%，山羊的消化率就下降 0.8%。通常情况下，豆科秸秆比禾本科秸秆木质素含量高。

通过以上的分析，秸秆的营养作用可概括为：

(1)粗纤维是反刍动物最经济的能量来源和碳源供体。它在瘤胃中被分解成挥发性脂肪酸(VFA)及碳架，VFA 可作为能量吸收利用；碳架能和氨基结合成非必需氨基酸。碳源还为细菌合成菌体蛋白所必需。

(2)粗纤维是保证乳脂率的关键物质。

(3)半纤维素和纤维素的消化需大量水分，进入家畜胃肠道后体积膨胀，起填充作用，使家畜有饱感。

(4)半纤维素、纤维素对肠黏膜有一种刺激作用，可促进胃肠的蠕动和粪便的排泄。

14.2.1.3　秸秆营养价值的影响因素

秸秆的营养成分因作物种类、收获期以及部位的不同而异，其消化率也随之变化。

从表 14 - 7 可看出，禾本科秸秆比豆科秸秆粗纤维消化率高，但豆科秸秆的粗蛋白比禾本科高。而秸秆的营养价值主要取决于粗纤维的消化率，因此，一般来说，禾本科秸秆的营养价值高于豆科。此外，同一作物在不同生长阶段其秸秆中粗纤维等碳水化合物的含量差异较大。

表 14-7　不同作物秸秆的化学成分、消化率和营养价值(参考值)(郭庭双，1995)

秸秆种类	秸秆的营养成分/%								消化率/%				每 100 kg 含饲料单位
	水分	粗蛋白	粗脂肪	粗纤维	无氮浸出物	灰分	钙	磷	粗蛋白	粗脂肪	粗纤维	无氮浸出物	
黍秆	15	6.8	2.0	27.8	40.6	6.8	0.50	0.10	35	30	50	59	40.8
大麦秸	15	4.6	1.8	33.6	39.2	5.8	0.18	0.12	27	39	54	53	35.8
燕麦秸	15	4.0	1.9	34.3	39.0	5.8	0.21	0.11	34	31	54	46	31.2
稻草	15	4.8	1.4	25.6	39.8	12.4	0.69	0.60	46	46	57	32	24.3
黑麦秸	15	3.6	1.5	37.3	39.6	3.0	0.42	0.15	19	31	50	40	23.7
春小麦秸	15	4.4	1.5	34.2	38.9	6.0	0.32	0.08	23	31	50	37	22.2
冬小麦秸	15	4.5	1.6	36.7	36.8	5.4	0.27	0.08	17	33	50	37	20.2
大豆秸	15	5.7	2.0	38.7	39.4	4.2	1.04	0.14	50	60	38	66	32.3
豌豆秸	15	6.5	2.3	38.5	31.4	6.2	1.49	0.17	48	44	38	55	22.8
苜蓿秸	15	7.4	1.3	37.3	33.7	5.3	0.56	0.19	44	33	37	49	19.8
三叶草秸	15	5.9	2.2	29.9	29.9	4.1	0.83	0.14	44	33	37	49	14.5

同一种秸秆成熟度越高，木质化程度就越高，消化率则越低。据报道，玉米植株成熟后，整个植株的体外消化率每周下降 15%～20%，苞叶下降 0.6%。因此，如不影响玉米产量，应适当提前收获子实进行秸秆处理利用。但小麦在子粒干燥时才可收获，无法提前收割。

同一秸秆不同部位的消化率亦有较大差别，叶的消化率最高，茎秆的消化率较低，只有稻草例外，因为稻草叶中含有大量不能消化的硅酸盐，导致其消化率甚至比茎秆还低。

14.2.2　秸秆饲料加工技术

秸秆饲料含氮量、可溶性糖类、矿物质以及胡萝卜素含量较低，而纤维物质含量很高，动物采食量少，消化率低。因此，如何提高秸秆的消化率，补充蛋白质来源是秸秆饲料转化技术的关键。

近年来，随着我国畜牧业的快速发展，秸秆饲料加工新技术也层出不穷。除了直接饲喂外，现有物理、化学、生物等方面的多种加工技术在实际中得以推广应用，实现了集中规模化加工，开拓了秸秆利用的新途径。

14.2.2.1　物理法

切碎是最简单和最普遍的物理处理方法，其他还有浸泡、磨碎、蒸煮、高压蒸气处理、热喷、膨化和辐射等，而秸秆揉搓加工和秸秆饲料压块技术是近年来发展起来的物理法的新方法，这些方法能提高农作物秸秆的适口性，增加采食量，提高消化率，但不能改变农作物秸秆的组织结构或提高其营养价值。

1. 秸秆揉搓加工技术

揉搓技术是通过对秸秆精细加工，使之成柔软的丝状物，质地松软，能提高牲畜的适口性、采食率和消化率。根据反刍动物对粗蛋白、能量、粗纤维、矿物质和维生素等营养物质的需要，把揉碎的农作物秸秆等粗饲料与精料及各种添加剂充分混合配制反刍动物全混合日粮(TMR)的技术已在20世纪60年代开始推广应用。目前，世界上越来越多的奶牛场采用此技术，我国上海和广州等地也已开始应用。TMR技术的应用能有效防止动物对日粮中加入的一些劣质及单喂适口性差的饲料的选择，改变了农作物秸秆单喂时适口性差和消化率低的状况；有利于奶牛发挥产乳性能，并能提高其繁殖率；还可节省劳力，有助于控制生产。

2. 秸秆饲料压块技术

粗饲料压块机可将秸秆和饲草压制成高密度饼块，其压缩比可达1∶5甚至1∶15。这样可大大减少运输与储存空间，若与烘干设备配套使用，可压制新鲜牧草，保持其营养成分不变，并能防止霉变。高密度饲饼用于日常饲喂、抗灾保畜及商品饲料生产均能取得很大的经济效益。

14.2.2.2 化学法

化学处理包括酸处理、碱处理、氧化剂处理和氨化等方法，酸碱处理研究较早，因其用量较大，需用大量水冲洗，容易造成环境污染，生产中并不广泛应用。

1. 氨化

利用氨水对农作物秸秆进行处理，20世纪30年代开始在欧洲推广应用。其原理是：含氮量较低(≤1%)的低质粗饲料与氨相遇时，其有机物与氨发生氨解反应，其中的木质素与多糖间的酯键结合遭到破坏，形成铵盐，铵盐是牛羊等反刍动物瘤胃内微生物的氮源。另一方面，氨溶于水后形成的氢氧化铵对粗饲料有碱化作用。秸秆经氨化后变得柔软，易于消化吸收，饲料含氮量可增加1倍，采食量和养分消化率提高超过20%。氨的用量为2.5%～3.5%，含水率以40%左右为宜。可用液氨、尿素、碳酸氢氨和氨水等氨源生产秸秆氨化饲料。

2. 氧化剂处理

利用二氧化硫、臭氧及碱性过氧化氢等氧化剂处理农作物秸秆。其原理是：氧化剂能破坏木质素分子间的共价键，溶解部分半纤维素和木质素，使纤维素基质中产生较大空隙，增加纤维素酶和细胞壁成分的接触面积，从而明显提高饲料的消化率。用二氧化硫处理麦秸后，细胞内溶物提高20%，半纤维素降低21%，总氮含量不受影响，但适口性降低，维生素B遭到破坏，加重了动物酸的负担，使能量代谢受到影响。用臭氧处理农作物秸秆可使木质素和半纤维素分别降低50%和5%，有机物表观消化率是碱化处理的1.17倍，有效提高了秸秆的营养价值，但也有副作用，长期应用可导致动物中毒。因臭氧用量较大，成本较高，故效益不佳。

3. 复合化学处理

近年来，随着秸秆化学处理的研究进展，研究者提出了用尿素加氢氧化钙调制秸秆的复合化学处理法。试验结果表明，这种调制方法的效果高于氨化或碱化单一处理，不仅能更有效提高秸秆饲料在瘤胃中的降解率和粗蛋白含量，而且这种处理方法成本低，简便易行，对人畜无害。

14.2.2.3 生物法

利用某些特定微生物及分泌物处理农作物秸秆，如青贮和微贮等。能产生纤维素酶的微生物均能降解纤维素。降解木质素的微生物主要有放线菌、软腐真菌、褐腐真菌和白腐真菌等。

1. 青贮

利用微生物的发酵作用，在适宜的温度和湿度且密封等条件下，通过厌氧发酵产生酸性环境，抑制和杀灭各种微生物的繁衍，从而达到长期保存青绿多汁饲料及其营养。这是一种简单、可靠且经济的方法，已在世界各国畜牧生产中普遍推广应用。青贮饲料气味酸香、柔软多汁、颜色黄绿、营养不易丢失、适口性好且容易被动物消化吸收，是动物冬春不可缺少的优良青绿多汁饲料。青贮方法有半干青贮、添加某些添加剂的特种青贮和用于非草食动物的混合青贮等。

2. 微贮

秸秆微贮饲料是在农作物秸秆中加入微生物高效活性菌种——秸秆发酵活干菌，放入密封的容器中贮藏。在适宜的温度和厌氧环境下，农作物秸秆的木质纤维类物质转化为糖类，糖类又经有机酸发酵转化为乳酸和挥发性脂肪酸，pH 降低到 4.5～5.0，抑制丁酸菌和腐败菌等有害菌的繁殖，使秸秆变得能长期保存不坏。主要过程为：

复活菌种→配制菌液→切断秸秆→装窖→封窖→发酵→成品

微贮饲料的含水量是决定其品质好坏的重要条件之一，在 60%～65%时最为理想。秸秆微贮后，窖池内贮料慢慢下沉，应及时加盖土封防止漏气。秸秆微贮后，采食速度提高 40%，采食量增加 20%～40%，消化率提高 24%～43%，有机物消化率提高 29%。

3. 多维复合酶菌秸秆发酵饲料

除以上利用秸秆发酵活干菌进行发酵外，多维复合酶菌秸秆发酵饲料也是一项高科技生物工程技术，是由能产生多种酶的耐热性芽孢杆菌群、乳酸菌群、双歧杆菌群、光合菌群、酵母菌群和放线菌群等 106 种有益生物组成的微生态发酵制剂。

另外，在青贮和微贮的基础上，通过使用含纤维素酶和木聚糖酶活力较高的酶制剂及含乳酸菌接种剂的微生物制剂生产秸秆发酵饲料；利用微生物发酵降解秸秆中的木质素等生物处理方法也可大大提高农作物秸秆的饲料利用率和营养价值。加强纤维素酶的研究，筛选高产纤维素酶菌株，并研究其配套的发酵工程技术，使大量的秸秆等纤维素资源得到合理的开发利用。

4. 秸秆半纤维素优先分解发酵与乳酸菌液体发酵衔接技术

该技术由笔者等提出。其原理是经半纤维素分解菌复合系在短时间内分解秸秆中的部分半纤维素，打破木质纤维素的紧密结构，释放部分纤维素，提高秸秆的消化率；然后吸附乳酸菌发酵液以改善适口性。

自然风干的秸秆可长期保存，发酵饲料可随用随产，不与农争时。该技术在提高消化率、改善适口性的同时，缩短了生产周期，节约劳动力，降低生产成本，提高了农作物秸秆的利用率，具有可观的环境效益、社会效益和经济效益。但若将其推广应用，其可行性尚需做进一步研究。

14.2.3　秸秆发酵饲料添加剂

秸秆饲料发酵是一个复杂的微生物活动和生物化学变化过程。如前所述，质地粗硬、适口性差、消化率低、营养价值不高是农作物秸秆不能很好地用做饲料的主要原因，同时也成为制作发酵饲料，影响发酵品质的主要成因。因此，必须向发酵原料——秸秆中添加一些微量成分，来弥补或增加其中某一成分的不足或促进其成分的转化，从而达到提高发酵饲料营养与品质的目的。

常见的添加物主要有以下几类：

14.2.3.1 微生物制剂

主要是乳酸菌。它是饲料发酵的主角，在自然条件下，用于发酵的原料表面乳酸菌的数量有限，要使乳酸菌尽快繁殖，进而调制出优质的发酵饲料就必须添加乳酸菌。最早使用人工培养乳酸菌制剂的是法国科学工作者。早在20世纪初，他们将乳酸菌苗接种到甜菜渣青贮中，使实验室内的试验获得成功。从早期试验之后，人们对青贮的基础微生物学的认识不断发展，对于青贮接种剂的研究日益深入和广泛。近年来许多国家在制作青贮时使用接种剂，其种类不断增加。

我国的青贮接种剂的研究刚刚起步，只有少量的商品上市，多为进口发酵剂，其价格昂贵。我国引进的微贮接种剂是由木质纤维素分解菌和有机酸发酵菌混合制成的干菌粉剂，使用前进行复活。作用是高效降解秸秆中的木质纤维素类物质，补充和贮备易发酵的水溶性糖，使其发酵变为有机酸，使贮料 pH 值稳定在 4.2～4.5，有机酸提高 807.7%，抑制有害微生物繁殖，不发生过酸和霉烂，还有提高 B 族维生素和胡萝卜素含量的功能，对一年生或多年生豆科、禾本科牧草以及禾本科作物秸秆均适用。

14.2.3.2 抑制不良发酵的添加剂

主要有酸类添加剂如硫酸、盐酸等无机酸，甲酸、乙酸等有机酸和防腐剂如亚硝酸钠、硝酸钠、甲酸钠、甲醛等，阻止好气性腐败菌、丁酸菌等不利于青贮的微生物生长，以利于青贮料的保存和防止变质。

14.2.3.3 营养型添加剂

主要有尿素、碳水化合物等改善发酵过程的物质和石灰石、硫酸铜、硫酸锌、硫酸锰、氯化钴等补充青贮料矿物质元素不足的无机盐类。

在饲料贮存过程中，在可溶性糖浓度低的情况下，饲料将很难保存。收获果实后的秸秆的可发酵糖含量很低，如果自然发酵其过程缓慢，而且很难保证品质。可以在粉碎后的秸秆中加入一定的易被乳酸菌等微生物利用的碳水化合物，以此来改善发酵过程。常用的有糖蜜、乳清和谷物等。

另外，收获后的秸秆中蛋白含量也较少，为获得良好的发酵饲料，可以向其中加入一些含氮化合物来增加蛋白质含量，进而提高饲料的营养价值。常用来添加的含氮化合物有尿素、氨、硫酸铵和碳酸铵等。目前的研究表明，添加含氮化合物后，发酵产物的粗蛋白含量会显著增加。

14.2.3.4 纤维素酶类添加剂

这类酶主要有半纤维素酶、纤维素酶、果胶酶等。在苜蓿、禾本科牧草、禾本科-豆科作物混贮时，添加纤维素及半纤维素酶，可改善青贮料的发酵品质，增强饲料的营养价值。对于农作物秸秆来讲，纤维素和半纤维素是其主要成分，这类物质是糖的高分子聚合物，不能直接被家畜吸收利用，而向秸秆原料中添加淀粉酶或纤维素酶，可能成为得到优质的发酵饲料的途径之一。

14.2.4 秸秆饲料的研究及应用现状及展望

我国对干枯秸秆发酵饲料及其添加剂的研究起步较晚，在秸秆发酵过程中主要微生物的种类、各自的作用及与发酵质量的关系、适合的发酵条件、材料与微生物群落的关系等方面的许多问题有待解决。

在秸秆发酵饲料添加剂应用方面，目前倾向于两种或两种以上的添加剂进行联合添加，但添加过程中还有一些问题不明或尚存在一些争议。还有，添加剂的应用与饲料加工技术不配套，添加剂研究与饲料加工工艺和设备研究脱节，使添加剂难以发挥应有的作用，这一系列问题都需要解决。

提高秸秆营养价值的方法多种多样，效果不一。但不管怎样，单一化学处理不能充分提高秸秆的营养价值，因此要考虑多种方法的联合应用，且在对处理过的秸秆的利用过程中，要紧紧把握瘤胃的生理、生化特点，进行必要的营养调控，才能充分提高秸秆的利用价值。我国人口增长迅速，饲料资源匮乏，从畜牧业的发展情况来看，研究方便经济、实用的秸秆饲料调制技术，在很长一段时间内仍将是反刍家畜营养研究领域的重点内容。

参考文献

[1] 皮祖坤. 生物蛋白饲料研究. 中国饲料，2004，(9).

[2] 丁宏标，蔡辉益，陈露. 中国饲料生物技术研究进展及发展方向. 中国家禽，2001，(10).

[3] 李志强. 几种蛋白饲料资源的开发与利用. 农村实用技术与信息，2004，(9).

[4] 袁涛. 张伟力. 我国几种蛋白质饲料资源现状. 江西饲料，2004，(2).

[5] 我国饲料蛋白原料现状与发展需求. 陕西农业科学，2004，(02).

[6] 杨福有，祁周约，李彩凤. 陕西苹果渣生产利用现状调查. 1999，(04).

[7] 高路. 啤酒副产物在饲料工业中的应用. 啤酒科技，2004，(12).

[8] 夏中生，杨胜远，潘天彪，等. 糖蜜酒精废液蔗渣吸附发酵产物对猪的饲用价值研究. 粮食与饲料工业，2001，(1).

[9] 李巨秀，李志西，杨明泉，等. 果渣资源的综合利用. 西北农林科技大学学报，自然科学版，2002，(21).

[10] 粮农组织家畜生产及卫生文集 149. 秸秆养畜——中国的经验. 联合国粮食及农业组织，2002，23－29，161－169.

[11] 余伯良. 发酵饲料生产与应用新技术. 北京：中国农业出版社，1999.

[12] 孙振钧，袁振宏，张夫道，等. 农业废弃物资源化与农村生物质资源战略研究报告. 国家中长期科学和技术发展战略研究，2004.

[13] 卞生有. 生态农业中废弃物的处理与再生利用. 北京：化学工业出版社，2000.

[14] 刘巽浩，高旺盛，朱文珊. 秸秆还田的机理与技术模式. 北京：中国农业出版社，2001.

[15] 孟海波，韩鲁佳. 秸秆物料的特性及其加工利用研究现状与应用前景. 中国农业大学学报，2003，8(6)：38－41.

[16] 饶思红. 论饲料资源开发与环境保护. 粮食与饲料工业，2001，(9)：28，29，45.

[17] 王修启，郑海刚，韩怀恩. 发酵啤酒糟含酶蛋白饲料取代部分豆粕对育肥猪的影响. 河南农业科学，2000，(11).

[18] 房兴堂，陈宏，等. 农作物秸秆饲料化高效利用新技术. 饲料研究，2007，(1).

[19] 杨洪岩，崔宗均，王小芬，等. 秸秆发酵饲料添加剂及其研究进展. 畜牧与兽医，2005，37(6).

[20] 郭庭双. 秸秆畜牧业. 上海：上海科学技术出版社，1995.

[21] 张日俊. 现代饲料生物技术与应用. 北京：化学工业出版社，2009.

第 15 章　生物质利用的效益与前景

从目前形势来看，任何其他领域的技术革命，其紧迫性都无法与能源革命相比拟。以生物能源为主的新能源，将是新的能源革命中的主力军（图 15 - 1）。

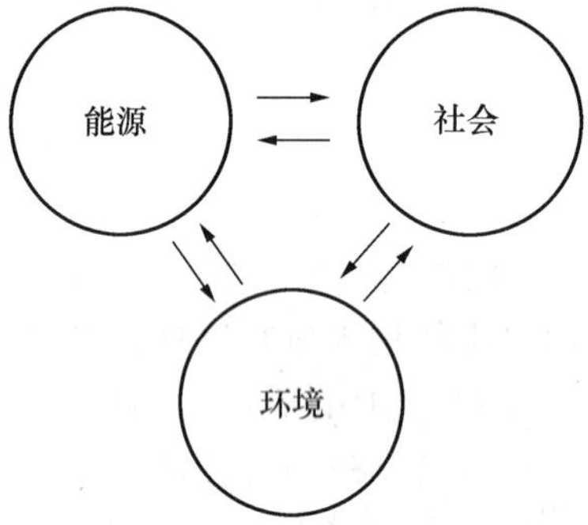

图 15 - 1　能源、环境及社会息息相关

15.1　生物质利用的环境效益

15.1.1　“零碳”的生物质能

20 世纪 80 年代以来，全球性环境问题逐渐成为了国际上关注的热点。其中，温室效应、全球气候变化等正成为人类社会可持续发展面临的重大挑战。

大气中 CO_2 的含量增加对环境的影响方面众多，主要包括全球气候的变化、对生态系统结构和物质循环的影响、对农作物森林草原的影响等，以及由此气候变暖可导致降水、水资源的重新分配、生态环境的恶化以及人类生活条件等一系列的改变。根据英国埃克塞特（Exeter）大学于 2010 年 11 月 22 日发布的一项研究报告，导致全球变暖的二氧化碳（CO_2）排放量在 2010 年没有显示出减弱的迹象，将返回增长势头，并可能达到创纪录的水平。

减少 CO_2 的产生量最重要的途径是减少化石燃料的使用量，同时要开发利用新能源。2009 年 12 月在哥本哈根召开了有 194 个国家代表及 119 位国家元首和政府首脑出席的联合国气候变化会议，总理温家宝宣布中国到 2020 年单位国内生产总值二氧化碳排放比 2005 年下降 40％～45％的减排目标，提到要“大力发展生物质能、太阳能、地热、风能等新型可再生能源”。

生物质能利用，是 CO_2 零排放的产业。它是太阳辐射能经植物加工转化的唯一的一种化学态能量，以植物为载体，具有良好的稳定性和储能性。生产与消费过程中的全部生命物质和能量均可以进入地球生物圈循环系统，连释放的二氧化碳也可以重新被植物吸收，是真正意义上的“零碳”和“永续”。

15.1.2 废弃物无害化、资源化，改善城市、农村卫生环境

生物质能的生产过程也是有机废弃物和有机污染物源的无害化和资源化的过程，故兼有环保及资源循环利用的功能。农林及其加工业的有机剩余物、畜禽粪便、城市有机垃圾、废水、废渣和废气，未利用时是污染物，严重污染环境，这些废弃物都可以在生物质产品生产过程中无害化和资源化，变废为宝。农业废弃物现象是我国最大的能源污染，每年有 20 亿～25 亿 t 畜禽粪便造成了严重的环境污染和疾病传播隐患。大量作物秸秆被遗弃在田间地头，就地焚烧，烟气污染十分严重。利用生物技术可使畜禽粪便、秸秆类木质纤维素转化为沼气、燃料乙醇或其他产品。以北京为例，2007 年，年垃圾产量已突破 600 万 t。采用厌氧技术处理有机垃圾，不仅可获得能源，而且达到低费用治理污染的目的。

15.1.3 生物基产品替代石油基产品

生物基产品包括生物塑料等材料以及系列生物化工产品。以塑料为例，生物塑料即为以生物质为原料生产的，具有与石油基塑料类似的性状和性价比，又可以通过微生物的活动而将它全部降解的塑料。而石油基塑料在自然状态下数百年也不能被生物降解，成为无孔不入的“白色垃圾”。正是由于生物塑料可降解，并且具备石油基塑料所有的优良性能，生物塑料替代石油基塑料是必然的趋势。

15.2 生物质利用的社会效益

15.2.1 解困“三农”

生物质产业作为农村经济中的新兴主导产业，将促进农村经济发展，改变原来农业的产业结构。现代农业的产业结构应当包括初级农产品生产的“基础农业”（即传统与狭义的农业）、以初级农产品为原料的“加工农业”和以非传统原料生产非传统农产品的“能源农业”。

巴西前总统卢拉曾说：“巴西十分注重通过发展生物燃料带动农业发展，使农民富裕起来，更好地解决粮食与贫困问题。”发展生物质能的最大意义是有利于解决“三农问题”，生物质原料相对分散，转化、加工工厂以中小型为主，适宜建在农村小城镇等离原料较近的地方。农林废弃物的转化能增加农民的收入，加工工厂的建设将推进中国农村工业化和城镇化的步伐。美国、巴西和欧洲等在多年发展生物质产业的实践中发现，发展生物质产业可以显著促进农村经济发展，增加农民收入。生物质原料的分散性，决定其在生产过程中，需要大量的收集和储运工作人员，一个产业的兴起，必将吸引大量的科研、管理等人才投身其中，同时其他与生物质能产业配套的服务性行业也将提供大量的工作岗位。

15.2.2 能源安全和国家安全

改革开放以来，我国经济快速发展，石油消耗与日俱增，进口连年扩大，对外石油依存度逐步提高。我国 1993 年成为石油净进口国，1996 年成为原油净进口国，2006 年成为仅次于美国的全球第二大石油消费国。石油对外依存度几乎每隔两三年就跨上一个新台阶，2009 年原油对外依存度达 25%。2011 年 1 月中石化公布上年经营主要数据，2010 年原油产量 3.3 亿桶，

略增 0.05%，加上中石油以及其他石油巨头的产量，我国生产原油 2.03 亿 t，较上年增长了 6.9%。此外，中国海关总署公布数据显示，2010 年我国进口原油 2.39 亿 t，出口原油 303 万 t，全年净进口原油 2.36 亿 t 对比我国原油产量和净进口数据后，可以算出，我国原油对外依存度达 53.7%，创下新高。据国际能源机构预测，2020 年，我国最低石油需求估计为 4.5 亿 t，国内产量 1.8 亿 t，对外依存度超过 60%；如果 2030—2040 年经济持续增长，我国原油产量仅剩下 1 亿 t，需要进口 5 亿 t，对外依存度将达到 87%，随着我国汽车拥有量的飞速增长，石油对外依存度也势必有相当幅度的提高。石油供需矛盾更加突出，石油资源将成为我国经济发展的瓶颈。

发展生物质液化燃料将有利于缓解我国石油短缺局面，减少石油对外依存度，确保我国经济可持续发展和人民生活可持续改善。从长远来看，基于本土资源开发的生物质液化燃料还可以减少因石油引发的国际和地区间矛盾，有利于我国能源安全和国家安全。

15.2.3 替代石油基产品

生物质不仅能够替代石油做能源，而且能转化成生物基材料与化工产品，替代石油基产品，这是其他可再生能源和新能源都不具备的能力。只有发展生物质，生产生物基产品，才能替代石油，使我国彻底摆脱对石油的依赖。

15.3 生物质利用的经济效益

15.3.1 不同生物质利用途径的经济效益

大力发展生物能源产业，可以为整个国民经济的发展提供新的能源供给，注入新的活力。

15.3.1.1 沼气及综合利用的经济效益

沼气的综合利用是发展较早的生物质能利用技术，产业化的步子迈得也相对较早。

美国、英国、意大利等发达国家将沼气技术主要用于处理垃圾，美国纽约斯塔藤垃圾处理站投资 2 000 万美元，采用湿法处理垃圾，日产 26 万 m^3 沼气，用于发电、回收肥料，效益可观，预计 10 年可收回全部投资。英国以垃圾为原料实现沼气发电 18 MW，今后 10 年内还将投资 1.5 亿英镑，建造更多的垃圾沼气发电厂。

北京某家禽养殖场的沼气发电工程，利用鸡舍每天所产生的 212 t 鸡粪及 300 多吨生产和生活污水进行发酵，发酵后沼气用于发电，日产沼气 1.9 万 m^3，日发电 3.84 万 kWh 创造了显著的经济效益，包括电力收入、清洁发展机制(CDM)收入、沼肥收入及供气收入等，沼气发电并入国家电网，不仅有基本电价收入而且还有国家发展和改革委员会的补贴，通过减排创造的 CDM 收入可观，沼液沼渣一部分直接或者加工后出售给农民，一部分用于发展有机种植园，提高蔬果的品质及产量，创造了良好的经济效益。

广西省武鸣县是全国最大的木薯产地，种植木薯约有 32 万亩，年产约 65 万 t 木薯。在武鸣县，分布着大大小小 30 多家生产木薯淀粉、酒精的企业。生产过程中产生大量高浓度有机废水，虽然能进行沼汽化处理，但是，沼气只能直接用于锅炉燃烧自供热或发电，受益面很窄。2011 年起，该县开始尝试用沼气纯化制备生物燃气，试产以来，每天 2 万 m^3 沼气经过纯化，制备为 1.2 万 m^3 车用生物燃气，供应市场。目前，已有出租车改装使用沼气纯化生物燃气，与使用燃油相比，一氧化碳排放量减少 20%，二氧化碳排放量减少 99%。1 m^3 的车用生物燃气，驱动汽车行驶的里程与 1 L 汽油相当。每天生产 1.2 万 m^3 车用生物燃气，相当于每天生产 10 t 多汽油。

中国科学院院士、中国工程院院士石元春认为，我国发展生物质新能源不啻于在地面上种出一个大庆油田；沼气产业化在广西等地区具有巨大的市场推广应用价值，南宁市建设绿色“油田”，发展低碳经济，助力“三农”，前途大有可为。

15.3.1.2 生物柴油的经济效益

生物柴油以天然动植物油脂为原料，原料成本占到生产成本的 80%，生物柴油的发展在很大程度上决定于原料的供应与价格。原料有油料作物、木本油料和废弃油脂三大类。生物柴油的原料资源不足，价格偏高，使其缺乏市场竞争力。据美国乔治亚大学的一项研究，采用生物柴油的公交车即使在价格为每加仑 3 美元时仍具有很强的竞争力。马来西亚有关部门认为，当国际原油价格为 60 美元每桶时，其利用棕榈油生产生物柴油在经济上也是可行的。

按中国目前的消耗量（每年消费柴油 6 000 万～7 000 万 t），如果在石化柴油中添加 10%体积的生物柴油，则每年应配套生产生物柴油 600 万 t。预计未来 10 年内，生化柴油产品将占领 20%～30%的市场份额。随着中国的经济水平提高，对能源的需求会有增无减，只要把关于生物柴油的研究成果转化为生产力，形成产业化，则其在柴油引擎、柴油发电厂、空调设备和农村燃料等方面的应用是非常广阔的。目前，我国对生物柴油的生产、销售、研发还面临一些问题。原料成本占生物柴油成本的 75% 以上，因此解决原料价格问题是降低成本的关键。

15.3.1.3 秸秆发电、产热技术的经济效益

秸秆直燃发电技术成熟，在中国是产业化推进较快的一种生物质能源。河南省电力行业协会有关人士说，河南小电厂非常多，以电厂为中心，半径 20 km 以内的秸秆都可以回收利用，基本上可解决大半个县的秸秆问题。改造一个 2×1.2 万 kW 的小电厂，每年可燃烧秸秆 20 多万吨，发电 1.2 亿 kWh，1 年下来可节约标准煤 6 万 t 。如果按秸秆 50 元/ t 的收购价计算，周围农户每亩可增收 100 元。

以生物质为原料生产成型燃料的技术和设备不存在问题，它是固态的，密度大，干净，方便储运，可以形成商品流和交易市场。2008 年全球固体生物质燃料销售量 1.8 亿 t，市场规模 500 亿欧元，其中供热市场站 58%（2006 年），预测 2010 年后的年均增速将超过 25%。

15.3.1.4 燃料乙醇的经济效益

利用生物质发酵生产燃料乙醇技术，目前具有实际应用的仅限于糖和淀粉原料的发酵工艺。

巴西是乙醇燃料开发应用最有特色的国家，乙醇燃料已占汽车燃料消费量的 50%以上。美国把乙醇添加在汽油中，全国汽油总量的 70%添加有酒精，添加比例为 10%酒精＋90%汽油。

我国目前商业化生产的有 4 家以消化陈化粮为主的燃料乙醇生产企业，即吉林燃料乙醇有限责任公司、河南天冠集团、安徽丰原生物化学股份有限公司和黑龙江华润酒精有限公司（现更名为中粮生化能源（肇东）有限公司），其中河南天冠集团主要以小麦为原料，其他三家都以玉米为原料。4 家企业核定总生产能力为每年 102 万 t，2006 年 4 家企业总产量在 120 万 t

左右。目前我国乙醇汽油消费量占全国汽油消费量的20%,已成为次于巴西、美国的第三大燃料乙醇生产和使用国。

我国发展燃料乙醇的原则是不与人争粮,不与粮争地,世界其他国家也纷纷意识到"非粮"的燃料乙醇才是长久之计。

1996年,美国可再生资源实验室已研究开发出利用纤维素废料生产酒精的技术,由美国哈斯科尔工业集团公司建立了一个1 MW稻壳发电示范工程:年处理稻壳1.2万t,年发电量800万度,年产酒精2 500 t,具有明显的经济效益。瑞典利用树汁生产乙醇,每年可获得300万t树汁,用于生产酒精,相当于年石油消耗量的50%。澳大利亚利用桉树发酵工艺生产酒精,用于汽车燃料。此外,日本、德国、加拿大、印度、印度尼西亚、菲律宾等国也非常重视酒精燃料的开发。

目前我国对纤维素乙醇的研发在学术界和产业界都相当活跃,尽管许多项目已处于中试阶段,但诸如原料供应、预处理和纤维素酶等关键技术仍是阻碍纤维素乙醇产业化的瓶颈问题。

15.3.1.5 生物质塑料产业的经济效益

2004年国内塑料树脂及共聚物产量1 790.99万t,化学纤维1 424.54万t,塑料制品1 846.61万t,若按照现有价格折中计算,2004年如果生物质塑料树脂全部替代国内石油基塑料树脂,可实现销售收入2 000亿元、替代石油基化学纤维可实现销售收入1 700亿元、替代石油基塑料制品可实现销售收入2 000多亿元。

另据农业部统计,我国每年地膜覆盖面积已达1.8亿亩以上,地膜的年需求量45万t以上;棚膜覆盖面积2 250万亩,年需65万t棚膜,农用膜实际消费量超过110万t。若用生物质塑料替代农膜,可实现130亿元销售收入。

我国的石油基塑料包装材料产量超过350万t(不含进口),占塑料总产量的18%以上,若用生物质塑料替代,可实现销售收入400多亿元人民币。

15.3.2 CDM

清洁发展机制(Clean Development Mechanism,CDM)是应对全球气候问题的基于市场的灵活机制,其核心内容是利用发达国家和发展中国家削减温室气体排放量的边际成本差异,实现减排资源有限度的最优配置。CDM可以为中国带来资金和先进的技术,越来越多的政府部门、企业和研究咨询机构都在开发CDM项目。根据联合国CDM执行理事会网站的统计数据,目前我国已申报成功的项目大多集中于能源工业,特别是水电、风电项目,而农业废弃物处置项目比例较小。而中国作为农业大国,拥有丰富的生物质能源,具有较好的开发前景和发展潜力。

以沼气为例,截至2008年底,全国农村户用沼气达3 530万户。各类沼气工程3.95万处,沼气网点7万个,年产沼气122亿/m^3,相当于替代1 850万t标准煤,减少二氧化碳排放4 500多万吨,替代薪材相当于0.073亿hm^2林地的年蓄积量。2008年中国CDM核证减排量占全球53.8%,中国清洁发展机制基金管理中心最新统计数据表明,2008年度中国CDM项目获得联合国CDM执行理事会签发的核证减排量为7 420万t,占当年全球签发总量的53.8%。

15.3.3 生物质能商业化面临的问题

15.3.3.1 生物质能自身的发展规律

生物质原料分散，收集成本高，易于中小规模生产，而目前的市场中，大规模的产业更容易获得规模化效益，更容易商品化。发展生物质能，克服“小”的缺陷，突出“小”的优势，走出一条适合自身发展规律的商业化道路，是最重要的难题。

15.3.3.2 社会对生物质能认识的误区

同其他可再生能源相比，生物质能是“最熟悉的陌生人”，传统的薪柴、古已有之的沼气等，往往给人们以技术含量低的印象。随着技术难关的逐渐攻克，生物质能形式日趋多元，固体成型燃料、液态燃料、气态燃料及生物基产品，生物油与生物柴油，生物质气与沼气，糖、淀粉乙醇与纤维素乙醇等，这些又是公众所陌生的。

社会对生物质能认识的误区，直接影响着生物质能产业的融资及产业化、商品化。

15.3.3.3 新的产业与人们的日常生活接轨需要时间磨合

以沼气净化的天然气驱动汽车为例，使用天然气代替汽油，汽车本身需要改造，一辆出租车充满气可以跑 120～160 km，这意味着每天得加三次气，目前天然气加气站太少，很不方便。

15.3.3.4 政府政策导向

政府应该确保有计划、有步骤地推进生物质能源工作，健全配套相应的政策和标准体系，建立和完善质量保证机制和信息服务系统，鼓励和促进生物质能产业的健康发展。政府对生物质能产业的政策直接影响生物质能商业化的步伐。

15.4 我国生物质能利用的发展前景

“从长远看，石油终将枯竭，利用取之不尽、用之不竭的农林生物质资源将会逐步兴起。由石油碳氢化合物生产的化石燃料，终将会由碳水化合物生产的生物质燃料逐渐部分替代（氢能、太阳能等也将替代部分）。让我们加强‘生物炼油厂’的研究，迎接碳水化合物新时代的到来。”

这段话出自中国石油化工界前辈闵恩泽 2006 年的一篇文章。闵先生中国科学院院士和中国工程院院士，从事石油化工半个世纪，发表这篇文章，意义深远。随着石油资源的渐趋枯竭和油价飙升，生物质能利用的发展前景看好。

国家《可再生能源中长期发展规划》（2007）和《可再生能源发展“十一五”规划》提出，到 2010 年，生物质发电总装机容量达到 550 万 kW，生物质固体成型燃料年利用量达到 100 万 t，沼气年利用量达到 190 亿 m^3，增加非粮原料燃料乙醇年利用量 200 万 t，生物柴油年利用量达到 20 万 t。到 2020 年，生物质发电总装机容量达到 3 000 万 kW，生物质固体成型燃料年利用量达到 5 000 万 t，沼气年利用量达到 440 亿 m^3，生物燃料乙醇年利用量达到 1 000 万 t，生物柴油年利用量达到 200 万 t，见表 15-1。

各项指标具体完成情况如下：截至 2010 年年底，生物质发电装机约 550 万 kW，沼气年利用量约 130 亿 m^3，生物质固体成型燃料年利用量为 50 万 t 左右，非粮原料燃料乙醇年产量为 20 万 t，生物柴油年产量为 50 万 t 左右。除生物质发电和生物柴油外，另外三项完成情况并不理想，而非粮燃料乙醇更是仅完成了既定目标的 10%左右。

表 15-1 “十一五”期间中国生物质能源规划目标完成情况

生物质能源发展规划	2010 年目标	实际完成	2020 年目标
生物质发电/万 kW	550	550	3 000
成型燃料/万 t	100	50	5 000
沼气/亿 m^3	190	130	440
新增非粮乙醇/万	200	20	1 000
生物柴油/万 t	20	50	200

“十一五”期间，中国生物质能源产业发展没能完成《可再生能源中长期发展规划规划》(2007)2010 年的各项指标，尤其是乙醇燃料的规划目标，加重了“十二五”期间的任务。

2011 年 3 月 27 日国家发展和改革委员会公布了《产业结构调整指导目录(2011 年本)》，鼓励发展的新能源产业中，与生物质有关的包括以下：

(1)生物质纤维素乙醇等非粮生物质燃料生产技术开发与应用。

(2)生物质直燃、汽化发电技术开发与设备制造。

(3)农林生物质资源收集、运输、储存技术开发与设备制造；农林生物质成型燃料加工设备、锅炉和炉具制造。

(4)以畜禽养殖场废弃物、城市填埋垃圾、工业有机废水等为原料的大型沼气生产成套设备。

(5)沼气发电机组、沼气净化设备、沼气管道供气、装罐成套设备制造。

2011 年是“十二五”开局之年，相信“十二五”期间，中国的生物质能产业会有长足的发展。

参考文献

[1] 石元春. 决胜生物质. 2011.
[2] 石元春. 生物质能源主导论——为编制国家“十二五”规划建言献策. 能源与节能，2011，(1).
[3] 岳建芝. 温室效应及其影响. 资源节约和综合利用，2000，(3).
[4] 贺玉龙，戴本林. 大气中 CO_2 的源与汇及其含量增加对环境的影响. 工业安全与环保，2010，(5).
[5] 钱能志，尹国平，陈卓梅. 欧洲生物质能源开发利用现状和经验. 中外能源，2007，12(3)：10-14.
[6] 潘文智. 大型养殖场沼气工程——以北京德青源沼气工程为例. 中国工程科学，2011，(2).
[7] 吕俊，傅皓. 生物柴油研究现状与应用前景. 化工设计，2010，(6).
[8] 董玉平，郭飞强，董磊，等. 生物质热解汽化技术. 中国工程科学，2011，(2).
[9] 我国农村沼气 6 a 减排 4 500 万 t. 能源与环境. 2010，(3).
[10] 赵立祥，郭铁杰. 沼气工程 CDM 项目综合效益评价. 中国市场，2010，(22).
[11] 程序，朱万斌. 产业沼气——我国可再生能源家族中的“奇兵”. 中外能源，2011，(1).

[12] 陈万里,赵明星. 燃料乙醇产业发展综述. 河南化工,2010,(13).
[13] 林海龙,武国庆,罗虎,等. 我国纤维素燃料乙醇产业发展现状. 粮食与饲料工业,2011,(1).
[14] 程序,郑恒受,梁近光,等. 开发产业沼气实现生物天然气对天然气的替代——有机废弃物厌氧处理从"环保主导"向"能源-环保双赢"的转型. 中国工程科学,2011,(2).
[15] 洪浩.生物质成型燃料产业发展现状与展望.2009(PPT,内部资料).
[16] 李永强. 尴尬的生物质能"十一五"规划. 中国能源报,2011-04-18(005).
[17] 国家发展和改革委员会.产业结构调整指导目录.2011.